2026 임용 전공물리 **Master Key** 시리즈

P H Y S I C S

정승현 일반물리학

정승현 편저

박문각 임용
동영상강의 www.pmg.co.kr
박문각

정승현
일반물리학

PREFACE

머리말

어린아이 눈에 담긴 세상 모든 것이 순수한 호기심을 일으키는 것처럼 첫 단추는 그렇게 시작되었습니다. 어린 시절 과학이라는 학문을 접하고 습득하면서 자연스럽게 물리학이라는 보다 구체적인 분야를 경험하였습니다. 나아가 가르침을 업으로 삼게 되어 다수에 긍정적인 영향을 미칠 수 있다는 사실이 제게 책임감과 동시에 행복한 일상을 만들어주고 있습니다.

이 책은 그동안 제가 경험하고 고민하며 생각한 학습의 여정, 과거로부터 현재까지의 일기장과 같습니다.
이를 통해 물리에 대한 실력향상과 시야 확장의 문을 여는 열쇠가 된다면 더욱 바랄 것이 없겠습니다.

학습은 관심과 노력을 통해 단계적으로 발전해나갑니다. 논리적이고 구체적인 방향으로 학습의 이해라는 옷에 마지막 단추를 채우는 데 도움의 손길이 되길 진심으로 바랍니다.

저자 정승현

GUIDE
가이드

물리에 필요한 수학

1. 벡터 및 좌표계

(1) 두 벡터의 내적(Inner product, scalar product, dot product)

두 벡터 $\vec{a}$, $\vec{b}$의 내적은 다음과 같이 정의된다.

$$\vec{a} = (a_1,\ a_2),\ \vec{b} = (b_1,\ b_2)$$

$$\vec{a}\quad\vec{b} \equiv |\vec{a}||\vec{b}|cos(\theta) = a_1 b_1 + a_2 b_2$$

벡터의 내적은 상대벡터로 연직선을 그렸을 때 두 벡터의 수평성분의 곱이다.

(2) 두 벡터의 외적(vector product, cross product)

두 벡터 $\vec{a}$, $\vec{b}$의 외적은 다음과 같이 정의된다.

$$\vec{a}\times\vec{b} \equiv |\vec{a}||\vec{b}|sin(\theta)\vec{n}$$

$$\vec{a}\times\vec{b} = \begin{vmatrix} \hat{x} & \hat{y} & \hat{z} \\ a_x & a_y & a_z \\ b_x & b_y & b_z \end{vmatrix} = (a_y b_z - a_z b_y)\hat{x} + (a_z b_x - a_x b_z)\,\hat{y} + (a_x b_y - a_y b_x)\hat{z}$$

벡터의 외적은 두 벡터가 이루는 평행사변형의 넓이와 방향은 평행사변형과 수직한 방향이다. 회전 파트에서 주로 사용된다.

(3) 좌표계

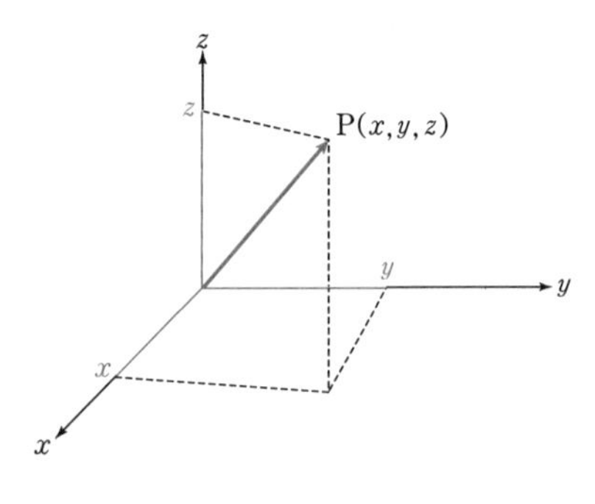

① **직교 좌표계**: x, y, z축 각 수직을 이루는 3차원 일반적인 좌표계이다. 평행이동 대칭성이 있어서 일반적인 병진운동에서 많이 활용된다.

직교 좌표계는 회전 대칭성과는 별개로 평행이동 대칭성을 관계에 있으므로 단위벡터를 시간에 대해 미분한 값 즉, $\frac{d\hat{x}}{dt} = \frac{d\hat{y}}{dt} = \frac{d\hat{z}}{dt} = 0$

- 단위벡터: $\hat{x}$, $\hat{y}$, $\hat{z}$
- 위치, 속도, 가속도

$$\vec{s} = \overrightarrow{OP} = (x,\ y,\ z) = x\hat{x} + y\hat{y} + z\hat{z}$$

$$\vec{v} = \frac{d\vec{s}}{dt} = (v_x,\ v_y,\ v_z) = \dot{x}\hat{x} + \dot{y}\hat{y} + \dot{z}\hat{z}$$

$$\vec{a} = \frac{d^2\vec{s}}{dt^2} = (a_x,\ a_y,\ a_z) = \ddot{x}\hat{x} + \ddot{y}\hat{y} + \ddot{z}\hat{z}$$

- 미소 부피: $dV = dxdydz$

② **원통형 좌표계**: ρ, ϕ, z축 각 수직을 이루는 3차원 좌표계이다. x, y평면 회전 대칭성 및 z축 평행이동 대칭성이 있다.

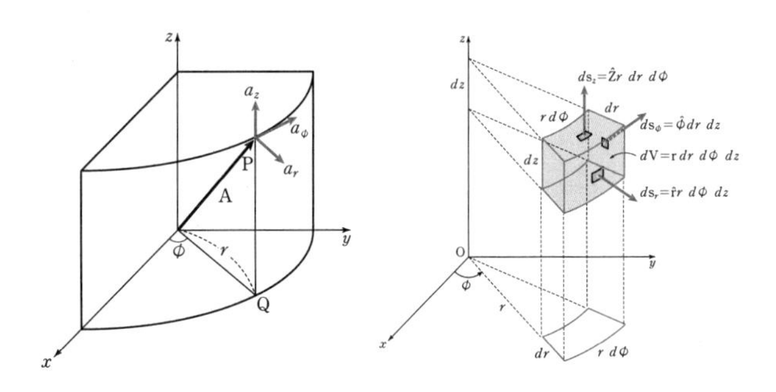

• **단위벡터 $\hat{\rho}$, $\hat{\phi}$, $\hat{z}$**: 원통형 좌표계에서 단위벡터 $\hat{\rho}$, $\hat{\phi}$는 회전 대칭성을 가지므로 회전하게 되면 시간에 따라 단위벡터의 방향이 바뀌게 된다. 즉, 시간에 대한 상수가 아니다.

• **위치, 속도, 가속도**

$$\vec{s} = \overrightarrow{OP} = (x,\ y,\ z) = (\rho\cos\phi,\ \rho\sin\phi,\ z) = \vec{\rho} + \vec{z} = \rho\,\hat{\rho} + z\,\hat{z}$$

$$\frac{d\vec{s}}{dt} = (\dot{\rho}cos\phi - \rho\dot{\phi}\sin\phi,\ \dot{\rho}\sin\phi + \rho\dot{\phi}\cos\phi,\ \dot{z}) = \dot{\rho}\hat{\rho} + \rho\dot{\phi}(-\sin\phi, \cos\phi) + \dot{z}\hat{z}$$

$$\vec{v} = \frac{d\vec{s}}{dt} = \frac{d}{dt}(\vec{\rho} + \vec{z}) = \frac{d}{dt}(\rho\hat{\rho} + z\hat{z}) = \dot{\rho}\hat{\rho} + \rho\dot{\hat{\rho}} + \dot{z}\hat{z}$$

$$\vec{v} = \frac{d\vec{s}}{dt} = (v_\rho, v_\phi, v_z) = \dot{\rho}\hat{\rho} + \rho\dot{\phi}\hat{\phi} + \dot{z}\hat{z}$$

$$\therefore\ \dot{\hat{\rho}} = \dot{\phi}\hat{\phi}$$

$$\hat{\phi} = (-\sin\phi,\ \cos\phi)$$

$$\dot{\hat{\phi}} = \dot{\phi}(-\cos\phi,\ -\sin\phi) = -\dot{\phi}\,\hat{\rho}$$

$$\vec{a} = (a_\rho,\ a_\phi,\ a_z) = \frac{d}{dt}(\dot{\rho}\hat{\rho} + \rho\dot{\phi}\hat{\phi} + \dot{z}\hat{z})$$

$$= \ddot{\rho}\hat{\rho} + \dot{\rho}\dot{\hat{\rho}} + \dot{\rho}\dot{\phi}\hat{\phi} + \rho\ddot{\phi}\hat{\phi} + \rho\dot{\phi}\dot{\hat{\phi}} + \ddot{z}\hat{z}$$

$$= (\ddot{\rho} - \rho\dot{\phi}^2)\hat{\rho} + (\rho\ddot{\phi} + 2\dot{\rho}\dot{\phi})\hat{\phi} + \ddot{z}\hat{z}$$

• **미소 부피**: $dV = d\rho(\rho d\phi)dz = \rho\, d\rho d\phi dz$

③ 구면 좌표계: r, θ, ϕ축 각 수직을 이루는 3차원 좌표계이다. ϕ, θ회전 대칭성이 있다.

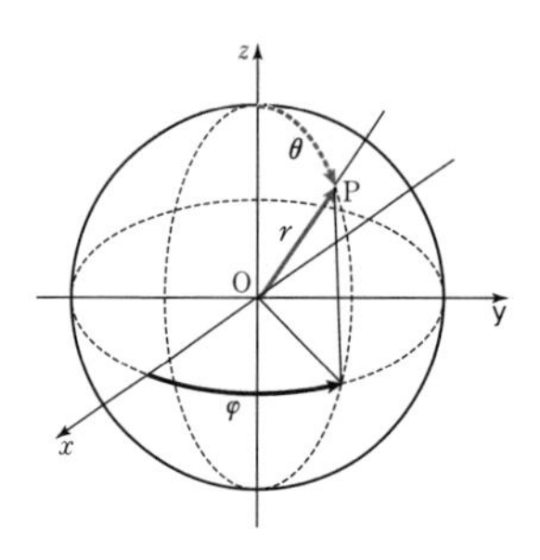

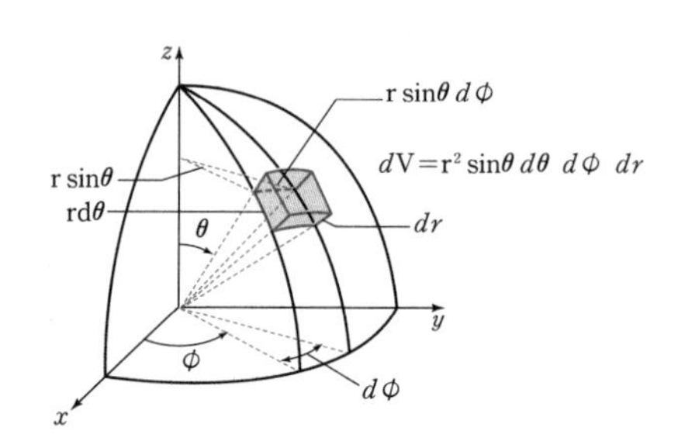

- 단위벡터: $r, \hat{\theta}, \hat{\phi}$구면 좌표계에서 $\hat{r}, \hat{\theta}, \hat{\phi}$는 회전 대칭성을 가지므로 회전하게 되면 시간에 따라 단위벡터의 방향이 바뀌게 된다. 즉, 시간에 대한 상수가 아니다.
- 위치, 속도

$$\vec{s} = \overrightarrow{OP} = (x,\ y,\ z) = (r\sin\theta\cos\phi,\ r\sin\theta\sin\phi,\ r\cos\theta) = r\hat{r}$$

$$\frac{d\vec{s}}{dt} = (\dot{r}\sin\theta\cos\phi + r\dot{\theta}\cos\theta\cos\phi - r\dot{\phi}\sin\theta\sin\phi, \dot{r}\sin\theta\sin\phi + r\dot{\theta}\cos\theta\sin\phi + r\dot{\phi}\cos\phi,\ \dot{r}\cos\theta - r\dot{\theta}\sin\theta)$$

$$= \dot{r}\hat{r} + r\sin\theta\,\dot{\phi}(-\sin\phi, \cos\phi, 0) + r\dot{\theta}(\cos\theta\cos\phi, \cos\theta\sin\phi, -\sin\theta)$$

$$\vec{v} = \frac{d\vec{s}}{dt} = \dot{r}\hat{r} + r\dot{\hat{r}}$$

$$\vec{v} = \frac{d\vec{s}}{dt} = (v_r,\ v_\theta,\ v_\phi) = \dot{r}\hat{r} + r\dot{\theta}\hat{\theta} + r\sin\theta\dot{\phi}\hat{\phi}$$

$$\therefore\ \dot{\hat{r}} = \dot{\theta}\hat{\theta} + \sin\theta\dot{\phi}\hat{\phi}$$

- 미소 부피: $dV = dr(r\sin\theta d\phi)rd\theta = r^2\sin\theta\, drd\theta d\phi$

2. 미적분 공식

(1) 3차원 미분 연산자 ▽

① $gradient\ \vec{\nabla} f$: 기하적 의미는 특정 좌표에서 기울기를 의미한다.

- 직교좌표계($x,\ y,\ z$): $\nabla f = \left(\frac{\partial f}{\partial x},\ \frac{\partial f}{\partial y},\ \frac{\partial f}{\partial z}\right)$
- 원통좌표계($\rho,\ \phi,\ z$): $\nabla f = \left(\frac{\partial f}{\partial \rho},\ \frac{1}{\rho}\frac{\partial f}{\partial \phi},\ \frac{\partial f}{\partial z}\right)$
- 구면좌표계($r,\ \theta,\ \phi$): $\nabla f = \left(\frac{\partial f}{\partial r},\ \frac{1}{r}\frac{\partial f}{\partial \theta},\ \frac{1}{r\sin\theta}\frac{\partial f}{\partial \phi}\right)$

② Divergence$\vec{\nabla}\cdot\vec{F}$: 기하학적 의미는 특정 좌표계에서 각 좌표축 방향으로 이동 성분을 의미한다. 즉, 중

심에 대해 퍼져나가는 성분을 말한다.

- 직교좌표계(x, y, z): $\nabla \cdot F = \dfrac{\partial F_x}{\partial x} + \dfrac{\partial F_y}{\partial y} + \dfrac{\partial F_z}{\partial z}$
- 원통좌표계(ρ, ϕ, z): $\nabla \cdot F = \dfrac{1}{\rho}\dfrac{\partial}{\partial \rho}(\rho F_\rho) + \dfrac{1}{\rho}\dfrac{\partial F_\phi}{\partial \phi} + \dfrac{\partial F_z}{\partial z}$
- 구면좌표계(r, θ, ϕ): $\nabla \cdot F = \dfrac{1}{r^2}\dfrac{\partial}{\partial r}(r^2 F_r) + \dfrac{1}{r\sin\theta}\dfrac{\partial}{\partial \theta}(\sin\theta F_\theta) + \dfrac{1}{r\sin\theta}\dfrac{\partial F_\phi}{\partial \phi}$

③ Curl $\vec{\nabla} \times \vec{F}$: 기하적 의미는 특정 좌표계에서 각 좌표축을 회전축으로 회전 성분을 의미한다. 즉, 중심에 대해 회전 성분을 말한다.

- 직교좌표계(x, y, z)

$$\nabla \times F = \begin{vmatrix} \hat{x} & \hat{y} & \hat{z} \\ \dfrac{\partial}{\partial x} & \dfrac{\partial}{\partial y} & \dfrac{\partial}{\partial z} \\ F_x & F_y & F_z \end{vmatrix} = \left(\frac{\partial F_z}{\partial y} - \frac{\partial F_y}{\partial z}, \frac{\partial F_x}{\partial z} - \frac{\partial F_z}{\partial x}, \frac{\partial F_y}{\partial x} - \frac{\partial F_x}{\partial y}\right)$$

- 원통좌표계(ρ, ϕ, z)

$$\nabla \times F = \frac{1}{\rho}\begin{vmatrix} \hat{\rho} & \rho\hat{\phi} & \hat{z} \\ \dfrac{\partial}{\partial \rho} & \dfrac{\partial}{\partial \phi} & \dfrac{\partial}{\partial z} \\ F_\rho & \rho F_\phi & F_z \end{vmatrix} = \left(\frac{1}{\rho}\frac{\partial F_z}{\partial \phi} - \frac{\partial F_\phi}{\partial z}\right)\hat{\rho} + \left(\frac{\partial F_\rho}{\partial z} - \frac{\partial F_z}{\partial \rho}\right)\hat{\phi} + \left(\frac{1}{\rho}\frac{\partial}{\partial \rho}(\rho F_\phi) - \frac{1}{\rho}\frac{\partial F_\rho}{\partial \phi}\right)\hat{z}$$

- 구면좌표계(r, θ, ϕ)

$$\nabla \times F = \frac{1}{r^2\sin\theta}\begin{vmatrix} \hat{r} & r\hat{\theta} & r\sin\theta\hat{\phi} \\ \dfrac{\partial}{\partial r} & \dfrac{\partial}{\partial \theta} & \dfrac{\partial}{\partial \phi} \\ F_r & rF_\theta & (r\sin\theta)F_\phi \end{vmatrix}$$

$$= \frac{1}{r\sin\theta}\left[\frac{\partial}{\partial \theta}(\sin\theta F_\phi) - \frac{\partial F_\theta}{\partial \phi}\right]\hat{r} + \frac{1}{r}\left[\frac{1}{\sin\theta}\frac{\partial F_r}{\partial \phi} - \frac{\partial}{\partial r}(rF_\phi)\right]\hat{\theta} + \frac{1}{r}\left[\frac{\partial}{\partial r}(rF_\theta) - \frac{\partial F_r}{\partial \theta}\right]\hat{\phi}$$

(2) 가우스 발산 법칙

$$\int \vec{\nabla} \cdot \vec{F} dV = \int \vec{F} \cdot d\vec{S}$$

가우스 발산 법칙은 벡터장 $\vec{F}$의 발산, 즉 뻗어나가는 성분을 알아내는데 사용된다.

(3) 스토크스 법칙

$$\int (\vec{\nabla} \times \vec{F}) \cdot d\vec{S} = \int \vec{F} \cdot d\vec{l}$$

스토크스 법칙은 벡터장 $\vec{F}$의 회전 성분을 알아내는데 사용된다.

3. 행렬

1차식 $x + by = m$, $cx + dy = n$일 때 행렬로 표현하면

$$\begin{pmatrix} a & b \\ c & d \end{pmatrix}\begin{pmatrix} x \\ y \end{pmatrix} = \begin{pmatrix} m \\ n \end{pmatrix} \rightarrow \begin{pmatrix} x \\ y \end{pmatrix} = \begin{pmatrix} a & b \\ c & d \end{pmatrix}^{-1}\begin{pmatrix} m \\ n \end{pmatrix}$$

$$\begin{pmatrix} x \\ y \end{pmatrix} = \frac{1}{ad - bc}\begin{pmatrix} d & -b \\ -c & a \end{pmatrix}\begin{pmatrix} m \\ n \end{pmatrix}$$

복잡한 1차 방정식의 해를 동시에 구하거나 해의 존재성을 판명할 때 사용된다.

※ 회전 변환

$$\begin{pmatrix} x' \\ y' \end{pmatrix} = \begin{pmatrix} \cos\theta & -\sin\theta \\ \sin\theta & \cos\theta \end{pmatrix}\begin{pmatrix} x \\ y \end{pmatrix}$$

▲ 점의 회전 변환

$$\begin{pmatrix} x' \\ y' \end{pmatrix} = \begin{pmatrix} \cos\theta & \sin\theta \\ -\sin\theta & \cos\theta \end{pmatrix}\begin{pmatrix} x \\ y \end{pmatrix}$$

▲ 좌표축의 회전 변환

4. 삼각함수 공식

(1) 피타고라스 정리

- $\cos^2\theta + \sin^2\theta = 1$
- $1 + \tan^2\theta = \sec^2\theta$
- $1 + \cot^2\theta = \mathrm{cosec}^2\theta$

(2) 삼각함수 합차 공식

- $\sin(\alpha+\beta) = \sin\alpha\cos\beta + \cos\alpha\sin\beta$
- $\sin(\alpha-\beta) = \sin\alpha\cos\beta - \cos\alpha\sin\beta$
- $\cos(\alpha+\beta) = \cos\alpha\cos\beta - \sin\alpha\sin\beta$
- $\cos(\alpha-\beta) = \cos\alpha\cos\beta + \sin\alpha\sin\beta$
- $\tan(\alpha+\beta) = \dfrac{\tan\alpha + \tan\beta}{1-\tan\alpha\tan\beta}$
- $\tan(\alpha-\beta) = \dfrac{\tan\alpha - \tan\beta}{1+\tan\alpha\tan\beta}$

(3) 삼각함수 두배각 공식

- $\sin2\theta = 2\sin\theta\cos\theta$
- $\cos2\theta = \cos^2\theta - \sin^2\theta$
  $= 2\cos^2\theta - 1$
  $= 1 - 2\sin^2\theta$
- $\tan2\theta = \dfrac{2\tan\theta}{1-\tan^2\theta}$

(4) 삼각함수 반각 공식

- $\cos^2\theta = \dfrac{1+\cos2\theta}{2}$
- $\sin^2\theta = \dfrac{1-\cos2\theta}{2}$

(5) 삼각함수 합성 공식

- $\sin A + \sin B = 2\sin\left(\dfrac{A+B}{2}\right)\cos\left(\dfrac{A-B}{2}\right)$
- $\sin A - \sin B = 2\cos\left(\dfrac{A+B}{2}\right)\sin\left(\dfrac{A-B}{2}\right)$
- $\cos A + \cos B = 2\cos\left(\dfrac{A+B}{2}\right)\cos\left(\dfrac{A-B}{2}\right)$
- $\cos A - \cos B = -2\sin\left(\dfrac{A+B}{2}\right)\sin\left(\dfrac{A-B}{2}\right)$

CONTENTS

차례

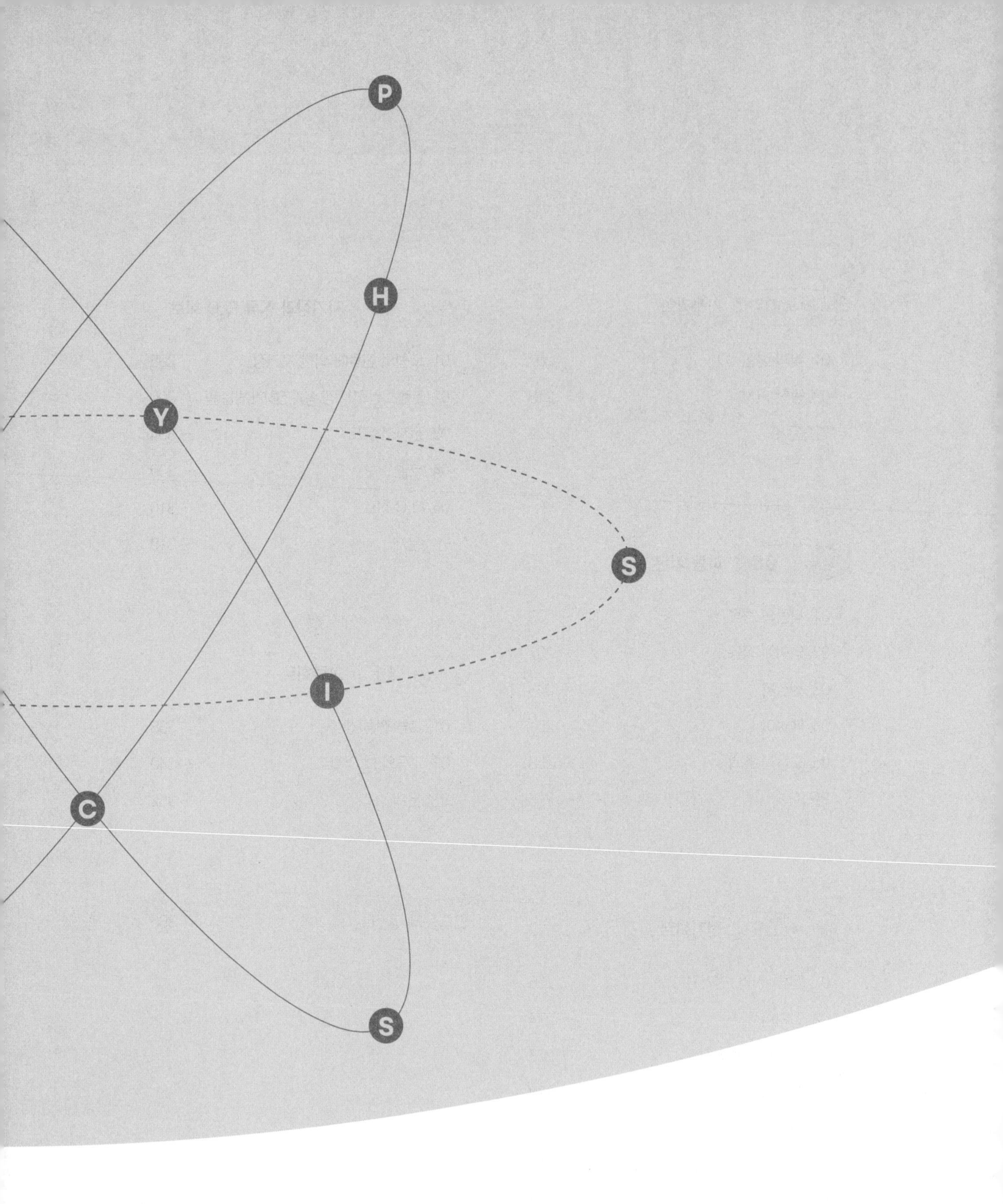

정승현
일반물리학

Chapter

01

1-2차원 운동

Chapter 01

1-2차원운동

01 고전 역학의 출발

1. 뉴턴(고전) 역학

물체에 작용하는 힘과 초기 조건(위치, 속도)이 주어지면 물체의 운동이 예측 가능하다.

(1) 고전 역학의 필수 요소

① 공간(좌표계 설정)

㉠ 물체의 움직임의 대칭성에 의해 적절한 좌표계 설정
➡ 쉽게 기술하기 위함

ⓐ 평면운동: 직교좌표계

ⓑ 곡면운동: 원통형 좌표계, 구 좌표계

㉡ 기준점의 설정: 물체의 운동을 기술하기 위한 관찰자의 위치
➡ 정지 관찰자와 운동 관찰자 존재

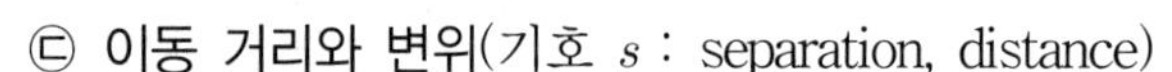

㉢ 이동 거리와 변위(기호 s : separation, distance)

ⓐ 이동 거리: 이동한 총거리 ➡ 경로와 관계없이 그대로 다 더함!

ⓑ 변위(displacement): 위치의 변화량을 의미, 출발점 ➡ 도착점 사이의 직선(최단) 길이와 두 점을 연결하는 화살표의 방향을 함께 표시해야 한다.

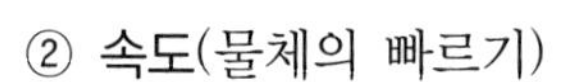

② 속도(물체의 빠르기)

속력과 속도(기호 v : speed, velocity)

㉠ 속력: 어떤 물체의 단위 시간당 이동 거리로, 단위는 m/s, km/h를 사용한다.

$$\text{속력} = \frac{\text{이동 거리}}{\text{걸린 시간}} \qquad \text{평균 속력} = \frac{\text{전체 이동 거리}}{\text{이동하는 데 걸린 시간}}$$

㉡ 속도: 단위 시간(1초) 동안의 변위로, 단위는 속력의 단위와 같은 m/s, km/h를 사용한다. 방향은 처음 위치에서 최종 위치를 향하는 직선 방향이다.

$$\text{속도} = \frac{\text{변위}}{\text{걸린 시간}} \qquad \text{평균 속력} = \frac{\text{전체 변위}}{\text{이동하는 데 걸린 시간}}$$

㉢ 상대속도

ⓐ 정의: 운동하는 관찰자를 기준으로 나타낸 다른 물체의 속도

ⓑ 표현: 운동하는 관찰자 A의 속도가 $(\overrightarrow{v_A})$, 관찰 대상인 물체 B의 속도가 $(\overrightarrow{v_B})$일 때,

(A에서 B를 본 상대속도) = (물체 B의 속도) − (관찰자 A의 속도) ➡ 수식적 표현: $(\overrightarrow{v_{AB}} = \overrightarrow{v_B} - \overrightarrow{v_A})$

③ 가속도(뉴턴의 제2법칙에서 정의 ➡ 힘의 기술)

가속도(기호 a: acceleration) $\vec{F} = m\vec{a}$

단위 시간 동안의 속도의 변화량 (시간당 속력의 증가/감소 및 방향 변화 포함)

<u>방향: 속도의 변화 방향(힘의 방향</u>을 의미), 직선운동(1차원)의 경우 부호(+/−)로 표시

고전역학은 운동을 예측하는 데 목적이 있으므로 위치 $s(t)$, 속도 $v(t)$, 가속도 $a(t)$를 모두 시간 t의 함수로 기술한다.

(2) 평면 운동 – 1차원 등속 직선 운동

등속 직선 운동(= 등속도 운동)

① 속력과 운동 방향이 모두 일정한 운동

마찰만 없다면 운동을 유지하는 데 <u>힘이 필요하지 않음!!</u> (관성의 법칙(1법칙): $\sum F = 0$)

② 거리(변위) − 속력(속도) − 시간 공식 사용

$s = vt$

③ 그래프 분석

㉠ 거리-시간($s-t$) 그래프(기울기가 일정한 1차 함수) ➡ 기울기: 속도 v

㉡ 속력-시간($v-t$) 그래프(기울기 0) ➡ 수평: 상수함수, 밑넓이: 이동 거리(변위) s

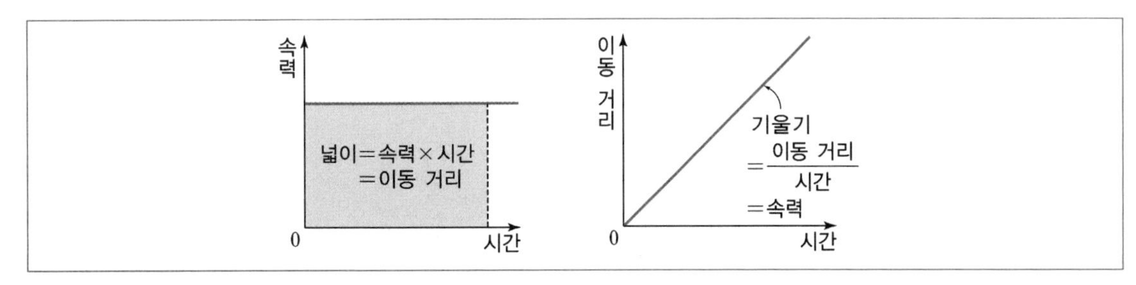

㉢ 미적분 활용

$a(t) = 0 \qquad v(t) = v_0 \qquad s(t) = v_0 t$

(3) 평면 운동 – 1차원 등가속도 운동

속도가 일정하게 변화(증가/감소)하는 운동이며 지구상의 모든 낙하/투사 운동은 $a = g = 10\text{m/s}^2$인 등가속도 운동이다.

① 등가속도 운동의 3가지 공식 중요

$v = v_0 + at$: 시간 t에 대한 1차 함수 …… (1)

$s = v_o t + \frac{1}{2}at^2$: t에 대한 2차 함수 …… (2)

가속도식 유도 : (1)과 (2)식에서 시간 $t = \frac{v - v_0}{a}$ 대입

$2as = v^2 - v_0^2$: 시간 소거식 …… (3)

② 중요 등가속도 운동의 그래프($a-t$, $v-t$, $s-t$ 그래프)

$a > 0$(예 아래로 던진 물체 : 처음속도 v_0, 가속도 $a = g = 10\text{m/s}^2$)

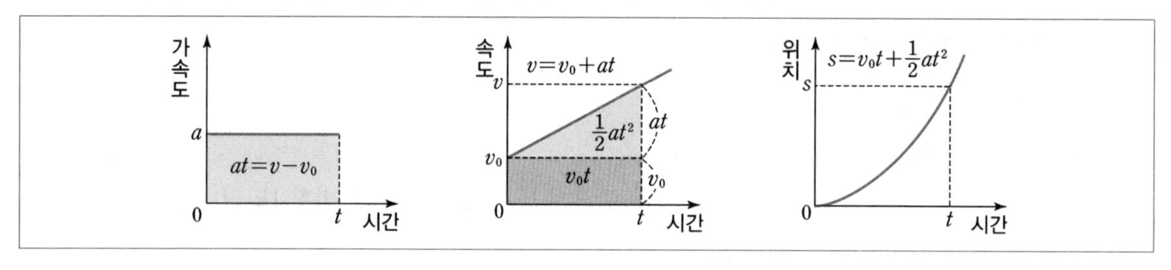

③ 등가속도 운동의 그래프 요약

㉠ $s-t$ 그래프의 기울기는 속도(속력) v

㉡ $v-t$ 그래프의 기울기는 가속도 a, 밑면적은 변위(이동 거리) s

㉢ $a-t$ 그래프의 밑면적은 속도변화량 at

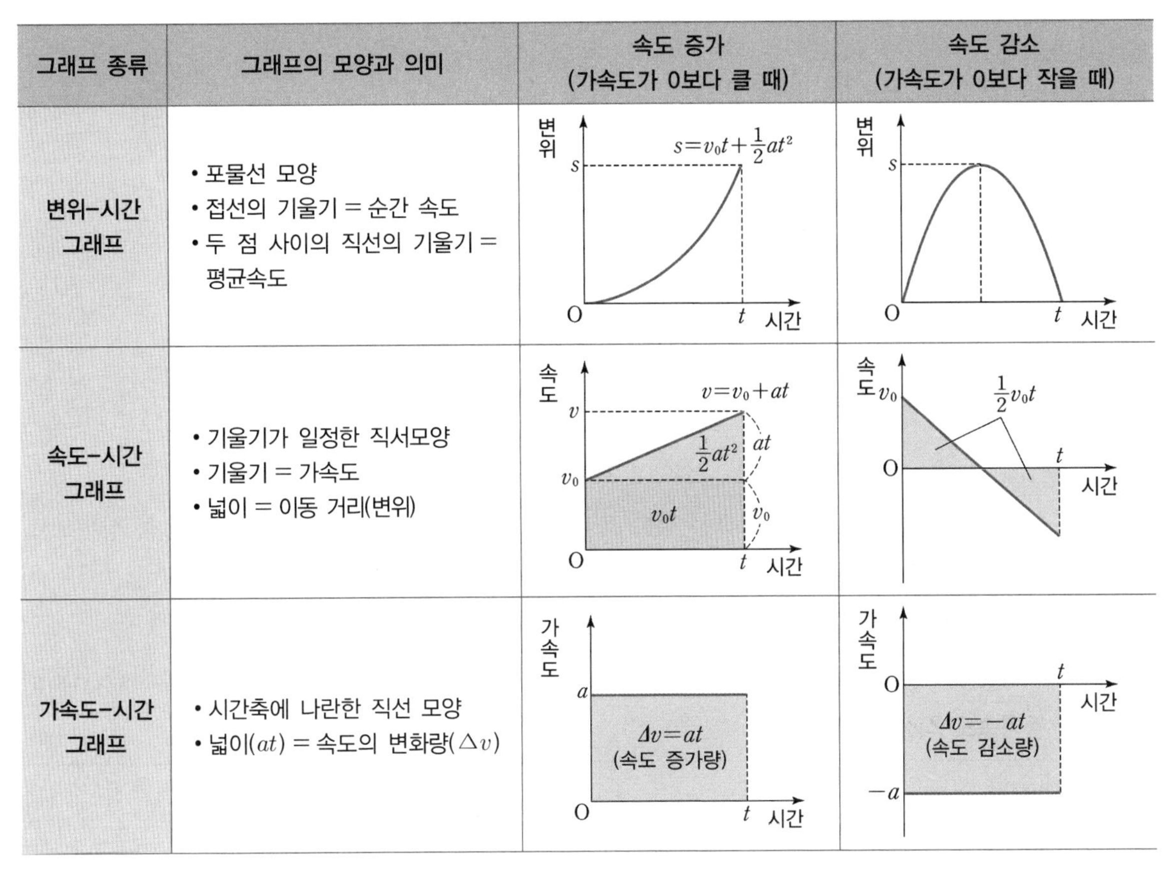

그래프 종류	그래프의 모양과 의미	속도 증가 (가속도가 0보다 클 때)	속도 감소 (가속도가 0보다 작을 때)
변위-시간 그래프	• 포물선 모양 • 접선의 기울기 = 순간 속도 • 두 점 사이의 직선의 기울기 = 평균속도		
속도-시간 그래프	• 기울기가 일정한 직서모양 • 기울기 = 가속도 • 넓이 = 이동 거리(변위)		
가속도-시간 그래프	• 시간축에 나란한 직선 모양 • 넓이(at) = 속도의 변화량($\triangle v$)		

④ 등가속도 직선 운동 공식

$$v=v_0+at,\ s=v_0t+\frac{1}{2}at^2,\ v^2-v_0^2=2as$$

(v_0 : 처음속도, v : 나중속도, s : 이동 거리, a : 가속도, t : 시간)

속력이 일정하게 변하는 운동의 평균 속도 ➡ 평균 속도 $=\dfrac{\text{초기 속도}+\text{나중 속도}}{2}$

(4) 평면 운동 – 2차원 포물선 운동

① 수평면 포물선 운동(벡터 분할의 이점)

수평 방향에 대하여 각 θ의 방향으로 비스듬히 위로 던져 올린 공의 운동을 생각해 보자. 이 경우는 처음 속도 $\overrightarrow{v_0}$가 수평 성분 외에 연직 성분도 있다. 이와 같은 물체의 운동은 연직 방향과 수평 방향으로 분해해서 생각하는 것이 편리하다. 연직 방향에 대해서는 똑바로 위로 던져 올린 공의 운동과 같은 등가속도 직선 운동이고, 수평 방향에 대해서는 등속 직선 운동이므로 이 두 운동을 합성하여 물체의 운동을 기술할 수 있다.

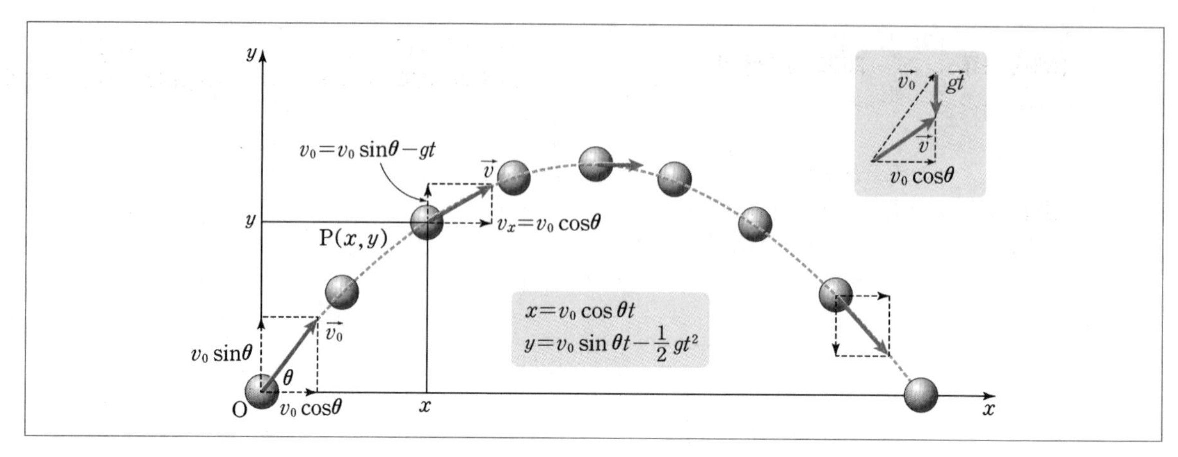

|〈그림 1〉 비스듬이 위로 던진 물체의 운동|

지구 중력장 안에서 물체에 작용하는 힘은 $\vec{F} = m\vec{a} = m(0, -g)$이다. 힘을 x축과 y축 성분으로 분해해서 기술하는 것이 운동 분석의 시작이다. 등가속도 직선 운동의 식을 이용해서 $\vec{a} = (a_x, a_y) = (0, -g)$일 때의 운동을 x, y성분으로 각각 나타내면 다음과 같다.

초기 속도를 수평 성분과 수직 성분으로 즉, 벡터로 표현하면 $\vec{v_0} = (v_{0x}, v_{0y}) = (v_0\cos\theta, v_0\sin\theta)$이다.

㉠ 등가속도 직선 운동 공식

$$v = v_0 + at,\ s = v_0 t + \frac{1}{2}at^2,\ v^2 - v_0^2 = 2as$$

(v_0 : 처음속도, v : 나중속도, s : 변위, a : 가속도, t : 시간)

X축 방향 성분	Y축 방향 성분
$a_x = 0$ $v_x = v_{0x} + a_x t = v_0\cos\theta$ $x = v_{0x}t + \frac{1}{2}a_x t^2 = v_0\cos\theta \cdot t$	$a_y = -g$ $v_y = v_{0y} + a_y t = v_0\sin\theta - gt$ $y = v_{0y}t + \frac{1}{2}a_y t^2 = v_0\sin\theta \cdot t - \frac{1}{2}gt^2$

㉡ 최고점 도달 시간 t_H : 최고점에서는 $v_y = 0$이므로 $v_y = 0 = v_0\sin\theta - gt_H$

$$\therefore\ t_H = \frac{v_0\sin\theta}{g}$$

㉢ 최고점 높이 H : $y = v_{0y}t + \frac{1}{2}a_y t^2 = v_0\sin\theta \cdot t - \frac{1}{2}gt^2$식에 최고점 도달 시간

$t_H = \frac{v_0\sin\theta}{g}$을 대입하여 정리하면 $H = v_0\sin\theta \cdot \left(\frac{v_0\sin\theta}{g}\right) - \frac{1}{2}g\left(\frac{v_0\sin\theta}{g}\right)^2$

$$\therefore\ H = \frac{(v_0\sin\theta)^2}{2g}$$

㉣ **수평 도달 시간** t_R : $y = v_{0y}t + \frac{1}{2}a_y t^2 = v_0\sin\theta \cdot t - \frac{1}{2}gt^2$에서 $y=0$일 때를 만족하는 시간 t의 해를 구하면

$y = 0 = v_0\sin\theta \cdot t_R - \frac{1}{2}gt_R^2 = t_R\left(v_0\sin\theta - \frac{1}{2}gt_R\right)$ ($\because\ t_R \neq 0$)

$\therefore\ t_R = \frac{2v_0\sin\theta}{g}$

㉤ **수평 도달 거리** $R(=x_{\max})$: $x = v_{0x}t + \frac{1}{2}a_x t^2 = v_0\cos\theta \cdot t$에 수평 도달 시간

$t_R = \frac{2v_0\sin\theta}{g}$를 대입하여 정리하면

$\therefore\ R = \frac{2v_0^2\sin\theta\cos\theta}{g} = \frac{v_0^2\sin2\theta}{g}$

따라서 $\sin2\theta = 1$일 때 즉, $\theta = 45°$일 때 최댓값 $R_{\max} = \frac{v_0^2}{g}$을 가진다.

㉥ **운동 경로의 식** : $x = v_0\cos\theta \cdot t$와 $y = v_0\sin\theta \cdot t - \frac{1}{2}gt^2$에서 시간 t를 소거하여 정리하면

$y = \tan\theta \cdot x - \frac{g}{2v_0^2\cos^2\theta}x^2$(포물선 방정식)

$y = \tan\theta \cdot x - \frac{g}{2v_0^2}(\tan^2\theta + 1)x^2$(포물선 방정식)

공기 마찰을 무시하는 포사체 운동 수평 도달 거리는 $R = \frac{2v_0^2\sin\theta\cos\theta}{g} = \frac{v_0^2\sin2\theta}{g}$이고, $\sin2\theta$의 성질에 의해 45°를 중심으로 대칭성을 가진다.

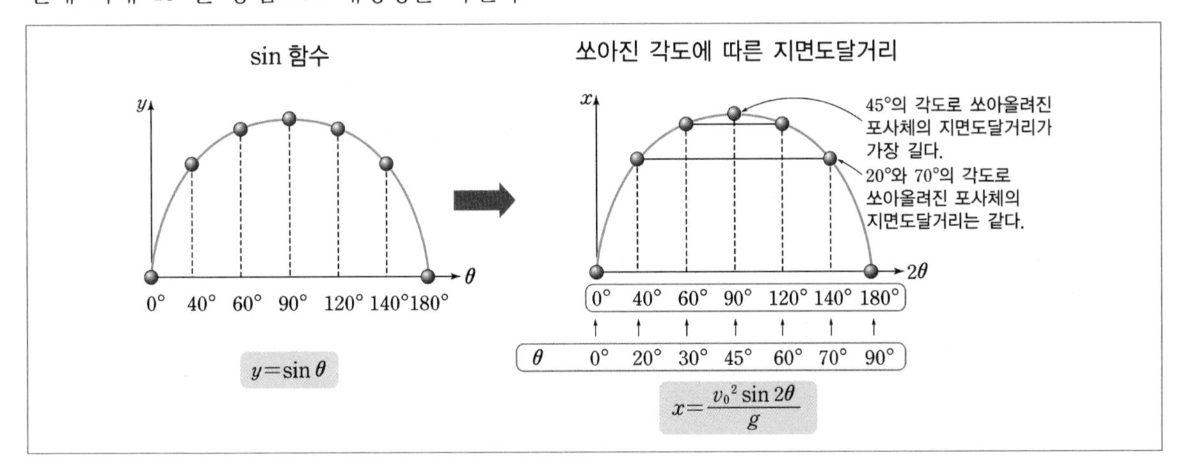

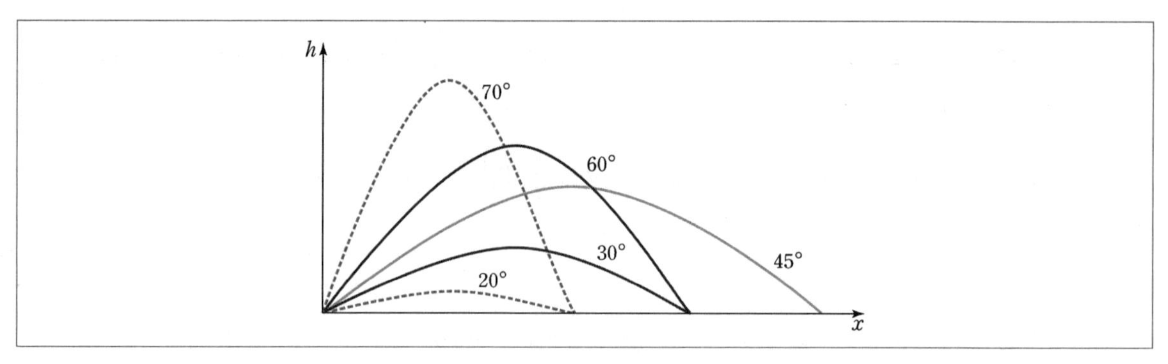

| 〈그림 2〉 비스듬히 위로 던진 물체 운동의 각도 대칭성 |

<그림 2>에서 $45°$일 때 최대 도달 거리를 보여주고 있다. 또한 $\sin 2\theta$의 성질에 의해서 각 $45° - \alpha$와 $45° + \alpha$일 때 수평 도달 거리가 같다.

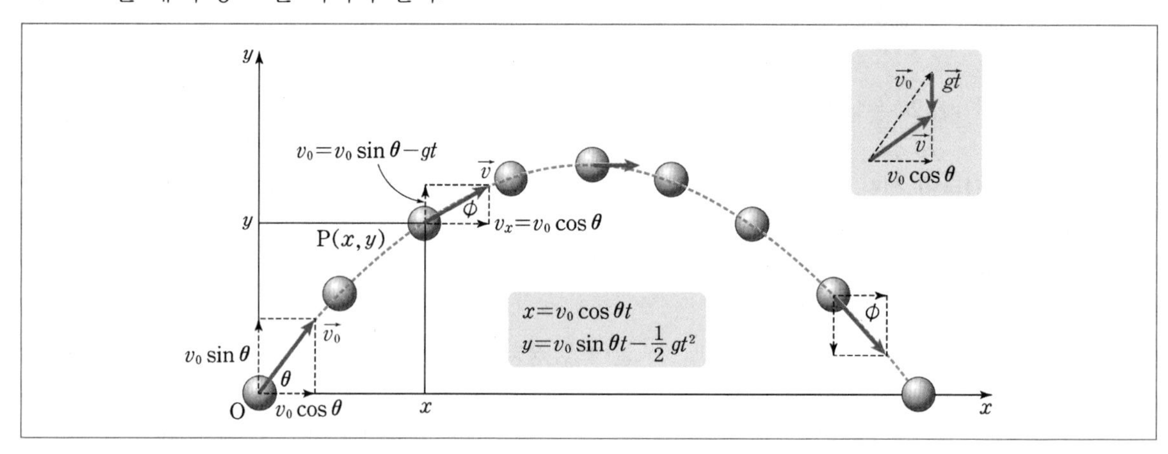

위 그림에서 특정한 순간에 운동 방향은 그때의 속도 방향과 일치한다.

수평 방향과 운동 방향의 각도를 ϕ라고 하면 x축 방향의 속도와 x축 방향의 속도의 기울기 값으로 운동 방향을 알 수가 있다.

> 운동 방향의 기울기: $\tan\phi = \dfrac{v_y}{v_x} = \dfrac{v_0 \sin\theta - gt}{v_0 \cos\theta}$ (최고점 전에는 양수값을, 최고점 이후에는 음수값을 가짐)

ⓢ 포물선 운동 문제에서는 접근 방식이 크게 3가지이다.

ⓐ x, y축 성분을 나눠서 접근(일반적인 상황)

ⓑ 운동 방향 기울기 공식(특정위치에서 x축과의 기울기가 주어지는 경우)

ⓒ 경로식으로 접근(특정 x, y 좌표가 주어지는 경우)

② 경사면에서 포물선 운동(좌표계의 회전)

그림과 같이 경사각 ϕ인 경사면 위에서 수평면으로부터 θ의 각으로 초기 속력 v_0로 물체를 발사하였다. 물체는 포물선 운동을 한 후 경사면에 다시 떨어진다.

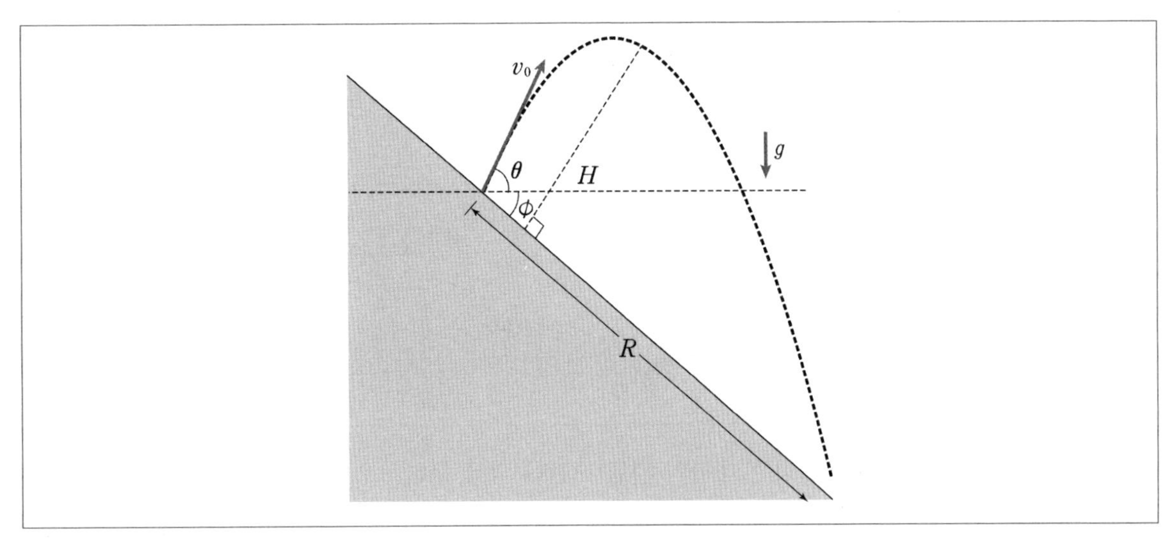

경사면에서 포물선 운동은 좌표계의 회전을 통한 경사면을 x축, 경사면에 연직 방향을 y축으로 설정하는 것이 보다 계산이 편리하다. 그런데 좌표축을 회전 시 벡터인 가속도 역시 변함을 반드시 명심해야 한다. 벡터는 평행이동에 대해서 불변하지만, 회전변환에 대해서는 변하는 성질을 가지고 있다.

㉠ 가속도 : $\vec{a}=(g\sin\phi,\ -g\cos\phi)$

㉡ 속도 : $\vec{v}=(v_x,\ v_y)$

$v_x=v_0\cos(\theta+\phi)+g\sin\phi\cdot t$

$v_y=v_0\sin(\theta+\phi)-g\cos\phi\cdot t$

㉢ 변위 : $\vec{s}=(x,\ y)$

$x=v_0\cos(\theta+\phi)\cdot t+\frac{1}{2}g\sin\phi\cdot t^2$

$y=v_0\sin(\theta+\phi)\cdot t-\frac{1}{2}g\cos\phi\cdot t^2$

㉣ 경사면 충돌 시간 : y축 방향은 등가속도 직선운동이므로 왕복시간이 동일

$$t_R=\frac{2v_0\sin(\theta+\phi)}{g\cos\phi}$$

연습문제

정답_ 366p

01 다음 그림과 같이 빗면 위에서 물체 A, B를 8m 떨어진 위치에서 동시에 속력 4m/s로 운동시켰더니, A, B가 등가속도 직선 운동을 하다가 충돌하였다. 충돌하는 순간 A, B의 운동 방향은 반대이고, 속력은 B가 A의 3배이다.

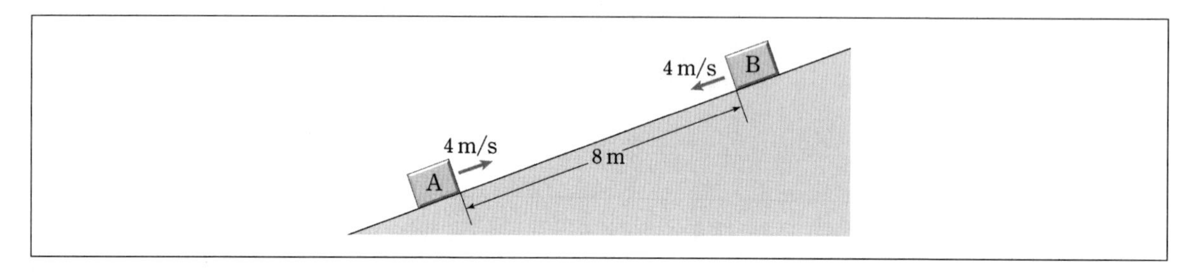

A의 가속도의 크기와 충돌하는 데까지 걸린 시간을 각각 구하시오. 또한 충돌하는 순간 A의 속력을 구하시오. (단, 모든 마찰은 무시한다.)

20-B05

02 다음 그림과 같이 물체 A와 B가 동일한 속력 v_0으로 동시에 출발하여 각각 수평면에서 등속도 운동을 한다. 이후 두 물체는 수평면을 떠나 포물선 운동을 하다가 충돌한다. A와 B의 출발점은 수평면의 끝으로부터 각각 $2L$과 L만큼 떨어져 있다. 두 수평면의 끝 사이의 수평거리는 $3L$이고, 높이차는 L이다.

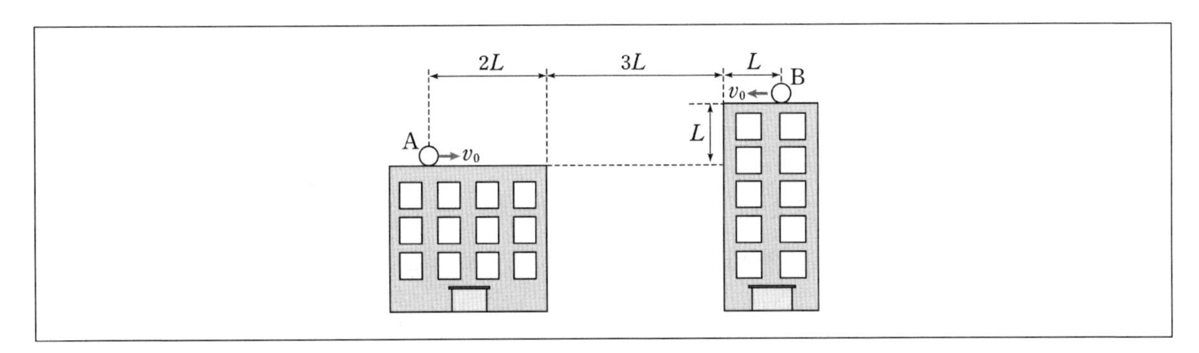

A와 B가 출발해서 충돌할 때까지 A가 이동한 수평거리를 구하고, A가 출발한 후 B와 충돌할 때까지 걸린 시간 Δt를 풀이 과정과 함께 L, g로 구하시오. 또한 수평면에서의 속력 v_0을 L, g로 나타내시오. (단, 중력 가속도의 크기는 g이고, A와 B의 크기는 무시한다. A와 B는 동일 연직면에서 운동한다.)

03 다음 그림과 같이 수평면에 반경이 R인 곡면이 있다. 수평면과 이루는 각이 θ인 위치에서 접선 방향으로 v의 속력으로 물체를 던졌다.

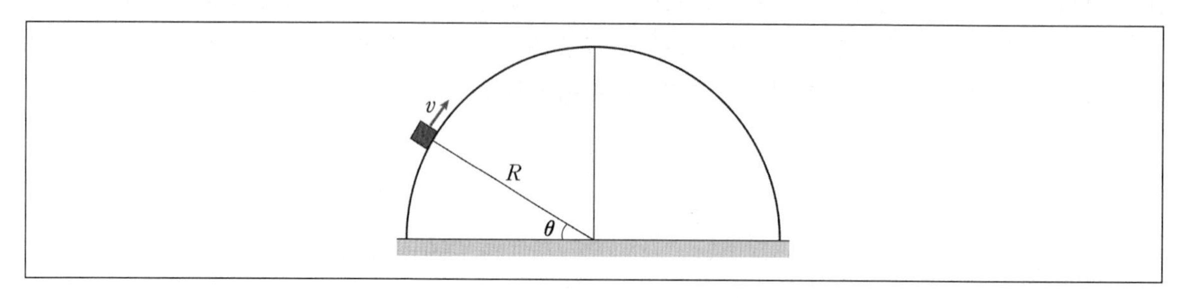

수평면으로부터 연직 방향의 최대 높이를 H라 할 때, H가 최댓값이 되는 θ_0의 값과 이때의 높이를 풀이 과정과 함께 구하시오. 또한 이때, 최대 높이까지 도달하는데 물체의 수평 이동 거리 s를 구하시오. (단, 중력 가속도의 크기는 g이고, 물체의 크기 및 모든 마찰은 무시하며, $v > \sqrt{gR}$이다.)

17-A02

04 다음 그림은 장난감 총을 사용하여 지면으로부터 높이 H에서 일정한 속력 v_0으로 수평으로 날아가는 물체를 맞히려는 것을 나타낸 것이다.

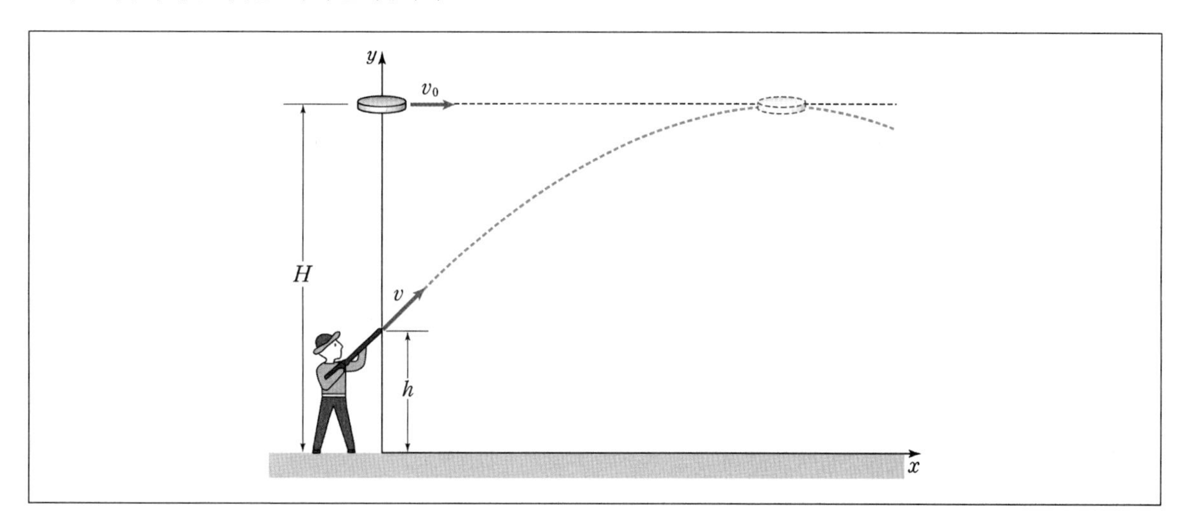

물체가 총구 끝 연직 위를 지나는 순간에 총알을 발사하여 총알 궤적의 최고점에서 물체를 맞히기 위한 발사 속력 v를 구하시오. (단, 공기 저항과 물체의 크기는 무시하고, 지면으로부터 총구 끝의 높이는 h, 중력 가속도는 g이다.)

05 다음 그림과 같이 수평면으로부터 높이 h인 지점에서 물체 A를 수평 방향으로 v의 속력으로 던진 순간, A의 연직 아래 수평면에 정지해 있던 물체 B가 등가속도 직선운동을 시작하였다. A는 포물선 운동을 하여 수평면상의 점 p에 B와 동시에 도달하며, A와 B의 수평 이동 거리는 $2h$이다.

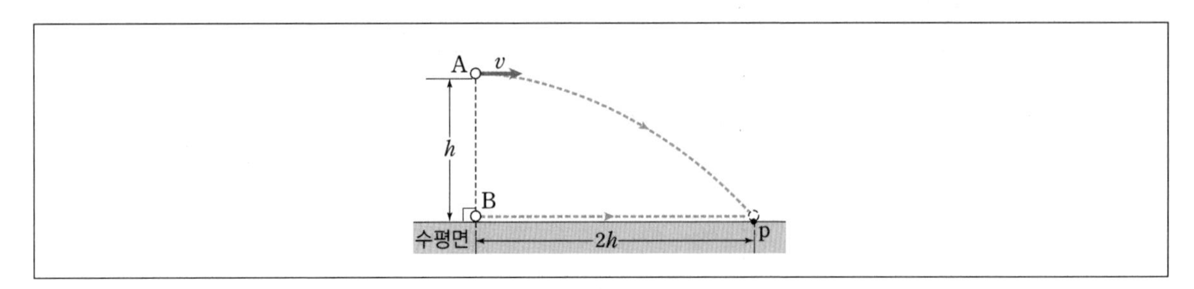

이때 v를 g와 h로 나타내고, A와 B의 가속도 크기의 비 $\frac{a_B}{a_A}$를 구하시오. 또한 점 p에 도달하는 순간 A와 B의 속력의 비 $\frac{v_B}{v_A}$를 구하시오. (단, 중력 가속도의 크기는 g이고, 모든 마찰과 A와 B의 크기는 무시한다.)

06 다음 그림과 같이 수평면에서 정지한 물체 A를 초기 속력 v_0, 수평면과 이루는 각 θ로 쏘아 수평 방향으로 움직이는 물체 B를 맞히려 한다. 물체 B는 발사 순간 A와 s만큼 떨어져 있고, 수평 방향으로 일정한 속력 v로 움직이고 있다.

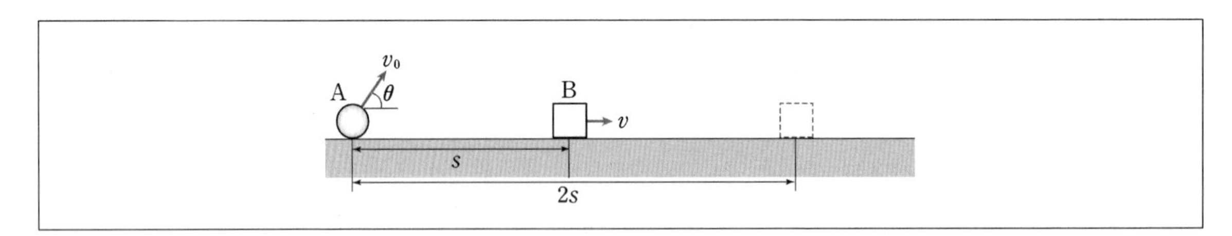

이때 A의 초기 위치로부터 $2s$만큼 떨어진 위치에서 물체를 맞히기 위한 초기 속력 v_0와 $\tan\theta$의 값을 각각 v, g, s로 구하시오. (단, 중력 가속도의 크기는 g이고, 모든 마찰과 물체의 크기는 무시한다.)

07 다음 그림과 같이 길이가 l인 실에 연결하여 점 p에서 가만히 놓은 물체 A가 점 q를 지나는 순간 실이 끊어지고, 이때 점 r에서 수평면에 대해 $60°$의 방향으로 물체 B가 발사됐다. A, B는 각각 포물선 운동을 하여 점 s에서 만났다. A가 p에 있을 때 실이 연직선과 이루는 각은 $60°$이며, 실이 천장에 매달린 점과 q, r은 동일 연직선상에 있고, s는 B의 포물선 경로에서 최고점이다.

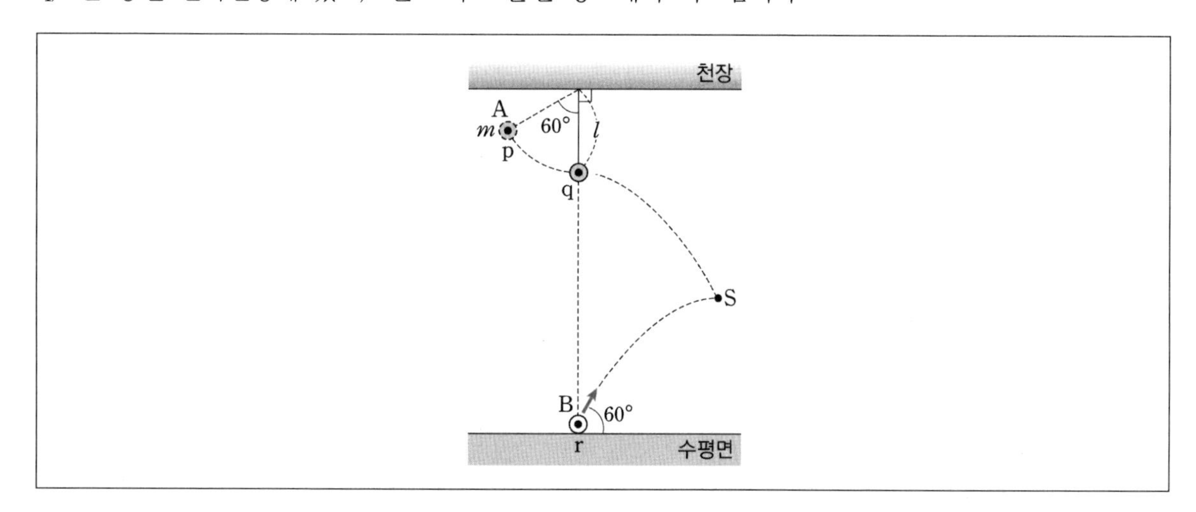

이때 초기 물체 B의 속력을 구하시오. 또한 실이 끊어지는 순간부터 두 물체가 충돌하는 데까지 걸린 시간을 구하시오. 그리고 수평면과 천장 사이의 연직 거리를 구하시오. (단, 중력 가속도는 g이고, 물체의 크기와 실의 질량 및 공기 저항은 무시한다.)

08 다음 그림과 같이 물체 A를 속력 v_A로 경사면과 수직하게 발사한 순간, 물체 B를 가만히 놓았다. 이후 두 물체가 점 O에 동시에 도달한다. A, B의 질량은 m으로 같고, 출발 높이는 각각 h, $3h$이다.

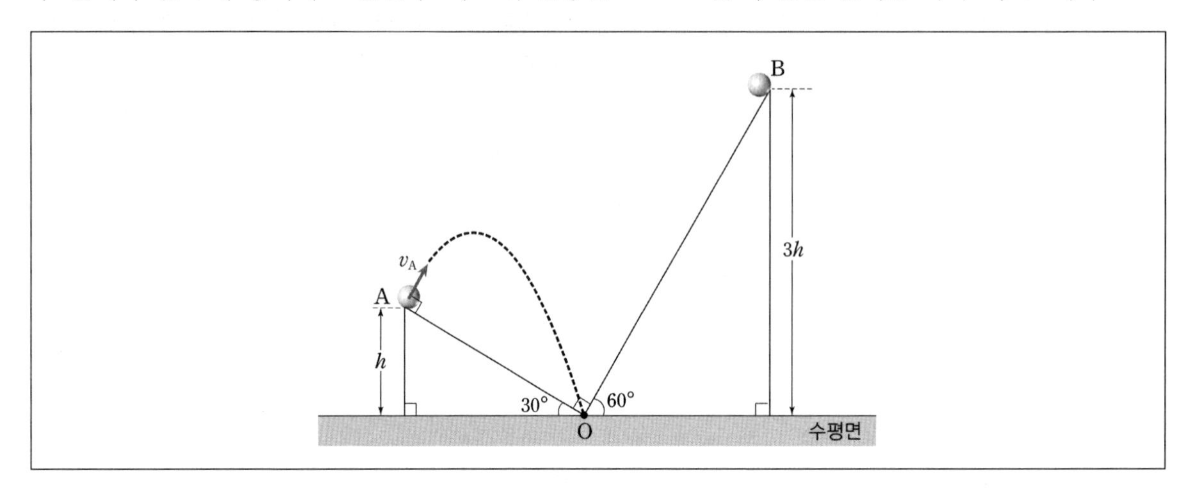

A가 발사한 순간부터 O지점에 도달하는 데 걸린 시간과 O지점에 도달하였을 때 A의 운동 에너지를 각각 구하시오. (단, 중력 가속도는 g이고, 물체의 크기, 모든 마찰, 공기 저항은 무시한다.)

09 다음 그림과 같이 경사각 ϕ인 경사면 위에서 수평면으로부터 θ의 각으로 초기 속력 v_0로 물체를 발사하였다. 물체는 포물선 운동을 한 후 경사면에 다시 떨어진다.

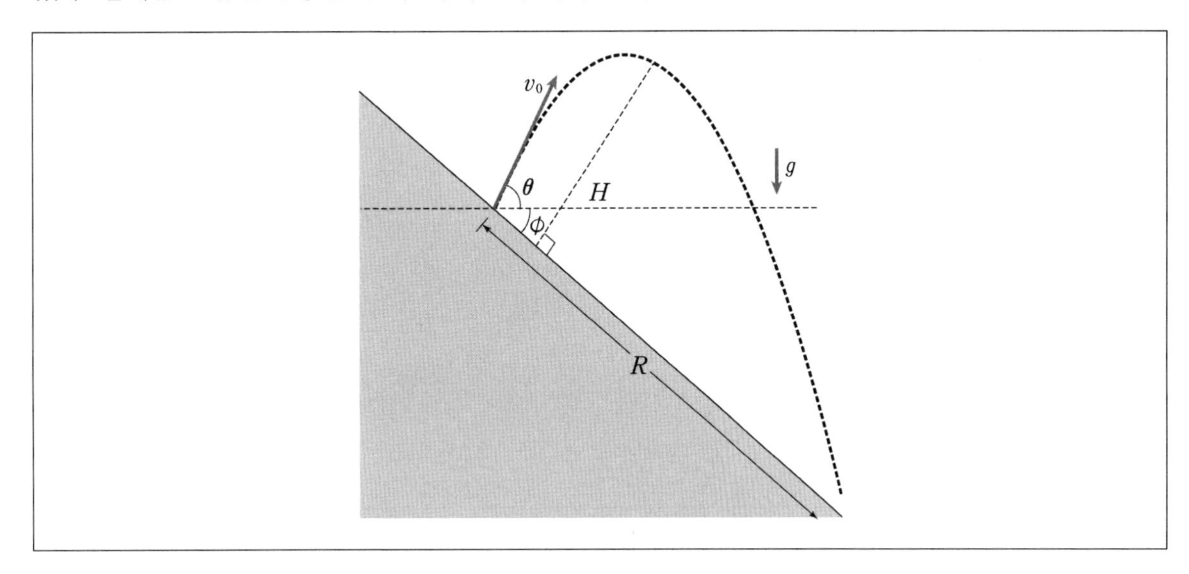

물체가 경사면으로부터 떨어진 거리의 최댓값 H와 이때 도달시간 t_H를 각각 구하시오. 또한 초기 위치로부터 경사면의 충돌지점까지의 거리 R이 최대가 되는 각 θ_0를 풀이 과정과 함께 구하시오. (단, 중력 가속도의 크기는 g이고, 모든 마찰은 무시한다. 또한 $\cos A\cos B \pm \sin A\sin B = \cos(A \mp B)$이다.)

10 다음 그림과 같이 경사각이 $\theta = \cos^{-1}\left(\frac{4}{5}\right)$인 경사면에서 물체 A는 초기 속력 u로 경사면을 따라 움직이고, 물체 B는 수평 방향으로 속력 v로 던졌다. 두 물체는 가속운동 이후 경사면 위의 한 지점에서 서로 충돌하였다.

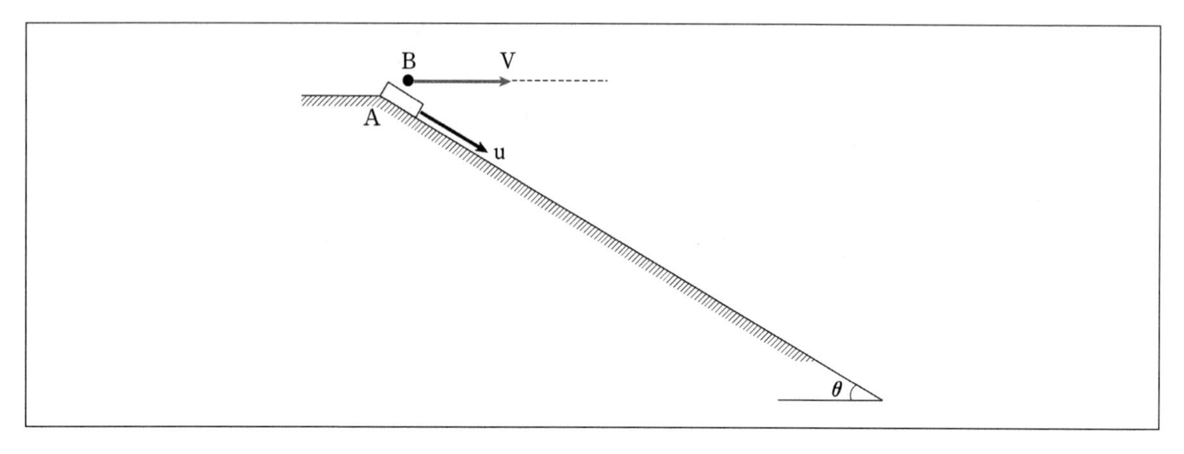

두 물체가 동시에 같은 지점에 도달하여 충돌하기 위한 물체 A의 초기 속력 u를 v로 구하시오. 또한 충돌하기까지 걸린 시간 t와 A의 이동 거리 s를 풀이 과정과 함께 각각 g, v로 구하시오. (단, 모든 마찰은 무시하고, 중력 가속도의 크기는 g이다.)

11 다음 그림과 같이 사람이 전선에 앉아 있는 새를 돌을 던져 맞추려고 한다. 새는 사람으로부터 연직 방향을 $h = 10\text{m}$ 높이에 있으며, 수평 방향으로 x만큼 떨어진 위치에 가만히 앉아 쉬고 있다. 이때 사람이 초기 속력 $v = 20\text{m/s}$로 돌을 던졌다.

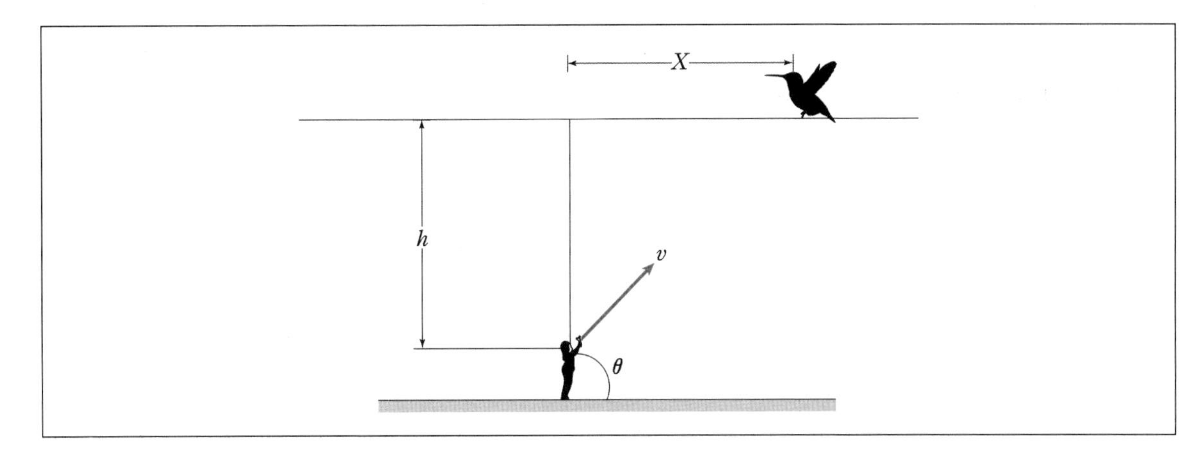

새를 맞추는 게 가능한 x의 최댓값을 풀이 과정과 함께 구하시오. 또한 이때의 각을 θ라 할 때 $\tan\theta$의 값을 풀이 과정과 함께 구하시오. (단, 중력 가속도의 크기는 10m/s^2이고, 모든 마찰은 무시한다.)

18-A02

12 다음 그림 (가)와 같이 정지해 있는 장난감 자동차에 총알이 속력 v_0으로 발사되는 장난감 총을 수평면과 이루는 각이 θ가 되도록 고정시켰다. 이 자동차가 일정한 속력 v_0으로 직선 운동할 때 총알을 발사하였더니 그림 (나)와 같이 총알이 포물선 운동을 하여 수평 거리 s만큼 날아가 수평면에 대해 45° 기울어진 과녁에 수직으로 충돌하였다.

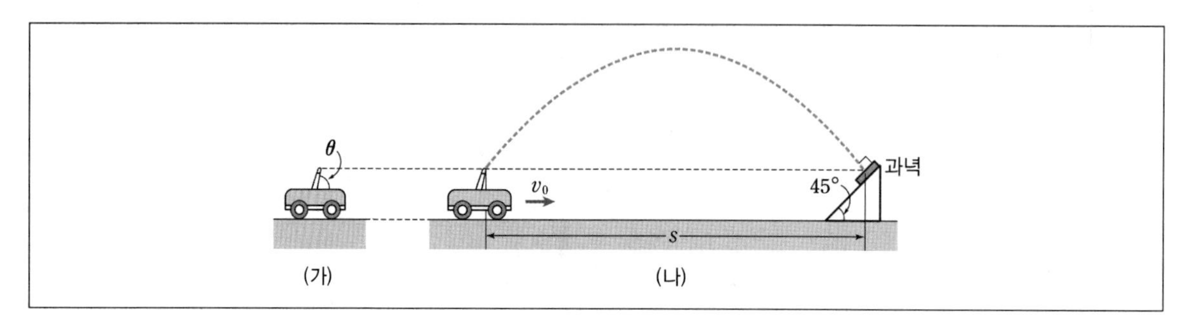

이때 v_0와 θ를 각각 구하시오. (단, 중력 가속도의 크기는 g이고, 총알의 질량은 자동차의 질량에 비해 매우 작고, 공기 저항은 무시한다.)

13 다음 그림과 같이 건물 옥상에서 수평 방향으로 동시에 던져진 물체 A, B가 포물선 운동을 하여 수평면과 각각 30°, 60°의 각을 이루며 떨어졌다.

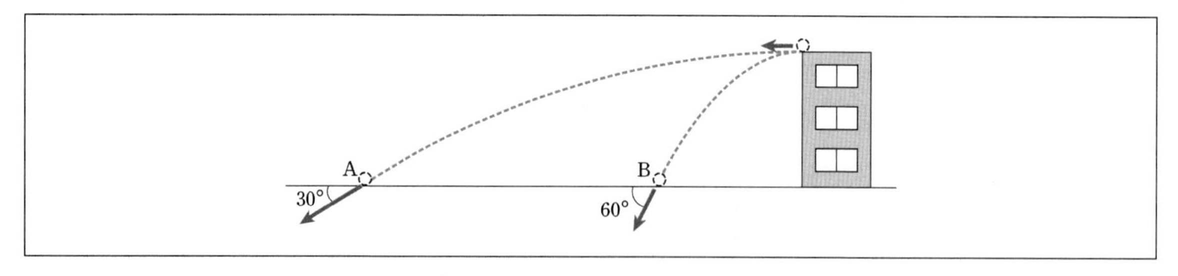

이때 A와 B의 수평 이동 거리의 비 $\frac{S_A}{S_B}$와 수평면에 도달하는 순간의 속력의 비 $\frac{v_A}{v_B}$를 각각 구하시오. (단, A, B는 동일 연직면에서 운동하고, 물체의 크기는 무시한다.)

14 다음 그림은 수평면에서 수평 방향과 $60°$의 각을 이루는 방향으로 속력 v_0로 던져진 물체가 포물선 운동을 하여 수평면으로부터 높이가 h인 곳에서부터는 경사각이 $30°$인 빗면을 따라 등가속도 직선 운동을 하는 것을 나타낸 것이다. 물체가 포물선 운동하는 동안 수평 방향으로 이동한 거리는 R이다.

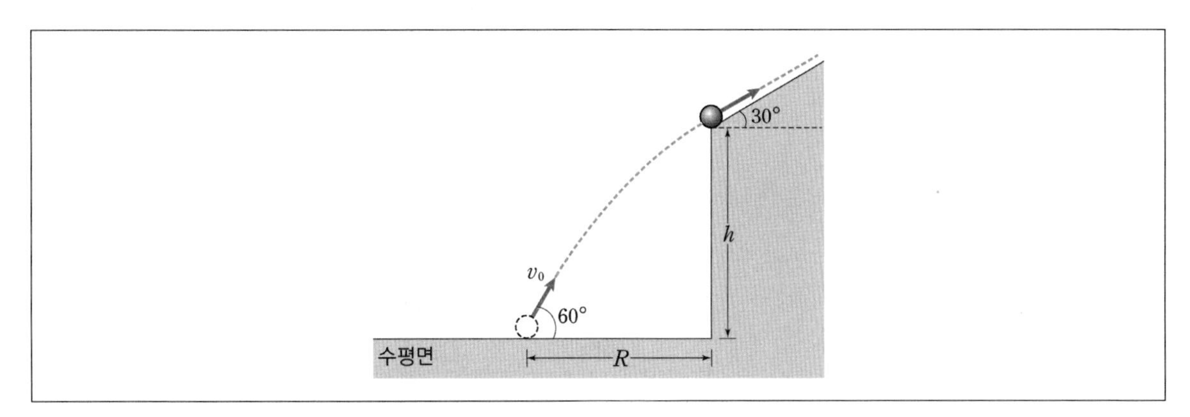

이때 $\dfrac{h}{R}$를 구하시오. 또한 초기 던진 순간부터 물체가 경사면 위에서 정지할 때까지 걸린 시간 t를 g, v_0로 구하시오. (단, 중력 가속도의 크기는 g이고, 물체의 크기와 모든 마찰은 무시한다.)

15 다음 그림과 같이 점 P에서 v_0의 속력으로 수평면에 대해 60°의 방향으로 던져진 공이 포물선 운동을 하여 수평면으로부터 높이 h인 점 R에서 경사면에 수직으로 부딪쳤다. 경사면이 수평면과 이루는 각은 60°이고, 점 Q는 수평면과 경사면이 만나는 점이다.

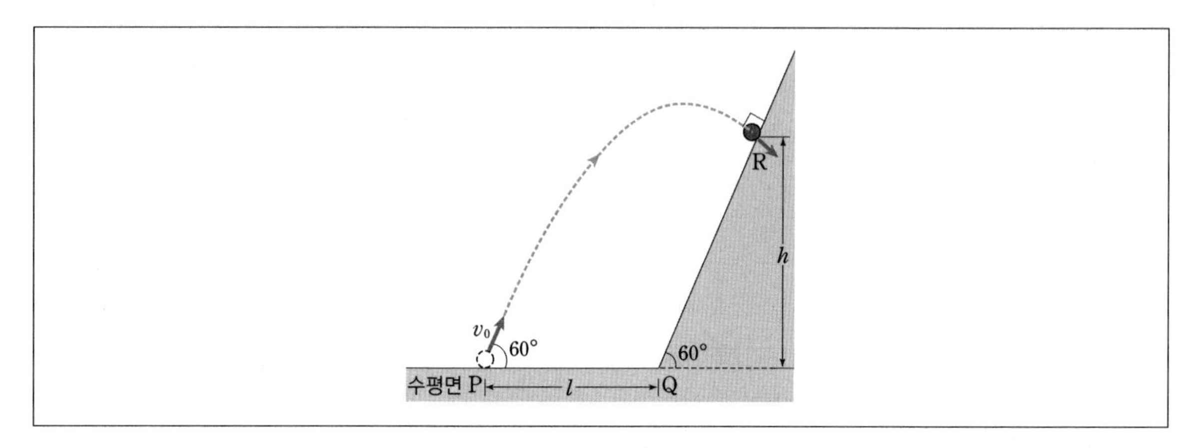

이때 P에서 R까지 이동하는 데 걸린 시간을 구하시오. 또한 l을 h로 구하시오. (단, 중력 가속도의 크기는 g이고, 모든 마찰은 무시한다.)

16 다음 그림과 같이 중심이 O이고 반지름이 R인 원형 트랙의 점 A에 가만히 놓은 물체가 원형 트랙을 따라 운동한 후 점 B에서부터 포물선 운동을 하여 빗면상의 점 C에 수직으로 부딪쳤다. 이때 B에서 C까지 물체의 수평 이동 거리는 d이다.

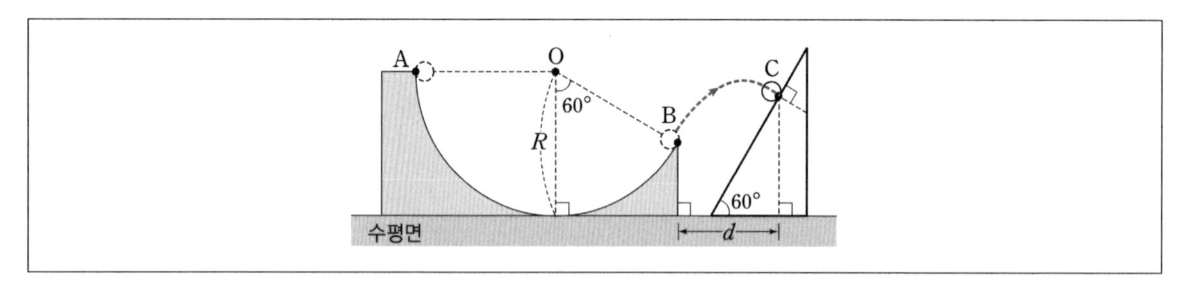

B에서 C까지 운동하는 데 걸린 시간을 g와 R로 구하고, d를 R로 나타내시오. 또한 B에서 C까지 운동할 때 수평면으로부터 최고점의 높이를 R로 구하시오. (단, 중력 가속도의 크기는 g이고 물체는 동일 연직면상에서 운동하며, 물체의 크기와 모든 마찰은 무시한다.)

17 다음 그림과 같이 수평면과 60°의 각을 이루며 속력 v_0으로 물체를 던졌더니 물체가 포물선 운동을 하였다. p, q는 수평면으로부터 높이가 h인 포물선경로상의 점이고, 물체를 던진 곳에서 q까지 수평 거리는 R이다. 운동 시간은 물체를 던진 곳에서 p까지와 p에서 q까지가 같다.

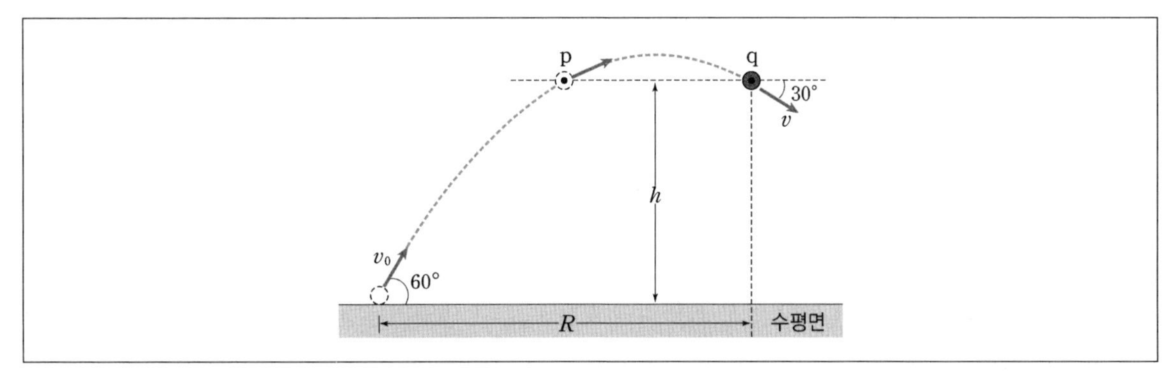

이때 q에서 물체의 운동 방향이 수평면과 이루는 각이 30°일 때, $\frac{R}{h}$를 구하시오. (단, 물체의 크기와 마찰은 무시한다.)

18 다음 그림과 같이 높이가 $\sqrt{3}h$인 점 p에서 수평 방향과 30°의 각을 이루며 발사된 물체가 포물선 운동을 하여 최고점을 지나 수평면상의 점 q에 도달한다. p에서 최고점까지 물체의 수평 이동 거리는 $2h$이다.

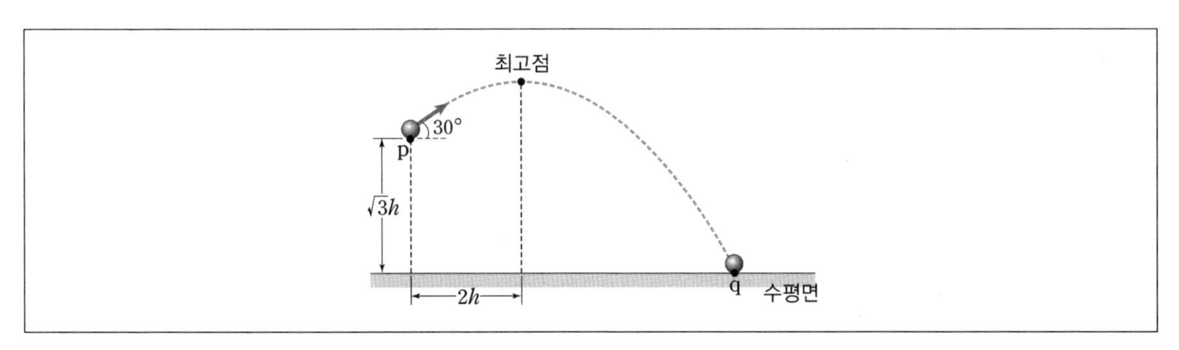

이때 수평면으로부터 최고점의 높이를 구하시오. 또한 최고점으로부터 q까지 물체의 수평 이동 거리를 구하시오. (단, 물체의 크기와 마찰은 무시한다.)

19 다음 그림과 같이 물체는 A지점에서 속력 v와 수평면과 각도 θ로 발사하여 수평 거리가 $\sqrt{3}d$, 높이가 d인 위치 B를 지나는 포물선운동을 한다.

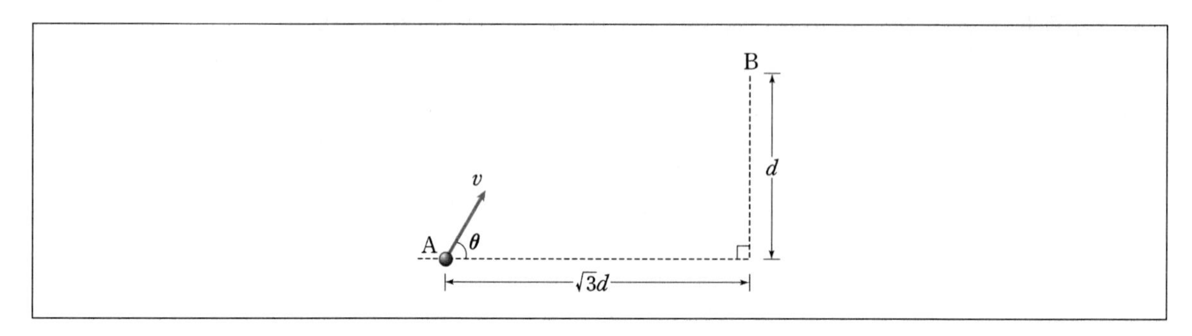

물체가 B지점을 지나기 위한 발사 속력의 최솟값 $v_{\min}$과 이때의 각도 θ를 각각 구하시오. (단, 중력 가속도의 크기는 g이고, 모든 마찰은 무시한다.)

정승현
일반물리학

Chapter

02

운동법칙과 에너지

Chapter 02

운동법칙과 에너지

01 힘의 정의

1. 힘

(1) 정의

물체의 모양이나 운동 상태를 변화시키는 원인

(2) 힘의 3요소

크기, 방향, 작용점

(3) 자연계에 존재하는 기본 힘

중력, 전자기력, 강력, 약력

(4) 힘의 분류

① 접촉하여 작용하는 힘
마찰력, 장력, 탄성력, 수직항력 등

② 떨어져서 작용하는 힘
중력, 전기력, 자기력 등

※ 1N은 1kg의 물체를 $1m/s^2$의 가속운동 시키는 데 드는 힘

2. 알짜힘 – 물체의 실질적인 운동에 관여하는 힘!!

(1) 알짜힘(합력)

한 물체에 둘 이상의 힘이 동시에 작용할 때, 같은 효과를 내는 한 힘

(2) 알짜힘 구하기

알짜힘은 벡터의 합성으로 구한다.

구분	두 힘의 방향이 같은 경우	두 힘의 방향이 반대인 경우	두 힘의 방향이 나란하지 않은 경우
작용하는 힘	$\vec{F_1}$, $\vec{F_2}$	$\vec{F_2}$, $\vec{F_1}$	$\vec{F_1}$, $\vec{F_2}$
알짜힘 구하기	$\vec{F_1}$ $\vec{F_2}$ 알짜힘 $\vec{F}$ └두 힘을 더한 값	$\vec{F_1}$ $\vec{F}$ $\vec{F_2}$ 알짜힘 ---- 큰 힘에서 작은 힘을 뺀 값	두 힘 벡터를 두 변으로 하는 평행사변형의 대각선 $\vec{F_1}$ 알짜힘 $\vec{F}$ $\vec{F_2}$
알짜힘의 크기	$F = F_1 + F_2$	$F = F_1 - F_2 (F_1 > F_2)$	$F = \lvert\vec{F_1} + \vec{F_2}\rvert$
알짜힘의 방향	두 힘의 방향	큰 힘의 방향	평행사변형의 대각선 방향

02 뉴턴의 운동 법칙

1. 제1법칙(관성의 법칙)

물체에 힘이 작용하지 않거나 작용해도 그 합이 0이면, 정지하고 있던 물체는 계속 정지해 있고(=정지 관성), 운동하던 물체는 등속 직선 운동을 계속(= 운동 관성)한다.

질문 생활 속에서 쉽게~~ 찾아볼 수 있는 관성의 예는?
➡ 버스의 관성, 급출발, 먼지 털기 등

(1) 관성(inertia)

물체가 현재 가진 운동 상태를 계속 유지하려는 성질로 물체의 질량이 클수록 관성도 크다.

① 정지관성

정지해 있는 물체가 계속 정지해 있으려는 성질

② 운동관성

운동하고 있는 물체가 속도의 변화 없이 그대로 계속 운동하려는 성질

(2) 관성 공간 vs 가속 공간

① 관성 공간

정지 혹은 등속도 운동하는 물체 내부

② 가속 공간

가속 운동 하는 물체의 내부

(3) 관성력

가속 운동하는 물체 내부에 작용하는 가상적인 힘

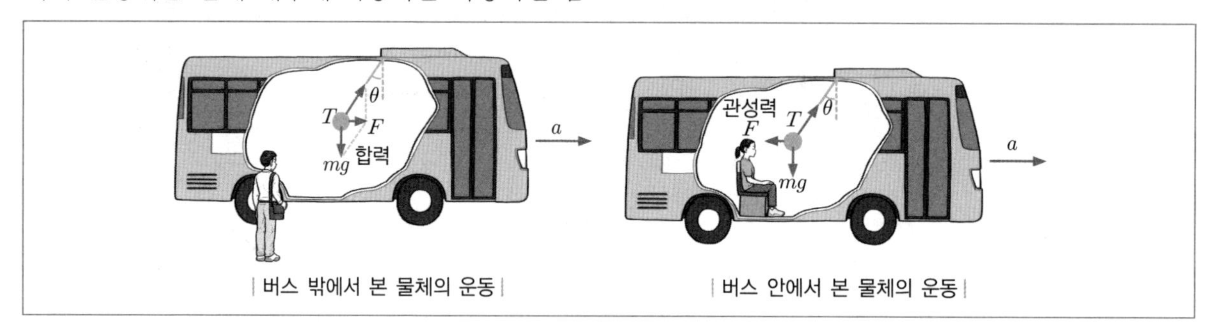

| 버스 밖에서 본 물체의 운동 | | 버스 안에서 본 물체의 운동 |

지면 관찰자와 버스 내부 관찰자의 운동 설명이 다름 ➡ 관성력 도입의 시발점

2. 제2법칙(가속도의 법칙)

물체에 힘이 작용할 때, 힘의 방향으로 가속도$\left(a=\dfrac{\Delta v}{\Delta t}=\dfrac{F}{m}\right)$가 생기며, 가속도의 크기는 힘의 크기에 비례하고 질량의 크기에 반비례한다.

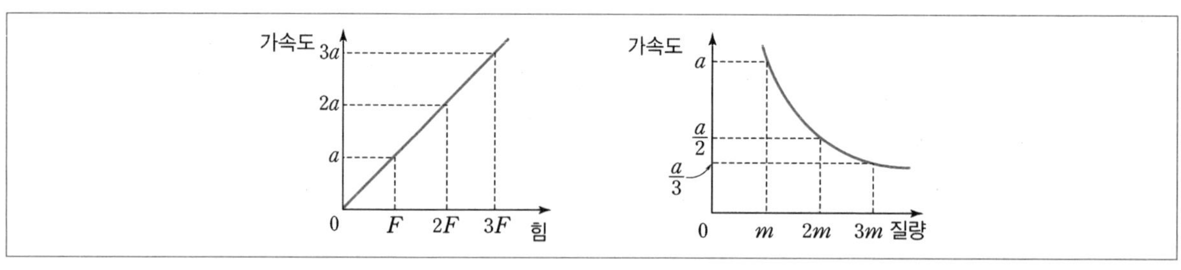

$$a=\frac{F}{m},\ F=ma$$

➡ (가속도) = (힘) / (질량)

3. 제3법칙(작용 · 반작용의 법칙)

물체 A가 물체 B에 힘(작용)을 작용하면 B도 A에 반드시 크기가 같고 방향이 반대인 힘(반작용)을 작용한다.

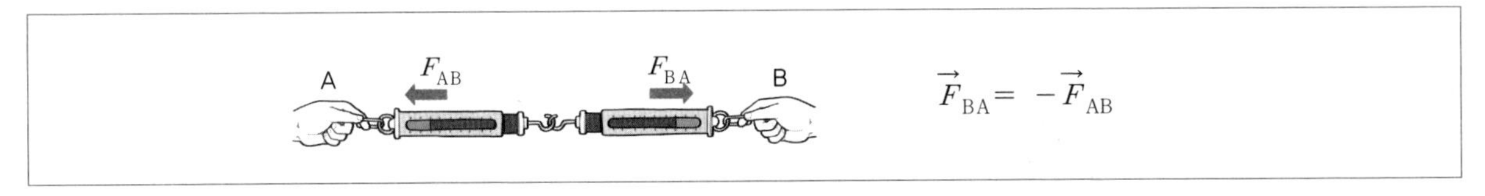

(1) 물체의 작용력은 목적어에 존재

A가 B에게 작용하는 힘

① 작용 · 반작용은 물체가 정지해 있거나 운동하고 있는 경우에도 성립한다.

② 작용 · 반작용은 모든 힘에 대해 성립하며 항상 쌍으로 나타난다.

③ 작용 · 반작용은 두 물체 사이에서 충돌이나 분열, 결합이 일어날 때에도 성립한다.

(2) 작용과 반작용의 조건

① 크기가 같다.

② 방향이 반대이다.

③ 동일 작용선상에 있어야 한다.

(3) 운동 제3법칙으로 설명되는 예

① 로켓이 연소된 연료를 분사하면서 추진된다.

② 몸이 벽에 부딪히면 벽으로부터 반작용을 받으므로 몸이 아프다.

③ 고무풍선에서 바람이 빠져나오면 고무풍선이 그에 대한 반작용을 받아서 날아간다.

④ 수영할 때 손으로 물을 휘저으면 그에 대한 반작용을 물로부터 받아서 몸이 앞으로 나아간다.

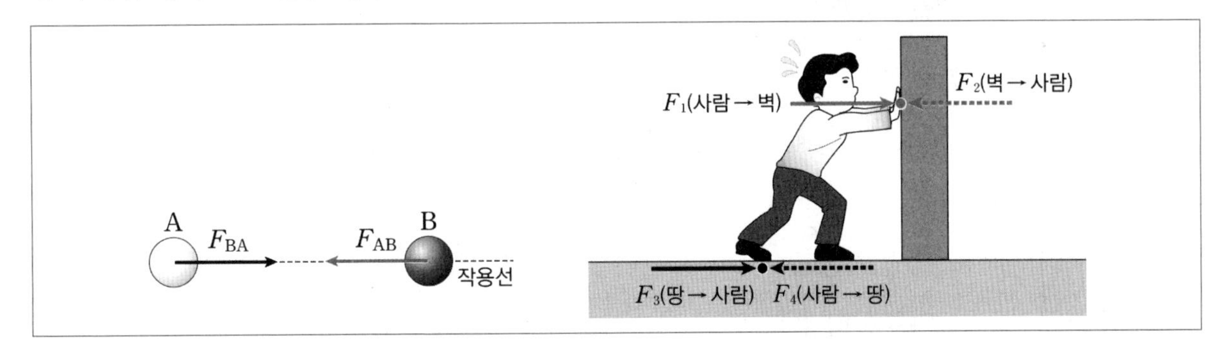

(4) 물체의 운동과 작용 · 반작용의 법칙

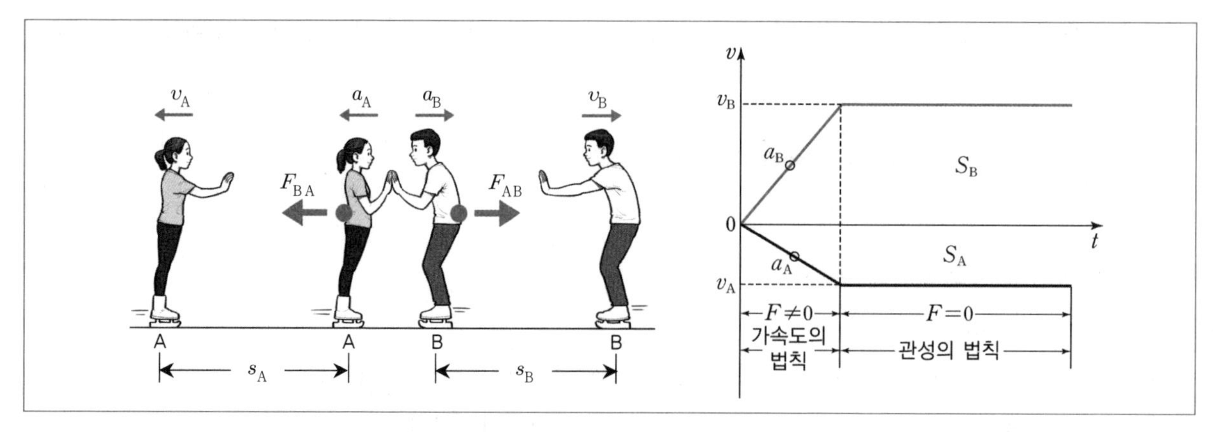

※ 작용과 반작용의 오해 ➡ 세 경우 용수철저울의 눈금은 ?이다.

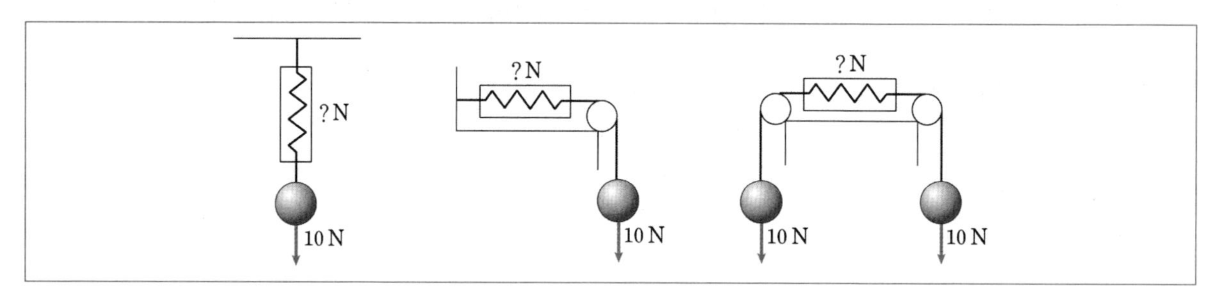

(5) 작용 · 반작용과 힘의 평형

구분	작용 반작용	평형인 두 힘
공통점	• 힘의 크기가 같다. • 힘의 방향이 반대이다.	
차이점	• 서로 다른 두 물체 사이에서 작용한다. • 작용점이 서로 다른 물체에 있다. • 합성할 수 없다. 작용 반작용	• 한 물체에 작용하는 두 힘이다. • 작용점이 같은 물체에 있다. • 두 힘을 합성하면 합력이 0이다. 힘 힘
예	F_4 F_1 F_3 F_2 • F_1 : 지구가 책을 잡아당기는 힘 • F_2 : 책이 지구를 잡아당기는 힘 • F_3 : 책이 책상면을 누르는 힘 • F_4 : 책상면이 책을 떠받치는 힘	

03 여러 가지 힘

1. 중력

질량을 가진 두 물체 사이에 작용하는 인력으로 지표면에서는 mg로 일정한 크기를 지닌다.

(1) 중력의 크기와 방향

$F = mg$ ➡ 중력은 물체의 무게!!, 지구 중심(연직) 방향

(2) 중력은 지구와 지구상의 물체 사이의 만유인력 $\left(F = G\dfrac{m_1 m_2}{r^2}\right)$에 해당

➡ $F = mg = G\dfrac{Mm}{r^2}$: (중력 가속도) $\propto \dfrac{(\text{천체의 질량})}{(\text{반지름})^2}$ $\left(g = \dfrac{GM}{r^2}\right)$

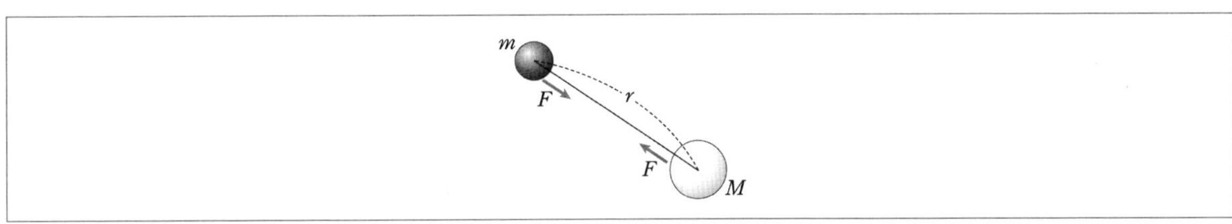

2. 장력

물체가 줄로부터 받는 힘을 장력이라 한다. (줄이 물체를 당긴다. ↔ 물체가 줄을 당긴다.)

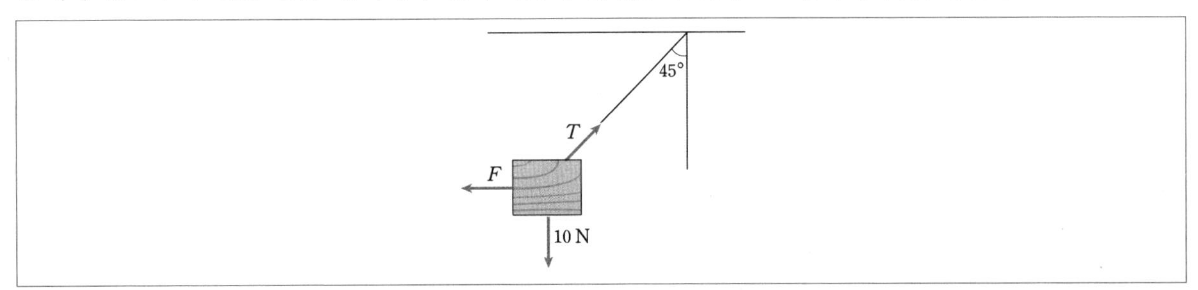

3. 수직 항력

물체가 접촉하는 표면에 수직으로 작용하는 힘을 수직 항력이라 한다.

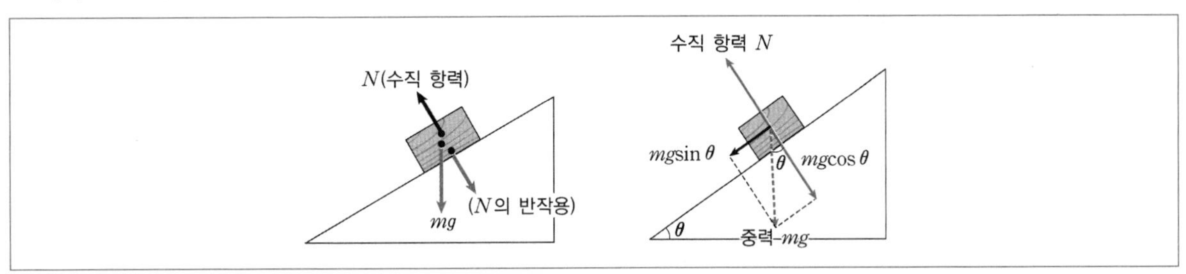

4. 마찰력

외력에 저항하거나 운동을 방해하는 힘을 마찰력이라 한다(정지~ / 운동~).

(1) 정지마찰력

정지된 상태에서 물체가 받는 마찰력(= 가해준 힘의 크기)

(2) 최대정지마찰력

정지해 있는 물체를 운동시키려면 최대정지마찰력보다 큰 힘을 가해야 한다.

① 안 움직일 때

$f = F_{외부}$

② 막 움직일 때

$f = \mu_s N$ ➡ 최대 정지 마찰력

③ 움직일 때

$f = \mu_k N$ ➡ 운동 마찰력

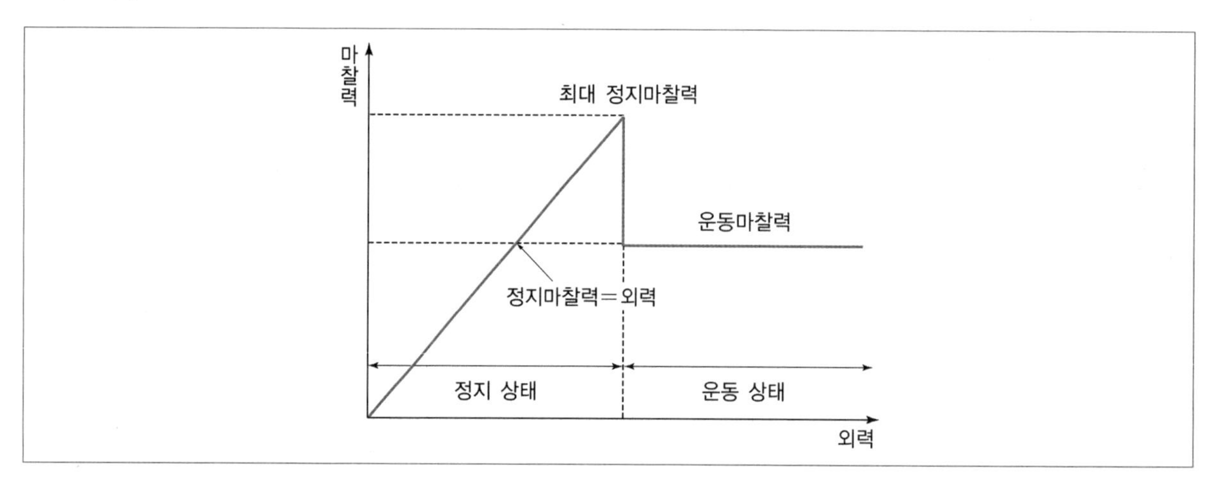

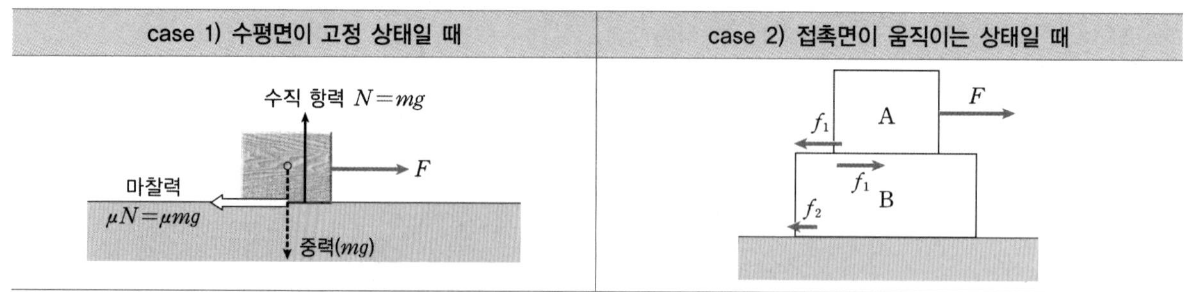

5. 탄성력

탄성을 가진 물체(탄성체)가 변형되었을 때, 원래 상태로 되돌아가려는 힘을 탄성력이라 한다($F=-kx$).

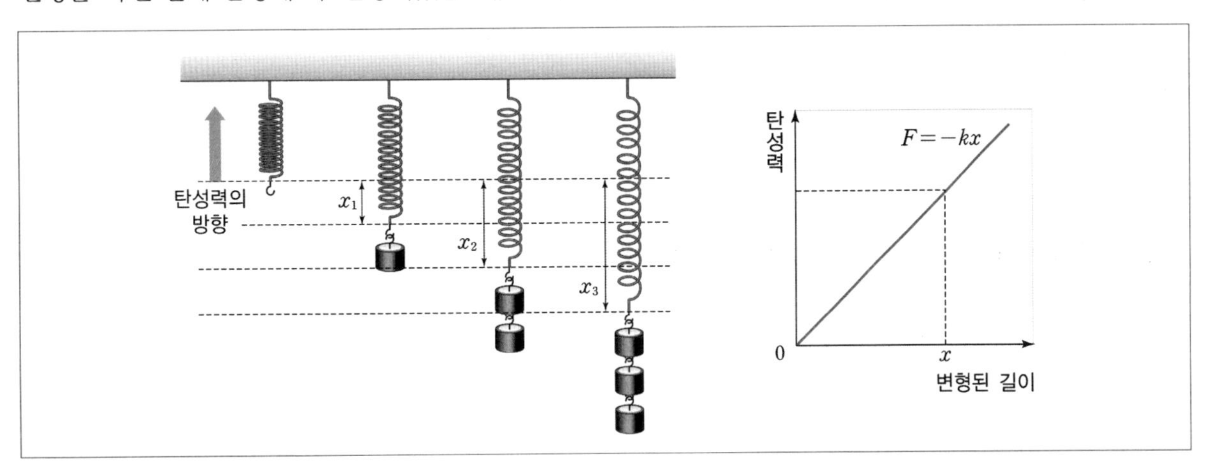

04 운동방정식

운동을 설명하는 방정식으로 물체의 가속도를 계산한다. 모든 물체에 대해 성립할 수 있으나, 두 개 이상의 물체가 같이 움직이는 경우, 운동 분석에 사용할 수 있다. 아래의 형태뿐만 아니라 다른 경우도 있으나, 다른 경우는 다음 장에서 분석해 보도록 한다.

1. 운동 방정식($\Sigma\vec{F}=m\vec{a}$)

물체 작용하는 합력이 알짜힘이므로 운동방정식은 알짜힘 방정식이라고 부를 수 있다. 물체의 알짜힘이란 $\Sigma\vec{F}$(물체의 합력), 그리고 물체의 질량과 가속도의 곱 $m\vec{a}$ 두 개를 의미한다.

운동방정식은 물체 하나당 방정식이 한 개이고 질량을 가진 물체의 개수만큼 운동방정식이 존재한다.

2. 운동방정식 풀이

운동방정식을 이용하여 물체에 작용하는 힘과 가속도를 구하여 물체의 운동을 분석할 수 있다.

3. 운동방정식의 유형

(1) 매끄러운 수평면 위에 놓인 두 물체의 운동방정식

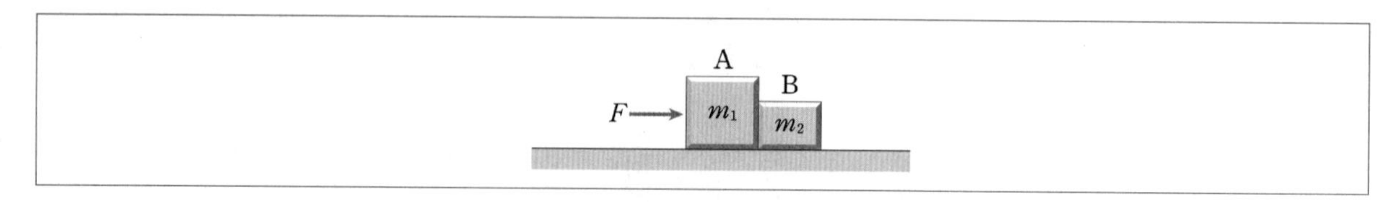

(2) 실로 연결되어 운동하는 두 물체의 운동방정식

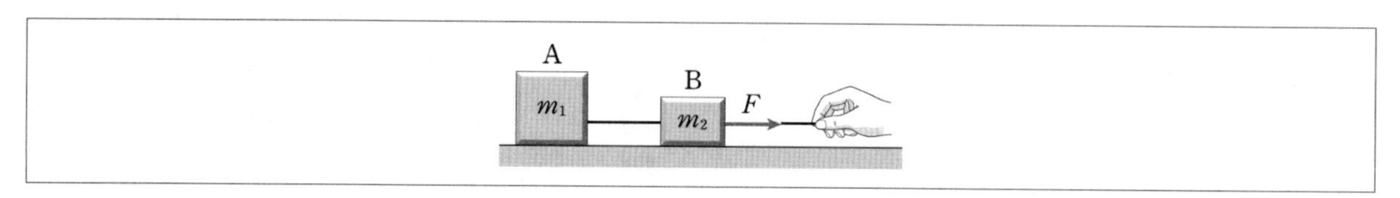

(3) 실이 도르래에 걸쳐져서 운동하는 두 물체의 운동방정식

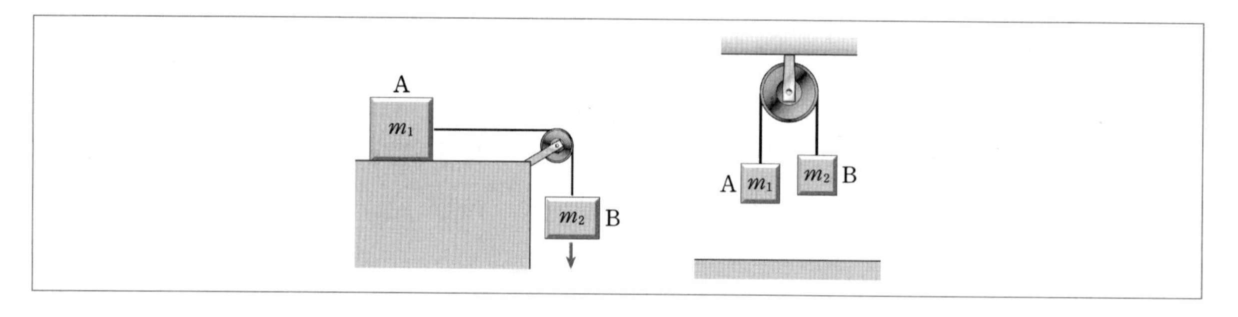

05 일과 에너지

1. 역학적 에너지 보존

(1) 일

일상생활에서 사용하는 '일'은 물리에서 사용하는 '일'과 의미가 다르다. 물리에서 사용하는 '일'은 물체에 힘을 작용해서 물체를 이동시키는 경우만을 말한다.

역도 선수가 역기를 들어 올리기 위해서는 일을 해야 한다. 그러나 역기를 계속 들고 있기만 하면 역도 선수가 한 일은 0이다. 왜냐하면 역기를 이동시키지 않았기 때문이다.

① 일의 정의

힘과 거리의 곱으로 나타내는 물리량이다($W=\int \vec{F} \cdot \vec{ds}$).

㉠ 힘의 방향과 물체의 이동 방향이 일치할 때

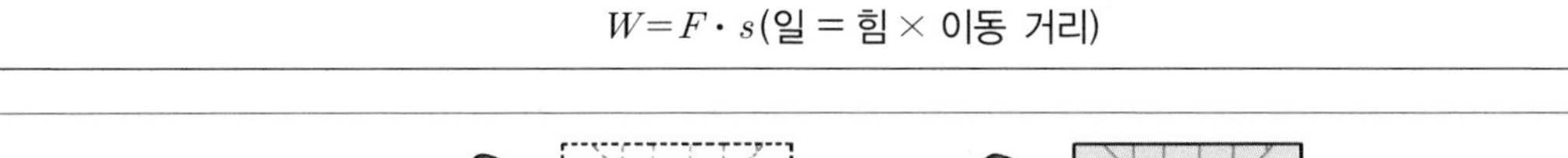

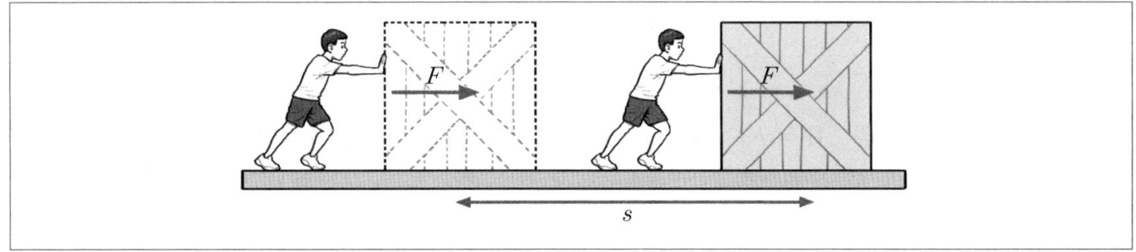

➡ 일은 힘과 이동한 거리의 곱이다.

※ 일의 단위: 일의 단위로는 J(줄)을 사용하며, 힘의 단위 N(뉴턴)에 거리의 단위 m(미터)를 곱한 N・m와 같다. 즉, 물체에 1N의 힘을 작용하여 1m 움직였을 때 1J의 일을 했다고 말한다.
1J = 1N × 1m = 1N・m

㉡ 힘의 방향과 물체의 이동 방향이 일치하지 않을 때: 아래 그림과 같이 물체의 이동 방향과 비스듬한 방향으로 힘이 작용하는 경우 힘 $\vec{F}$를 $F\cos\theta$와 $F\sin\theta$로 나눌 때 물체를 움직이는 데 도움을 주는 힘은 운동 방향과 나란한 성분의 힘 $F\cos\theta$이다. 따라서 이런 경우 일은 다음과 같이 정의한다.

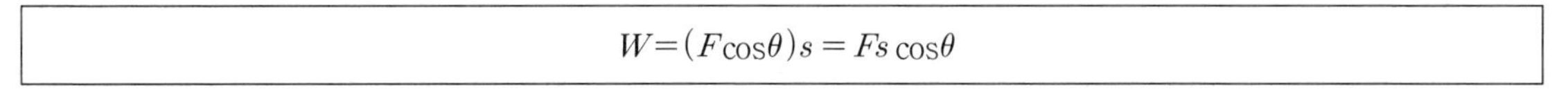

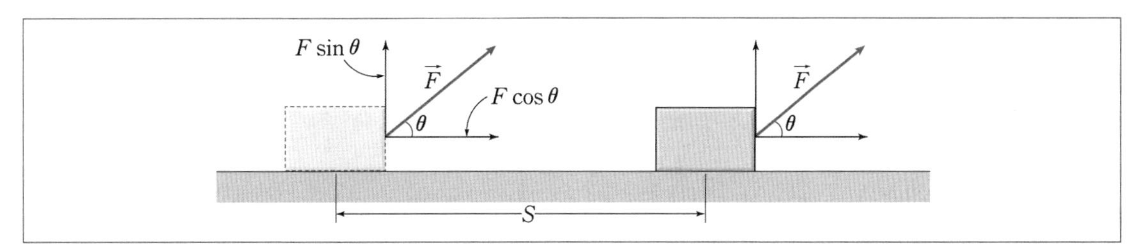

➡ 물체가 이동하는 데 도움을 준 힘은 $F\cos\theta$이며, $\vec{F}$가 한 일 $W=Fs\cos\theta$이다.

② $\cos\theta$ 값에 따른 변화

㉠ $\theta=0°$일 경우: 힘의 방향과 물체의 이동 방향이 일치한다. 식에 대입하면 $W=F\cdot s\cdot\cos 0°=F\cdot s$(일 = 힘 × 이동 거리)이며, 힘 $\vec{F}$가 한 일은 (+)값이다.

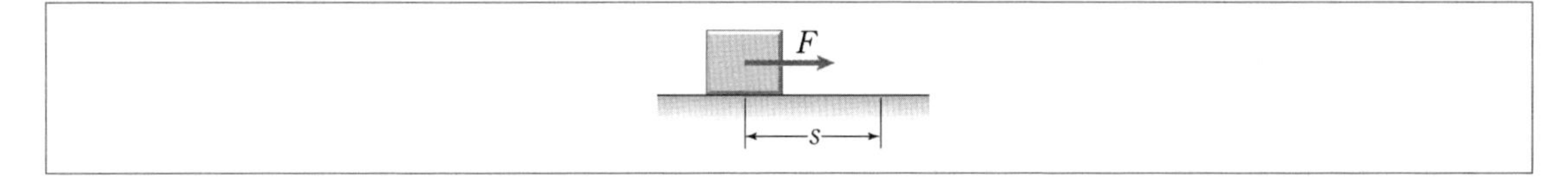

㉡ $0° < \theta < 90°$일 경우: $\cos\theta$ 값은 0보다 크며, 힘 $\vec{F}$가 물체에 한 일은 $W = F \cdot s \cdot \cos\theta$로써 (+)값이 된다.

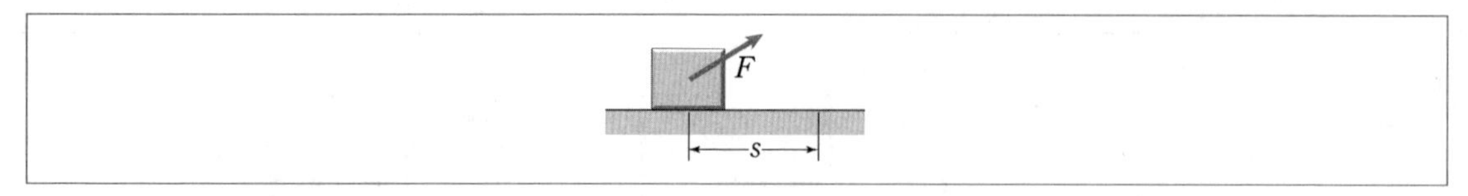

㉢ $\theta = 90°$일 경우: $W = F \cdot s \cdot \cos 90° = 0$이 되어 힘 $\vec{F}$가 물체에 한 일은 0이다.

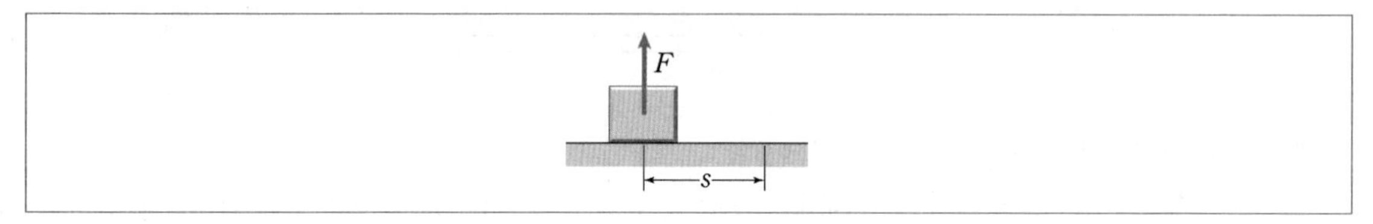

㉣ $90° < \theta < 180°$일 경우: $\cos\theta$ 값은 0보다 작으며, 힘 $\vec{F}$가 물체에 한 일은 $W = F \cdot s \cdot \cos\theta$로써 (−)값이 된다.

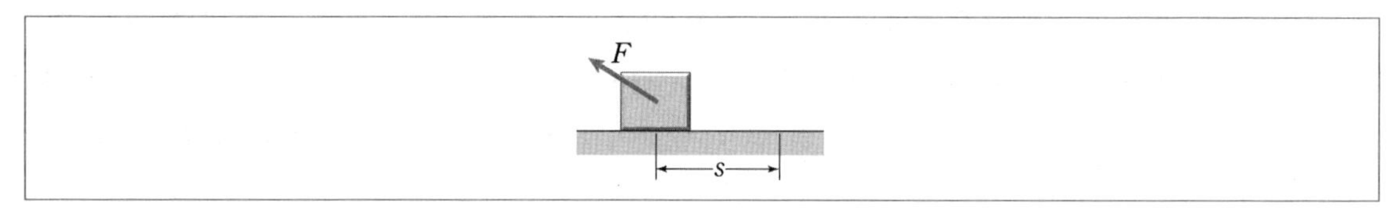

㉤ $\theta = 180°$일 경우: $\cos\theta$ 값은 -1이 되며, 힘 $\vec{F}$가 물체에 한 일은 $W = -F \cdot s$로써 (−)값이 된다.

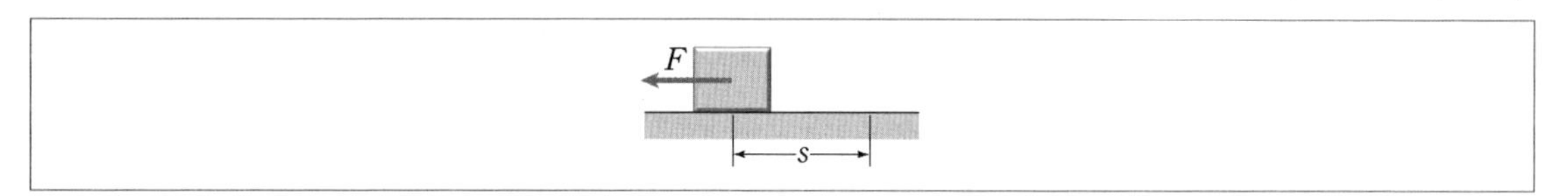

(2) 일의 부호

① "일>0" ($\cos\theta > 0$, $0° < \theta < 90°$)

힘의 방향으로 이동 ➡ 힘이 물체에 일을 하고, 물체가 외부로부터 일을 받는다.

② "일<0" ($\cos\theta < 0$, $90° < \theta < 180°$)

힘의 반대 방향으로 이동 ➡ 힘이 물체에 음의 일을 하고, 물체가 외부에 일을 한다.

예 물체에 의한 마찰력이 바닥면에 대해 하는 일

③ "일=0"인 경우

㉠ "$F = 0$"인 경우

㉡ "$s = 0$"인 경우

㉢ 힘과 이동 방향이 수직($\vec{F} \perp \vec{s}$)인 경우: $\theta = 90°$ ➡ $\cos 90 = 0$

예 무거운 물체를 든 상태에서 수평으로 이동할 때 하는 일(수평 방향으로 한 일은 0!!)

구분	힘이 0인 경우	물체가 이동하지 않는 경우	힘의 방향과 물체의 이동 방향이 수직인 경우
예	고무풍선차가 수평면에서 등속직선운동을 할 때 고무풍선차에 작용한 힘은 0이므로 고무풍선차가 받은 일은 0이다.	벽을 아무리 센 힘으로 밀어도 이동 거리가 0이므로 한 일은 0이다.	인공위성이 지구 주위를 등속 원운동을 할 때 힘의 방향과 운동 방향이 수직이므로 중력이 하는 일은 0이다. 인공위성 운동 방향 힘의 방향 지구

Chapter 02

예제 1 그림과 같이 마찰이 있는 경사진 면에 있던 질량 m인 물체가 s만큼 미끄러져 내려갔다. 내려가는 동안 작용한 힘에는 중력, 수직항력, 마찰력이 있다. 각각의 힘이 물체에 한 일은 얼마인가?

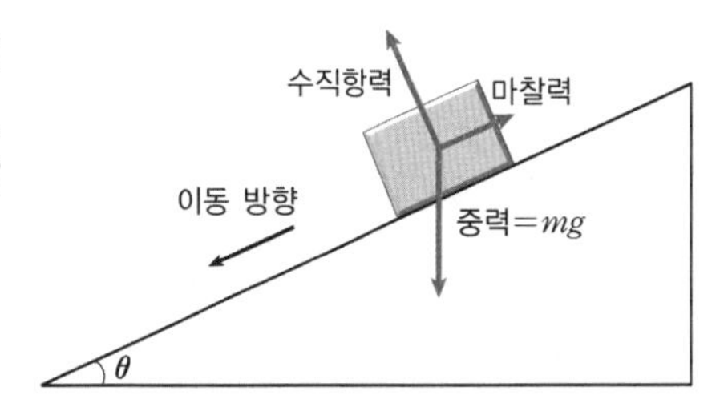

④ 힘-이동 거리 그래프

힘의 방향으로 물체가 이동한 경우 힘-이동 거리 그래프의 넓이는 일의 양을 나타낸다.

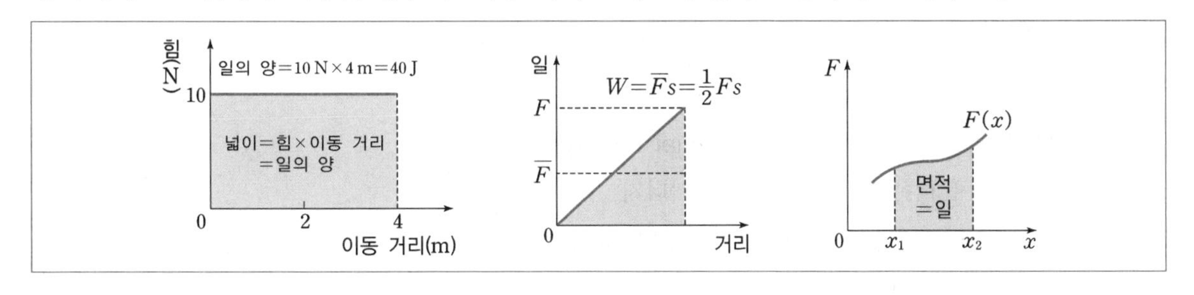

(3) 일의 변환

① 운동 에너지(기호 E_k : Kinetic Energy)

운동하는 물체가 가진 에너지

㉠ 운동 에너지의 식: 일의 정의와 등가속도 운동 공식에서 유도!!

$$W = \int \vec{F} \cdot \vec{ds} = mas = m\left(\frac{v^2 - v_0^2}{2}\right) = \frac{1}{2}mv^2 - \frac{1}{2}mv_0^2$$

(∵ 등가속도 운동 공식 (3) : $2as = v^2 - v_0^2$)

$\frac{1}{2}\times$(질량)$\times$(속도)^2 형태의 에너지를 (운동 에너지) ➡ $E_k = \frac{1}{2}mv^2$

㉡ 일-(운동) 에너지 정리: (물체가 받은 일 W)=(운동 에너지의 변화)

$$W = \Delta E_k = E_2 - E_1 \qquad (Fs) = \left(\frac{1}{2}mv^2\right) - \left(\frac{1}{2}mv_0^2\right)$$

㉢ 일과 에너지의 관계

ⓐ 물체가 일을 할 수 있는 능력을 에너지라고 한다.

ⓑ 물체가 외부에서 일을 받으면 받은 일만큼 에너지가 증가하고, 반대로 외부에 일을 하면 한 일만큼 에너지가 감소한다.

ⓒ 마찰이나 공기 저항이 없을 때 물체가 한 일이나 받은 일 W만큼 물체에는 에너지 변화 ΔE가 생긴다.

주의 물체가 받은 모든 일이 운동 에너지의 변화에만 쓰였을 때 성립하는 식!! (추가 식이 필요함!!)
마찰이 존재할 때는 $W - fS = \Delta E_k$ [물체가 한 일이나 받은 일-마찰에 의한 소비에너지=운동 에너지 변화량]

② 퍼텐셜(위치) 에너지(기호 E_P : Potential Energy)

계(system)에 대해 한 일이 저장된 에너지

㉠ 중력 퍼텐셜 에너지: 지표면 근처(중력가속도 g로 일정한 곳)에서 질량 m인 물체를 들기 위한 힘(=물체의 무게)은 $F = mg$이다.
이 힘으로 높이 h만큼 들어 올리기 위해 물체에 한 일이 중력 퍼텐셜 에너지가 된다.

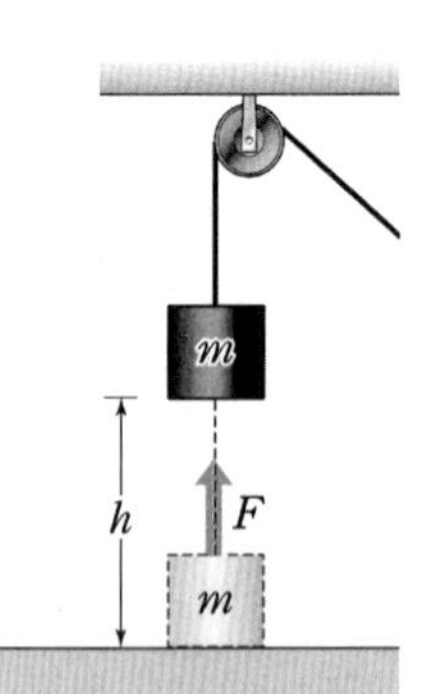

$$W = Fs = (mg)h \Rightarrow (\text{변위 } s) = (\text{높이 } h)$$
$$E_P = mgh$$

➡ 중력 퍼텐셜 에너지는 (기준점(높이): $h = 0$인 점)에 따라 다른 값을 가질 수 있다.

심화 지면에서 높이 올라가면(대기권 이상) 더 이상 중력가속도를 일정하게 볼 수 없다. 이때는 ② "만유인력에 의한 퍼텐셜 에너지" 식을 써야 한다!!

ⓛ **식 유도**: 질량 m인 물체가 지구(질량 M) 중심으로부터 거리 r만큼 떨어진 지점에서 만유인력을 받을 때, 무한(∞)대로부터 r까지 오기 위해 한 일이 만유인력에 의한 퍼텐셜 에너지가 된다.

만유인력식 $F=G\dfrac{Mm}{r^2}$에서, $W=E_P=-\int_{\infty}^{r}F(r)\,dr=-\int_{\infty}^{r}-\dfrac{GMm}{r^2}\,dr=-\left[\dfrac{GMm}{r}\right]_{\infty}^{r}$

$\therefore\ E_p(r)=-\dfrac{GMm}{r}$ (기준점: 지구로부터 ∞지점일 때 $E_p=0$, 가까워질수록 음(-)의 값으로 작아짐)

ⓒ **중력에 의한 위치 에너지와 이동 경로**

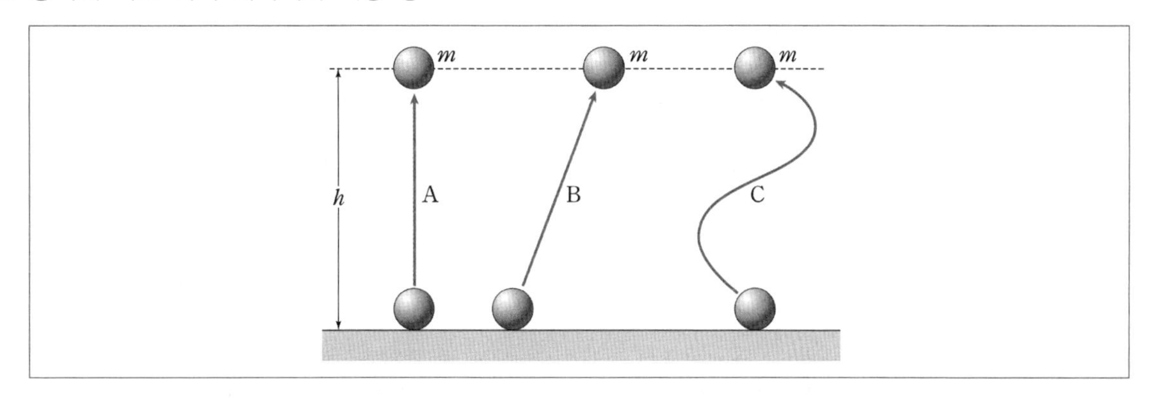

그림에서 물체를 A경로를 따라 지면으로부터 높이 h인 곳까지 이동시킨 경우나 B, C 경로를 따라 이동시킨 경우나 증가한 위치 에너지의 양은 같다.
증가한 위치 에너지의 양은 물체에 한 일과 같으므로, 물체를 A, B, C 경로로 이동시켰을 경우 물체에 한 일의 양은 모두 같다.

ⓔ **용수철에 의한 (탄성) 위치 에너지**: 용수철과 같은 탄성체에 힘을 가하면 변형이 된다. 이때 용수철은 줄어들면서 물체를 끌어당기는 일을 하거나, 늘어나면서 물체를 밀어내는 일을 한다. 이처럼 늘어나거나 압축된 탄성체가 가지고 있는 에너지를 탄성력에 의한 위치 에너지라고 한다.
용수철을 늘이기 위해 한 일(W)이 용수철이 갖게 되는 탄성 퍼텐셜에너지(= E_P)이다.

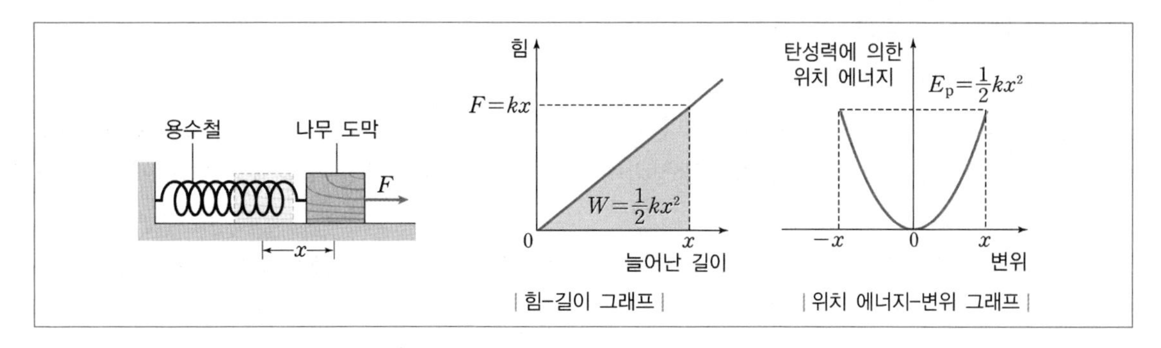

| 힘-길이 그래프 |

| 위치 에너지-변위 그래프 |

$$W = \overline{F}s = \left(\frac{kx}{2}\right)x = \frac{1}{2}kx^2$$

$$E_P = \frac{1}{2}kx^2$$

➡ (탄성력)-(변형길이) 그래프의 밑넓이가 퍼텐셜 에너지

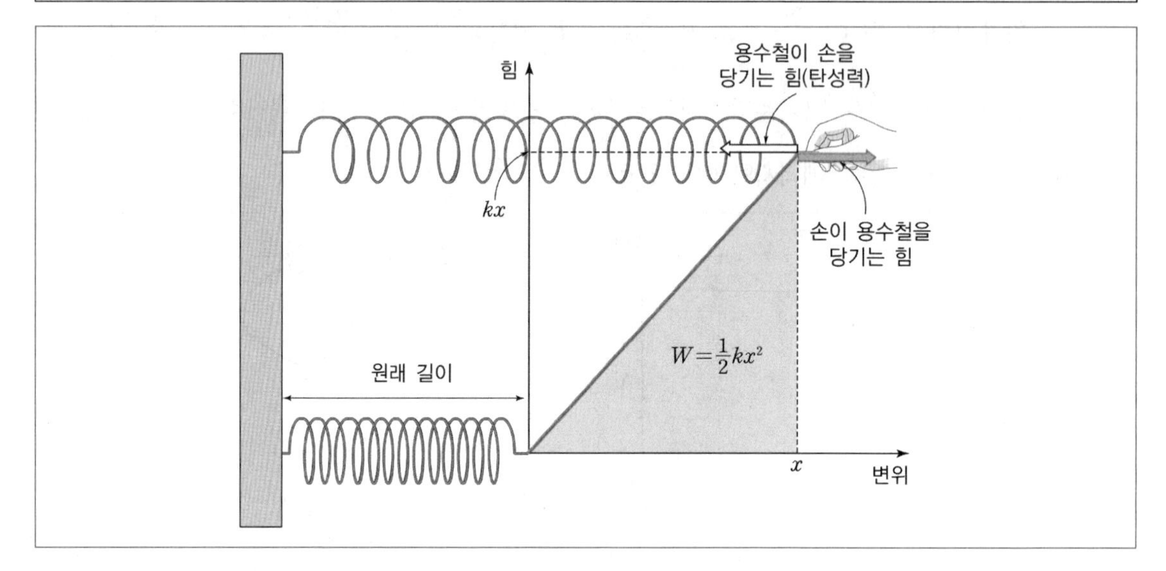

위 그림에서 용수철 상수(탄성 계수) k인 용수철의 길이를 x만큼 늘어나게 했을 때 손이 용수철을 잡아당기는 힘 $F = kx$가 되며, 그때까지 사람이 한 일은 힘-변위 그래프의 면적과 같다.

즉, $W = x \times kx \times \frac{1}{2} = \frac{1}{2}kx^2$이 된다.

사람이 한 일만큼 용수철에 에너지로 저장되는데 이 에너지를 '탄성력에 의한 위치 에너지' 또는 '탄성 에너지'라고 한다. 탄성력에 의한 위치 에너지는 $E_p = \frac{1}{2}kx^2$(x : 용수철이 늘어나거나 압축된 길이)가 된다.

(4) 역학적 에너지의 보존

① 역학적 에너지 보존 법칙

㉠ **역학적 에너지**: 물체의 운동 에너지와 위치 에너지의 합을 '역학적 에너지'라고 한다. 위치 에너지에는 중력에 의한 위치 에너지, 탄성력에 의한 위치 에너지(탄성 에너지), 전기력에 의한 위치 에너지 등이 있다.

㉡ **역학적 에너지 보존 법칙**: 마찰이나 공기 저항 등을 무시할 때 물체의 운동 에너지와 위치 에너지의 합은 일정하게 보존된다. 이것을 '역학적 에너지 보존 법칙'이라 한다.

㉢ **역학적 에너지가 보존되지 않는 경우**: 마찰이나 저항력 등이 작용하면 역학적 에너지가 보존되지 않는다.

② 중력을 받으며 운동하는 물체

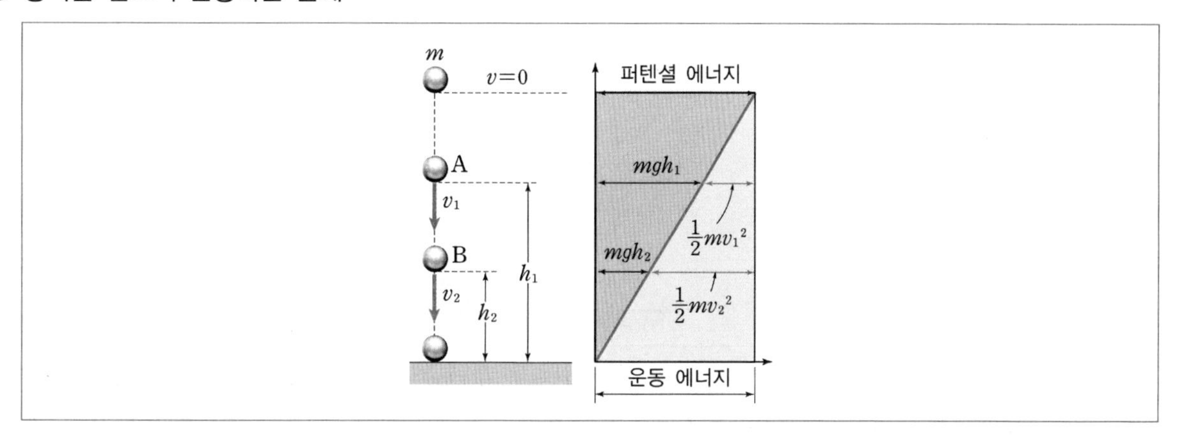

㉠ **중력에 의한 역학적 에너지 전환**: 중력에 의해 물체는 위치 에너지와 운동 에너지가 서로 전환된다. 즉, 위치 에너지가 감소한 만큼 운동 에너지가 증가하여 둘의 합은 항상 일정하게 보존된다.

㉡ **중력에 의한 역학적 에너지 보존 법칙**: 지면으로부터 높이 H인 지점에서 질량 m인 물체를 낙하시킬 때, A지점에서의 높이와 속력을 각각 h_1, v_1이라 하고, B지점에서의 높이와 속력을 각각 h_2, v_2라고 할 때, 물체가 A지점에서 B지점까지 낙하하는 동안 중력이 한 일

$$W = F \cdot s = mg(h_1 - h_2) \;\cdots\cdots\; ⓐ$$

가 되며, 중력이 한 일만큼 운동 에너지가 증가하게 된다.

$$\text{즉, } W = \Delta E_k = \frac{1}{2}mv_2^2 - \frac{1}{2}mv_1^2 \;\cdots\cdots\; ⓑ$$

가 된다. ⓐ, ⓑ를 연립하여 풀면, $mgh_1 - mgh_2 = \frac{1}{2}mv_2^2 - \frac{1}{2}mv_1^2$이 되며, 이것이 '중력에 대한 역학적 에너지 보존 법칙'이다. 즉, 마찰이나 공기 저항이 없다면, 지표면 근처에서 운동하는 물체는 중력에 의해 위치 에너지와 운동 에너지가 서로 전환되지만, 그 합인 역학적 에너지는 일정하게 보존된다.

$$E = (mgh_0) = \left(\frac{1}{2}mv_1^2\right) + mgh_1 = \frac{1}{2}mv_2^2 + (mgh_2) = \frac{1}{2}mv^2 = (\text{일정})$$

➡ 운동 방향에 수직 방향의 힘만 존재할 경우 역학적 에너지가 보존된다.

ⓐ 진자의 운동과 역학적 에너지 보존(장력 T가 이동 방향과 항상 수직)

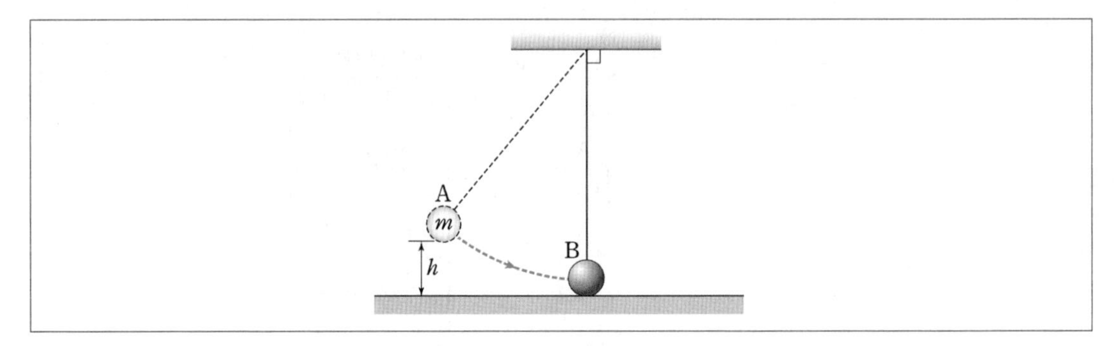

마찰이나 공기 저항을 무시할 때 실에 매달린 추(단진자)의 운동에서도 역학적 에너지가 보존된다. B점을 위치 에너지의 기준점으로 잡으면 A점에서 위치 에너지는 mgh이며, 운동 에너지는 0이다. 따라서 A점에서 역학적 에너지는 $mgh+0=mgh$가 된다. 추가 B점으로 가면서 속력이 증가하여 B점에서의 속력이 v라면 운동 에너지는 $\frac{1}{2}mv^2$이며, 위치 에너지는 0이다. 따라서 B점에서 역학적 에너지는 $0+\frac{1}{2}mv^2=\frac{1}{2}mv^2$가 된다. A점과 B점에서 역학적 에너지는 같으므로 $mgh=\frac{1}{2}mv^2$이 성립한다.

> **예제 2** 위 그림(단진자)에서 B점에서의 속력을 g, l, θ로 표현하시오. (단, 중력 가속도의 크기는 g이다.)

ⓑ 곡면 트랙에서 움직일 때 역학적 에너지 보존(수직항력 N은 이동 방향과 항상 수직)

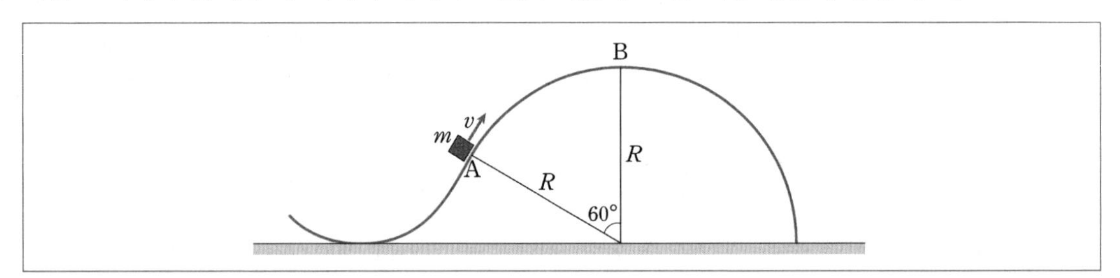

③ 탄성력을 받으며 운동하는 물체

㉠ **탄성력에 의한 역학적 에너지 전환**: 탄성력에 의해 운동하는 물체의 위치 에너지와 운동 에너지는 서로 전환된다. 즉, 위치 에너지가 감소하면 같은 양만큼 운동 에너지가 증가한다.

㉡ **탄성력에 의한 역학적 에너지 보존 법칙**: 마찰이 없는 수평면상에서 용수철에 매달려 진동하는 물체에 대해 생각해 보자. 다음 그림과 같이 용수철에 매달린 물체를 A만큼 잡아당겨 진동시키면 물체는 원래의 위치 O를 중심으로 진동한다. 물체가 평형 위치(O)에서 x_1만큼 떨어진 A점에서 평형 위치에서 x_2만큼 떨어진 B지점까지 운동하는 동안 탄성력(용수철이 물체를 끌어당기는 힘)이 한 일은 아래 그래프의 색칠한 면적과 같으며, $W=\frac{1}{2}k(x_1^2-x_2^2)$이다. 용수철이 물체에 한 일만큼 물체의 운동 에너지가 증가하므로($W=\Delta E_k$), $W=\frac{1}{2}k(x_1^2-x_2^2)=\frac{1}{2}mv_2^2-\frac{1}{2}mv_1^2$이 된다. 이것을 정리하면 다음과 같다.

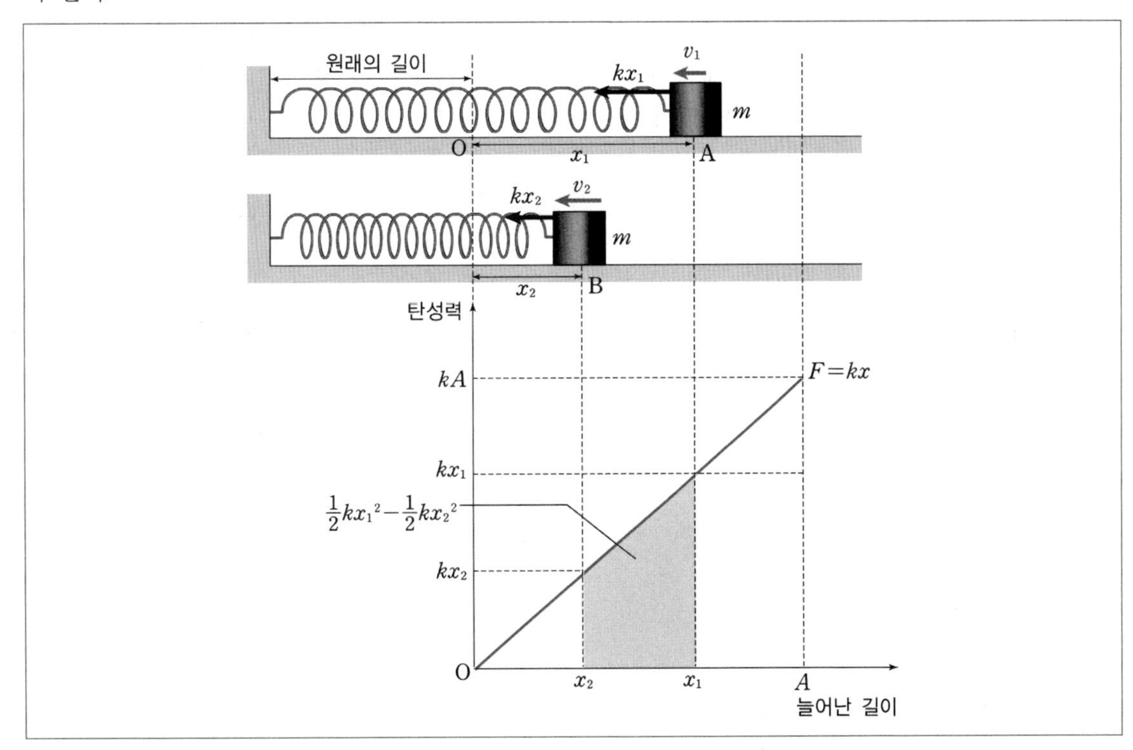

$$\frac{1}{2}kx+\frac{1}{2}mv=\frac{1}{2}kx+\frac{1}{2}mv \Rightarrow \frac{1}{2}kA^2=\frac{1}{2}mV^2$$

(A: 용수철의 최대 변위(진폭), V: 진동 중심(O)에서의 속력)

이것이 '탄성력에 대한 역학적 에너지 보존 법칙'이다.

ⓒ 변형된 길이에 따른 용수철에 저장된 탄성력에 대한 위치 에너지와 물체의 운동 에너지

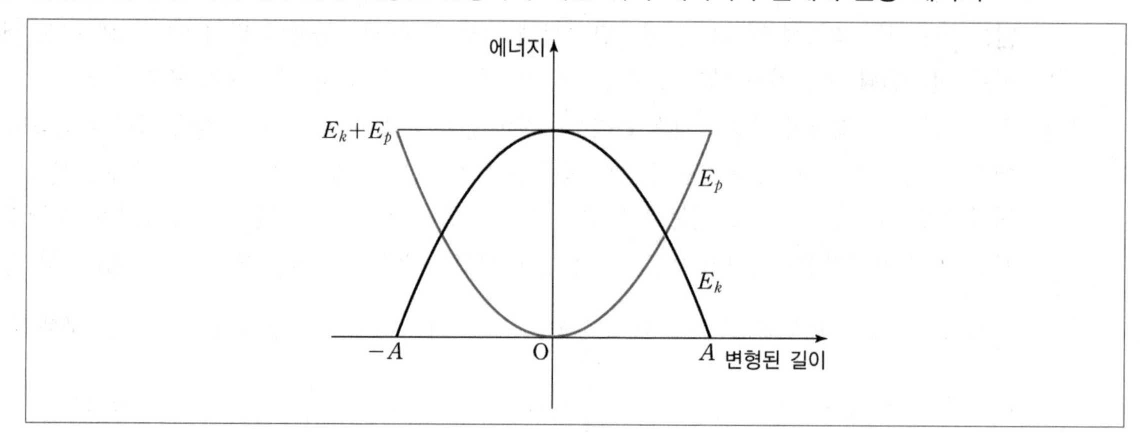

용수철의 변형된 길이에 따른 탄성력에 의한 위치 에너지(E_p)와 운동 에너지(E_k)의 크기를 나타낸 그래프이다. 탄성력에 의한 위치 에너지는 변형된 길이의 제곱에 비례하므로 위로 오목한 포물선 형태가 되며, 변형된 길이에 대한 운동 에너지의 그래프는 위로 볼록한 그래프가 된다. 역학적 에너지($E = E_k + E_p$)는 모든 위치에서 동일한 값을 갖는다.

④ 일과 에너지 정리 종합

$$W = \int \vec{F} \cdot d\vec{S} = \Delta E_k + \Delta E_p + fs$$

외부힘이 물체에 일을 하면 그 값은 운동 에너지 변화량, 위치 에너지 변화량, 마찰력이 한 일의 합과 같다.

연습문제

정답_ 367p

01 다음 그림은 수평인 마찰면 위의 물체에 크기가 F인 힘을 가해 당길 때, 물체가 등속도 운동하는 것을 나타낸 것이다. 물체의 무게는 W이고, 힘이 마찰면과 이루는 각도는 $60°$로 일정하다.

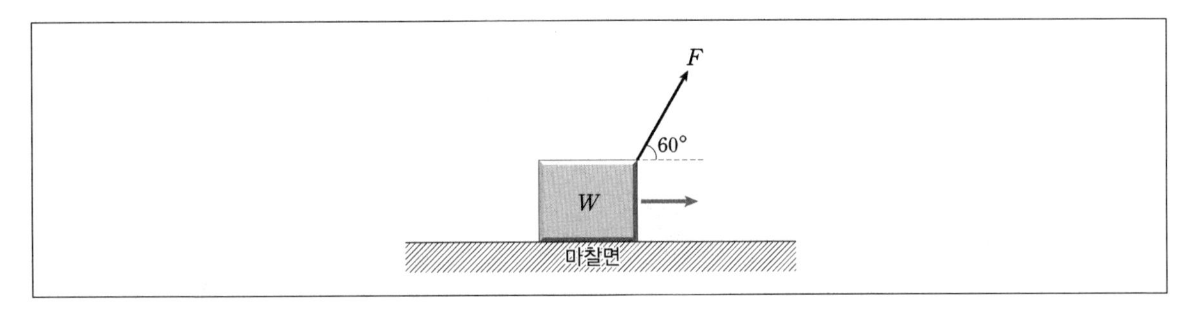

이때 물체에 작용하는 마찰력의 크기를 F로 구하시오. 또한 운동 마찰계수를 구하시오. 그리고 물체가 수평 방향으로 등속 운동이 가능하기 위한 W와 F의 조건을 구하시오. (단, 공기 저항은 무시한다.)

02 다음 그림 (가)와 (나)는 수평면 위에 질량이 각각 m, $2m$인 물체 A, B를 놓고 B와 A에 각각 크기가 F인 힘이 오른쪽으로 일정하게 작용하는 모습을 나타낸 것이다. (가), (나)에서 A는 B 위에서 미끄러졌다. 수평면과 B 사이에는 마찰이 없으며, A와 B 사이에는 마찰력이 작용한다. (가)에서 A와 B의 가속도의 크기는 B가 A의 2배이다.

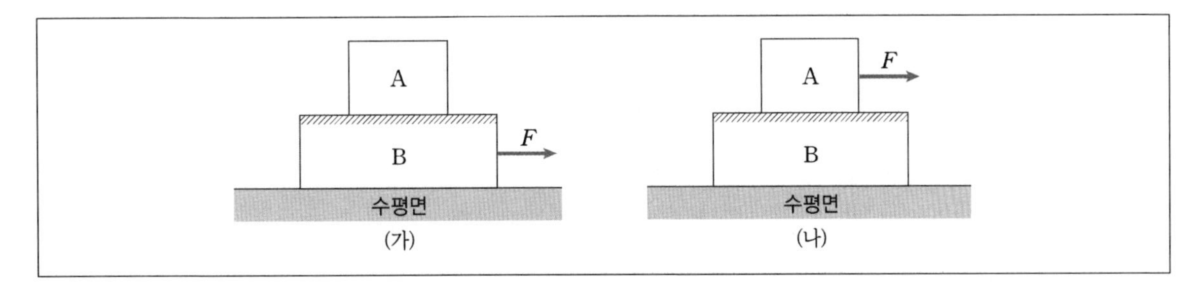

이때 A와 B 사이에 작용하는 운동마찰력의 크기를 구하시오. 또한 (나)에서 A의 가속도의 크기를 구하시오. (단, 공기저항은 무시하고, 미끄러지는 동안에 물체 A는 물체 B위에서 운동한다.)

03 다음 그림과 같이 수평면에 대하여 경사각이 θ인 마찰이 있는 경사면에 질량이 m인 물체를 P지점에서 초기 속력 v_0로 쏘아 올렸더니 Q지점에서 정지하여 다시 P지점으로 내려왔다. 올라갈 때 걸린 시간은 내려올 때의 시간의 $\frac{1}{2}$배이다.

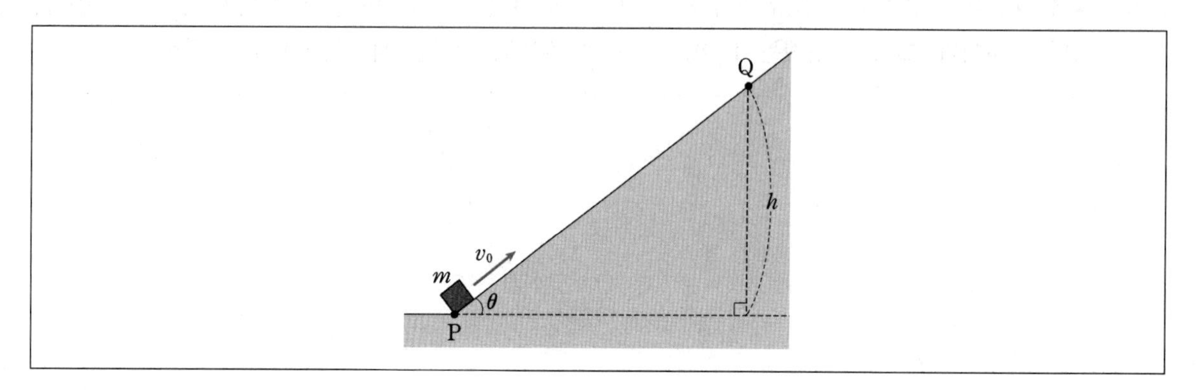

이때 마찰력은 크기 f와 높이 h를 각각 구하시오. (단, 중력 가속도의 크기는 g이고, 공기저항과 물체의 크기는 무시한다.)

04 다음 그림과 같이 두 물체가 도르래에 연결되어 운동하고 있다. 물체 A와 경사면 사이의 운동 마찰계수는 $\dfrac{1}{2\sqrt{3}}$ 이고, 경사각은 30° 이다.

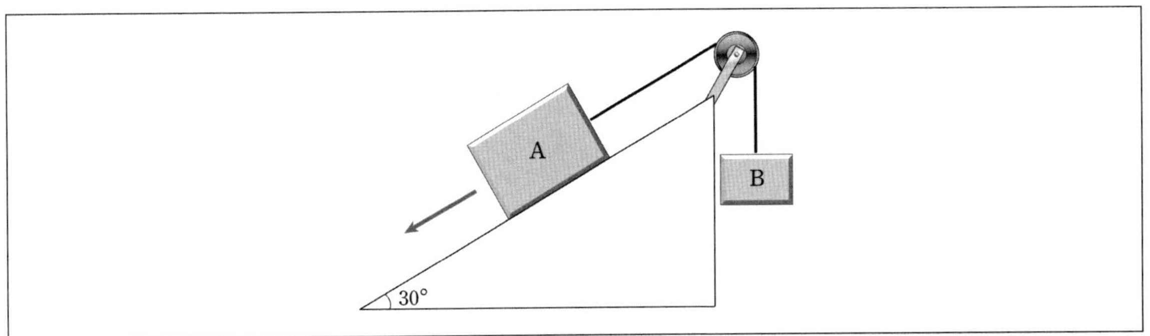

이때 물체 A가 빗면 아래로 등속 운동하기 위한 두 물체의 질량비 $\dfrac{m_B}{m_A}$ 를 구하시오. 또한 줄을 끊었을 때, 물체 A의 가속도의 크기 a를 구하시오. (단, 중력 가속도의 크기는 g이고, 공기 저항 및 줄의 질량은 무시한다.)

05 다음 그림과 같이 질량 2kg인 물체 A와 4kg인 물체 B를 가는 줄로 연결하여 경사각이 30°인 빗면 위에 올려놓고 물체 B에 빗면과 나란한 방향으로 48N의 힘을 작용하였더니 2m/s의 등속도 운동을 하다가 물체 A의 앞부분이 P점을 통과할 때 물체 A, B를 연결한 줄이 끊어졌다.

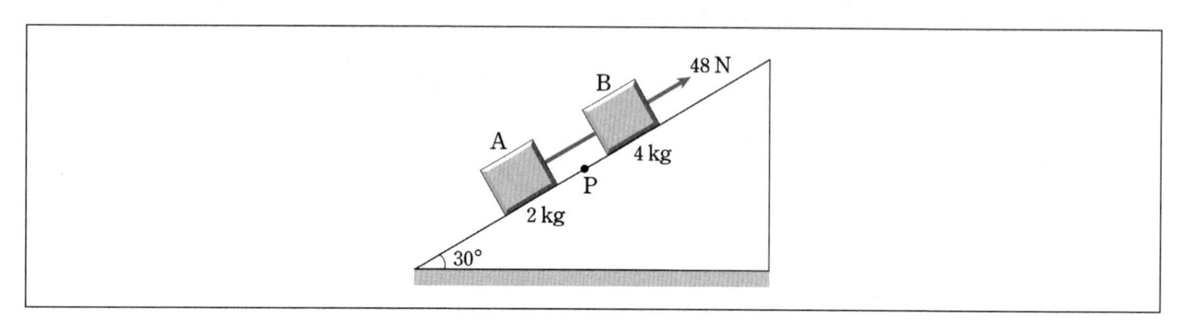

이때 줄이 끊어지기 전 물체 A와 수평면 사이의 마찰력 f_A를 구하시오. 그리고 줄이 끊어진 다음 물체 A가 P점으로부터 빗면을 따라 올라간 최대 거리를 구하시오. 또한 줄이 끊어진 직후부터 물체 A의 속도가 0이 될 때까지 물체 B가 운동한 거리를 구하시오. (단, 줄의 질량은 무시하고, 중력 가속도는 10m/s^2이다.)

06 다음 그림과 같이 물체가 줄로 추와 연결되어 경사각이 30°인 마찰이 있는 경사면에서 2m/s의 속력으로 등속도 운동을 한다. 물체가 점 P를 지나는 순간 줄을 끊었더니, 물체가 최고점 Q에 도달하였다가 다시 내려와 v_p의 속력으로 P를 지난다. 물체와 추의 질량은 각각 3kg, 2kg이고, 경사면과 물체 사이의 운동 마찰 계수는 μ이다.

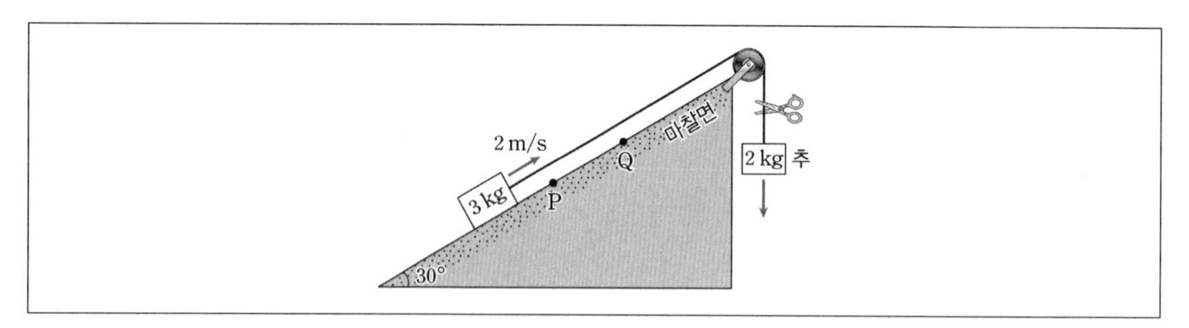

이때 운동 마찰계수 μ를 구하시오. 또한 P와 Q 사이의 거리와 속력 v_p를 각각 구하시오. (단, 중력 가속도의 크기는 10m/s^2이고, 물체의 크기, 줄과 도르래의 질량, 도르래의 마찰과 공기 저항은 무시한다.)

07 다음 그림 (가)는 경사각 θ인 빗면 위에 질량 m인 물체 A가 놓여 있는 것을 나타낸 것이다. A는 $\theta = 30°$가 되었을 때 미끄러지기 시작하여 $\frac{1}{10}g$의 일정한 가속도로 운동한다. 그림 (나)는 (가)와 동일한 빗면에서 $\theta = 30°$일 때 질량 $2m$인 물체 B에 실로 연결된 A가 빗면을 따라 일정한 가속도 a로 올라가는 모습을 나타낸 것이다.

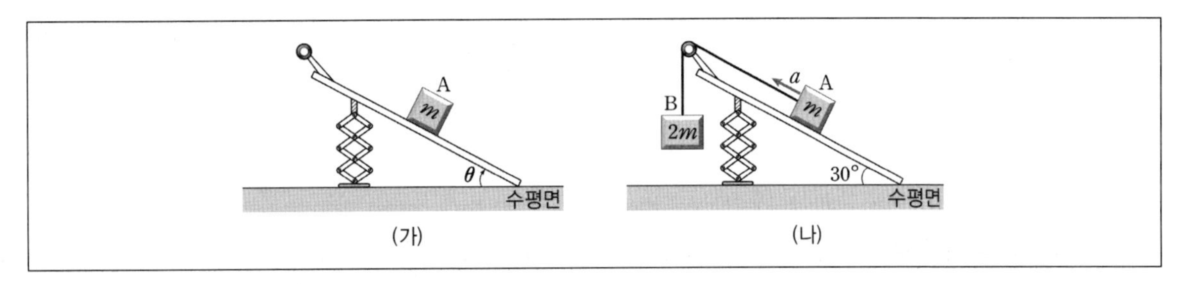

이때 빗면과 물체 A 사이의 정지마찰계수와 운동 마찰력을 각각 구하시오. 또한 (나)에서 물체 A의 가속도 a의 크기를 구하시오. (단, 중력 가속도는 g이며, 공기 저항 및 도르래와 실의 마찰은 무시한다.)

08 다음 그림과 같이 질량이 m인 물체 A와 질량이 $2m$인 물체 B가 경사면에 고정된 도르래를 통해 줄로 연결되어 경사각이 30°인 경사면에 놓여 있다. A와 B 사이에는 정지 마찰계수가 μ이고 운동 마찰계수는 $\frac{\mu}{2}$이며, B와 경사면 사이의 마찰은 무시한다.

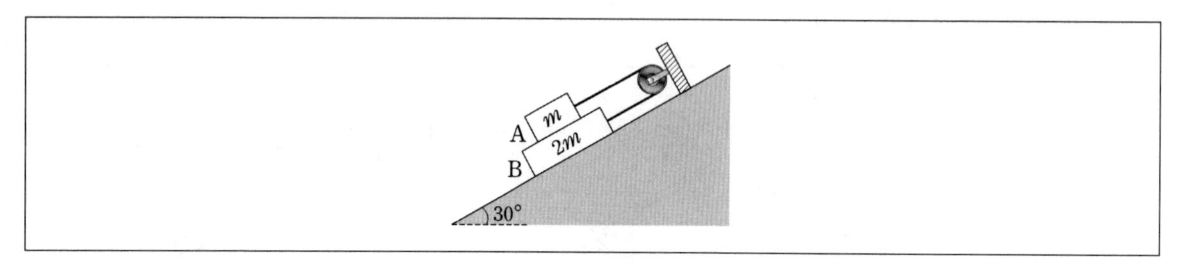

이때 두 물체가 움직이기 위한 정지마찰계수의 최댓값 μ_{max}를 구하시오. 또한 두 물체가 움직일 때, 장력의 크기 T를 구하시오. (단, 중력 가속도의 크기는 g이고, 공기 마찰과 줄과 도르래의 마찰 및 줄의 질량은 무시한다.)

09 다음 그림은 마찰이 없는 수평면에서 질량이 $2m$인 물체 A에 질량이 m인 물체 B를 올려놓고 질량이 M인 추에 줄로 연결했을 때, A, B와 추의 운동을 나타낸 것이다. A와 B 사이의 정지 마찰계수는 $\frac{2}{3}$이고, 운동 마찰계수는 $\frac{1}{2}$이다.

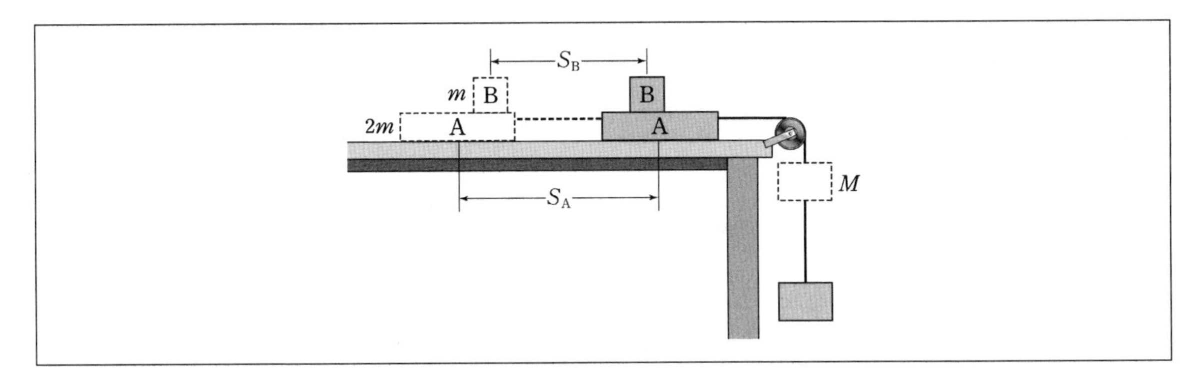

이때 B가 A 위에서 미끄러지기 위한 질량 M의 최솟값을 구하시오. 또한 $M=8m$일 때, 정지 상태로부터 A가 이동한 거리 S_A와 B가 이동한 거리 S_B의 비 $\frac{S_B}{S_A}$를 구하시오. (단, 중력 가속도의 크기는 g이고, 도르래와 줄의 마찰 및 줄의 질량과 공기 저항은 무시한다.)

10 다음 그림 (가)와 같이 질량이 각각 m, 6kg인 물체 A, B를 도르래를 통해 실로 연결하고 시간 $t=0$일 때 A를 가만히 놓았더니 B가 4초 후에 수평면에 도달하여 달라붙는다. 그림 (나)는 A의 운동량을 시간에 따라 나타낸 것이다.

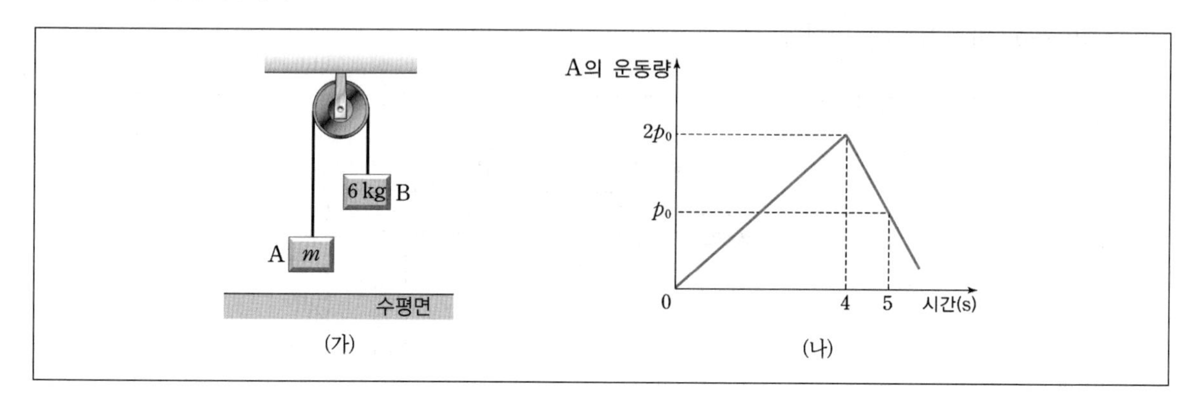

(가) (나)

이때 A의 질량을 구하시오. 또한 $0 < t < 4$일 때, B의 가속도의 크기와 줄에 걸리는 장력을 각각 구하시오. (단, 중력 가속도의 크기는 10m/s^2이고, 물체의 크기, 실과 도르래의 질량 및 모든 마찰과 공기저항은 무시한다.)

11 다음 그림과 같이 2kg인 물체가 4kg 물체 위에 놓여 도르래를 통해 줄로 연결된 모습이다. 4kg 물체에는 오른쪽으로 힘 F가 작용하고 있으며 모든 표면 사이의 정지 마찰계수는 0.5이고 운동마찰계수는 0.3 이다.

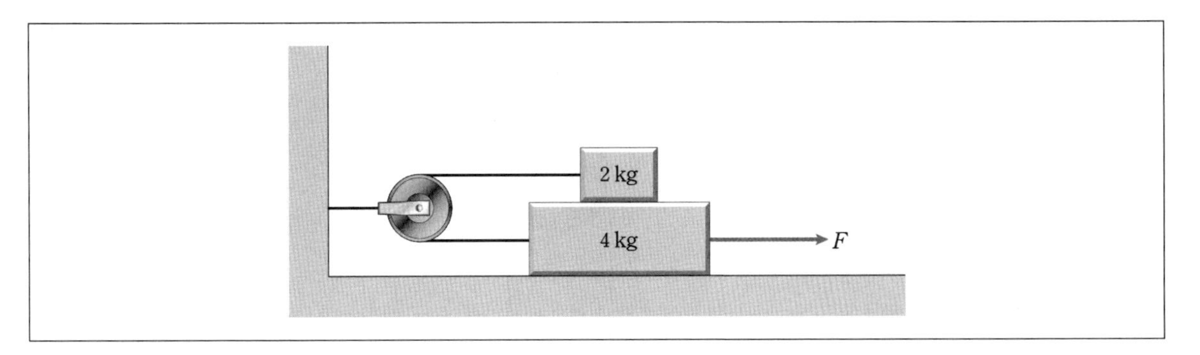

이때 두 물체가 움직이기 시작하는 F의 최소 크기를 구하시오. 또한 4kg 물체에 F가 60N이 작용했을 때 줄의 장력과 물체의 가속도의 크기를 각각 구하시오. (단, 도르래의 질량과 줄의 질량은 무시하고, 도르래에서의 마찰은 무시한다. 또한 중력 가속도 g는 10m/s^2으로 한다.)

12 다음 그림과 같이 수평면에서 정지 상태인 직육면체의 물체 A, B에 크기가 $4mg$인 수평 방향의 힘이 작용하여 A, B가 각각 등가속도 운동을 한다. A, B는 오른쪽으로 운동하고, 속력은 A가 B보다 크다. A, B는 도르래를 통해 줄로 연결되어 있고, A, B의 질량은 각각 m, $2m$이며, 도르래의 질량은 무시한다. A와 B 사이 그리고 B와 수평면 사이의 운동 마찰계수는 $\frac{1}{2}$이다.

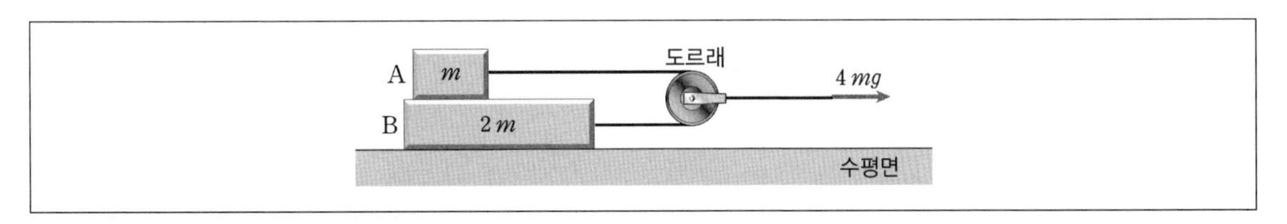

이때 도르래의 가속도의 크기 a_P를 구하시오. 또한 정지 상태로부터 출발하여 A가 B 위에서 미끄러진 거리가 L일 때까지 걸린 시간 t를 구하시오. (단, 중력 가속도의 크기 g이고, 줄의 질량, 공기 저항과 도르래의 마찰은 무시하며, A, B의 질량 중심은 동일 연직면에서 운동한다.)

13 다음 그림과 같이 질량이 각각 m, $2m$인 물체 A와 B를 실로 연결하여 도르래에 건 후 도르래 중심을 크기가 F인 힘으로 중력의 위 방향으로 끌어 올렸다. 초기 정지 상태에서 물체 A와 B의 높이가 같았으며 시간이 지난 후 두 물체의 높이 차이가 h가 되었다.

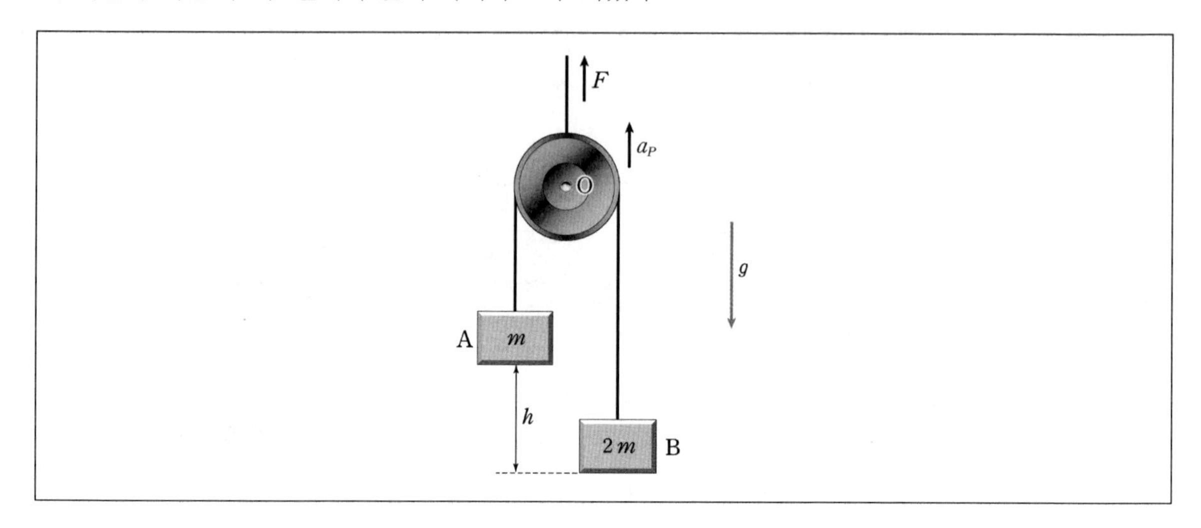

이때 도르래의 가속도의 크기 a_P를 구하시오. 또한 정지 상태로부터 두 물체의 높이가 h가 될 때까지 도르래의 중심이 움직인 거리 s를 구하시오. (단, 중력 가속도의 크기는 g이고, 도르래와 실의 질량은 무시한다.)

14 다음 그림과 같이 질량이 $2m$이고 경사각이 $45°$인 경사면이 수평면에 놓여있다. 경사면 위에는 질량이 m인 물체가 있으며, 경사면과 물체와의 정지마찰계수는 $\mu(<1)$이다. 경사면에 수평 방향으로 힘 F를 작용하였을 때 두 물체는 함께 운동한다.

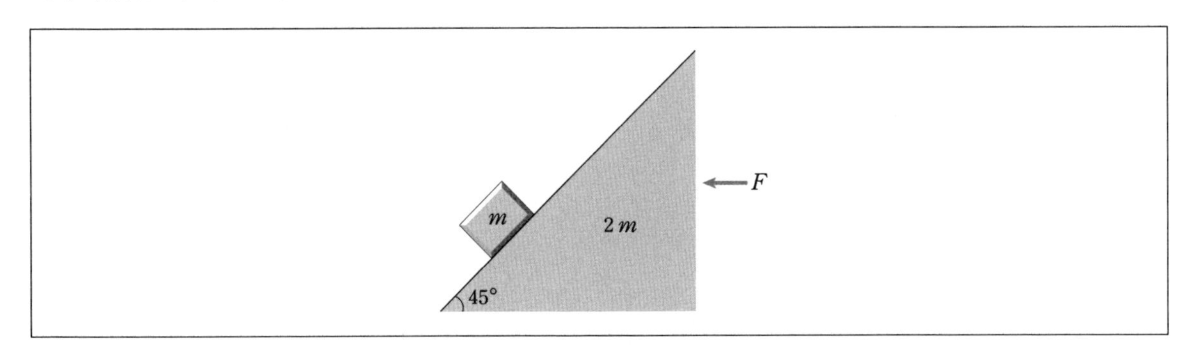

이때 질량 m이 경사면에서 미끄러지지 않기 위한 F의 최댓값과 이때의 질량 m에 작용하는 수직항력 N을 각각 구하시오. (단, 중력 가속도의 크기는 g이고, 공기 저항 및 경사면과 수평면 사이의 마찰은 무시한다.)

15 다음 그림과 같이 단면이 정삼각형인 삼각기둥 모양의 물체 A가 크기가 a인 일정한 가속도로 수평면 위에서 운동하고 있다. A의 측면에 물체 B가 놓인 상태에서, B가 미끄러지지 않고 A와 함께 운동하고 있다. A와 B 사이의 정지마찰계수는 $\frac{1}{2\sqrt{3}}$ 이다.

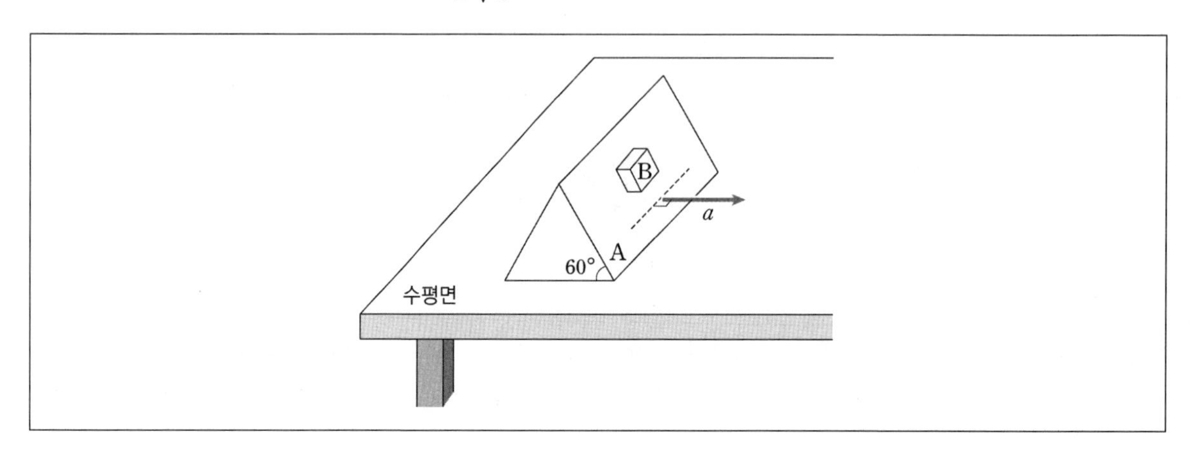

이때 B가 미끄러지지 않을 가속도 a의 최솟값 a_{min}과 최댓값 a_{max}를 각각 구하시오. (단, 중력 가속도의 크기는 g이고 가속도 a의 방향은 A의 중심축에 수직이며, 삼각기둥과 수평면 사이의 마찰과 공기저항은 무시한다.)

16 다음 그림과 같이 지면에 놓여 있는 판자 위에 서 있는 사람이 줄을 잡고 있다. 줄의 다른 쪽 끝은 판자에 매여 있다. 판자와 사람의 질량은 각각 $\frac{1}{4}m$, m이다.

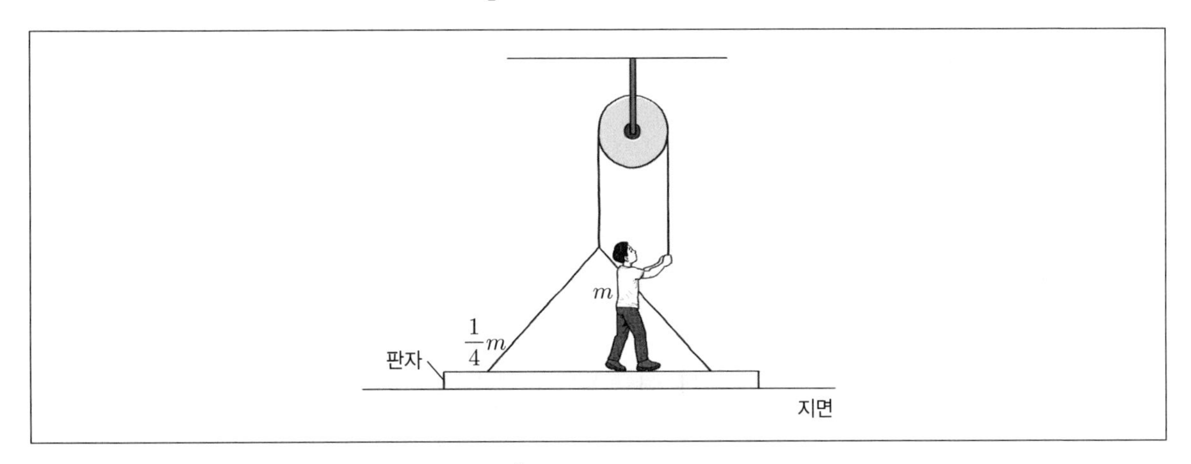

이때 사람이 줄을 잡아당겨 판자가 가속도 $\frac{1}{5}g$로 연직 방향으로 올라갈 때, 사람이 줄을 잡아당기는 힘의 크기 T와 사람이 판자를 누르는 힘의 크기 N을 각각 구하시오. (단, 중력 가속도는 g이고, 도르래의 마찰과 줄의 질량은 무시한다.)

17 다음 그림과 같이 질량이 각각 $2m$, m인 물체 A, B가 천장에 매달린 도르래를 통해 A가 B 위에 놓인 상태에서 수평면과 나란하게 평형을 유지하고 있다. 천장은 연직 방향으로 가속도 $\frac{g}{2}$로 가속한 상태에 있다.

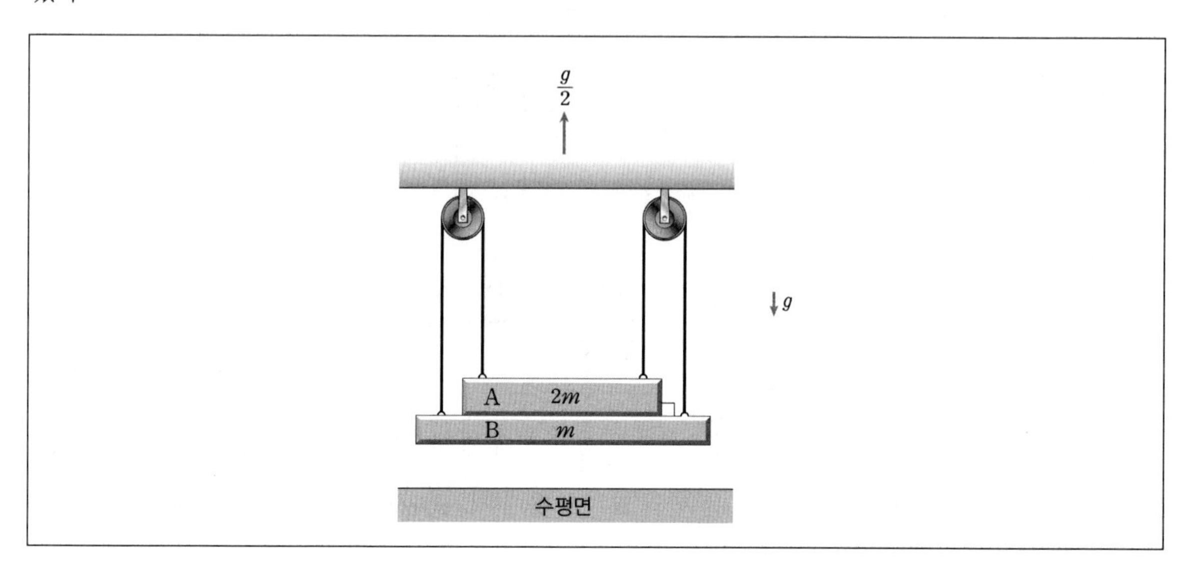

이때 줄에 걸리는 장력 T와 B가 A에 작용하는 수직항력의 크기 N을 각각 구하시오. (단, 중력 가속도의 크기는 g이고, 모든 마찰은 무시한다.)

18 다음 그림 (가)는 엘리베이터 안에서 시간 $t=0$일 때 공을 연직 위로 던지는 영희와 지면에 정지한 철수를 나타낸 것이다. 엘리베이터 안에 정지한 영희의 좌표계에서 공의 초기 속력은 $4\,\mathrm{m/s}$이고, 공이 던져진 위치는 엘리베이터 안에 고정된 점 P이다. 그림 (나)는 철수의 좌표계에서 연직 아래 방향으로 등가속도 운동을 하는 엘리베이터의 속력 v를 영희가 공을 던진 순간부터 시간 t에 따라 나타낸 것이다.

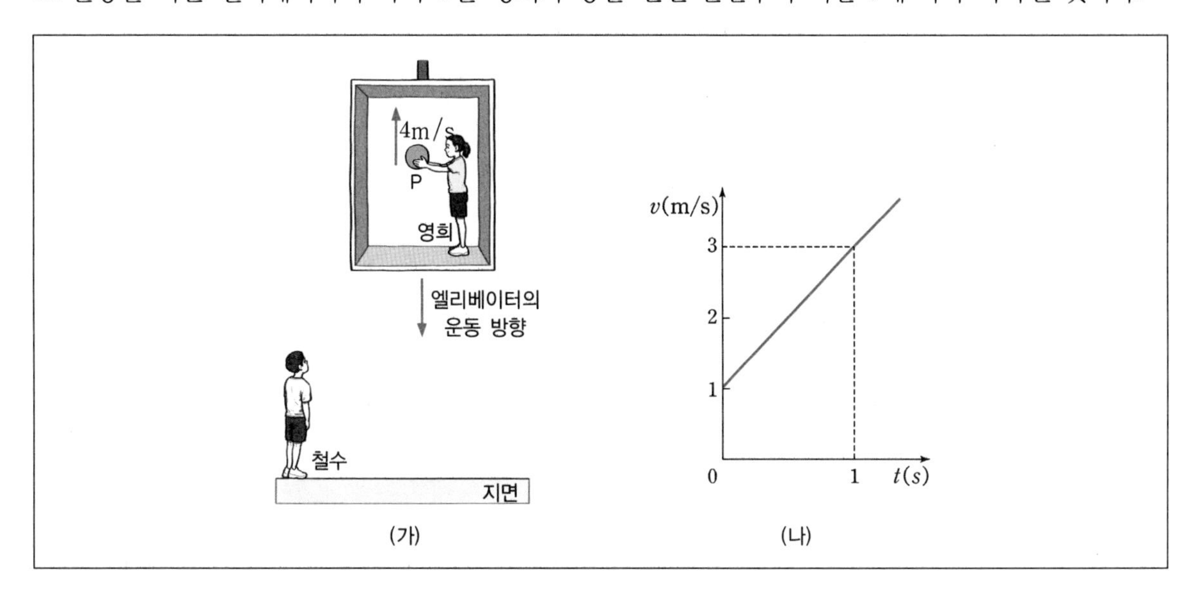

이때 공이 다시 P로 돌아올 때인 시간 t를 구하시오. (단, 공기의 저항은 무시하고, 중력 가속도의 크기는 $10\,\mathrm{m/s^2}$이다.)

19 다음 그림은 연직 방향의 길이 H인 엘리베이터 천정에 공이 정지한 채로 있는 모습을 나타낸 것이다. 엘리베이터는 초기 정지한 상황에서 아래 방향으로 크기가 $\frac{3}{4}g$인 등가속도로 하강하며, 동시에 공은 엘리베이터의 천정에서 자유 낙하시켰다.

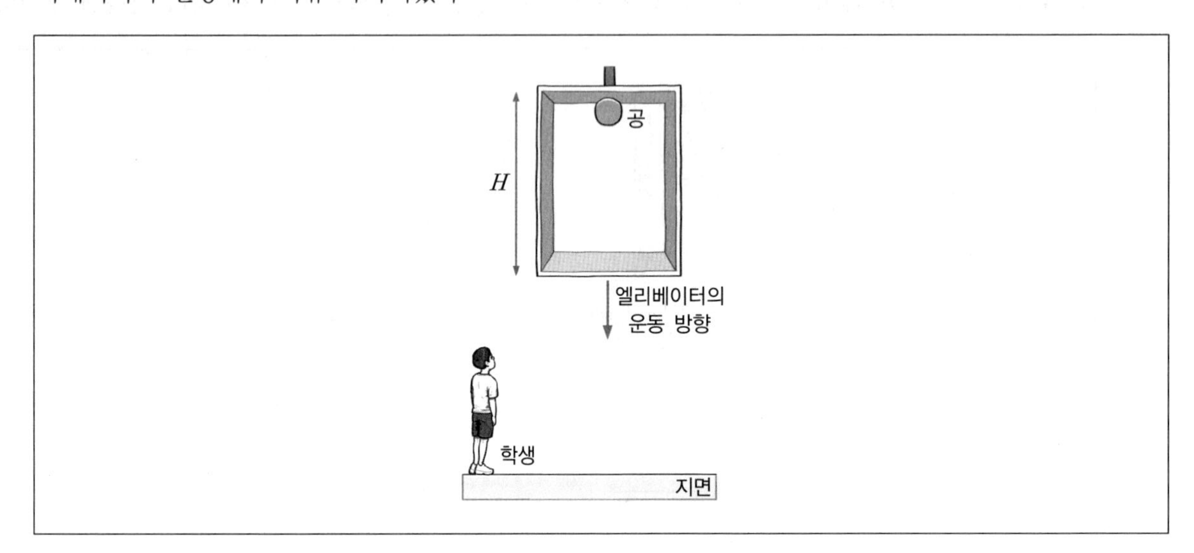

이때 공을 엘리베이터 밖에 정지한 학생이 관찰할 때, 공이 엘리베이터 바닥에 도달하는 데까지 걸린 시간과 이동 거리를 각각 구하시오. (단, 중력 가속도의 크기는 g이고, 모든 마찰과 공의 크기는 무시하며, 공이 엘리베이터 바닥에 도달하기 전에 엘리베이터는 지면과 충돌하지 않는다.)

20 다음 그림과 같이 정지해 있던 버스 안에서 탑승객이 속력 v_0로 수평면에 대해 θ의 각으로 물체를 발사하는 순간, 버스가 $\frac{1}{\sqrt{3}}g$의 가속도로 등가속도 운동을 시작한다. 탑승객이 제자리에서 물체를 다시 받았다면, 공이 비행하는 동안 버스가 이동한 거리를 구하시오. (단, 중력 가속도의 크기는 g이고, 공은 버스 내부와 충돌하지 않으며, 물체 및 탑승객의 크기와 공기 저항은 무시한다.)

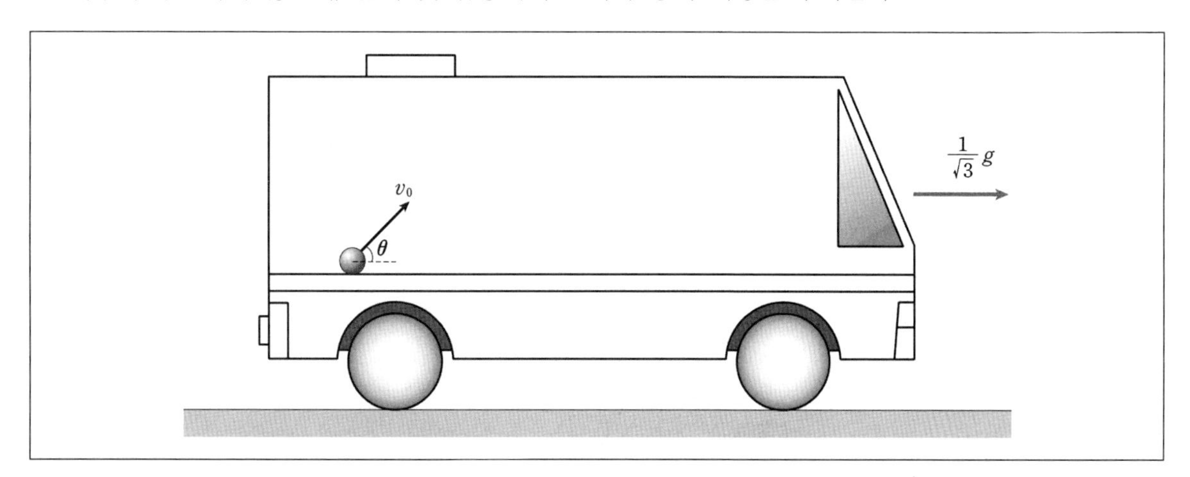

21 다음 그림 (가)는 벽에 고정된 용수철에 물체를 접촉시켜 평형위치로부터 길이 d만큼 압축시켰다가 가만히 놓았더니 물체가 마찰이 없는 수평면을 지나 경사각이 30°이고 마찰계수가 일정한 경사면을 따라 직선 운동하여 높이 h_1에서 정지한 것을 나타낸 것이다. 그림 (나)는 (가)에서 다른 조건은 그대로 두고 용수철을 평형위치로부터 길이 $2d$만큼 압축시켰다가 가만히 놓았더니 물체가 높이 h_2에서 정지한 것을 나타낸 것이다.

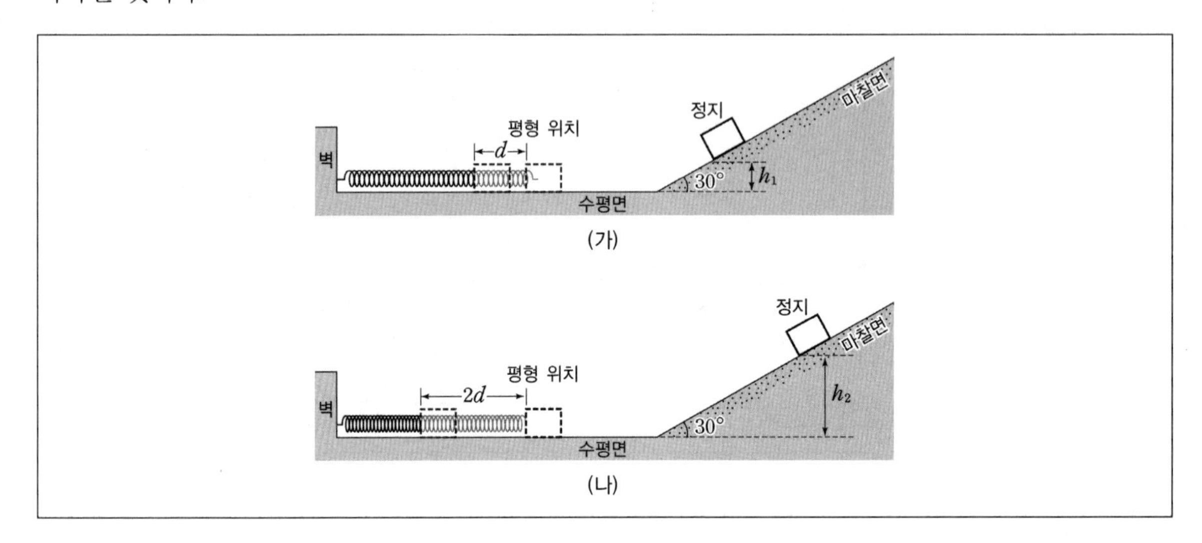

이때 용수철에서 물체가 분리된 후 수평면에서 물체의 속력은 (나)가 (가)의 몇 배인지 구하시오. 또한 경사면에서 정지하는 높이의 비 $\frac{h_2}{h_1}$을 구하시오. (단, 용수철의 질량, 물체의 크기, 공기의 저항은 무시한다.)

22 다음 그림은 경사각이 30°인 경사면에서 질량이 m인 물체를 가만히 놓았을 때 물체가 마찰이 없는 면과 마찰이 있는 면을 따라 운동하다가 정지한 것을 나타낸 것이다. 물체가 정지한 위치로부터 높이 h인 지점에서 물체가 출발하였고, 높이 $\frac{3}{4}h$인 지점에서 마찰면이 시작된다. 마찰면과 물체 사이의 운동 마찰 계수는 μ이다.

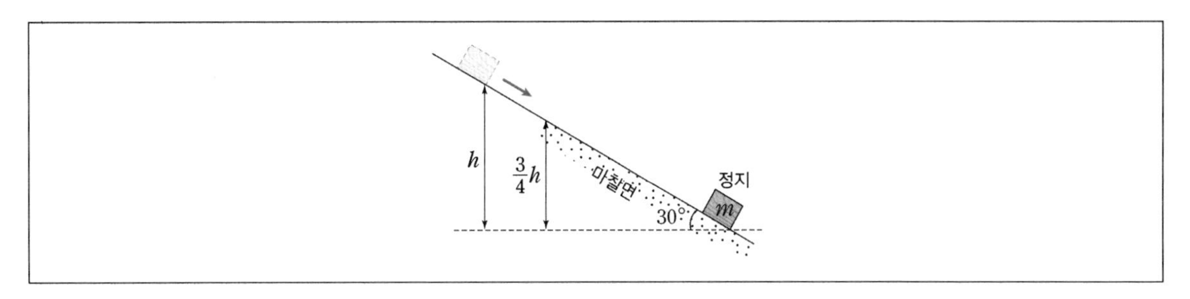

이때 물체의 운동 에너지의 최댓값을 구하시오. 또한 물체의 운동마찰 계수 μ의 값을 구하시오. (단, 중력 가속도는 g이고, 물체의 크기와 공기의 저항은 무시한다.)

23 다음 그림은 수평한 모래면으로부터 높이 H인 지점에서 질량 m인 물체가 정지 상태에서 자유낙하를 하여, 모래면과 수직으로 h만큼 내려간 후 정지한 것을 나타낸 것이다. 물체는 모래 속에서 크기가 일정한 저항력을 받는다. 모래면에 닿는 순간의 물체 속력은 v_s이고, 모래면으로부터 $\frac{h}{3}$만큼 내려간 순간의 물체 속력은 v이다.

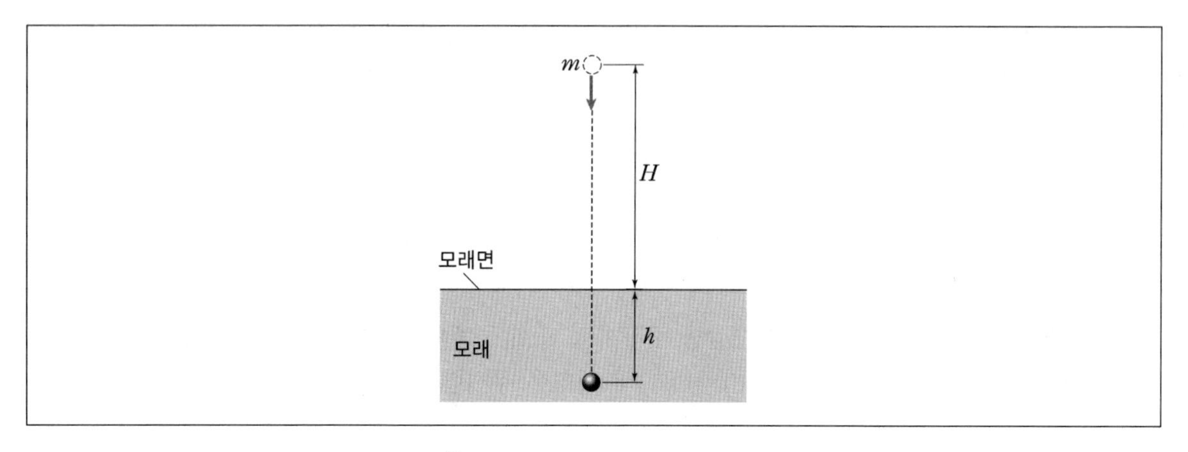

이때 모래 속에서의 저항력의 크기와 $\frac{v}{v_s}$를 각각 구하시오. (단, 물체의 크기와 공기의 저항은 무시한다.)

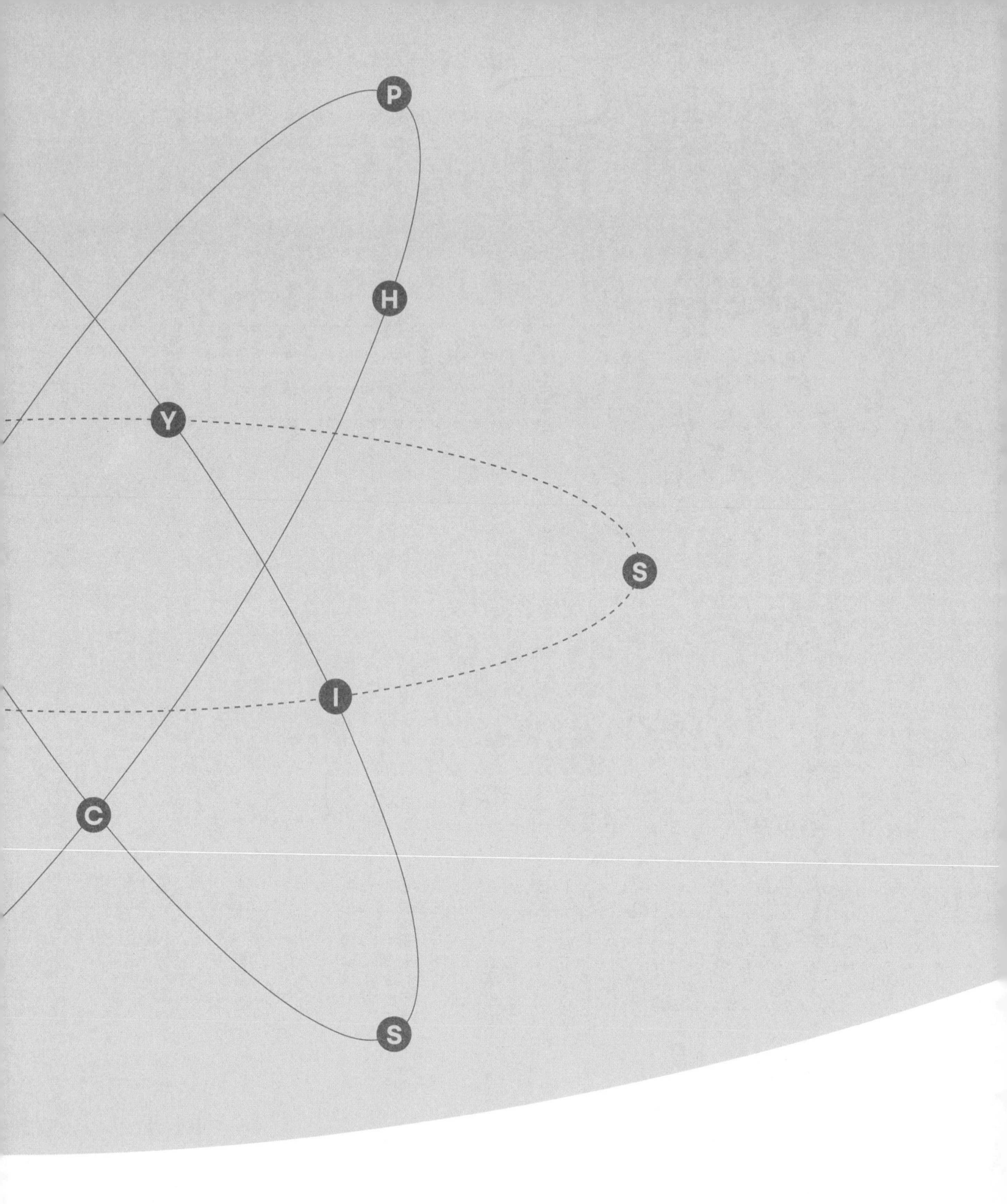

정승현
일반물리학

Chapter

03

운동량 보존과 충돌

Chapter 03 운동량 보존과 충돌

01 운동량과 충격량

1. 운동량(momentum)

(1) 운동량의 정의

물체가 운동할 때 운동 상태의 정도를 나타내는 물리량을 말한다. 운동하고 있는 물체의 질량과 속력이 클수록 정지시키기가 더 어렵다. 이것은 물체의 운동하는 효과가 크기 때문이다. 그래서 물체의 운동 효과를 질량과 속도의 곱으로 나타낼 수 있는데, 이것을 운동량이라고 한다.

뉴턴의 가속도의 법칙에서 $\vec{F} = m\vec{a} = m\dfrac{\Delta \vec{v}}{\Delta t} = \dfrac{\Delta m\vec{v}}{\Delta t} = \dfrac{\Delta \vec{p}}{\Delta t}$, 즉 운동하는 물체의 질량과 속도의 곱을 운동량이라 정의한다.

운동량 $\vec{p} = m\vec{v}$ [단위 : kg · m/s]

운동량은 방향성을 가지는 벡터량으로 질량이 클수록, 속도의 크기가 클수록 운동량의 크기가 커지게 된다.

(2) 운동량의 변화량

운동량의 변화량은 나중 운동량에서 처음 운동량을 뺀 값을 말한다. 이 역시 벡터량으로서 방향성이 중요시된다.

$\Delta\vec{p}$ (운동량 변화량) = $\Delta\vec{p}$(나중 운동량) − $\Delta\vec{p_0}$(처음운동량)

① 직선상의 운동량의 변화량

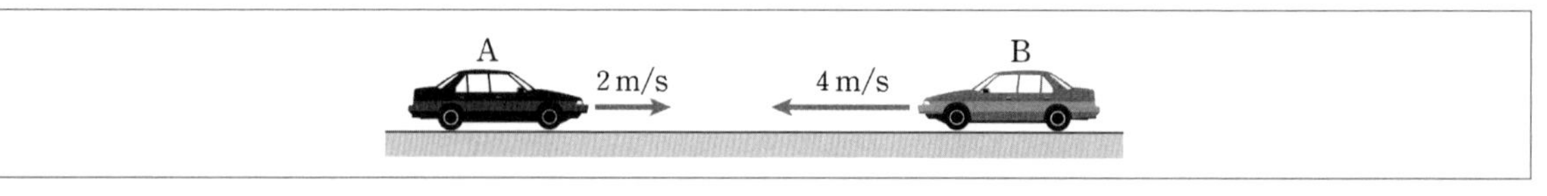

질량 1,000kg인 자동차가 동쪽으로 2m/s로 이동하다가 방향을 바꿔 서쪽으로 4m/s로 운동한다면 운동량의 변화량은 1,000kg×(−4m/s)−{1,000kg×2m/s}=−6,000(kg · m/s) or 6,000(kg · m/s), 서쪽이 된다.

② 평면상의 운동량의 변화량

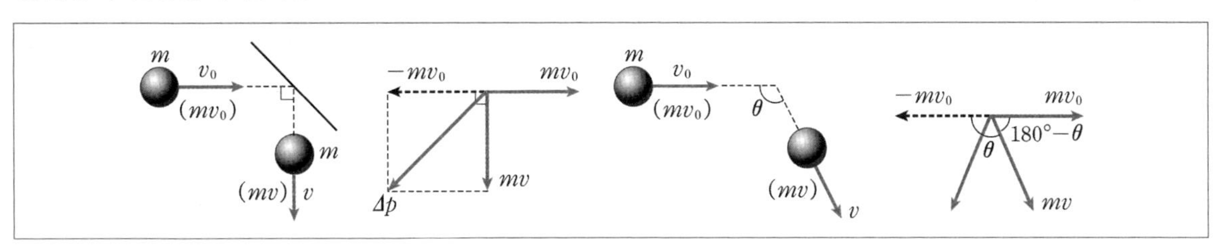

2. 충격량(impulse)

(1) 충격량의 정의

어떤 시간 동안 물체에 주어진 힘의 총량을 충격량이라 한다. 야구공을 글러브 낀 손으로 받을 때 손을 앞으로 뻗으면서 받으면 충격을 크게 느끼고, 손을 뒤로 빼면서 받으면 손에 오는 충격이 작게 느껴지는 것을 느낄 수 있다. 야구에서 포수가 끼는 글러브와 수비수가 끼는 글러브가 다른 것도 같은 이유이다. 또 유리컵이 같은 높이에서 떨어지더라도 솜이불 위에 떨어지는 경우보다 시멘트 바닥에 떨어지는 경우에 잘 깨지는 이유는 같은 운동량의 변화에 대해 물체를 정지시키는 데 걸리는 시간이 다르기 때문이다.

$$\vec{F} = m\vec{a} = m\frac{\Delta\vec{v}}{\Delta t} = \frac{\Delta m\vec{v}}{\Delta t} = \frac{\Delta\vec{p}}{\Delta t}$$

충격량 $\vec{I} = \int \vec{F} \cdot \Delta t = \Delta\vec{p}$ [단위 : N · s]

➡ 충격량의 방향 : 작용하는 힘의 방향

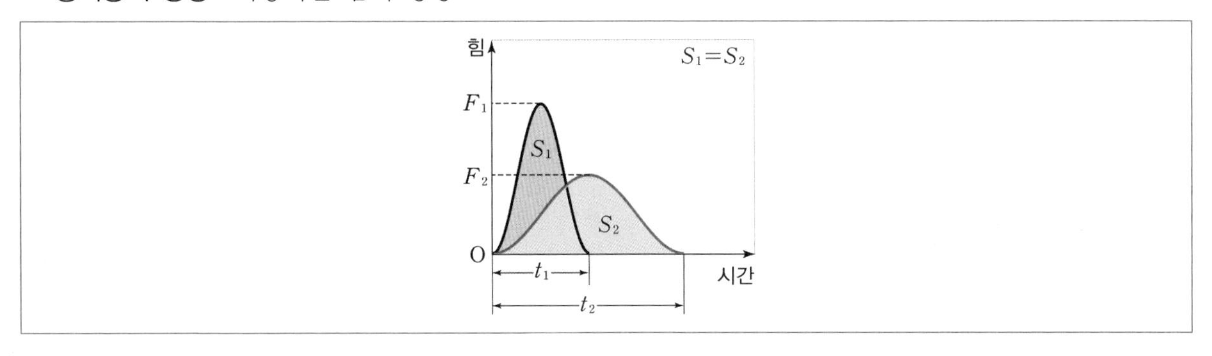

(2) 운동량과 충격량과의 관계

$\vec{I} = \int \vec{F} \cdot \Delta t = \Delta \vec{p}$, 즉 충격량은 운동량의 변화량과 같음을 알 수 있다. 운동량 변화량의 크기가 같다면 물체가 받는 충격량의 크기 역시 같다. 충격량의 크기는 물체에 주어지는 힘의 크기와 그 힘이 주어지는 시간의 곱으로 주어지므로 시간이 증가하면 평균적으로 받는 힘의 크기가 감소하고 시간이 상대적으로 짧아지면 평균적으로 물체가 받는 힘의 크기가 증가하게 된다. 포수가 손을 앞으로 뻗으면서 공을 받을 때와 뒤로 빼면서 공을 받을 때 손에 작용하는 충격이 다름을 알 수 있다.

3. 운동량 보존의 법칙

운동량 보존의 법칙의 정의 → 물체가 충돌할 때 외부의 힘(마찰력 등)이 작용하지 않으면 충돌 전후의 두 물체의 운동량의 합은 일정하게 보존된다.

(1) 운동량 보존의 법칙은 작용·반작용 법칙에 따라 성립한다.

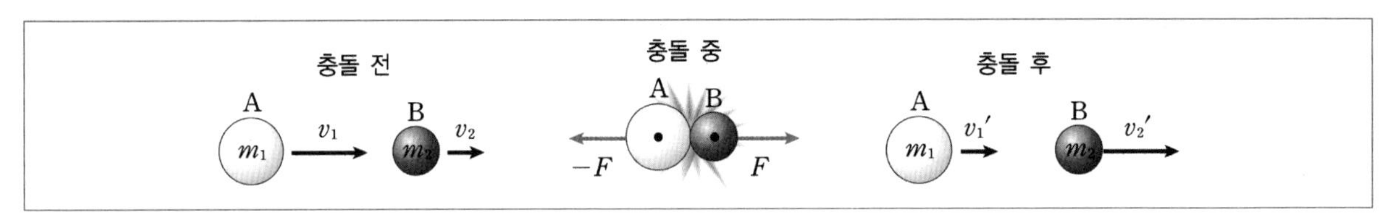

① 충돌 전 운동량

$\vec{p} = m_1\vec{v_1} + m_2\vec{v_2}$

② 충돌 후 운동량

$\vec{p}' = m_1\vec{v_1}' + m_2\vec{v}'_2$

③ m_1이 받은 충격량

$\vec{I_1} = \vec{F_1}\Delta t = \Delta\vec{p_1} = m_1\vec{v}'_1 - m_1\vec{v_1}$

④ m_2가 받은 충격량

$\vec{I_2} = \vec{F_2}\Delta t = \Delta\vec{p_2} = m_2\vec{v}'_2 - m_2\vec{v_2}$

작용 반작용 법칙에 의해서 $\vec{F_1}$과 $\vec{F_2}$는 크기가 같고 방향이 반대이므로 m_1, m_2의 총충격량의 합

$$\vec{I_1} + \vec{I_2} = (\vec{F_1} + \vec{F_2})\Delta t = m_1\vec{v}'_1 - m_1\vec{v_1} + m_2\vec{v}'_2 - m_2\vec{v_2} = 0 \ (\because \vec{F_1} + \vec{F_2} = 0)$$

$$m_1\vec{v_1} + m_2\vec{v_2} = m_1\vec{v}'_1 + m_2\vec{v}'_2$$

➡ 충돌 전 운동량 = 충돌 후 운동량

(2) 운동량 보존의 법칙은 두 물체가 충돌, 한 물체로 합쳐지는 융합, 한 물체가 두 개 이상으로 분열하는 경우에 모두 성립한다.

① 분열과 운동량 보존

예를 들어 정지해 있던 물체가 두 조각으로 분열되었을 때, 질량이 m_1, m_2인 물체로 분열하고 각각 v_1, v_2의 속도로 되었다면 분열 전과 분열 후의 운동량의 합은 같다.

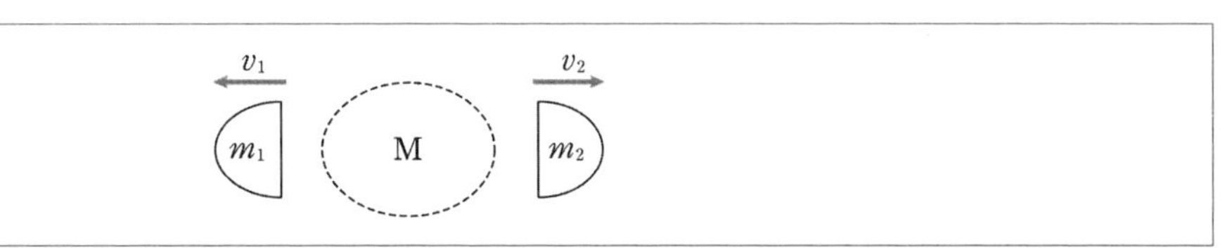

$$m_1v_1 + m_2v_2 = 0 \Rightarrow v_1 = -\left(\frac{m_2}{m_1}\right)v_2$$

② 융합과 운동량 보존

예를 들어 정지해 있던 물체가 두 조각으로 분열되었을 때, 질량이 m_A, m_B인 물체가 일직선상에서 v_A, v_B의 속도로 충돌한 후 한 덩어리가 되어 V의 속도로 운동한다면 충돌 전과 충돌 후의 운동량의 합은 같다.

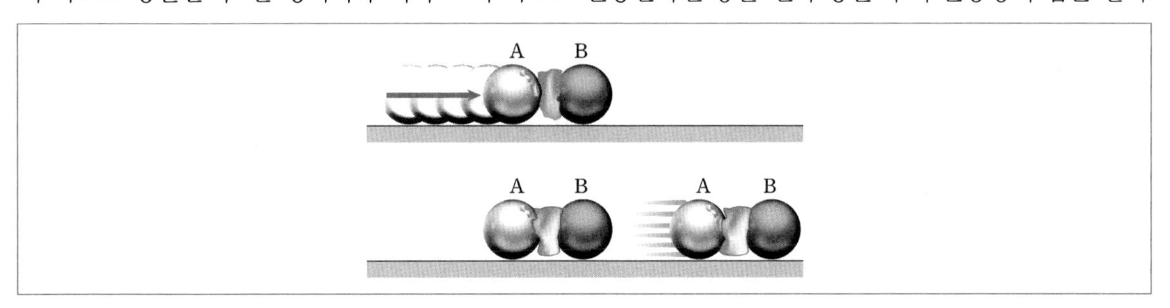

➡ 완전 비탄성 충돌에서는 충돌 후 함께 운동한다.

$$V = \frac{m_A\overrightarrow{v_A} + m_B\overrightarrow{v_B}}{m_A + m_B}$$

02 충돌과 반발 계수

1. 반발 계수와 운동 에너지와의 관계

물체가 충돌할 때 외부의 힘(마찰력 등)이 작용하지 않으면 충돌 전후의 두 물체의 운동량의 합은 일정하게 보존된다는 것을 앞에서 배웠다.

$$m_1\overrightarrow{v_1} + m_2\overrightarrow{v_2} = m_1\overrightarrow{v_1}' + m_2\overrightarrow{v_2}' \Rightarrow \text{충돌 전 운동량} = \text{충돌 후 운동량}$$

그리고 위치에너지가 고려되지 않는 경우 충돌 전후의 운동 에너지는 충돌 과정에서 찌그러짐이나 소리 등의 에너지로 손실되는 경우가 있거나 이를 무시하는 경우, 즉 운동 에너지가 보존되지 않는 경우와 보존되는 경우로 나뉜다.

주의할 것은 운동 에너지가 보존되지 않는다고 하더라도 전체 운동량은 보존된다는 것이다.
일반적으로 '충돌 전 운동 에너지 ≥ 충돌 후 운동 에너지'가 된다.

$$\frac{1}{2}m_1v_1^2+\frac{1}{2}m_1v_2^2 \geq \frac{1}{2}m_1{v_1}'^2+\frac{1}{2}m_2{v_2}'^2$$

➡ $m_1v_1^2-m_1{v_1}'^2 \geq m_2{v'}_2^2-m_2v_2^2$

$m_1(\overrightarrow{v_1}-\overrightarrow{v_1'})(\overrightarrow{v_1}+\overrightarrow{v_1'}) \geq m_2(\overrightarrow{v_2'}-\overrightarrow{v_2})(\overrightarrow{v_2'}+\overrightarrow{v_2})$ …… 식 (1)

위 식 (1)에 $m_1\overrightarrow{v_1}+m_2\overrightarrow{v_2}=m_1\overrightarrow{v_1}'+m_2\overrightarrow{v_2}'$ 운동량 보존식을

$m_1\overrightarrow{v_1}-m_1\overrightarrow{v_1}'=m_2\overrightarrow{v_2}'-m_2\overrightarrow{v_2}$ 다음과 같이 변경하여서 대입하면

$m_2(\overrightarrow{v_2'}-\overrightarrow{v_2})(\overrightarrow{v_1}+\overrightarrow{v_1'}) \geq m_2(\overrightarrow{v_2'}-\overrightarrow{v_2})(\overrightarrow{v_2'}+\overrightarrow{v_2})$

$(\overrightarrow{v_1}+\overrightarrow{v_1'}) \geq (\overrightarrow{v_2'}+\overrightarrow{v_2})$

➡ $\overrightarrow{v_1}-\overrightarrow{v_2} \geq \overrightarrow{v_2'}-\overrightarrow{v_1'}$ (충돌 전 상대속도 ≥ 충돌 후 상대속도)

$e=\dfrac{\overrightarrow{v_2}'-\overrightarrow{v_1}'}{\overrightarrow{v_1}-\overrightarrow{v_2}}$ (반발계수 $=\dfrac{\text{충돌 후 상대속도}}{\text{충돌 전 상대속도}} \leq 1$)

충돌 전 상대속도와 충돌 후 상대속도의 비를 반발 계수라 한다.
반발 계수는 0보다 크거나 같고 1보다 작거나 같다.

(1) 1차원 충돌의 정리

반발 계수	충돌의 종류	운동량	역학적 에너지	예
$e=1$	탄성 충돌	보존	보존	기체 분자의 충돌
$0<e<1$	비탄성 충돌	보존	보존되지 않음	대부분의 충돌
$e=0$	완전 비탄성 충돌	보존	보존되지 않음	충돌 후 하나로 합쳐지는 운동

$$e=\frac{\overrightarrow{v_2}'-\overrightarrow{v_1}'}{\overrightarrow{v_1}-\overrightarrow{v_2}}$$

(2) 반발 계수에 따른 운동 분석

① $e=0$(완전 비탄성 = 융합)
충돌이 후에 하나로 붙어서 움직이는 운동

② $0<e<1$(비탄성 충돌)
일반적인 운동으로 운동량은 보존되지만, 충돌 전후 운동 에너지는 보존되지 않는다.

③ $e=1$(완전 탄성 충돌(탄성 충돌))
충돌 전후 운동량뿐만 아니라 운동 에너지도 보존되는 경우

2. 직선상의 충돌 – 1차원 충돌

(1) 충돌 후 속도

외부 마찰이 존재하지 않은 경우 운동량이 보존되고 일반적인 충돌일 경우에는 운동량 보존 법칙과 탄성 계수의 정의로 충돌 후 속도를 구할 수 있다.

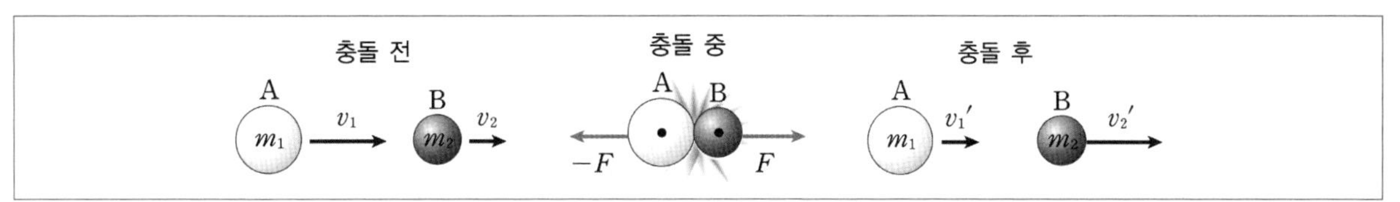

$m_1\vec{v_1} + m_2\vec{v_2} = m_1\vec{v_1}' + m_2\vec{v_2}'$: 운동량 보존식 ㉠

$e = \dfrac{\vec{v_2}' - \vec{v_1}'}{\vec{v_1} - \vec{v_2}}$: 반발 계수 정의 ㉡

㉠과 ㉡를 연립하여 정리하면 충돌 후 속도는 각각 다음과 같다.

① 1차원 충돌 공식

$$\vec{v_1}' = \vec{v_1} - \frac{m_2(1+e)}{m_1+m_2}(\vec{v_1} - \vec{v_2}) \qquad \vec{v_2}' = \vec{v_2} + \frac{m_1(1+e)}{m_1+m_2}(\vec{v_1} - \vec{v_2})$$

완전 비탄성의 경우 $e = 0$이므로

$$\vec{v_1}' = \vec{v_1} - \frac{m_2}{m_1+m_2}(\vec{v_1} - \vec{v_2}) = \frac{m_1\vec{v_1} + m_2\vec{v_2}}{m_1+m_2}$$

$$\vec{v_2}' = \vec{v_2} + \frac{m_1}{m_1+m_2}(\vec{v_1} - \vec{v_2}) = \frac{m_1\vec{v_1} + m_2\vec{v_2}}{m_1+m_2}$$

$$\therefore \vec{V} = \frac{m_A\vec{v_A} + m_B\vec{v_B}}{m_A+m_B} \left[\vec{v_1} = \vec{v_2} = \vec{V}\right]$$

융합과 같은 결과를 얻는다.

② 질량이 같은 완전 탄성의 경우

$m_1 = m_2,\ e = 1$

$\vec{v_1}' = \vec{v_2}$

$\vec{v_2}' = \vec{v_1}$

각각 속도가 교환된다.

질량이 동일하고 탄성충돌(에너지 보존)인 경우에는 통과와 비슷하다.

(2) 자유 낙하시킨 공의 속도와 높이

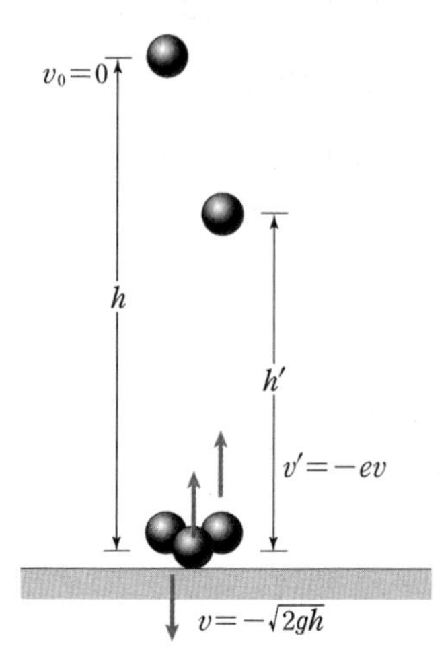

그림과 같이 높이 h인 지점에서 바닥을 향해 자유 낙하시킨 공이 충돌 후 h'인 지점까지 튀어 오를 때 반발 계수는 아래와 같다.

$v=\sqrt{2gh}$를 이용하면 충돌 전후의 물체의 속도 v, v'는 $v=\sqrt{2gh}$, $v'=-\sqrt{2gh'}$이다.

여기서 (−)부호는 충돌 전후 물체의 운동 방향이 서로 반대이기 때문이다. 그리고 바닥은 항상 정지해 있으므로 물체와 바닥 사이의 반발 계수는 $(v_2'-v_1')=e(v_1-v_2)$에서

$$e=-\frac{v'}{v}=\frac{\sqrt{2gh'}}{\sqrt{2gh}}=\sqrt{\frac{h'}{h}} \qquad \therefore\ h'=e^2h\ (h'<h)$$

이 된다. 따라서 자유 낙하를 하는 물체가 바닥과 충돌해서 튀어 오르는 높이는 처음 높이 h에 반발 계수의 제곱(e^2)을 곱한 값과 같다.

(3) 탄성 충돌과 비탄성 충돌의 혼합 문제

① 용수철 효과

예제 1 질량이 m으로 동일한 물체 A와 B가 마찰이 없는 수평면에 있다. A는 초기 속력 v_0로 움직이고 있고, B는 초기 정지 상태로 질량이 없는 용수철(용수철 상수 k)에 매달려 있다. 용수철의 고유 길이는 L이다.

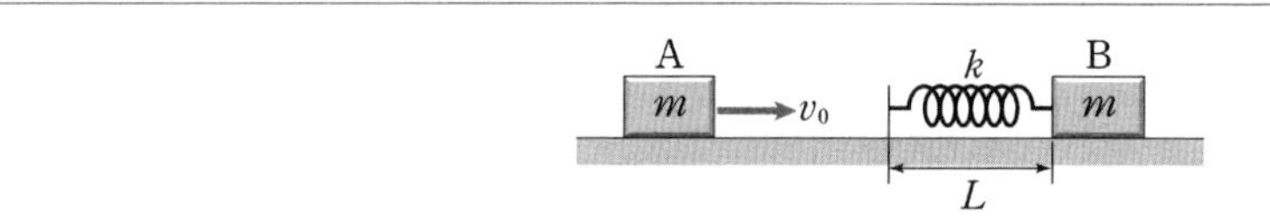

용수철이 최대로 압축할 때 두 물체의 속력과 용수철의 길이를 구하시오. 또한 완전히 분리되었을 때 두 물체의 속도를 각각 구하시오.

정답 1) $L-x=L-v_0\sqrt{\frac{m}{2k}}$, 2) A : 정지, B : v_0

풀이

1) 최대 압축 시 완전 비탄성

$v=\frac{1}{2}v_0$

압축된 길이를 x라 하면 최대 압축 시 용수철의 길이는 $L-x$이다.

$x=v_0\sqrt{\frac{m}{2k}}$

∴ 용수철 길이 $L-x=L-v_0\sqrt{\frac{m}{2k}}$

2) 분리 이후에는 초기 상태와 동일한 운동 에너지를 가지므로 탄성 충돌과 같다.
질량이 같으므로 속도 교환이 일어난다. 즉, A는 정지, B는 v_0이다.

② 중력 효과

예제 2 질량이 m인 물체가 초기 속력 v_0로 이동하고 있다. 질량이 M인 빗면이 놓여있는데 물체는 부드럽게 빗면을 타고 올라갔다가 빗면 위의 최고점 h까지 갔다가 다시 내려오는 운동을 한다. (단, 질량 m, M 사이와 바닥과의 모든 마찰은 무시하며 오른쪽 방향을 +로 한다. 그리고 빗면의 경사각은 θ이다.)

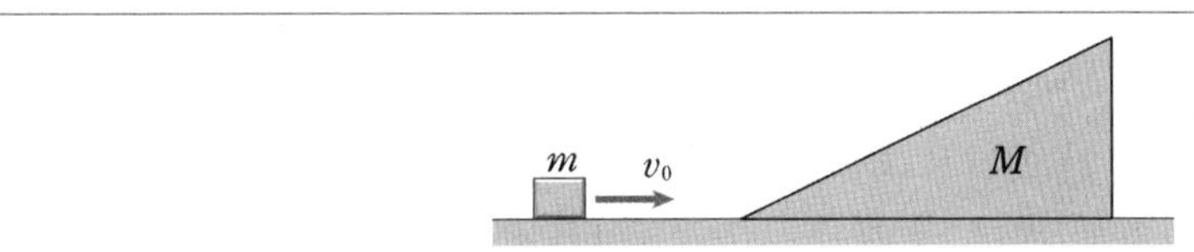

1) 질량 m이 지면으로부터 빗면 위까지 올라가는 최고점 높이 h를 구하시오.
2) 질량 m이 다시 수평면으로 내려올 때의 지면으로부터 속도를 구하시오.

정답 1) $h=\frac{1}{2g}\frac{M}{m+M}v_0^2$, 2) $v'_1=\frac{m-M}{m+M}v_0$

풀이

1) x축 방향 운동량 보존에 의해서 $mv_0=(m+M)v'$

역학적 에너지 보존에 의해서서 $\frac{1}{2}mv_0^2=\frac{1}{2}(m+M)v'^2+mgh$ 두 식을 연립하면

$\therefore\ h=\frac{1}{2g}\frac{M}{m+M}v_0^2$

2) $v'_1=\frac{m-M}{m+M}v_0$ ➡ 다시 내려오면 에너지가 보존되므로 탄성충돌과 같다.

3. 평면상의 충돌 – 2차원 충돌

(1) 평면상의 충돌과 운동량 보존

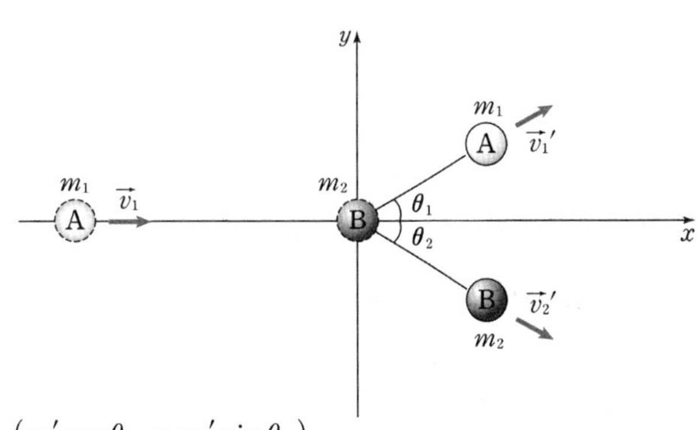

운동량은 벡터이다. 즉 x와 y축 성분의 운동량이 동시에 보존되어야 한다.

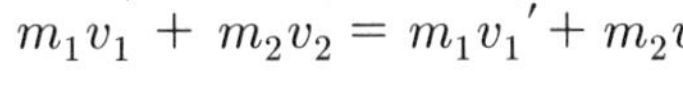

$m_1\vec{v_1}+m_2\vec{v_2}=m_1\vec{v_1}'+m_2\vec{v_2}'$

➡ 운동량 보존

위 식을 좌표식으로 변환하여 나타내면

$m(v_1,0)+m_2(0,0)=m_1(v_1'\cos\theta_1, v_1'\sin\theta_1)+m_2(v_2'\cos\theta_2, -v_2'\sin\theta_2)$

① x축 운동량 보존

$m_1v_1+0=m_1v_1'\cos\theta_1+m_2v_2'\cos\theta_2$

② y축 운동량 보존

$0=m_1v_1'\sin\theta_1-m_2v_2'\sin\theta_2$

일반적으로 2차원 평면상의 충돌은 계산이 쉽지 않으므로 여유를 가지고 풀기를 바란다.

(2) 2차원 충돌의 벡터 이해

만약 $m_1 = m_2$일 때, 운동량 벡터의 보존식은 $\vec{v}_1 = \vec{v}_1{}' + \vec{v}_2{}'$이다.

양변을 제곱하면

$v_1^2 = v_1{}'^2 + v_2{}'^2 + 2v_1{}'v_2{}'\cos(\theta_1 + \theta_2)$

만약 $\theta_1 + \theta_2$가 $90°$를 만족하면 $v_1^2 = v_1{}'^2 + v_2{}'^2$이 되고,

이는 $\frac{1}{2}mv_1^2 = \frac{1}{2}mv_1{}'^2 + \frac{1}{2}mv_2{}'^2$인 에너지 보존식을 만족하므로 탄성 충돌이 된다.

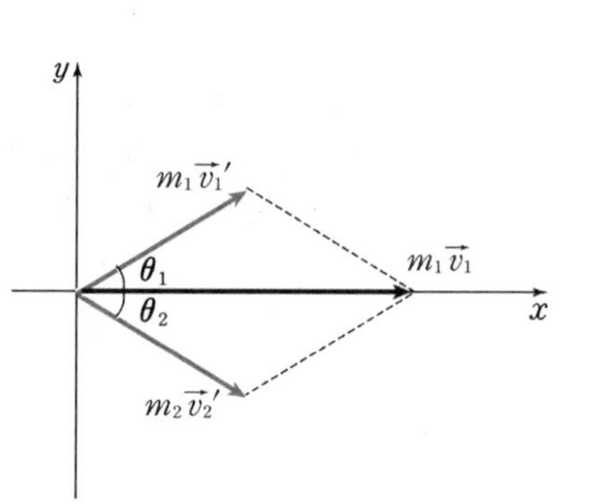

※ 2차원 충돌 시 질량이 동일하고, 충돌 후 사이각이 $90°$를 만족하면 운동 에너지가 보존되는 탄성 충돌이다.

예제 3 그림과 같이 수평면 위에서 $+x$ 방향으로 10m/s의 속도로 운동하던 물체 A가 정지한 물체 B와 충돌하였다. A, B의 질량은 같고, 충돌 후 A, B의 속도는 각각 $\overrightarrow{v_A}$, $\overrightarrow{v_B}$이다. $\vec{v}_A$, $\vec{v}_B$의 방향이 $+x$ 방향과 이루는 각은 각각 60°, 30°이다.

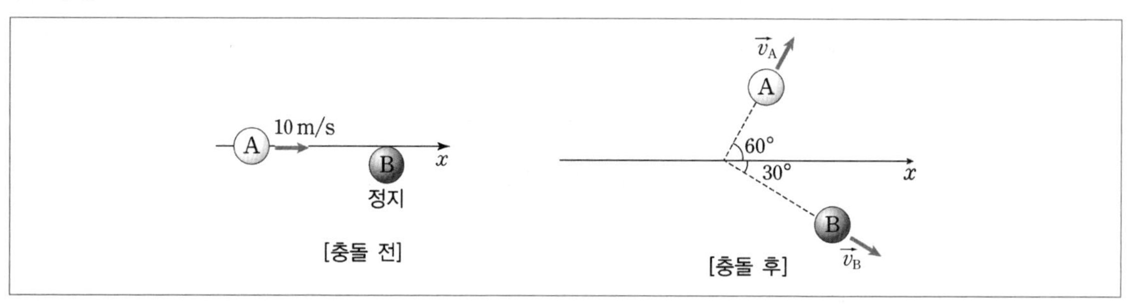

이때 충돌 후 속력, v_A, v_B를 구하시오.(단, v_A, v_B는 각각 $\vec{v}_A$, $\vec{v}_B$의 크기이고, 모든 마찰은 무시한다.)

정답 $v_A = 5\text{m/s}$, $v_B = 5\sqrt{3}\,\text{m/s}$

풀이

질량이 동일하고 사이각이 $90°$를 만족하므로 탄성 충돌이다.

운동량 보존: $10 = v_A\cos60° + v_B\cos30° = \frac{1}{2}v_A + \frac{\sqrt{3}}{2}v_B$

$0 = v_A\sin60° - v_B\sin30°$

에너지 보존: $100 = v_A^2 + v_B^2$

연립하여 정리하면

$v_A = 5\text{m/s}$, $v_B = 5\sqrt{3}\,\text{m/s}$

연습문제

정답_ 369p

01 질량 M인 대포로 질량 m인 포탄을 수평 방향으로 발사했다. 대포가 자유로이 움직일 수 있는 마찰이 없는 수평 얼음판에서 포탄을 발사했을 때 포탄이 대포를 떠나는 순간 포탄의 속력은 $v_{얼음}$이었고, 대포를 지면에 고정시키고 포탄을 발사했을 때 포탄이 대포를 떠나는 순간 포탄의 속력은 $v_{고정}$이었다. 포탄을 발사하는 데 사용된 에너지는 같았다. 이때 속력의 비 $\dfrac{v_{얼음}}{v_{고정}}$를 구하시오. (단, $v_{얼음}$과 $v_{고정}$은 지면에 대한 속력이고, 포탄 발사 과정에서 에너지 손실 및 화약의 질량은 무시한다. 지구 질량과 비교했을 때 대포 질량과 포탄 질량은 무시된다.)

02 질량이 각각 m_a, m_b인 두 입자 a, b가 탄성 충돌한다. 충돌 전 두 입자의 속도 사이에는 $v_b = \alpha v_a (\alpha > 0)$의 관계가 있다고 한다. 두 입자의 처음 운동 에너지가 같고 충돌 후 입자 a가 정지하였다면 충돌 전 속도의 비 $\dfrac{v_b}{v_a}$와 질량의 비 $\dfrac{m_a}{m_b}$를 각각 구하시오.

05-09

03 질량 m인 물체가 정지 상태에 있는 질량 M인 물체와 충돌한 후 두 물체가 붙어서 운동한다. 충돌 과정에서 발생한 열량이 충돌 전 운동 에너지의 $\frac{1}{4}$이라면, 질량 m은 질량 M의 몇 배인지 즉, $\frac{m}{M}$의 값을 구하시오.

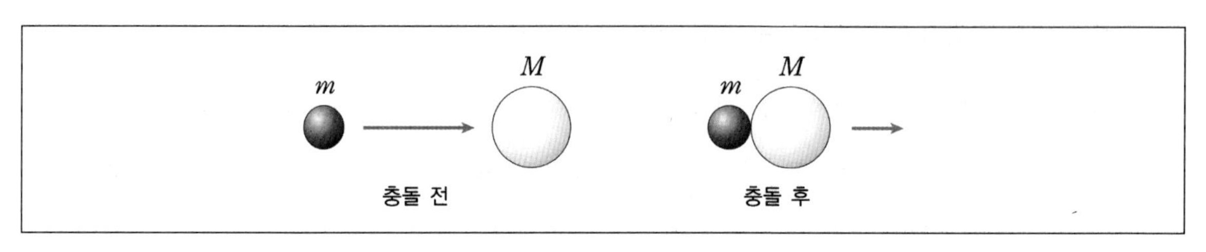

04 다음 그림과 같이 수평면에 질량이 m_A인 물체 A가 오른쪽으로 v_0인 속력으로 움직이고 있다. 질량이 m_B인 정지 상태의 물체 B와 탄성 충돌 후 물체 A는 반대 방향으로 움직이고, 충돌 후 A의 속력이 B의 2배이다.

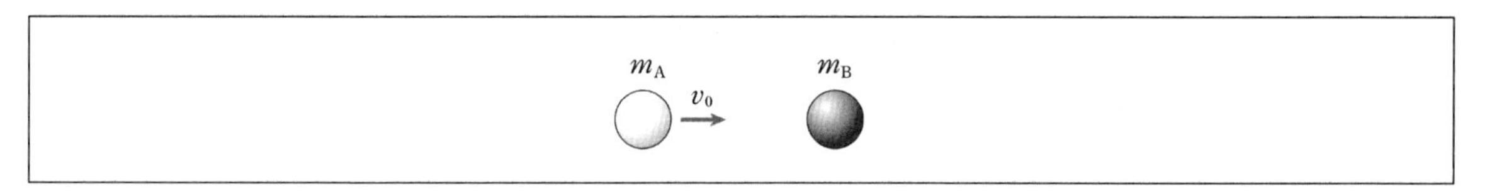

이때 A와 B의 질량비 $\frac{m_B}{m_A}$와 충돌 후 B의 속력을 각각 구하시오. (단, 물체의 크기와 모든 마찰은 무시한다.)

05 다음 그림과 같이 질량이 m인 총알이 초기 속력 v_0로 질량이 m으로 동일한 정지한 물체와 충돌 후 한 물체가 되어 운동마찰계수 $\mu_k = \frac{1}{2}$인 수평면을 d만큼 이동 후 낙하하는 것을 나타낸 것이다. 낙하하는 수직 거리는 $\frac{d}{2}$이고, 낙하하는 시점부터 낙하지점까지의 수평거리는 x이다.

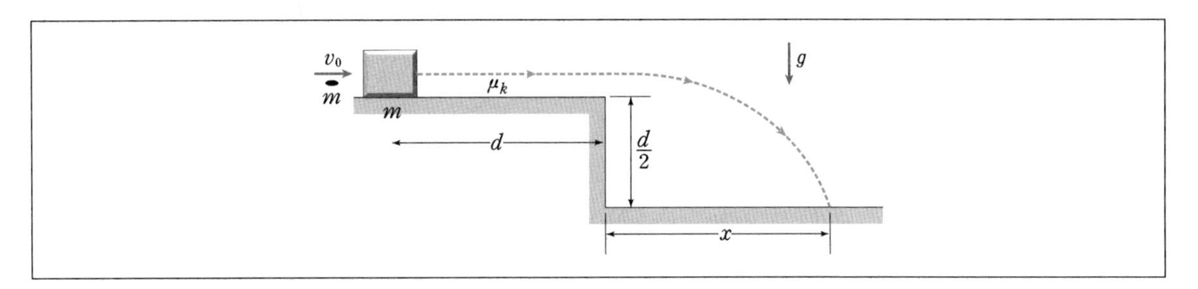

이때 물체가 마찰면을 벗어나 낙하하기 위한 초기 속력은 최솟값 $v_{\min}$을 구하시오. 또한 $x = d$가 되기 위한 초기 속력의 값을 구하시오. (단, 중력 가속도의 크기는 g이고, 공기 저항은 무시한다.)

06 다음 그림은 지면으로부터 높이 h_1+h_2인 지점에 물체 A를 가만히 놓았을 때, A가 경사면을 따라 내려와 높이 h_1인 수평면에 정지해 있던 물체 B와 정면으로 탄성 충돌한 후, A, B가 운동하는 것을 나타낸 것이다. 충돌 후 B는 지면으로 떨어지고 A는 경사면을 따라 올라간 뒤에 다시 내려와서 지면으로 떨어진다. A, B의 질량은 각각 $3m$, $5m$이며, A가 지면에 처음 닿은 위치와 B가 지면에 처음 닿은 위치 사이의 거리는 d이다.

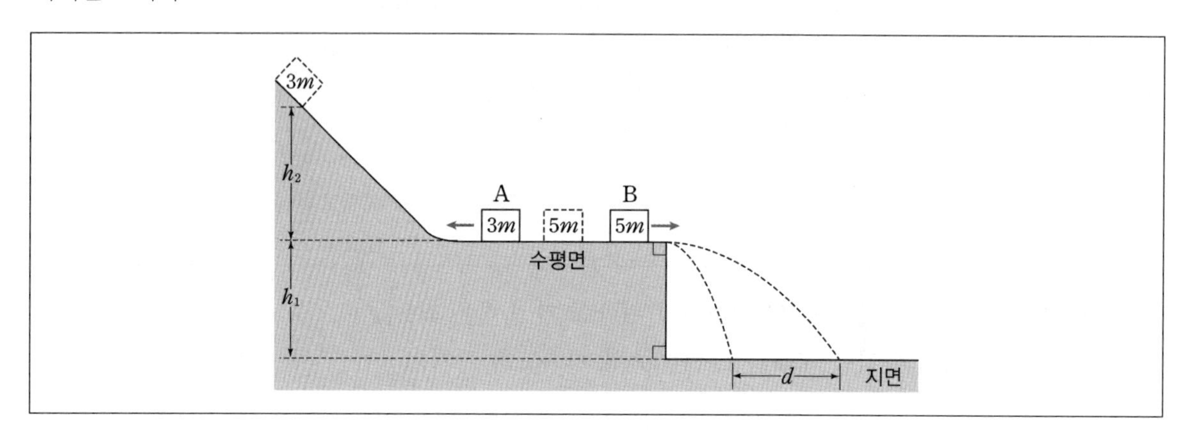

이때 A, B가 충돌한 후, 수평면으로부터 A가 올라가는 최대 높이와 두 물체가 지면에 떨어지는 수평 방향 이동 거리 차이 d를 구하시오. (단, 공기저항, 물체의 크기 및 모든 마찰은 무시하며, A와 B는 동일한 연직면에서 운동한다.)

07 다음 그림 (가)와 같이 마찰이 없는 경사면에서 물체 A를 가만히 놓고, 동시에 물체 B를 A에서 1m 만큼 떨어진 위치에서 A를 향해 속력 3m/s로 출발시켰다. A와 B가 탄성 충돌한 후 그림 (나)와 같이 A는 경사면을 따라 올라간다. A, B의 질량은 각각 1kg, 2kg이고, 경사면이 수평면과 이루는 각은 30°이다.

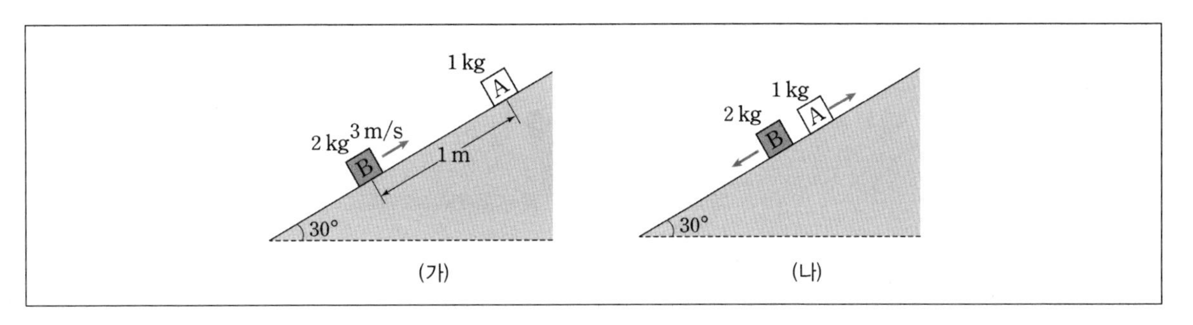

이때 A와 B가 충돌한 직후부터 A의 속력이 0이 될 때까지 걸리는 시간을 구하시오. (단, 중력 가속도의 크기는 $10\mathrm{m/s^2}$이고, 물체는 동일 직선상에서 운동하며 물체의 크기와 공기의 저항은 무시한다.)

15-A03

08 다음 그림과 같이 길이가 l인 실에 매달린 물체 A가 연직선과 60° 각도를 이루고 있고, 물체 B는 동일한 길이의 실에 매달려 연직선 상에 정지해 있다. A와 B의 질량은 각각 m으로 같다. A를 가만히 놓아 A가 B와 비탄성 충돌을 한 직후, B의 속력은 A의 속력의 3배였다.

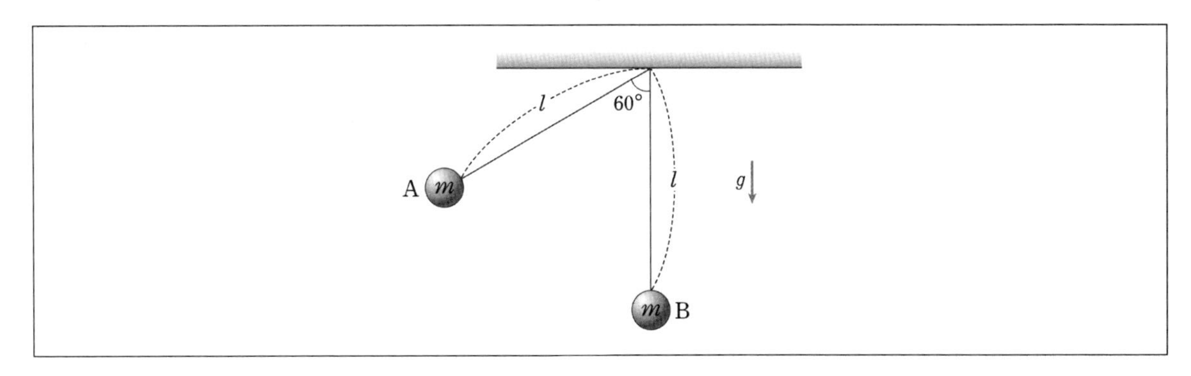

이때 충돌 직전 A의 속력 v_A와 충돌 직후 A가 매달린 실에 걸리는 장력 T_A를 각각 구하시오. (단, 중력 가속도는 g이고, A와 B의 크기는 무시한다.)

09 다음 그림과 같이 수평인 실험대로부터 높이가 h인 곡면 위에 물체 A를 가만히 놓았더니, 실험대 끝에 정지해 있던 물체 B와 정면으로 탄성 충돌하였다. 수평인 지면에서 실험대까지의 높이는 h이고, 충돌 직후 B는 수평 방향으로 운동하며, 지면에 도달할 때까지 변위의 수평 성분의 크기는 $3h$이다.

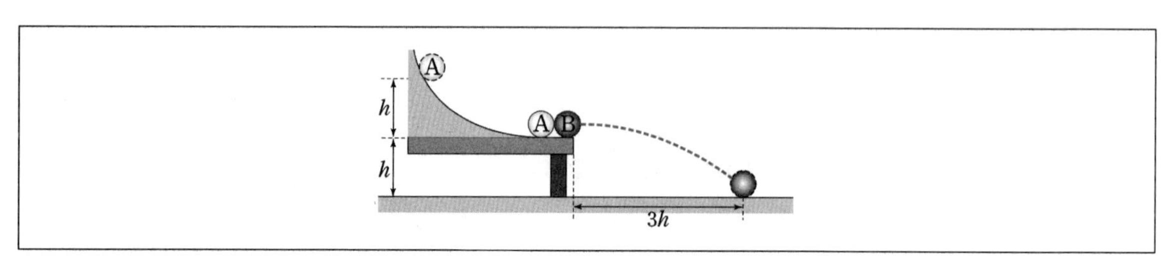

이때 A와 B의 질량비 $\dfrac{m_B}{m_A}$를 구하시오. 또한 A의 충돌 전 역학적 에너지 E_A와 충돌 후 역학적 에너지 $E_A{}'$의 비 $\dfrac{E_A{}'}{E_A}$을 구하시오. (단, 물체의 크기, 모든 마찰과 공기 저항은 무시한다. A의 퍼텐셜 에너지의 기준점은 충돌지점으로 한다.)

10 다음 그림 (가)와 같이 실에 매달린 물체 A를 실험대 윗면으로부터 높이 h인 곳에서 가만히 놓아, 실험대 위의 끝부분에 정지해 있는 물체 B와 정면으로 탄성충돌 시킨다. 그림 (나)는 충돌 후 B의 수직 낙하 거리와 수평 이동 거리는 각각 h이다.

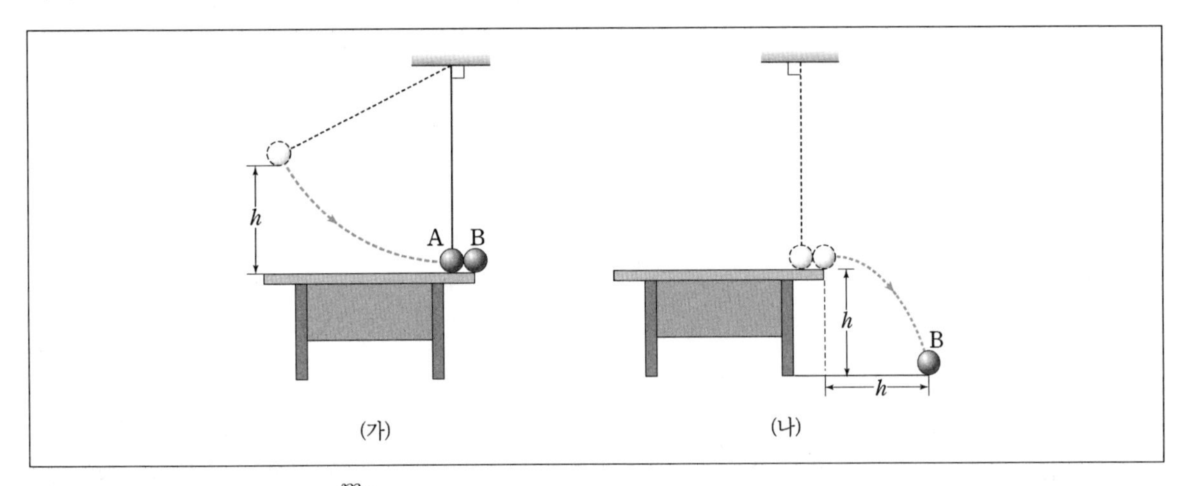

이때 물체 A와 B의 질량비 $\dfrac{m_B}{m_A}$를 구하시오. 또한 충돌 이후 물체 A가 올라가는 최대 높이를 구하시오.

(단, 중력 가속도의 크기는 g이고 모든 마찰은 무시한다.)

20-A02

11 다음 그림과 같이 줄의 끝에 매달린 질량 m인 물체 A를 수평면으로부터 높이 h인 곳에서 가만히 놓았더니, A는 마찰이 없는 수평면 위에 정지해 있던 질량 $4m$인 물체 B와 최저점에서 탄성 충돌을 하였다.

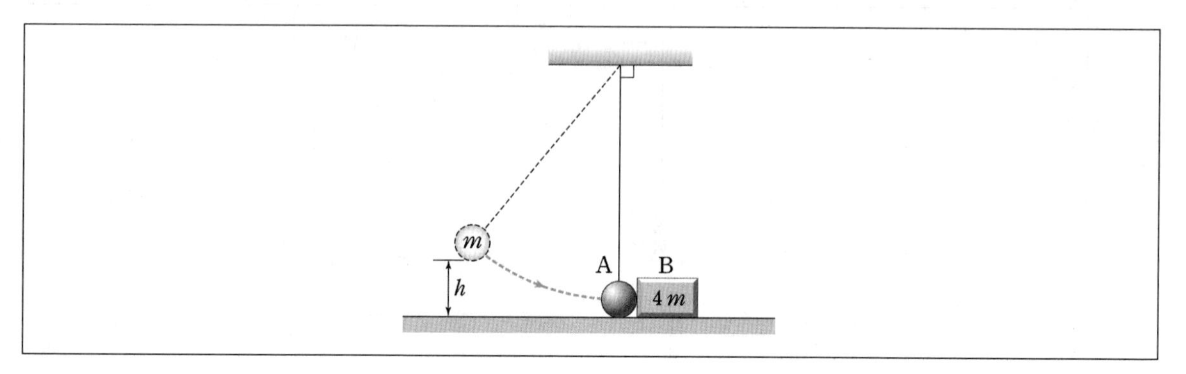

이때 충돌 직전 A의 속력 v_A와 충돌 직후 B의 속력 v_B를 각각 구하시오. (단, 중력 가속도의 크기는 g이고, 줄의 질량과 A, B의 크기, 공기 저항은 무시한다. A, B는 동일 연직면에서 운동한다.)

12 다음 그림은 질량 m인 총알이 줄에 매달려 있는 질량 M인 나무토막에 박힌 다음, 두 물체가 한 덩어리가 되어 수직 높이 h만큼 올라간 것을 나타낸 것이다.

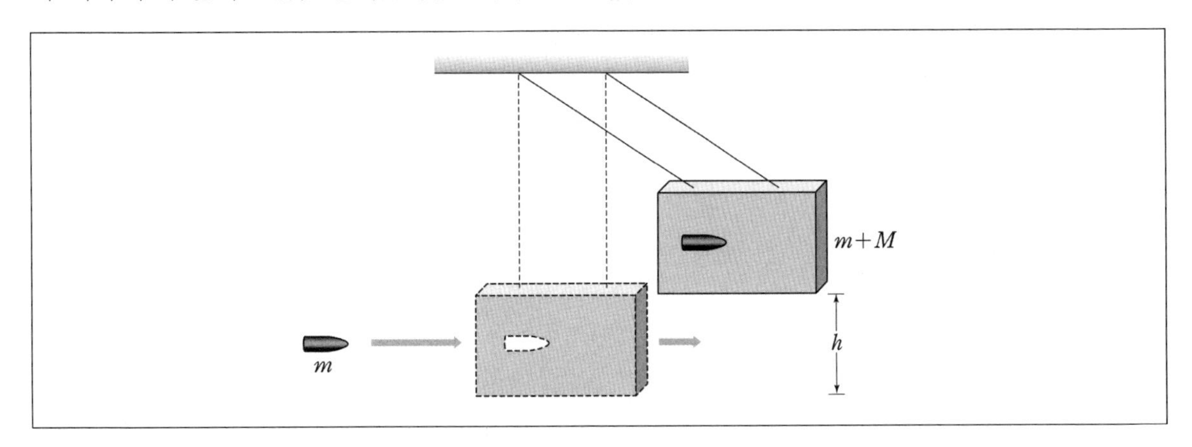

이때 총알의 초기 속력을 구하시오. 또한 충돌 과정에서 손실된 에너지가 높이 h에서 두 물체의 중력 퍼텐셜 에너지와 같기 위한 두 물체의 질량비 $\frac{M}{m}$을 구하시오. (단, 중력 가속도의 크기는 g이고, 공기 저항과 줄의 질량은 무시한다.)

13 다음 그림은 수평면에서 속력 v로 운동하는 물체 A가 실에 연결되어 정지 상태에 있는 물체 B와 정면으로 충돌하여 물체 A는 정지하고 B는 최대 높이 h만큼 올라간 모습을 나타낸 것이다. 충돌 과정에서 A와 B의 역학적 에너지는 초기 에너지의 50%가 손실되었다.

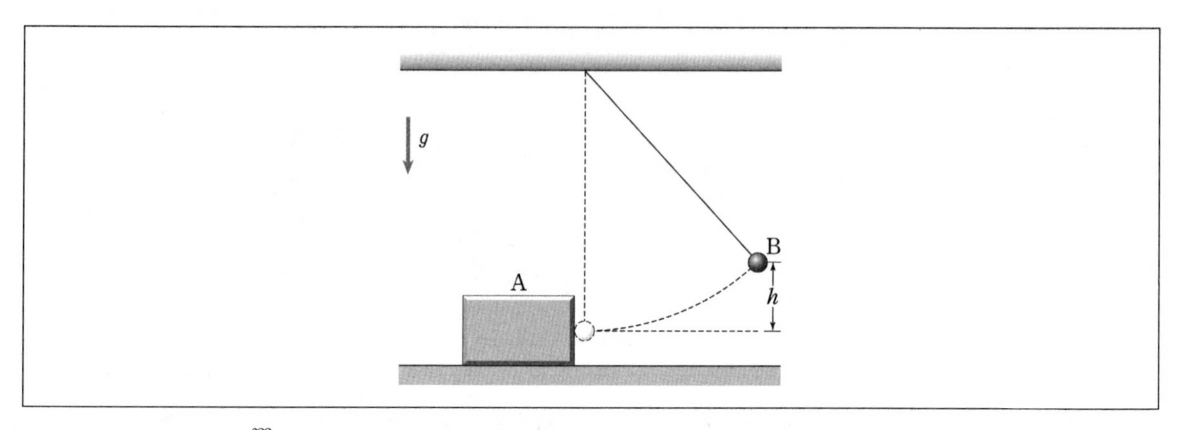

이때 물체의 질량비 $\frac{m_B}{m_A}$와 속력 v을 각각 구하시오. (단, 중력 가속도의 크기는 g이고, B의 초기 위치가 퍼텐셜 에너지의 기준점이다. 실의 질량과 공기 저항은 무시한다.)

22-A01

14 다음 그림과 같이 $+x$ 방향으로 이동하는 물체 A와 $+y$ 방향으로 이동하는 물체 B가 마찰이 없는 면을 따라 운동하다가 원점 O에서 충돌한다. 충돌 후 A와 B는 하나의 물체 C가 되어 마찰이 있는 면을 따라 x축과 30° 방향으로 20m 이동한 후 멈추었다. A와 B의 질량은 각각 10kg, 20kg이고, C와 면 사이의 운동 마찰계수는 $\mu = 0.5$ 이다.

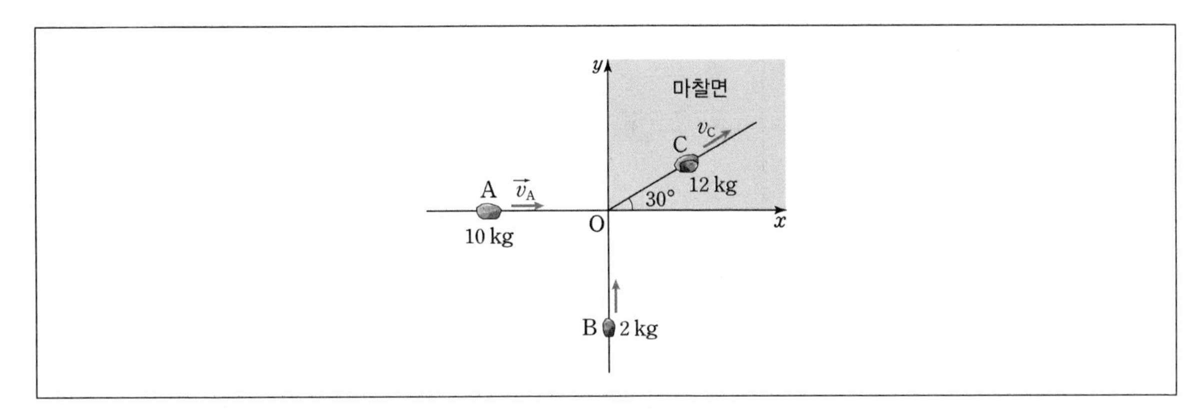

이때 충돌 직후 C의 속력 v_C와 충돌 직전 A의 속력 v_A를 각각 구하시오. (단, 공기 저항과 물체의 크기는 무시하고, 중력 가속도의 크기는 $g = 10\text{m/s}^2$이다.)

15 다음 그림 (가)는 마찰이 없는 수평인 xy평면에서 $+x$방향으로 v_0의 속력으로 운동하던 물체 A가 $-x$방향으로 $2v_0$의 속력으로 운동하던 물체 B와 충돌하기 전의 모습을 나타낸 것이다. 그림 (나)는 A와 B가 탄성 충돌한 후 운동하는 모습을 나타낸 것이다. A는 $+y$방향으로 운동한다. A와 B의 질량은 각각 $3m$, m이다.

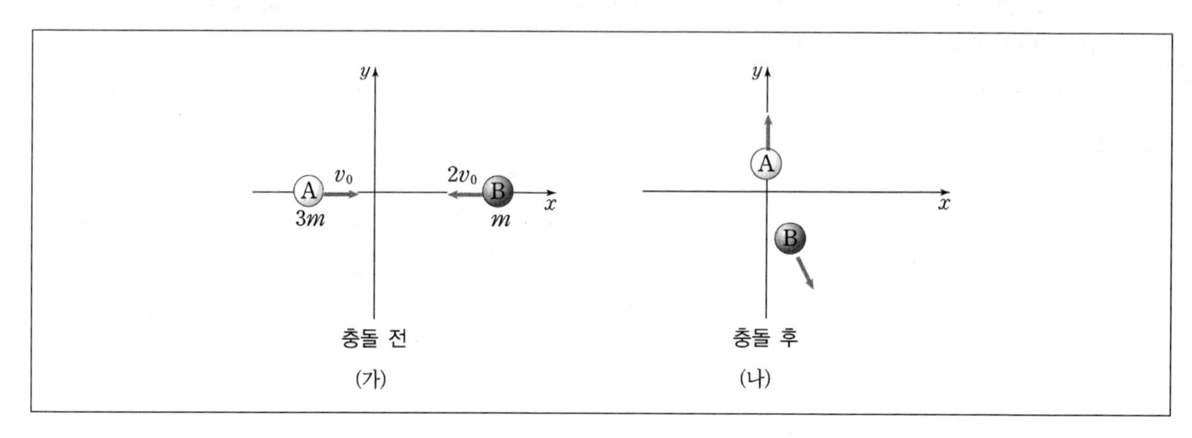

이때 충돌 후 물체 A의 속력과 A가 받은 충격량의 크기를 각각 구하시오. (단, 물체의 크기와 마찰은 무시한다.)

16 다음 그림과 같이 수평면 위에서 질량 m인 물체 A가 x축을 따라 5m/s의 속력으로 운동하다가 정지해 있던 질량 2m인 물체 B에 충돌하였다. 충돌 후 A의 속력은 2m/s이고, 충돌 후 A, B의 운동 방향이 x축과 이루는 각은 각각 60°, θ이다.

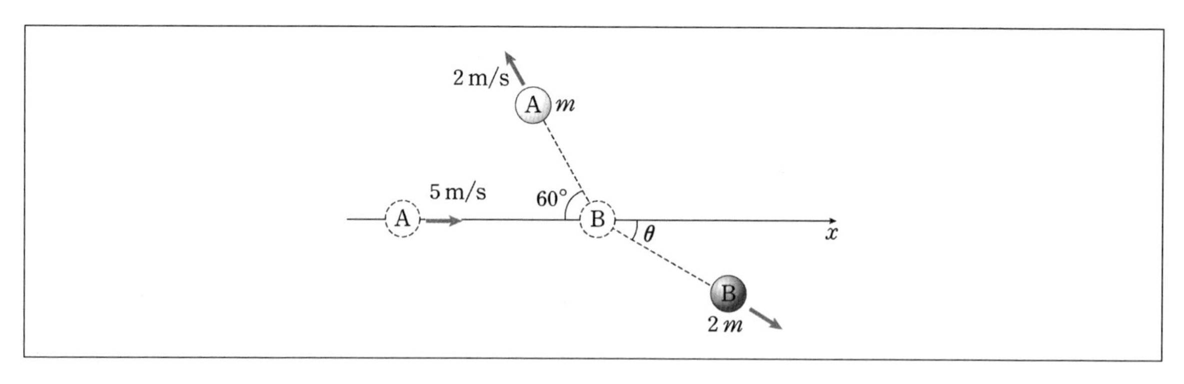

이때 $\tan\theta$를 구하시오. (단, 모든 마찰은 무시한다.)

17 다음 그림과 같이 수평면에서 물체 A가 운동 에너지 E로 $+x$방향으로 운동하다가 정지해 있던 물체 B에 충돌하였다. A, B의 질량은 m으로 같고, 충돌 후 A, B의 속력은 각각 v_1, v_2, 운동 방향이 x축과 이루는 각은 각각 30°, 60°이다.

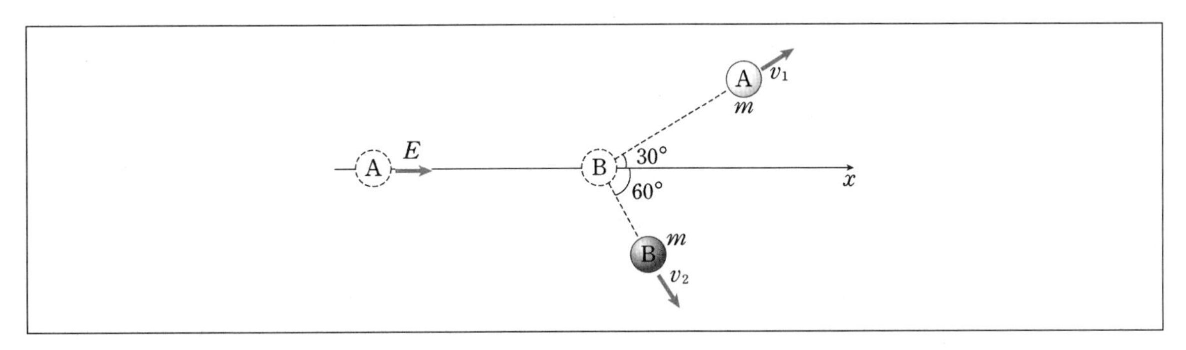

이때 A와 B의 충돌 후 속도의 $\dfrac{v_1}{v_2}$를 구하시오. 또한 충돌 후 A의 운동 에너지를 E로 나타내시오. (단, 모든 마찰은 무시한다.)

18 다음 그림 (가)는 xy평면에서 원점 O를 향해 $+x$축 방향으로 속력 v로 운동하는 물체 A와 $+y$축 방향으로 운동하는 물체 B를 나타낸 것이다. 질량은 A와 B가 서로 같다. 그림 (나)는 A와 B가 O에서 충돌한 후 A는 $+y$방향으로 속력 v로, B는 x축과 45°를 이루는 방향으로 운동하는 것을 나타낸 것이다.

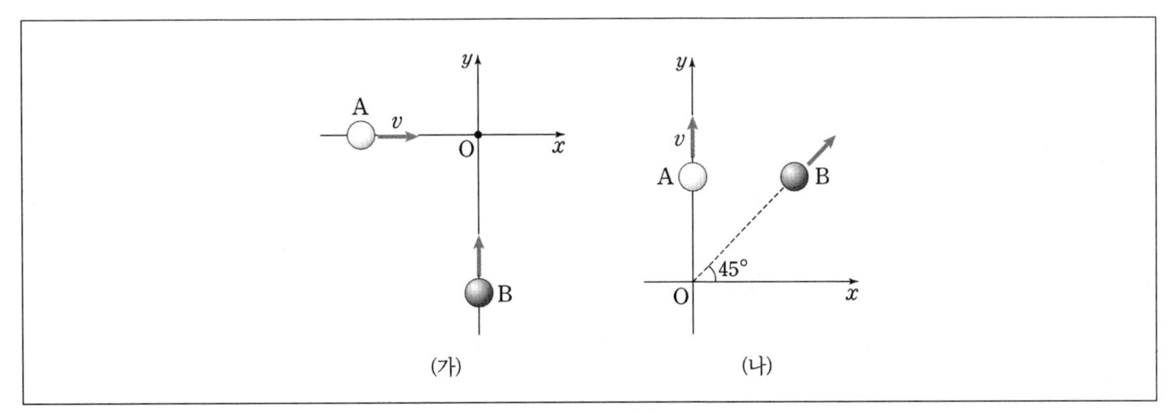

이때 충돌 후 B의 속력과 충돌 전후 전체 에너지비 $\dfrac{E_{충돌후}}{E_{충돌전}}$를 각각 구하시오.

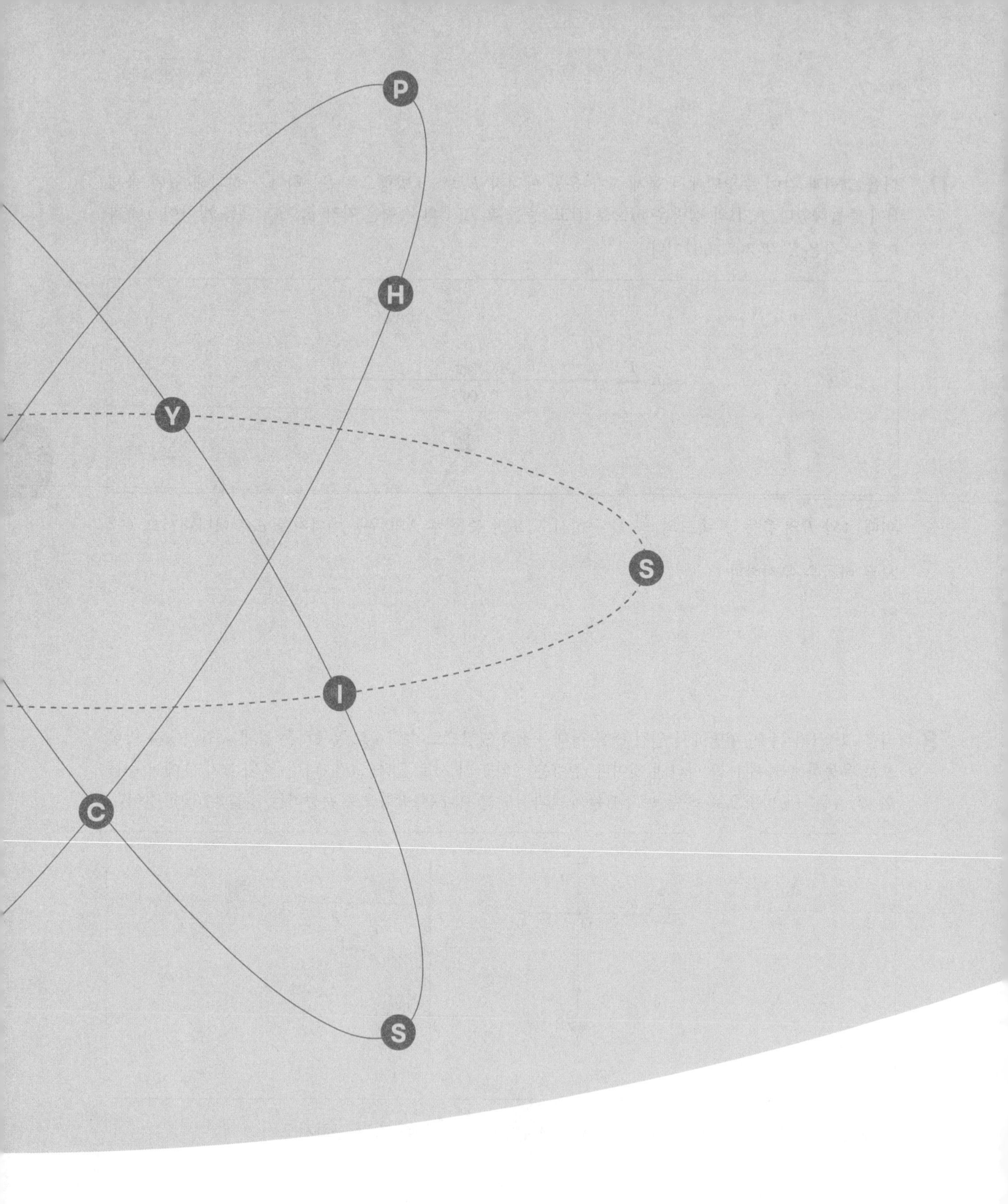

정승현
일반물리학

Chapter

04

원운동과 진동

Chapter 04 원운동과 진동

01 등속 원운동

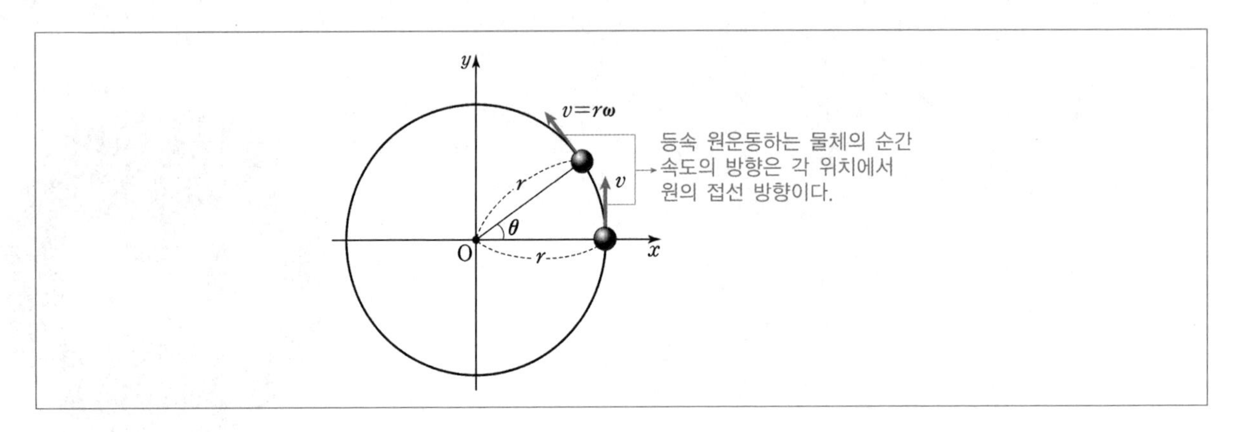

1. 등속 원운동

속력이 일정하고 원의 중심 방향으로 일정하게 가속되는 운동

2. 각속도와 선속도

(1) **각속도(ω)**

단위 시간 동안 회전한 중심각 ➡ $\omega = \dfrac{\theta}{t}$ (단위: rad/s)

(2) **선속도(v)**

접선 방향의 속도 ➡ $v = \dfrac{l}{t} = \dfrac{r\theta}{t} = r\omega$ (단위: m/s)

3. 주기와 진동수

(1) **주기(T)**

한 번 회전하는 데 걸리는 시간 ➡ $T = \dfrac{2\pi r}{v} = \dfrac{2\pi}{\omega}$ (단위: s)

(2) **진동수(f)**

단위 시간 동안에 회전하는 횟수 ➡ $f = \dfrac{1}{T} = \dfrac{\omega}{2\pi}$ (단위: Hz)

4. 구심 가속도

물체가 원운동할 때 원의 중심 방향으로 생기는 가속도

$$a = \frac{v^2}{r} = r\omega^2 \text{ (방향은 원의 중심 방향)}$$

5. 구심력

구심 가속도를 생기게 하는 힘 ➡ 방향 전환에 의한 힘이다.

$$F_c(=ma) = m\frac{v^2}{r} = mr\omega^2 = mr\left(\frac{4\pi^2}{T^2}\right)$$

6. 벡터 수식적 이해

변위 $\vec{S} = (x,\ y) = (A\cos\theta,\ A\sin\theta) = (A\cos\omega t,\ A\sin\omega t)$: A = 진폭

각속도의 크기와 속도의 크기와의 관계식 $v = \omega A$ 로부터

속도 $\vec{v} = (-v\sin\omega t,\ v\cos\omega t) = (-\omega A\sin\omega t,\ \omega A\cos\omega t)$

구심가속도의 크기는 $a = \omega^2 A$ 로부터

가속도 $\vec{a} = (-a\cos\omega t,\ -a\sin\omega t) = (-A\omega^2\cos\omega t,\ -A\omega^2\sin\omega t)$

7. 원운동 정리

(1) 각속도

$$\omega = \frac{\theta}{t} = \frac{v}{r}$$

(2) 주기

$$T = \frac{2\pi r}{v} = \frac{2\pi}{\omega}\left(\because\ \omega = \frac{v}{r}\right)$$

(3) 속력

$$v = \omega r$$

⑷ 구심 가속도의 크기

$$a=\frac{v^2}{r}=\omega^2 r=\frac{4\pi^2 mr}{T^2}\quad\left(\because\ \omega=\frac{2\pi}{T}\right)$$

02 단진동

1. 용수철 진자와 원운동과 상관관계

용수철 운동이 훅의 법칙 $F=-kx$을 만족하면서 운동한다는 사실을 알고 있다.

사실 용수철 운동이란 등속 원운동은 그림자 운동(projection motion)과 일치한다.

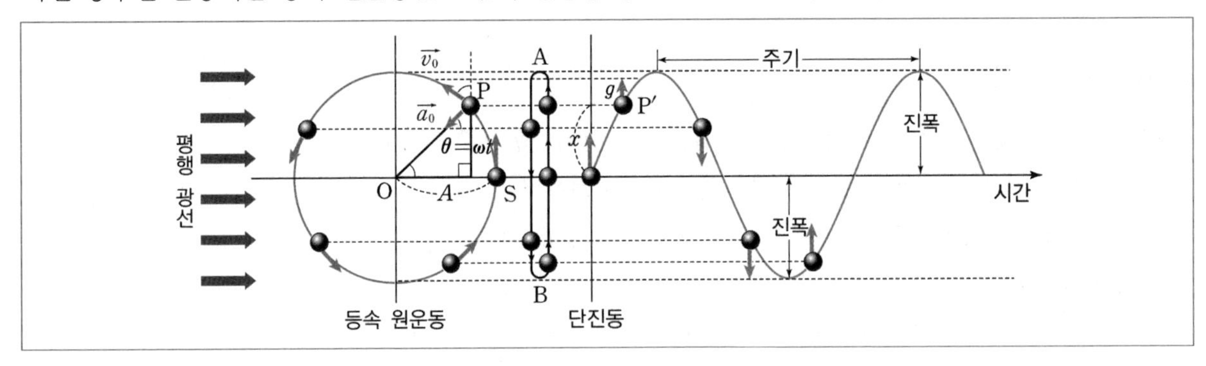

등속 원운동에서 변위, 속도, 구심가속도를 좌표로 표현해보자.

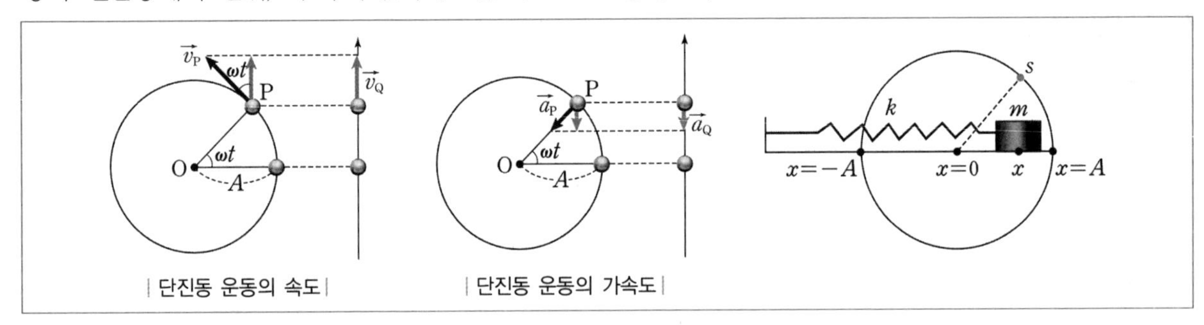

| 단진동 운동의 속도 | | 단진동 운동의 가속도 |

그림자 운동처럼 x축 한 축만 비교해보면

$$x=A\cos\omega t$$

$$v_x=-A\omega\sin\omega t$$

$$a_x=-A\omega^2\cos\omega t$$

$$F_x=ma_x=-mA\omega^2\cos\omega t=-m\omega^2 x\ [x=A\cos\omega t]$$

위로부터 원운동의 그림자 운동 즉, 한 축의 운동이 훅의 법칙을 만족함을 알 수 있다.

$F_x = -kx = -m\omega^2 x$ 로부터

$$k = m\omega^2 \Rightarrow \omega = \sqrt{\frac{k}{m}}$$

$$T = \frac{2\pi}{\omega} = 2\pi\sqrt{\frac{m}{k}}$$ ➡ 용수철 진자의 주기

$$\ddot{x} + \omega^2 x = 0$$

좌표 설정은 자유롭다는 가정하에 일반화된 단진동의 위치의 함수는 $x = A\cos(\omega t + \phi)$이다.

2. 단진동의 정보 정의

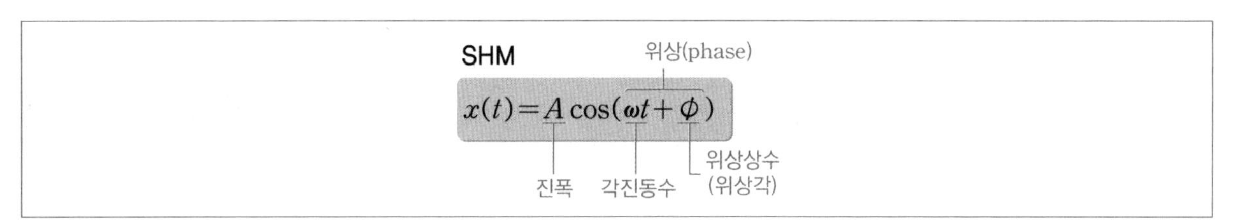

단진동은 평형점을 기준으로 진폭 A로 진동하는 운동이다.

(1) 평형점

가속도가 0인 지점 또는 속도의 크기가 최대인 지점을 말한다. 주의할 것은 마찰이 없는 수평면에서는 용수철의 고유길이인 지점이 평형점이 되나 중력장에서는 중력과 용수철의 탄성력이 평형을 이루는 지점이 된다.

주의 중력장에서는 고유길이에서 평형점이 아니므로 주의!!!

(2) 진폭

평형점으로부터 정지한 위치까지의 거리를 말한다.

(3) 주기

진폭을 4번 이동하는 데 걸린 시간이다.

(4) 단진동의 문제 해결

단진동의 역학적 정보인 변위, 속도, 가속도의 관계식으로 해결 가능하다.

단진동 문제는 초기 조건 $t=0$일 때, 변위와 속도의 정보를 통해 역학적 정보 수식을 이용하여 문제를 해결해 나가면 된다. 일반적으로 역학적 에너지 보존보다 훨씬 간단히 해결 가능하므로 반드시 숙지해야 한다.

$$s = A\sin(\omega t + \phi)$$
$$v = A\omega\cos(\omega t + \phi)$$
$$a = -A\omega^2\sin(\omega t + \phi)$$

역학적 정보(s, v, a)에서 공통적인 요인을 보면 진폭 A와 각속도 ω가 존재한다. 이는 자주 물어보는 요소이므로 명심하자.

각속도는 주기와 바로 연결된다.

3. 단진동의 종류

(1) 마찰이 없는 수평면에서 용수철 운동

초기 조건이 $t=0$일 때 변위가 A이고, 정지 상태라면 역학적 정보식을 세우면

$$x = A\cos\omega t$$
$$v = -A\omega\sin\omega t$$
$$a = -A\omega^2\cos\omega t$$

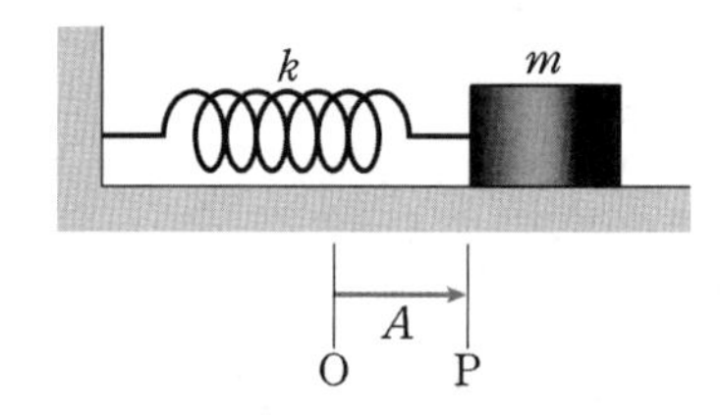

여기서 $\omega = \sqrt{\dfrac{k}{m}}$ 이다.

속도의 크기의 최댓값은 $v_{\max} = A\omega = A\sqrt{\dfrac{k}{m}}$, 가속도의 최댓값은 $a_{\max} = A\omega^2 = \dfrac{kA}{m}$,

주기는 $T = \dfrac{2\pi}{\omega} = 2\pi\sqrt{\dfrac{m}{k}}$ 이다.

(2) 중력장에서 용수철 운동

평형점을 기준으로 역학적 정보식을 세우면

$$y = A\cos\omega t$$
$$v = -A\omega\sin\omega t$$
$$a = -A\omega^2\cos\omega t$$

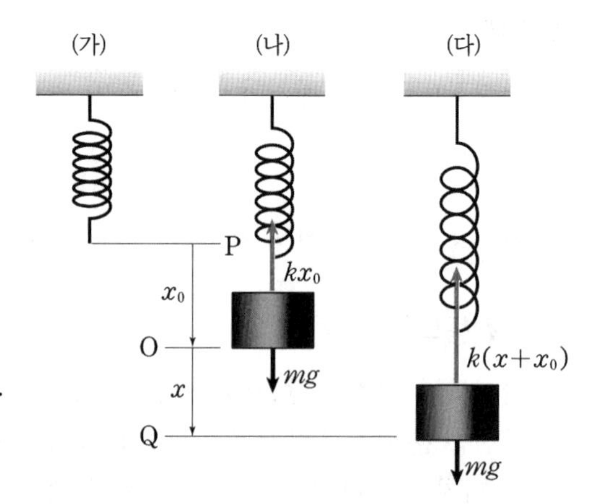

여기서 $\omega = \sqrt{\dfrac{k}{m}}$ 이다.

중력장에서 평형점은 고유길이가 아니므로 주의가 필요하다.

즉, 평형점은 $kx_0 = mg$이므로 고유길이로부터 $x_0 = \dfrac{mg}{k}$

만약 물체가 고유길이의 위치에서 정지 상태로 있다가 손을 놓았다면 물체의 진폭의 정의를 이용해서 구해보자. 진폭은 평형점으로부터 정지한 위치까지의 거리를 말하므로 $A = x_0 = \dfrac{mg}{k}$가 된다.

중력장에서 운동은 평형점을 구하는 것이 가장 핵심이다.

03 단진자(Simple Pendulum)

1. 단진자의 정의(중력장에서의 원운동)

길이 l이고 질량이 m인 물체가 중력 가속도의 크기 g인 공간에서 진동하는 운동이다. 정확히는 돌림힘 운동방정식이나 지금은 근사식을 사용하고 회전운동 파트에서 정확히 다루겠다.

$F_x = -mg\sin\theta \simeq -\dfrac{mg}{l}x$

$\sin\theta \approx \tan\theta \approx \theta \simeq \dfrac{x}{l}$ ($\because$ 호의 길이 $s = l\theta$)

$ma_x = -\dfrac{mg}{l}x = -kx = -m\omega^2 x$

따라서 단진자의 각진동수 $\omega = \sqrt{\dfrac{g}{l}}$

주기 $T = \dfrac{2\pi}{\omega} = 2\pi\sqrt{\dfrac{l}{g}}$

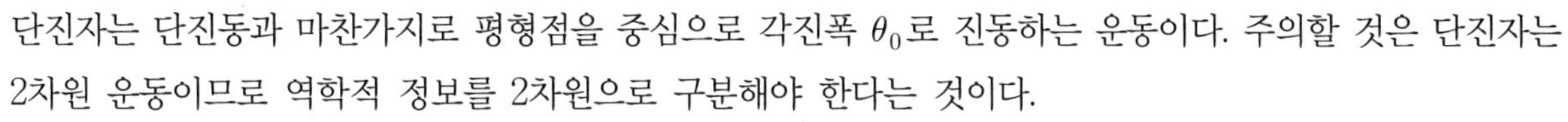

단진자는 단진동과 마찬가지로 평형점을 중심으로 각진폭 θ_0로 진동하는 운동이다. 주의할 것은 단진자는 2차원 운동이므로 역학적 정보를 2차원으로 구분해야 한다는 것이다.

그리고 단진자에서 구심력 역할을 하는 장력 T를 구하는 것이 중요하다. 단진자 물체 m의 좌표계(물체 위에 타서 보면)에서는 중심 방향으로 거리가 일정하므로 힘의 평형을 이루게 된다. 가속계이므로 관성력(원심력)을 고려해서 힘의 평형을 구하면

$$T = mg\cos\theta + ml\omega^2 = mg\cos\theta + \frac{mv^2}{l}$$

$\vec{F} = \vec{T} + m\vec{g}$ 좌표를 분할해서 써보자. 운동 방향에 나란한 방향을 x축, 장력 방향을 y축으로 설정하면

$$(F_x,\ F_y) = (-mg\sin\theta,\ T - mg\cos\theta) = \left(-mg\sin\theta,\ \frac{mv^2}{l}\right)$$

(1) 접선 가속도

$$a_x = -g\sin\theta$$

(2) 구심 가속도

$$a_y = \frac{v^2}{l}$$

2. 관성력이 존재하는 공간에서의 진자운동

관성력이 존재하는 경우에는 중력 가속도 $\vec{g}$와 관성력에 의한 가속도 $\vec{a}$의 합에 의한 새로운 가속도 $\vec{g}' = \vec{g} + \vec{a}$의 크기가 주기 공식에 들어가게 된다. 즉 $T = 2\pi\sqrt{\frac{l}{g'}}$ 이 된다.

평형점의 위치는 g'과 나란한 최하 지점이다.

3. 수직항력이 구심력 역할을 하는 운동

중력이 존재할 때 반경이 R인 반원형 틀에서 질량 m의 운동

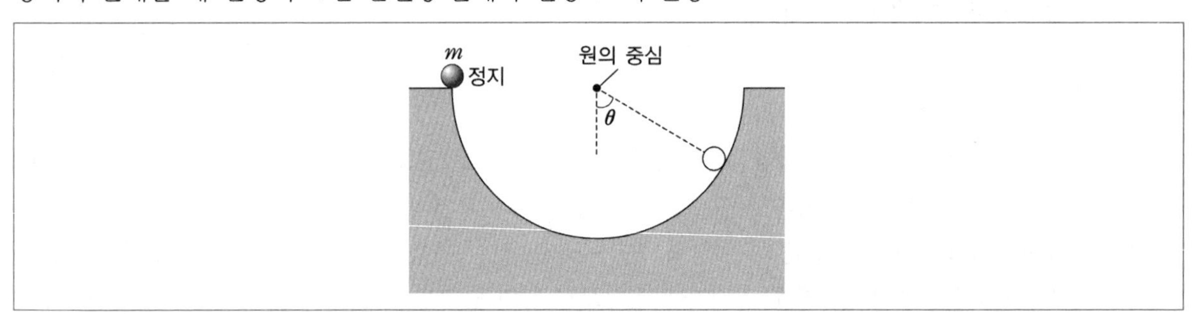

장력 T가 수직항력 N으로 변화되며 단진자 운동과 비슷하다.

$$N = mg\cos\theta + mR\omega^2 = mg\cos\theta + \frac{mv^2}{R}$$

$\vec{F} = \vec{N} + m\vec{g}$ 좌표를 분할해서 써보자. 운동 방향에 나란한 방향을 x축, 장력 방향을 y축으로 설정하면

$$(F_x,\ F_y) = (-mg\sin\theta,\ N - mg\cos\theta)$$
$$= \left(-mg\sin\theta,\ \frac{mv^2}{R}\right)$$

(1) 접선 가속도

$$a_x = -g\sin\theta$$

(2) 구심 가속도

$$a_y = \frac{v^2}{R}$$

초기 위치가 $\theta = 90°$이므로 역학적 에너지 보존을 이용해서 구해보면

$$mgR = \frac{1}{2}mv^2 + mgR(1-\cos\theta)$$

➡ $\frac{mv^2}{R} = 2mg\cos\theta$이므로 수직항력의 크기는 $N = 3mg\cos\theta$, 구심 가속도의 크기는 $a_c = 2g\cos\theta$로 방향은 구심 방향이다.

Chapter 04

04 단진동과 역학적 에너지 보존

1. 탄성력을 받으며 운동하는 물체

(1) 탄성력에 의한 역학적 에너지 전환

탄성력에 의해 운동하는 물체의 위치 에너지와 운동 에너지는 서로 전환된다. 즉, 위치 에너지가 감소하면 같은 양만큼 운동 에너지가 증가한다.

(2) 탄성력에 의한 역학적 에너지 보존 법칙

마찰이 없는 수평면상에서 용수철에 매달려 진동하는 물체에 대해 생각해 보자. 다음 그림과 같이 용수철에 매달린 물체를 A만큼 잡아당겨 진동시키면 물체는 원래의 위치 O를 중심으로 진동한다. 물체가 평형 위치(O)에서 x_1만큼 떨어진 A점에서 평형 위치에서 x_2만큼 떨어진 B지점까지 운동하는 동안 탄성력(용수철이 물체를 끌어당기는 힘)이 한 일은 다음 그래프의 색칠한 면적과 같으며, $W = \frac{1}{2}k(x_1^2 - x_2^2)$이다. 용수철이 물체에 한 일만큼 물체의 운동 에너지가 증가하므로($W = \Delta E_k$), $W = \frac{1}{2}k(x_1^2 - x_2^2) = \frac{1}{2}mv_2^2 - \frac{1}{2}mv_1^2$이 된다. 이것을 정리하면 다음과 같다.

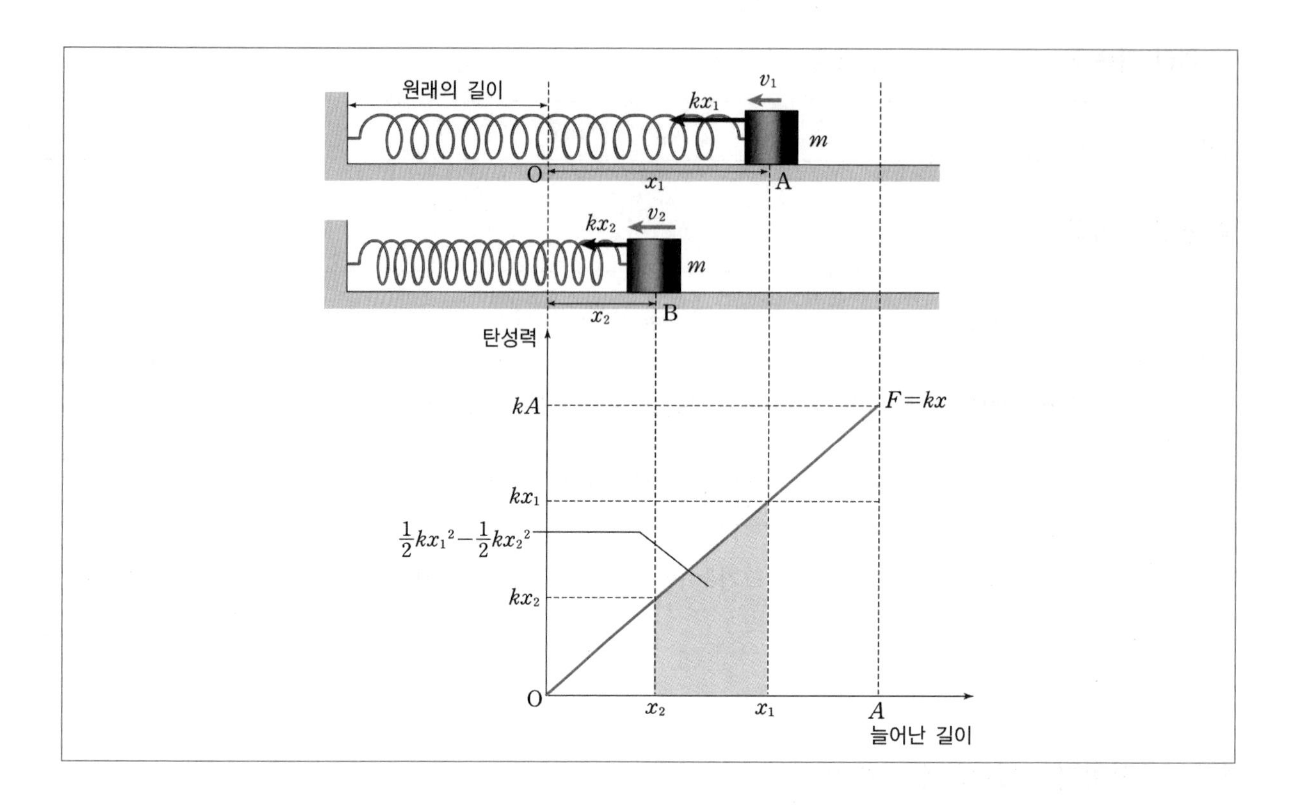

2. 용수철 연결과 용수철 상수 변형

$k = E\frac{A}{l}$ (E: 물질고유탄성계수, A: 단면적, l: 용수철 길이)

(1) 직렬 연결

길이가 증가하므로 $k' = \frac{k_1 k_2}{k_1 + k_2}$

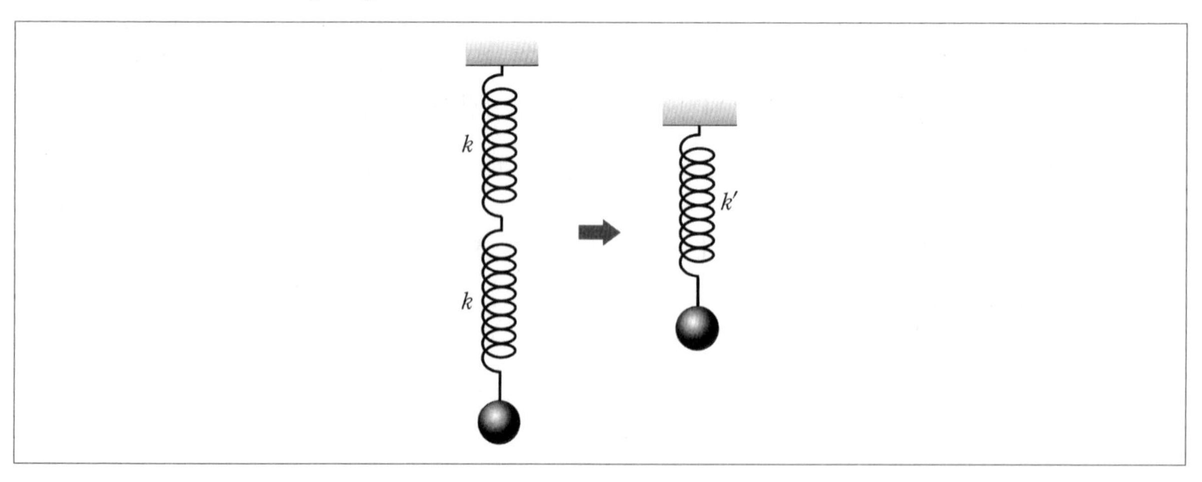

(2) 병렬 연결

면적이 증가했기 때문에 $k' = k_1 + k_2$

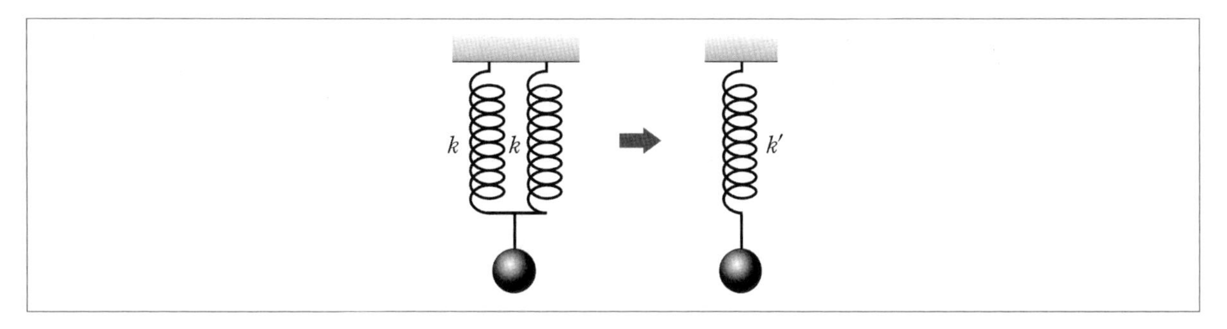

(3) 양쪽 연결

변위에 따른 힘의 방향이 같기 때문에 병렬과 같아지는 현상 $k' = k_1 + k_2$

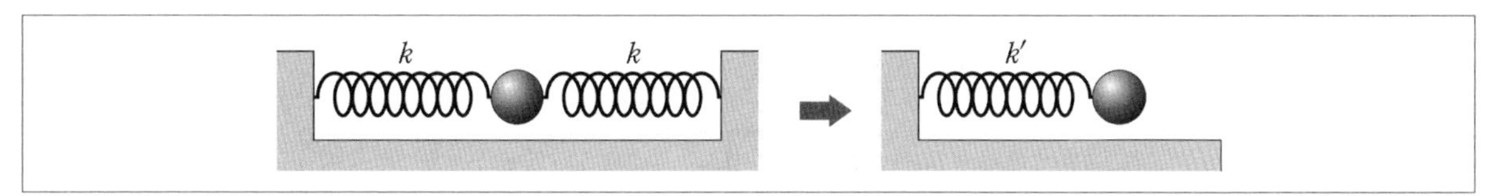

만약 용수철 길이가 l 이고 용수철 상수 k인 용수철을 반으로 잘라서 병렬 연결한다면 $k = E\frac{A}{l}$ 에 의해서 길이는 반으로 줄고, 면적은 2배 증가하는 효과를 가져 오기 때문에 $k' = 4k$이다.

05 마찰이 있는 공간에서 용수철의 운동

물체에 작용 하에 수평 방향의 힘은 스프링의 복원력 kx와 마찰력 f이므로 정지한 상태의 총에너지는 $1/2\,kx^2$이고 처음 정지한 상태에서 다음 정지한 상태까지 운동하는 동안 마찰력에 의한 에너지 손실은 fs (s : 움직인 거리)이므로 정지된 상태의 변위 감소량을 Δx라고 할 때 매번 정지할 때마다 평형위치에 Δx 만큼 가까워진다.

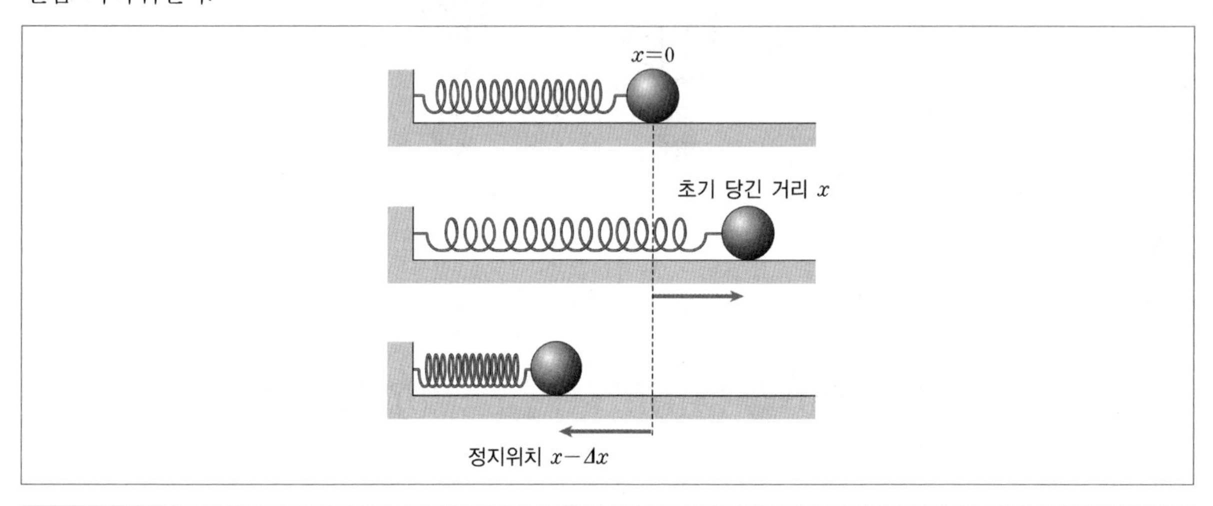

$$1/2kx^2 - 1/2k(x-\Delta x)^2 = fs = f(2x-\Delta x)$$

$$\frac{k}{2}\Delta x(2x-\Delta x) = f(2x-\Delta x) \Rightarrow \frac{k}{2}\Delta x = f$$

$$\Delta x = \frac{2f}{k}$$ (Δx : 감소한 진폭변화량, f : 운동마찰력, k : 용수철 상수)

예를 들어 질량이 1kg, 운동 마찰계수가 0.1이고 용수철 상수 k가 100N/m인 용수철 진자에서 초기 10cm 잡아 당겼다가 놓으면 정지하는 위치값은 $\Delta x = \frac{2f}{k} = \frac{2\times 0.1\times 10}{200} = 1\text{cm}$ 씩 정지할 때마다 줄어들기 때문에 +10cm, −9cm, +8cm, −7cm …… 이렇게 진행된다.

주기는 진폭과 관계없이 일정하게 유지된다.

연습문제

정답_ 370p

01 다음 그림은 질량이 m인 물체가 반지름이 R이고, 두께가 얇은 원통 안에서 원통과 함께 떨어지지 않고 일정한 각속력 ω로 회전하고 있는 것을 나타낸 것이다.

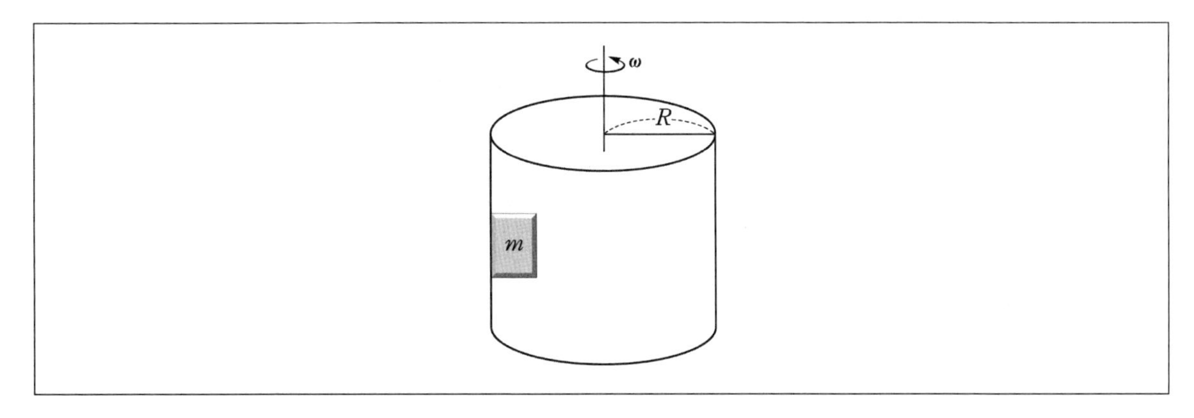

이때 물체에 작용하는 알짜힘의 크기를 구하시오. 또한 물체가 미끄러지지 않기 위한 정지마찰계수의 최솟값 $\mu_{\min}$을 구하시오. (단, 중력 가속도의 크기는 g이고, 물체의 크기는 무시한다.)

02 다음 그림과 같이 질량 m인 물체가 길이 l인 줄에 매달려 연직축 둘레를 일정한 각속도로 원운동을 하고 있다. 줄은 연직축과 일정한 각 θ를 이루고 있다.

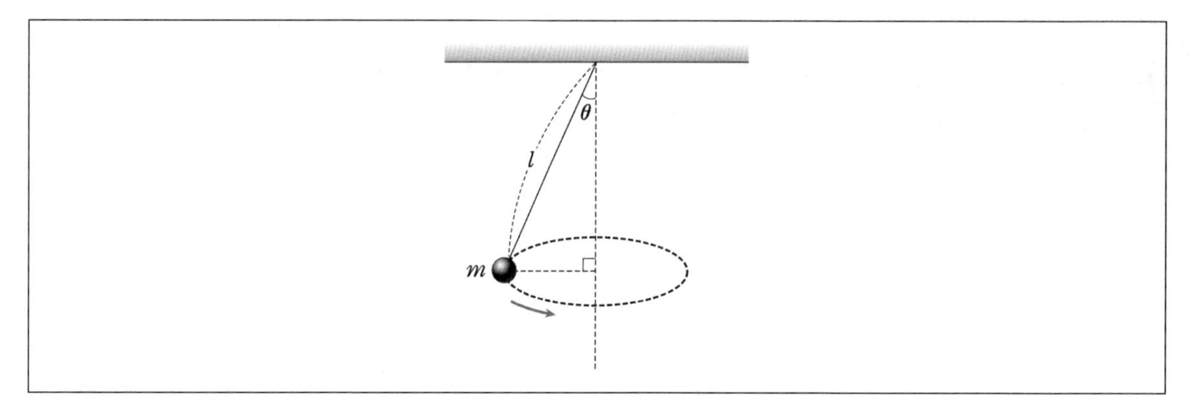

이때 원운동의 주기와 장력의 크기를 각각 구하시오. (단, 중력 가속도는 g이고, 줄의 질량은 무시한다.)

03 다음 그림은 기둥의 끝에 길이가 L인 줄을 고정하고 줄의 다른 쪽 끝에 물체를 매달아 등속 원운동을 하게 하는 모습을 나타낸 것이다. 물체가 지면으로부터 높이 H에서 등속 원운동을 하고 있다가 줄이 끊어져 물체는 기둥으로부터 수평거리 D인 위치에 떨어졌다.

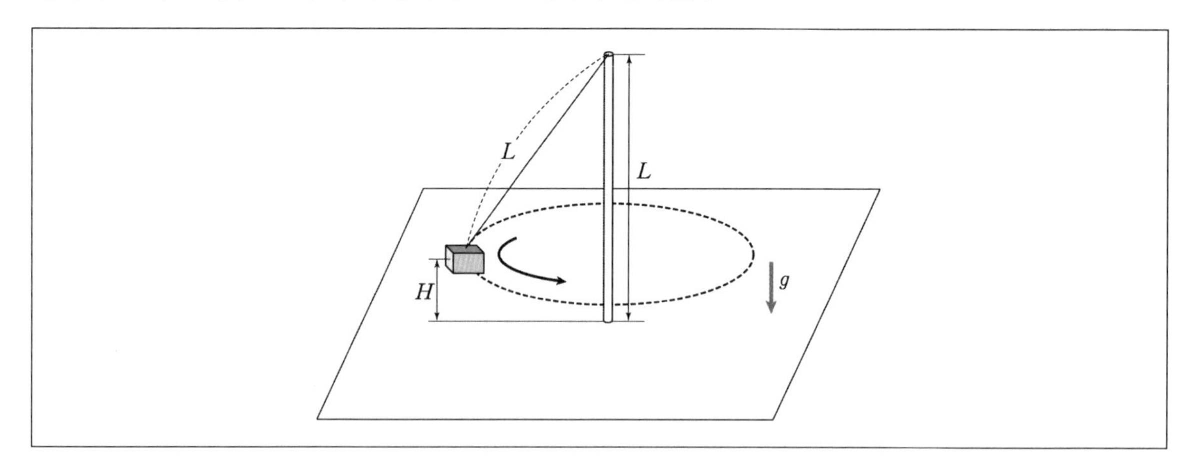

이때 줄이 끊어진 직후 물체의 속력을 g, L, H로 구하시오. 또한 D^2을 L과 H로 구하시오. (단, 중력 가속도의 크기는 g이고, 모든 마찰은 무시한다.)

04 다음 그림과 같이 지면에 수직한 기둥 끝에 용수철로 연결된 물체가 기둥과 일정한 각도 θ를 유지하며 각속도의 크기가 ω인 등속 원운동을 하고 있다. 물체의 질량이 m이고 용수철상수는 k이며 용수철의 고유 길이는 L이다.

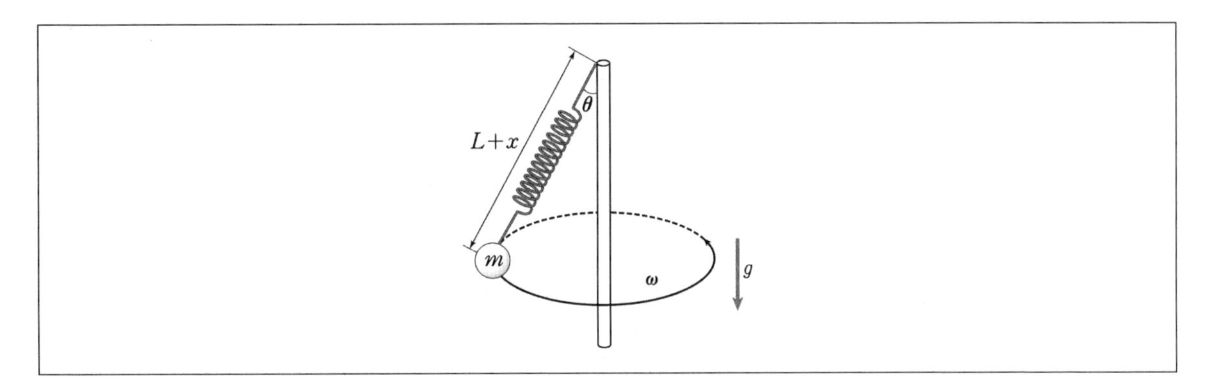

이때 늘어난 길이 x와 $\cos\theta$의 값을 각각 구하시오. 또한 등속 원운동 하기 위한 각속도의 크기 ω의 조건을 쓰시오. (단, 중력 가속도의 크기는 g이고, 모든 마찰은 무시한다.)

05 다음 그림은 물체가 수평면상에서 v_0의 속력으로 미끄러져 반지름 R인 연직면 상의 반원 트랙을 따라 원운동을 한 후, 트랙의 끝점에서 수평 방향으로 운동하는 것을 나타낸 것이다. v_0은 물체가 트랙의 끝점까지 원운동을 하기 위한 최소 속력이다.

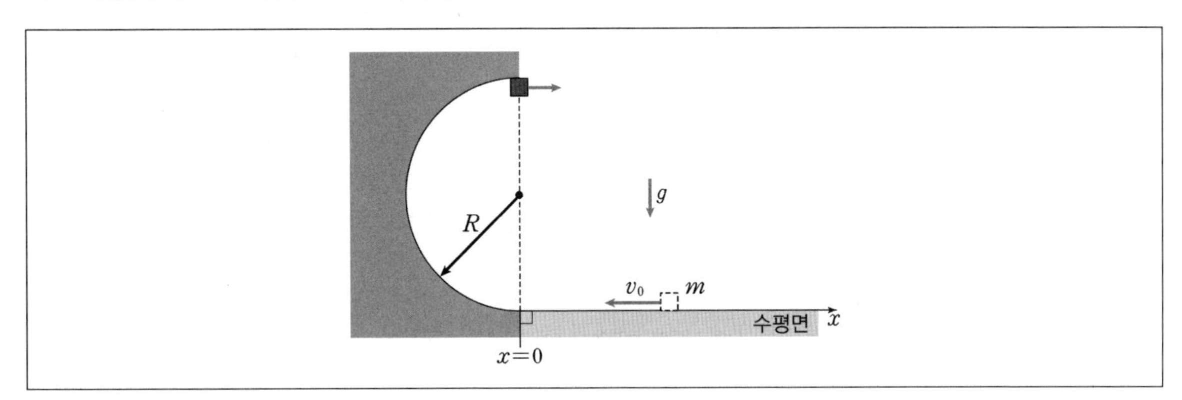

이때 v_0와 물체가 떨어진 위치를 구하시오. (단, 중력 가속도는 g이고, 물체의 크기, 공기 저항 및 모든 마찰은 무시한다.)

06 다음 그림과 같이 수평면에서 v_0로 이동하고 있는 질량 m인 물체가 곡선반지름이 R인 경사면을 따라 움직인다. 지면과 이어지는 부분은 수평면으로부터 높이 R에 있는 P지점에 중심이 있고, 이후에는 Q지점에 중심이 있다. 서로 다른 곡면이 이어지는 부분은 Q지점에서 수평면과 이루는 각의 크기가 $30°$이다.

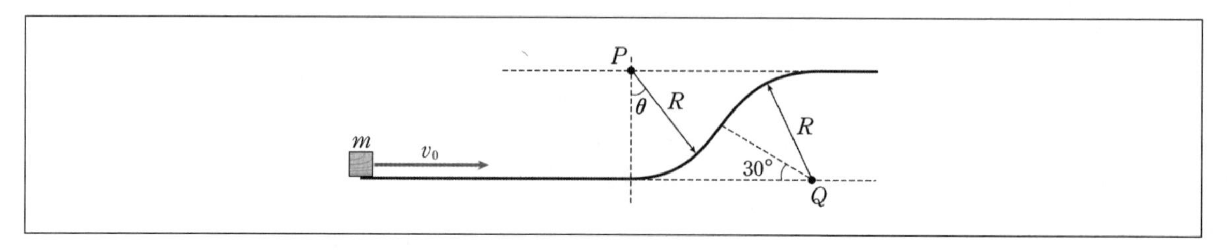

이때 물체가 곡면을 이탈하지 않고 곡면을 따라 움직이기 위한 속력 v_0의 최댓값을 구하시오. 또한 이때 물체가 올라갈 수 있는 최대 높이 h를 구하시오. (단, 중력 가속도의 크기는 g이고, 모든 마찰과 물체의 크기는 무시한다.)

07 다음 그림과 같이 질량 m인 물체가 수평면으로부터 높이 h인 위치에서 정지한 상태로 출발하여 반경이 R인 원형 트랙을 따라 운동한다. 원형 트랙에서 수평면으로부터 높이 $\frac{3}{2}R$인 지점에서 이탈하였다.

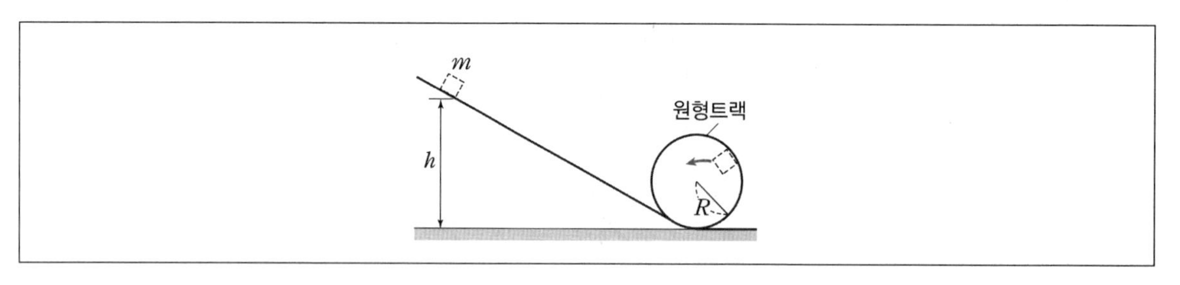

이탈할 때의 물체의 속력 v를 구하시오. 또한 높이 h를 R로 구하고 원형 트랙 가장 아래 지점에서 구심력의 크기를 m, g로 구하시오. (단, 중력 가속도의 크기는 g이고, 물체의 크기와 모든 마찰은 무시한다.)

08 다음 그림과 같이 중심 O에 고정된 길이 l인 줄에 연결된 질량 $2m$인 물체 B가 질량이 m이고 속력이 v인 물체 A와 수평 방향으로 탄성 충돌하였다. 물체 B는 충돌 이후 중심 O를 기준으로 원궤도 운동을 한다.

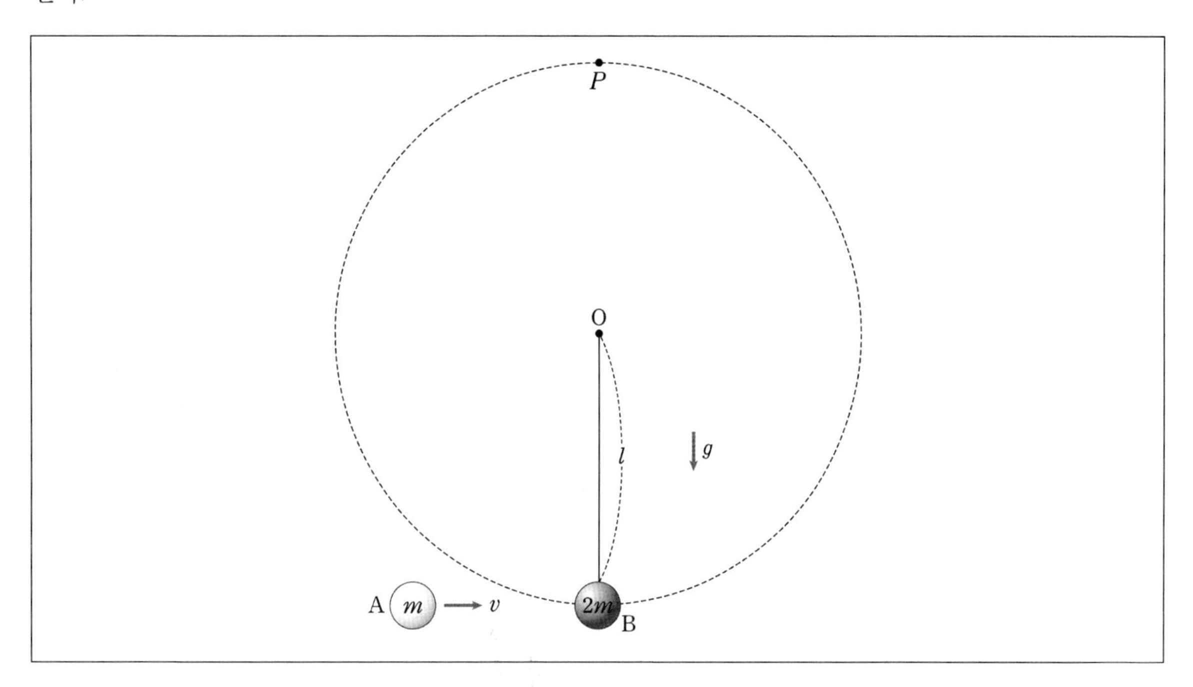

이때 B가 원운동을 하기 위한 A의 초기 속력의 최솟값 $v_{\min}$과 이때 B의 최고점 P에서 운동 에너지 K_B를 각각 구하시오. (단, 중력 가속도의 크기는 g이고, 줄의 질량과 물체의 크기 및 모든 마찰은 무시한다.)

09 다음 그림은 반원 레일의 끝에 놓인 질량 m인 물체가 정지 상태에서 반원 모양의 곡면을 따라 내려가는 모습을 나타낸 것이다. 물체는 반원 레일에서 왕복 운동한다.

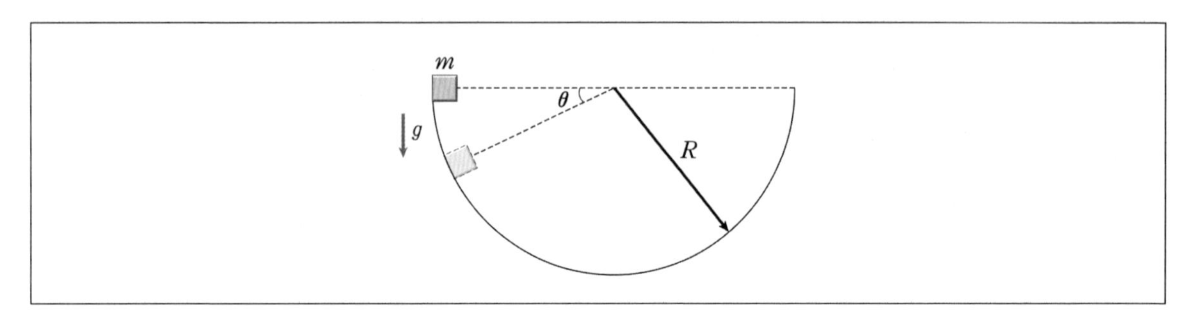

이때 물체가 최저점을 지나는 순간 물체에 작용하는 수직항력의 크기를 구하시오. 또한 $\theta = 60°$인 순간 물체에 작용하는 합력의 크기를 구하시오. (단, 중력 가속도의 크기는 g이고 물체의 크기, 공기저항 및 모든 마찰은 무시한다.)

10 다음 그림과 같이 마찰이 없으며, 반지름이 R인 호 위의 높이 h_1인 점 A에서 질량 m인 물체를 가만히 놓았더니 호를 따라서 미끄러졌다. (단, 중력 가속도는 g이고, 물체의 크기는 무시한다.)

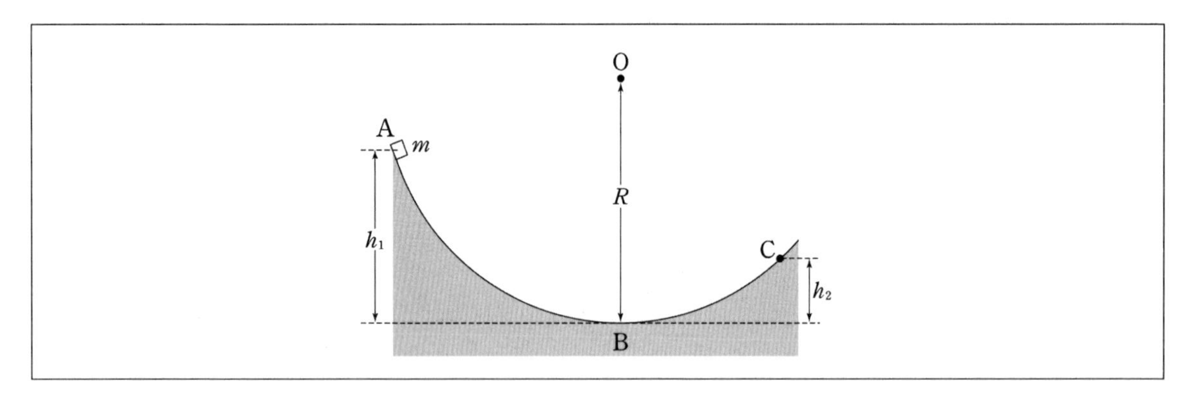

1) 점 B에서의 수직항력을 구하시오.

2) 높이 h_2인 지점 C에서 물체의 접선 가속도와 구심 가속도의 크기를 각각 구하시오. (단, $h_1 > h_2$이다.)

19-A02

11 다음 그림과 같이 수평면에 놓인 질량 m인 물체가 용수철 상수 k로 동일한 2개의 용수철에 연결되어 있다. 물체를 평형위치로부터 L만큼 잡아당겨 $t=0$에서 가만히 놓았더니 물체는 주기 T로 단진동 하였다.

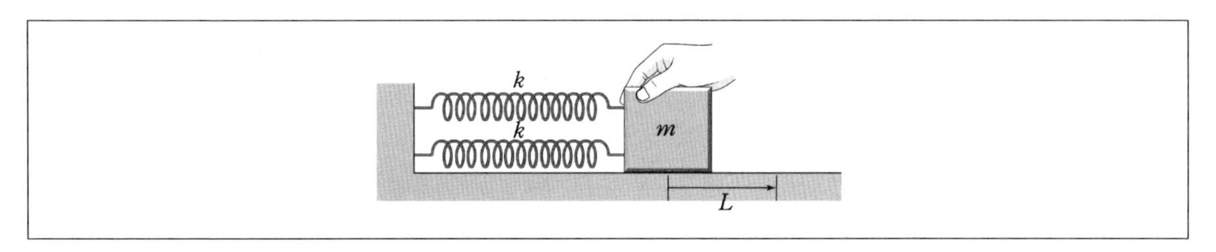

이때 k를 m과 T로 나타내고, 탄성 퍼텐셜 에너지와 운동 에너지가 서로 같아지는 최초 시간을 구하시오.

12 다음 그림 (가)는 벽에 고정된 용수철에 연결된 물체 A에 물체 B를 접촉시켜 마찰이 없는 수평면 위에서 용수철을 압축시킨 모습을 나타낸 것이다. A, B의 질량은 서로 같고 용수철 상수는 k이며 평형 위치로부터 압축된 길이는 L이다. 그림 (나)는 용수철을 압축시킨 힘을 제거한 직후부터 A의 속도 v를 시간 t에 따라 나타낸 것이다.

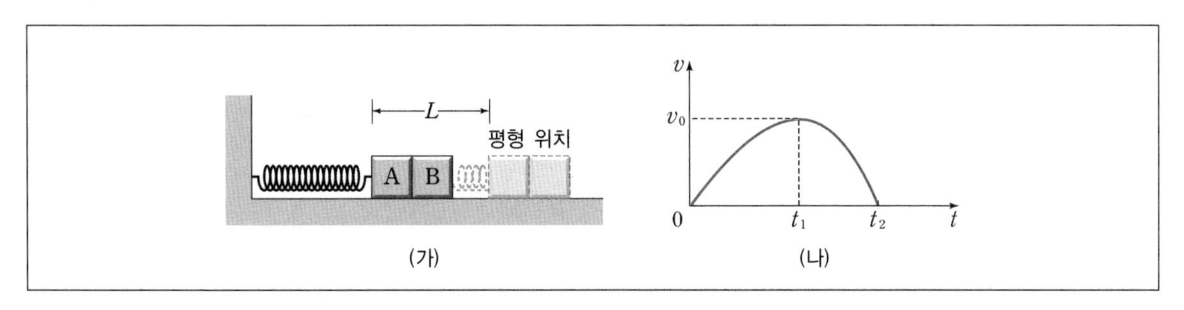

(가) (나)

t_1일 때 A의 운동 에너지와 t_2일 때 평형 위치로부터 용수철이 늘어난 길이를 구하시오. (단, 용수철의 질량, 물체의 크기, 공기의 저항은 무시한다.)

13 다음 그림과 같이 실로 연결된 물체 A, B가 용수철에 매달려 정지해 있다. A, B의 질량은 m으로 같고, 용수철은 원래 길이 L_0보다 L만큼 늘어나 있다. 실을 끊으면 A는 정지 상태로부터 단진동을 한다.

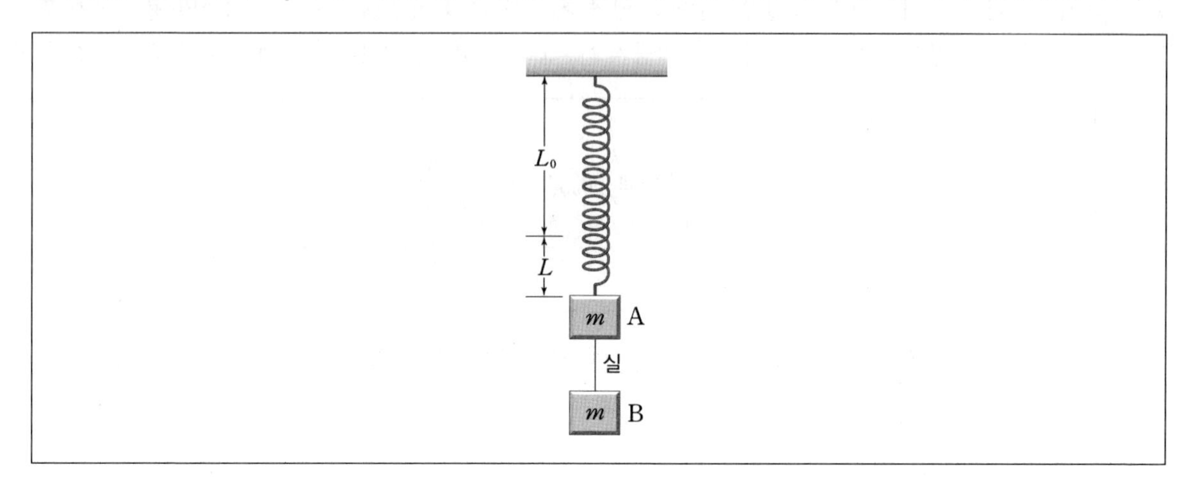

이때 단진동의 주기 T를 구하시오. A가 최고점에 도달하는 순간 A에 작용하는 알짜힘의 크기를 구하시오. (단, 중력 가속도는 g이고, 용수철과 실의 질량은 무시한다.)

14 다음 그림과 같이 천장에 줄에 의해 연결된 질량 m인 물체 A가 용수철 상수 k인 용수철에 의해서 질량이 $2m$인 물체 B와 연결되어 있다.

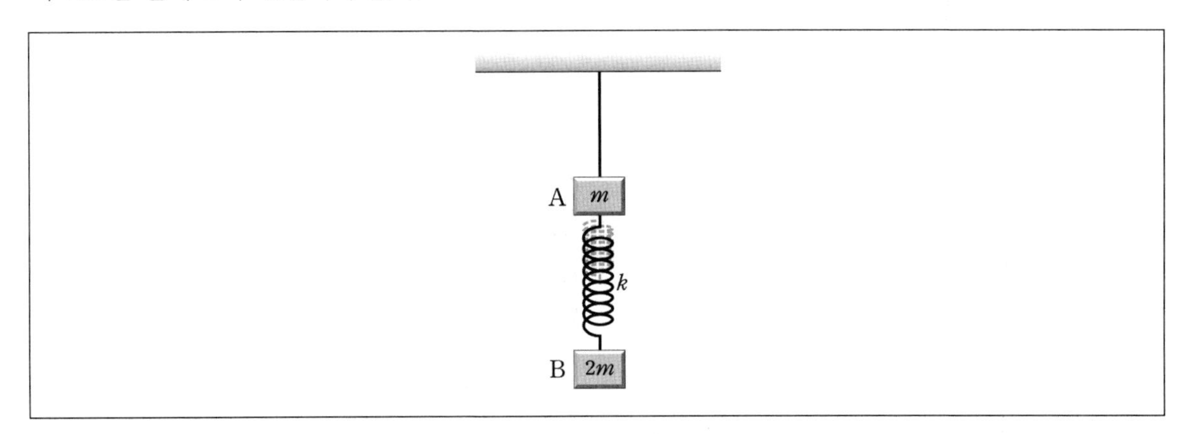

용수철을 고유길이로부터 물체 B를 당겨 놓았을 때, A가 움직이지 않을 용수철이 늘어난 길이의 최댓값 $d_{\max}$를 구하시오. 또한 이때 B의 최대 속력과 이때 용수철의 늘어난 길이를 각각 구하시오. (단, 중력 가속도의 크기는 g이고, 용수철의 질량 및 모든 마찰은 무시한다. 또한 물체는 연직 방향으로만 운동한다.)

15 다음 그림과 같이 지면에 고정된 용수철 위에 질량 m인 물체가 올려져 고유길이 위치에서부터 d만큼 압축된 상태로 정지하고 있다. 이때 정지 상태인 지점에서 $2d$만큼 압축하여 물체를 놓아 운동시켰다. 물체는 운동하다가 용수철을 이탈하여 최고점에서 정지한다.

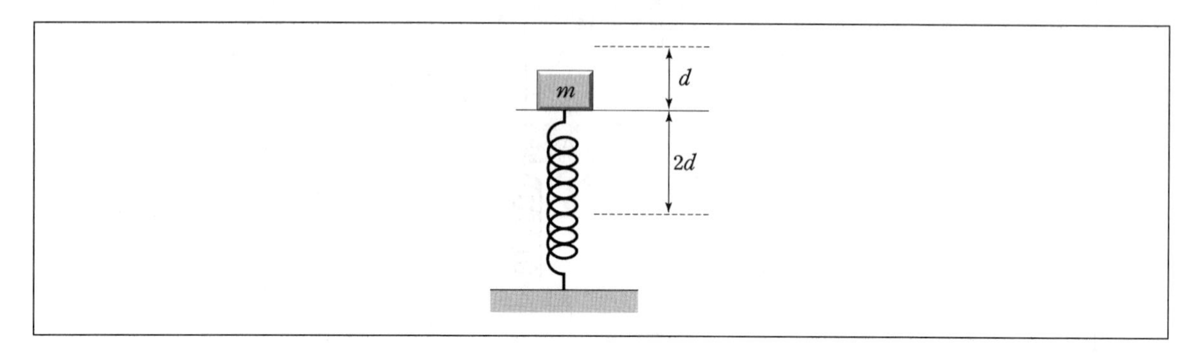

이때 용수철 상수 k를 쓰고, 물체의 속력의 최댓값을 구하시오. 또한 물체를 압축시켜놓은 시점부터 정지할 때까지 걸린 시간 t를 풀이 과정과 함께 구하시오. (단, 중력 가속도의 크기는 g이고, 물체의 크기와 모든 마찰은 무시한다. 그리고 물체는 연직 방향으로만 운동한다.)

16 다음 그림은 용수철 상수 k이고 고유길이가 l인 용수철을 질량이 각각 m, $3m$인 물체에 연결하여 질량 $3m$인 물체가 바닥에 위치하고 질량이 m인 물체는 연직 방향으로 고유 길이로부터 d만큼 압축되어 있는 상태를 나타내고 있다. 물체는 수평면에 연직 방향으로만 운동한다.

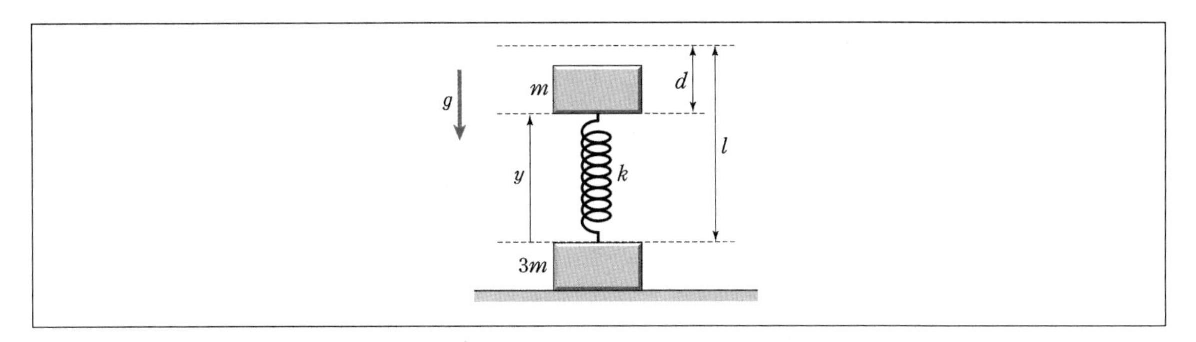

이때 질량 $3m$이 바닥에서 떨어지지 않기 위한 압축된 길이 d의 최댓값 $d_{\max}$를 풀이 과정과 함께 구하시오. 또한 $d_{\max}$만큼 압축하였을 때 질량 m의 최대 속력 $v_{\max}$를 풀이 과정과 함께 구하시오. (단, 중력 가속도의 크기는 g이고, 용수철의 질량 및 모든 마찰은 무시한다.)

17 다음 그림과 같이 질량이 각각 $2m$, m인 물체 A, B를 용수철에 연결하여 고유길이로부터 L만큼 압축시킨 상태로 물체 A는 천장과 접촉한 상태를 유지하고 있다. 압축시킨 상태에서 가만히 놓았을 때 물체 A는 B가 $\frac{L}{2}$만큼 이동한 지점에서 천장과 분리가 되었다.

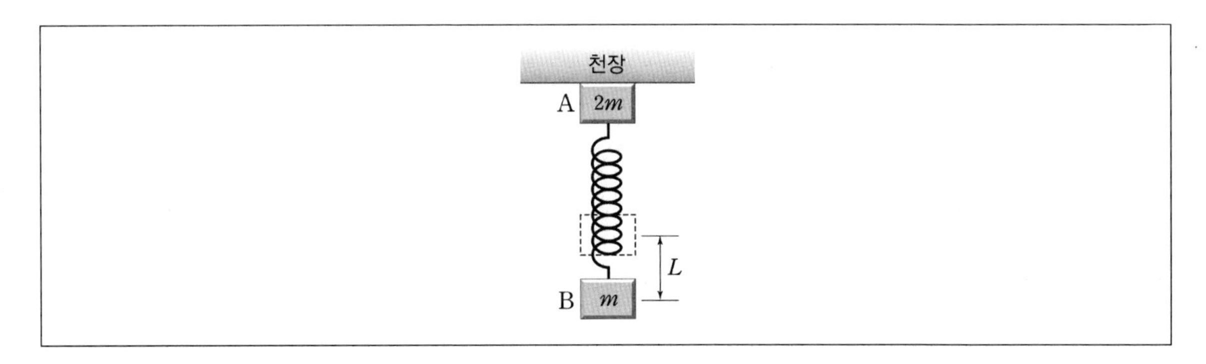

이때 용수철 상수 k를 구하시오. 또한 A가 분리될 때, B의 속력을 구하시오. (단, 중력 가속도의 크기는 g이고, 모든 마찰은 무시한다.)

18 용수철에 질량 M인 상자가 매달려 있는데 용수철 고유길이보다 D만큼 늘어나 정지한 상태를 유지하고 있다. 이때 상자 바닥으로부터 H 위에서 질량 M인 물체가 자유낙하를 하여 상자와 비탄성 충돌하여 함께 움직였다.

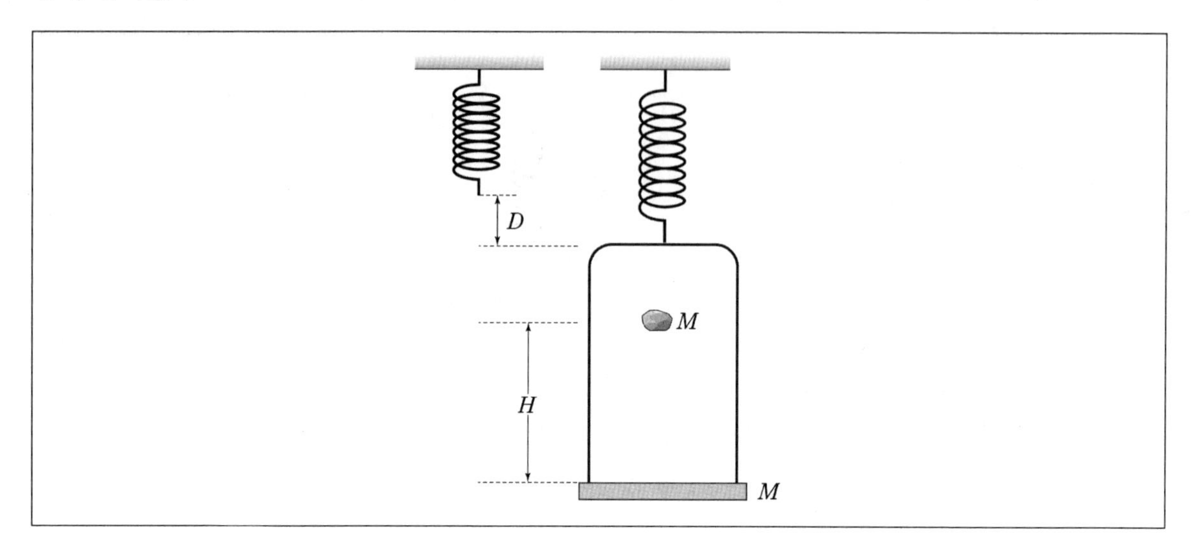

물체의 속력이 최대가 될 때 용수철이 고유길이로부터 늘어난 길이를 구하시오. 또한, 용수철이 최대로 늘어난 길이를 구하시오. (단, 중력 가속도는 g이고, 모든 마찰과 물체의 크기는 무시한다.)

19 다음 그림과 같이 질량이 각각 $3m$, m인 물체 A, B가 실과 용수철 상수 k인 용수철에 연결되어 고유길이 상태로 정지시킨 모습을 나타낸 것이다. 이때 가만히 놓아 두 물체를 진동시켰다.

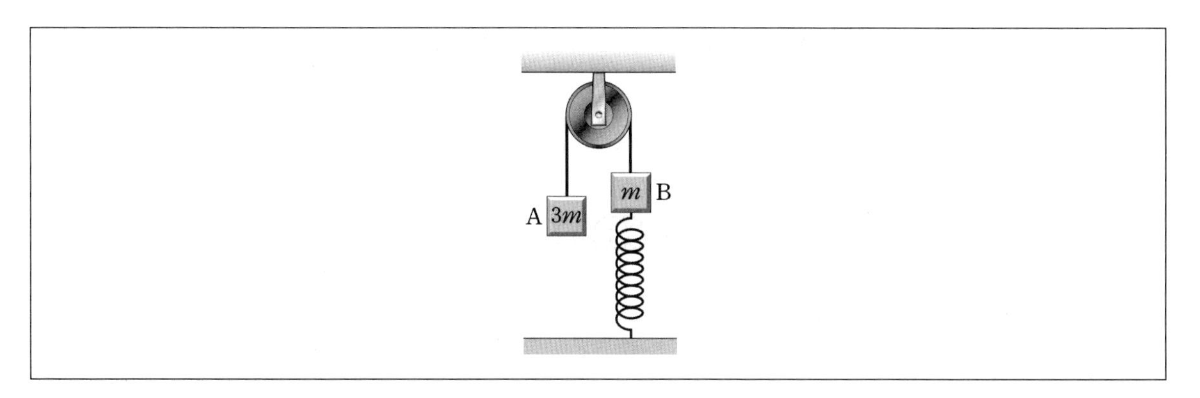

물체 A의 속력의 최댓값을 구하시오. 또한 줄에 걸리는 장력의 최댓값과 최솟값을 각각 구하시오. (단, 중력 가속도의 크기는 g이고, 용수철과 줄의 질량 및 모든 마찰은 무시한다. 그리고 진동하는 도중 도르래와 지면과의 충돌은 발생하지 않는다.)

20 다음 그림은 마찰이 있는 수평면에서 용수철이 원래 길이로부터 10cm 만큼 압축되도록 용수철에 연결된 물체를 잡고 있는 것을 나타낸 것이다. 물체를 가만히 놓았더니 물체가 수평면을 따라 일직선상에서 운동하였다. 물체와 수평면 사이의 운동 마찰 계수는 $\frac{1}{4}$이고 용수철 상수는 40 N/m이며 물체의 질량은 400g이다.

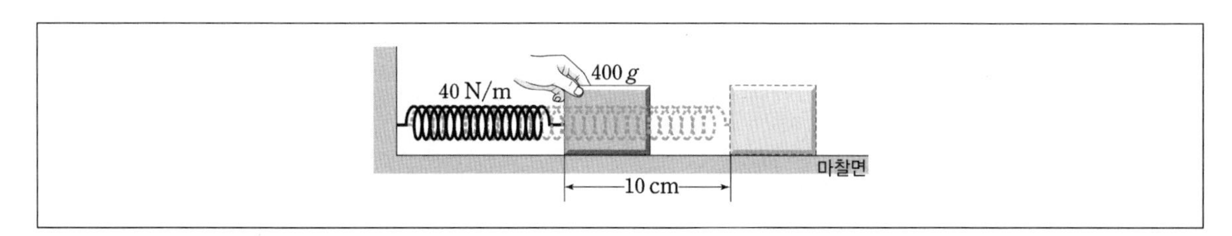

물체가 운동을 시작하여 속력이 처음으로 0이 될 때까지 마찰력이 물체에 한 일의 크기는? (단, 중력 가속도의 크기는 10 m/s^{2}이고, 용수철의 질량과 공기 저항은 무시한다.)

21 질량이 각각 $2m$, m인 나무토막 A, B를 용수철에 연결하여 수평면 위에 가만히 놓은 후, 그림과 같이 B에 일정한 크기의 힘 F를 가한다. 힘 F가 가해지기 전에 용수철은 길이가 늘어나거나 줄어들지 않은 상태이고, A, B와 바닥면 사이의 정지 마찰 계수와 운동 마찰 계수는 각각 $\frac{3}{2}\mu$, μ이다. 이때 A가 움직이지 않는 F의 최댓값을 구하시오.

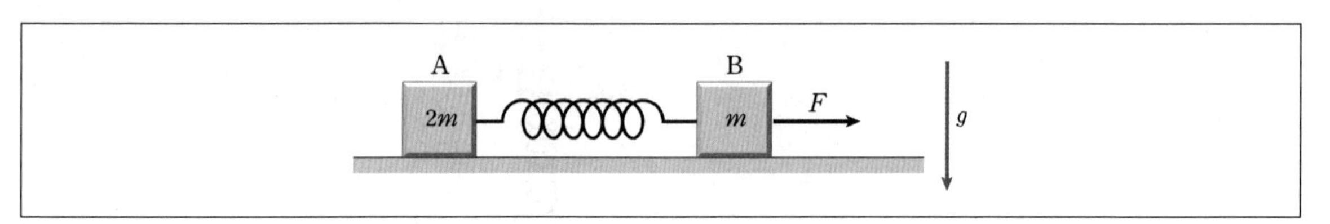

MEMO

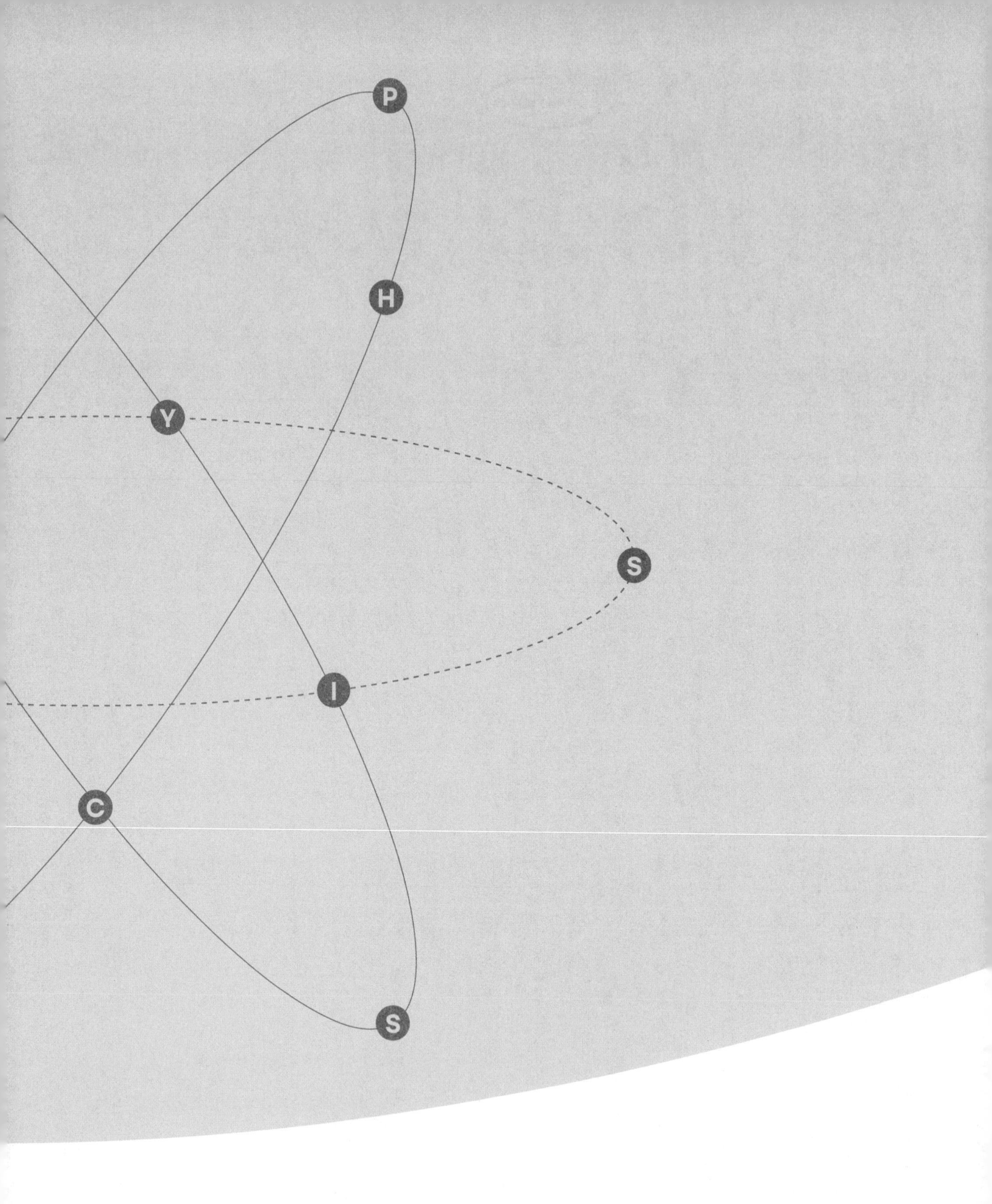

정승현
일반물리학

Chapter

05

회전운동

회전운동

01 강체의 정의와 병진과 회전의 분할

1. 강체(Rigid Body)

위치가 고정된 입자들로 이루어진 물체 즉, 회전할 때도 입자들 사이의 거리가 일정한 물체를 강체라고 한다. 일반적인 물체 운동의 경우 회전하면서 움직인다. 투수가 커브볼을 던지거나 축구선수가 바나나킥을 찰 때 공은 매우 빠른 속도로 회전하면서 운동하게 된다. 이런 운동을 좀 더 쉽게 분석하기 위해서 회전 중심으로부터 병진운동과 회전운동으로 나눠 기술하고자 한다.

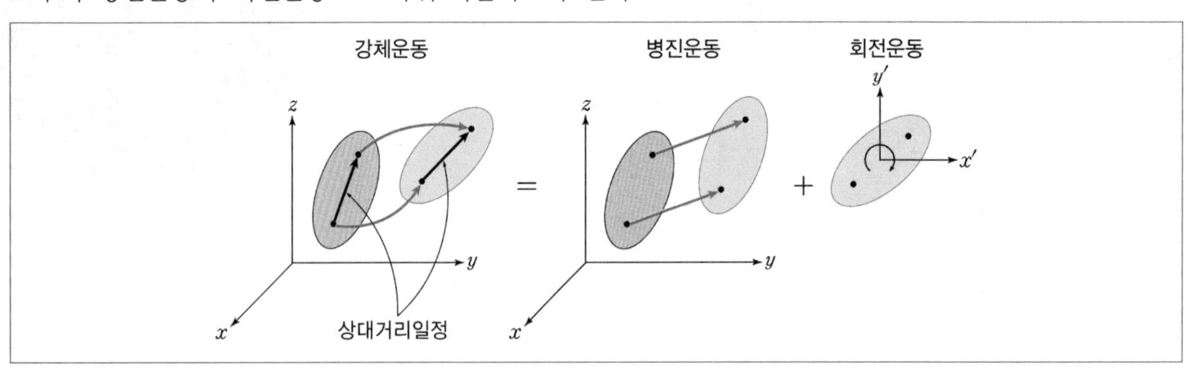

2. 회전하는 물체의 운동

병진운동(회전 없을 때)+회전운동(회전 중심)으로 분석하면 좀 더 쉽게 물체의 운동을 기술할 수 있다. 일반적인 물체의 경우 회전하게 되면 회전 관성력에 의해서 모양이 변하게 된다. (예 지구는 극지방보다 적도 방향이 반지름이 큼, 세탁기가 회전할 때 빨래가 세탁기 벽 쪽으로 달라붙음)

강체를 정의하는 이유는 회전할 때 모양이 변하게 되면 운동이 달라지기 때문이다.

(1) 병진운동을 기술할 때

물체의 질량 중심을 기준으로 회전이 불가능하다고 가정하고 병진 방향의 움직임만 고려한다.

(2) 회전운동을 기술할 때

물체의 질량 중심을 고정시켜 오직 회전운동만 가능하다고 고려한다.

02 회전 기본

1. 질량중심(Certer of Mass)

(1) 입자계의 질량중심

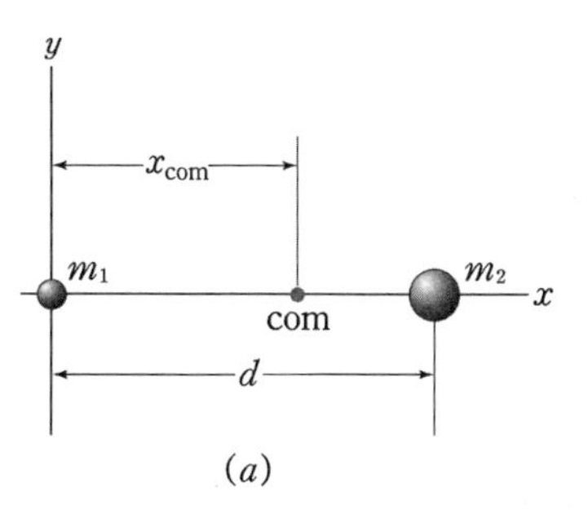

(a)

$$x_{com} = \frac{m_2}{m_1 + m_2}d$$

$$x_{com} = \frac{m_1x_1 + m_2x_2}{m_1 + m_2} = \frac{m_1x_1 + m_2x_2}{M}$$

➡ M은 계의 총질량

※ n개의 입자가 x축 위에 놓여있는 경우

$$x_{com} = \frac{m_1x_1 + m_2x_2 + m_3x_3 + \cdots + m_nx_n}{M} = \frac{1}{M}\sum_{i=1}^{n} m_i x_i$$

$$x_{com} = \frac{1}{M}\sum_{i=1}^{n} m_i x_i,\ y_{com} = \frac{1}{M}\sum_{i=1}^{n} m_i y_i$$

$$z_{com} = \frac{1}{M}\sum_{i=1}^{n} m_i z_i$$

$$\vec{r}_{com} = x_{com}\hat{i} + y_{com}\hat{j} + z_{com}\hat{k}$$

$$= \frac{1}{M}\sum_i \left(m_i x_i \hat{i} + m_i y_i \hat{j} + m_i z_i \hat{k}\right)$$

$$= \frac{1}{M}\sum_i m_i\left(x_i \hat{i} + y_i \hat{j} + z_i \hat{k}\right) = \frac{1}{M}\sum_i m_i \vec{r}_i$$ (3차원)

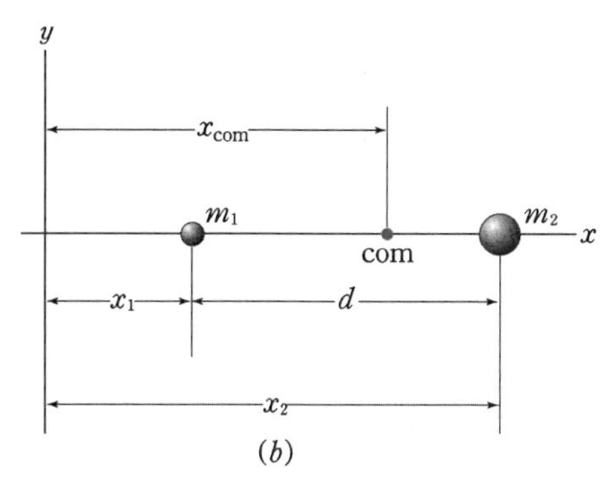

(b)

(2) 고체의 질량중심

$$x_{com} = \frac{1}{M}\int x\,dm,\ y_{com} = \frac{1}{M}\int y\,dm,\ z_{com} = \frac{1}{M}\int z\,dm$$

➡ "$\sum$" 대신 적분기호를 사용(고체는 dm이 연속적으로 분포!)

① $dm = \lambda dL$ ($\lambda = M/L$: 단위 길이당 질량)

② $dm = \sigma dA$ ($\sigma = M/A$: 단위 면적당 질량)

③ $dm = \rho dV$ ($\rho = M/V$: 단위 부피당 질량)

➡ 덩어리 형태의 고체의 경우 $\rho = M/V = dm/dV$

④ $x_{com} = \frac{1}{M}\int x\,dm = \frac{1}{(\rho V)}\int x(\rho dV) = \frac{1}{V}\int x\,dV$

⑤ $y_{com} = \frac{1}{V}\int y\,dV$

⑥ $z_{com} = \frac{1}{V}\int z\,dV$

2. 강체의 회전운동

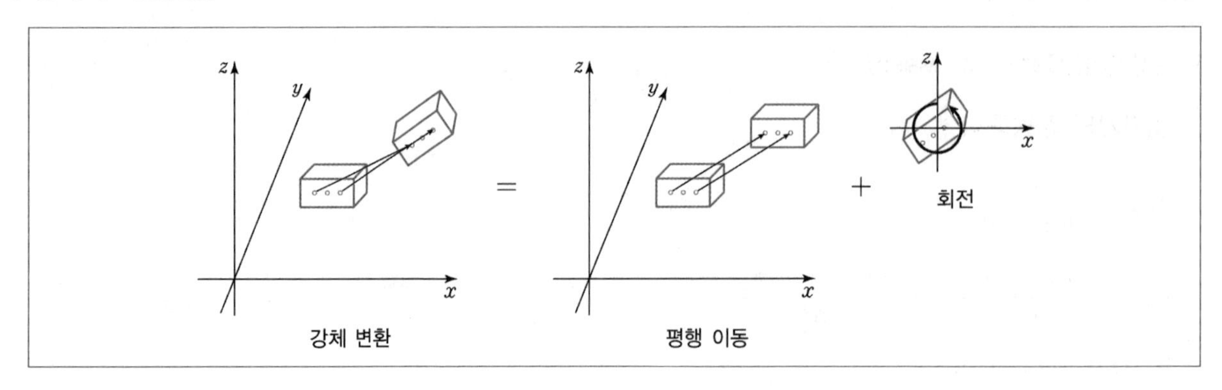

(1) 좌표축 설정

① 병진운동

물체의 모든 지점이 평행이동에 대해 대칭성을 갖는다.

$$x' = x + a,\ y' = y + b$$

따라서 직교 좌표를 활용하게 된다.

② 회전운동

물체가 질량중심을 축으로 회전에 대해 대칭성을 갖는다.

$$\begin{pmatrix} x' \\ y' \end{pmatrix} = \begin{pmatrix} \cos\theta & -\sin\theta \\ \sin\theta & \cos\theta \end{pmatrix} \begin{pmatrix} x \\ y \end{pmatrix}$$

모든 지점이 θ만큼 움직이므로 각 θ를 변위로 활용한다.

㉠ 각변위 $\vec{\theta}$ (angular displacement)

ⓐ $\vec{\theta}$ (rad), 시계 반대 방향이 +

ⓑ $s = r\theta$

㉡ 각속도 $\vec{\omega}$ (angular velocity)

ⓐ $\omega = \dfrac{d\theta}{dt}$ (rad/sec)

ⓑ $v = \dfrac{ds}{dt} = r\dfrac{d\theta}{dt} = r\omega$

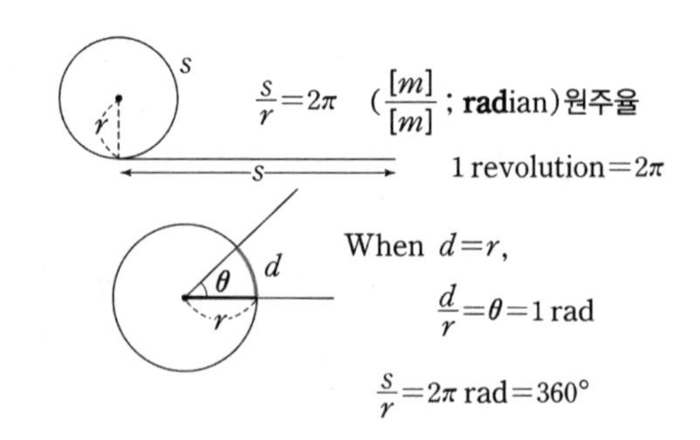

㉢ 각가속도 $\vec{\alpha}$ (angular acceleration)

ⓐ $\alpha = \dfrac{d\omega}{dt}$ (rad/sec^2), 회전축 방향

ⓑ $a_t = \dfrac{dv}{dt} = r\dfrac{d\omega}{dt} = r\alpha$, 접선 방향

(2) 회전운동 시 가속도의 종류

① 접선 성분(접선 가속도)

$$a_t = \frac{dv}{dt} = r\frac{d\omega}{dt} = r\alpha$$

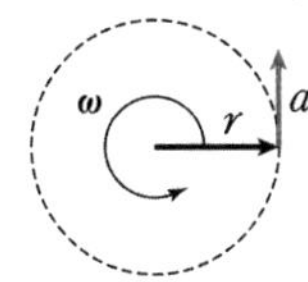

② 지름 성분(구심 가속도)

$$a_c = \frac{dv}{dt} = \frac{v^2}{r} = \omega^2 r$$

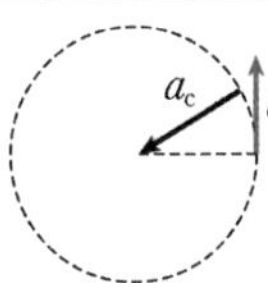

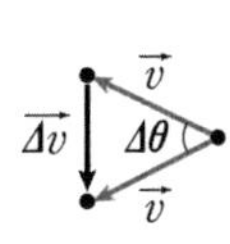

③ 회전운동의 가속도는 두 가지가 있다.

㉠ 접선 방향의 속도 증가에 관련된 접선 가속도 : a_t(tang ential acceleration)$= r\alpha$

㉡ 운동 방향이 바뀌어서 존재하는 구심 가속도 : a_c(centripetal acceleration)$= \omega^2 r$

④ 각가속도가 일정한 강체의 회전운동($\alpha =$일정)

㉠ $\omega = \omega_0 + \alpha t$

㉡ $\theta = \theta_0 + \omega_0 t + \frac{1}{2}\alpha t^2$

㉢ $2\alpha\theta = \omega^2 - \omega_0^2$

⑤ 회전운동과 병진운동 사이의 관계

a		α
$v = v_0 + at$	$a = r\alpha$	$\omega = \omega_0 + \alpha t$
$s = s_0 + v_0 t + \frac{1}{2}at^2$	$v = r\omega$	$\theta = \theta_0 + \omega_0 t + \frac{1}{2}\alpha t^2$
$2as = v^2 - v_0^2$	$s = r\theta$ ⟷	$2\alpha\theta = \omega^2 - \omega_0^2$

3. 회전운동 방정식

(1) 토크의 정의와 회전 관성 모멘트

$\vec{\tau} = \vec{r} \times \vec{F} = r\hat{r} \times (F_t\hat{t} + F_r\hat{r})$

$= rF_t\hat{n}$ ($\hat{n} = \hat{r} \times \hat{t}$, ⊙ 방향)

$\therefore$ 크기 $\tau = rF\sin\theta$

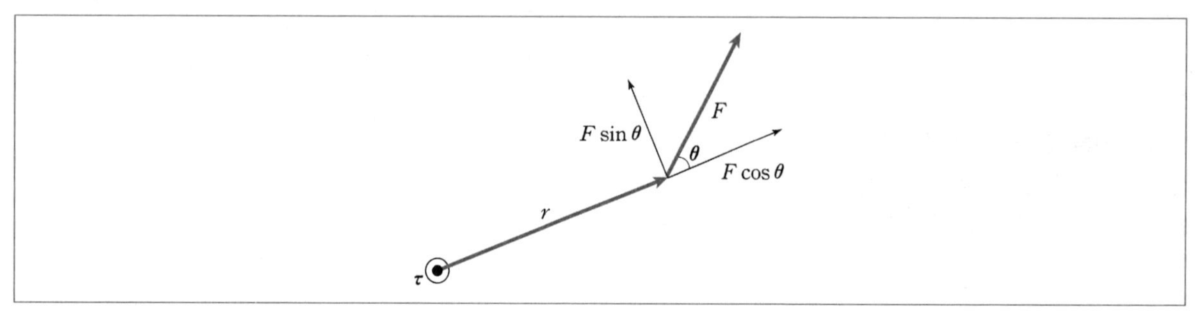

① 돌림힘(토크)와 각운동량

예 문을 열 때, 지렛대로 물건을 들 때

$\vec{\tau} = \vec{r} \times \vec{F}$

$|\vec{\tau}| = rF\sin\theta$, 축 방향(오른손 법칙)

모든 지점이 θ, w, α의 대칭성을 가지고 있으므로

$\tau = \sum_i r_i F_{ti} = \sum_i r_i m_i a_{ti} = \sum_i r_i m_i r_i \alpha = \left(\sum_i m_i r_i^2\right)\alpha \equiv I\alpha$

$I = \sum_i m_i r_i^2 = \int r^2 dm$: 회전 관성 모멘트

회전 파트에서는 모든 지점이 각가속도가 같다. 그러므로 각의 대칭성을 가진 회전에서는 새로운 물리량인 회전 관성 모멘트라는 정의가 필요하다.

② 각운동량

$\vec{\tau} = \vec{r} \times \vec{F} = I\vec{\alpha} = I\frac{d\vec{\omega}}{dt} = \frac{d\vec{L}}{dt}$

$\vec{L} = \vec{r} \times \vec{p} = I\vec{\omega}$

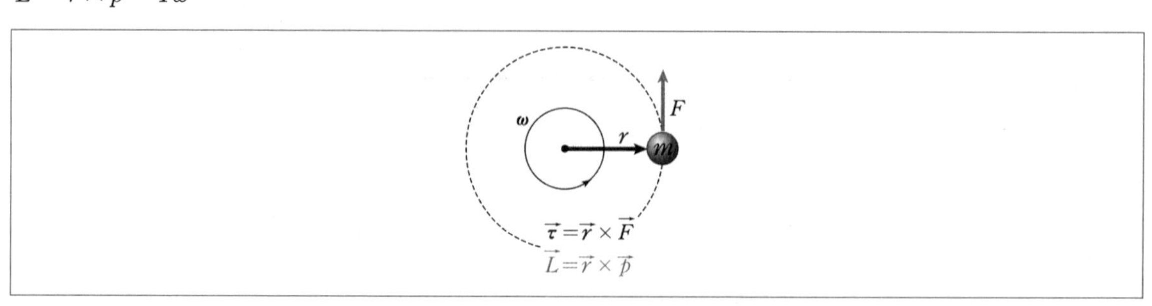

③ 회전 관성 모멘트

관성 모멘트 계산

$I = \sum_i m_i r_i^2$ (입자가 불연속 분포일 때)

$= \int r^2 dm$(질량이 연속 분포일 때)

㉠ 질량의 불연속 분포일 때 회전 관성

예제1 질점이 특정 지점에만 존재할 때

풀이

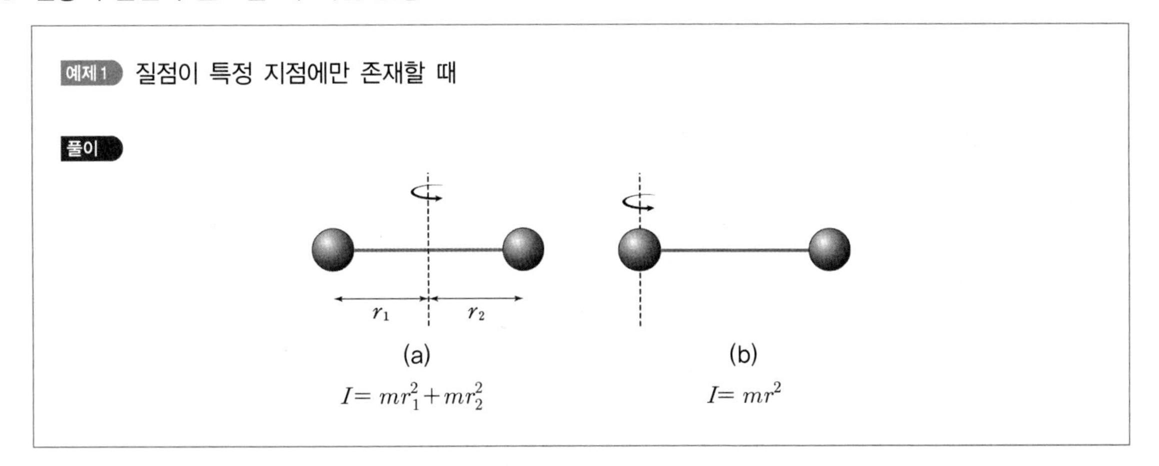

㉡ 질량이 연속 분포일 때 회전 관성

ⓐ 가느다랗고 균일한 막대($m = \lambda a$)

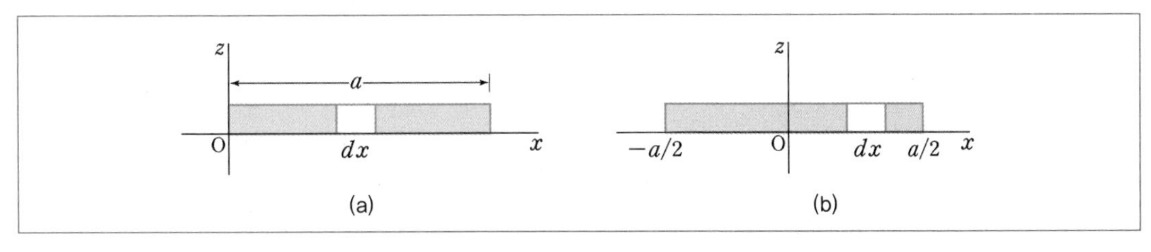

• (a)는 $I_z = \int_0^a x^2 dm = \int_0^a x^2 \lambda dx$

$= \frac{1}{3}\lambda a^3 = \frac{1}{3} m a^2$

• (b)는 $I_z = \int_{-a/2}^{a/2} x^2 \lambda dx$

$= \frac{1}{12}\lambda a^3 = \frac{1}{12} m a^2$

ⓑ 고리(Loop) : $I = MR^2$

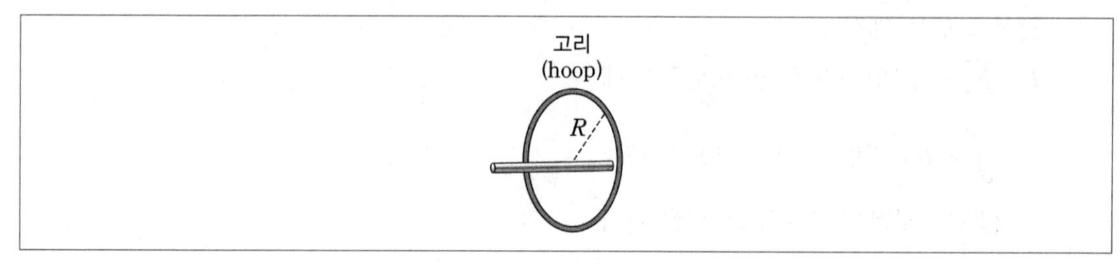

$$I = \int R^2 dm = MR^2$$

ⓒ 원판이나 원기둥 : $I = \frac{1}{2}MR^2$

• 원판의 회전 관성

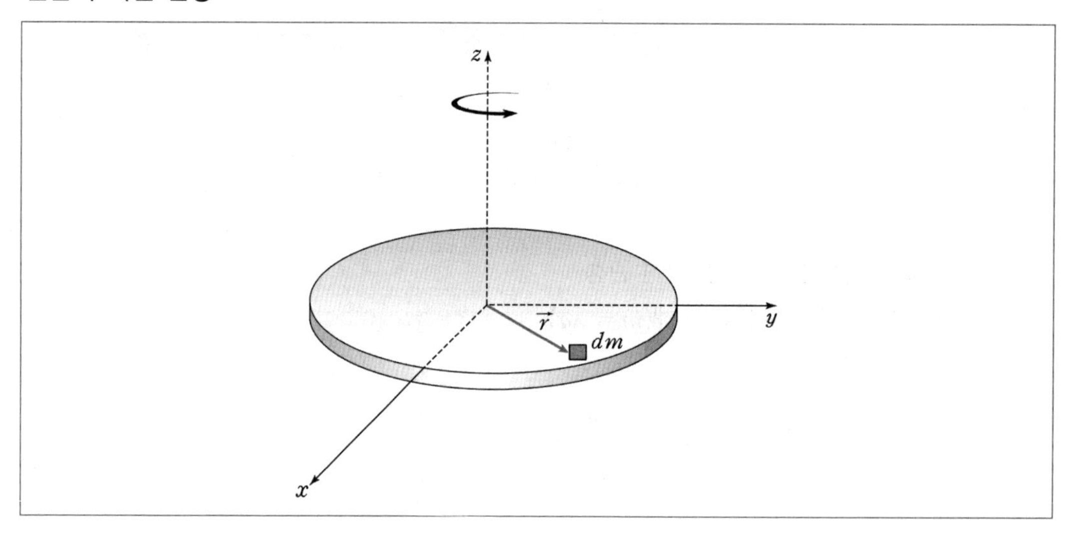

$$M = \sigma\pi R^2$$

$$I = \int r^2 dm = \sigma \int_0^R r^2 2\pi r dr$$

$$= \frac{\sigma\pi R^4}{2} = \frac{1}{2}MR^2$$

• 원기둥 회전 관성

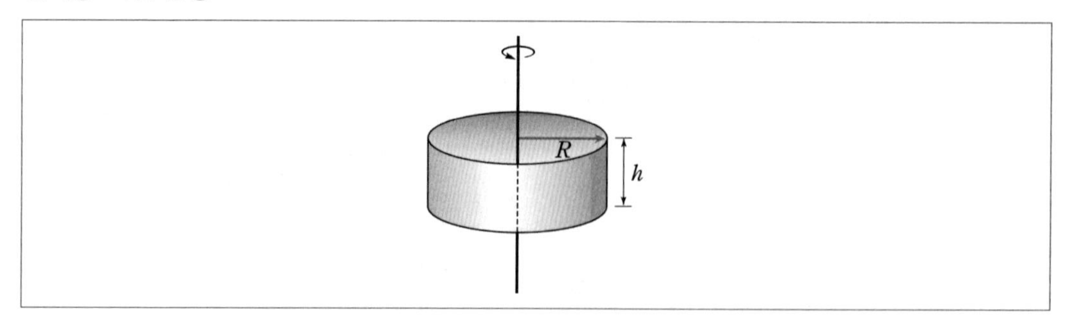

$$M = \rho\pi R^2 h$$

$$I = \int r^2 dm = \rho h \int_0^R r^2 2\pi r dr$$

$$= \frac{\rho h \pi R^4}{2} = \frac{1}{2}MR^2$$

ⓓ 속이 빈 구의 회전 관성: $I = \frac{2}{3}MR^2$

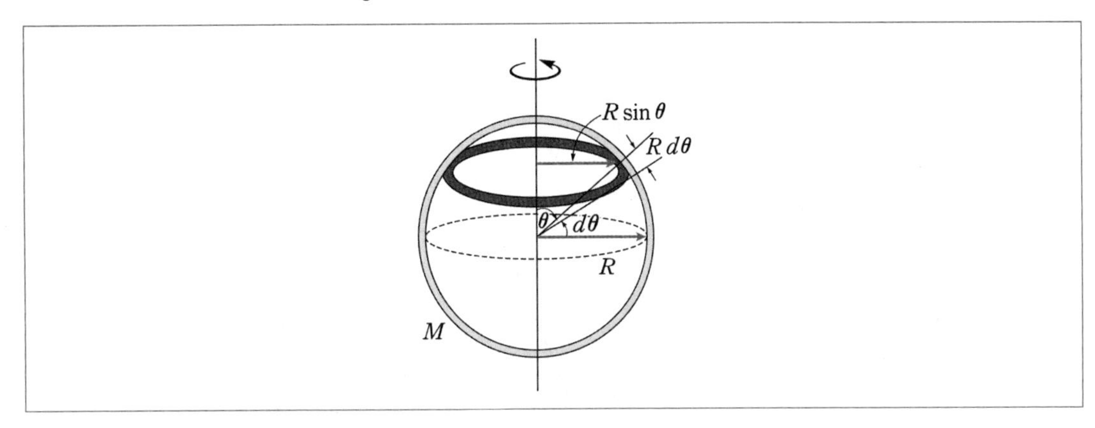

$$M = \sigma 4\pi R^2$$

$$I = \int r^2 dm = \sigma \int_0^\pi (R\sin\theta)^2 2\pi R^2 \sin\theta \, d\theta$$

$$= 2\pi R^4 \sigma \int_0^\pi \sin^3\theta d\theta = \frac{2}{3}MR^2 \left(\int_0^\pi \sin^3\theta d\theta = \frac{4}{3} \right)$$

ⓔ 속이 꽉 찬 구의 회전 관성: $I = \frac{2}{5}MR^2$

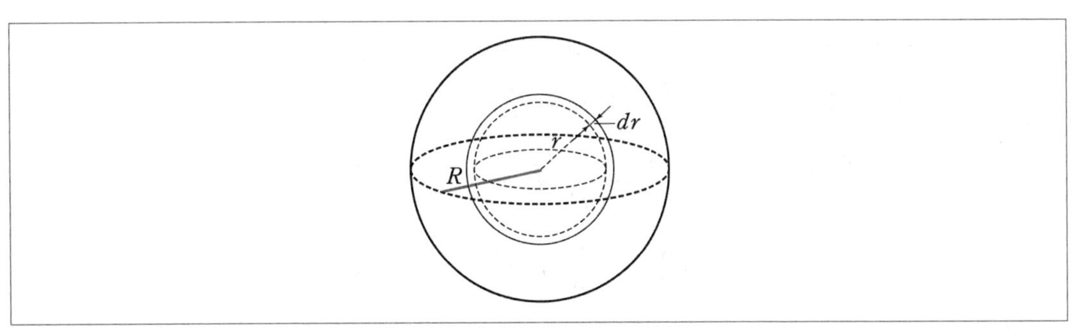

속이 빈구의 연속이라고 생각하면

$$I_{꽉찬구} = \int dI_{빈구}$$

$$dI_{빈구} = \frac{2}{3}dMr^2$$

$$dM = 4\pi r^2 dr\rho \ \left[M = \frac{4}{3}\pi R^3 \rho \right]$$

$$I_{꽉찬구} = \int_0^R \frac{2}{3}(4\pi r^2 \rho dr) r^2 = \frac{8}{3}\pi\rho \int_0^R r^4 dr = \frac{8}{3}\pi\rho \frac{R^5}{5}$$

$$= \frac{8}{3}\pi \left(\frac{3M}{4\pi R^3}\right) \frac{R^5}{5} = \frac{2}{5} MR^2$$

ⓕ 원뿔의 회전 관성: $I = \dfrac{3}{10} MR^2$

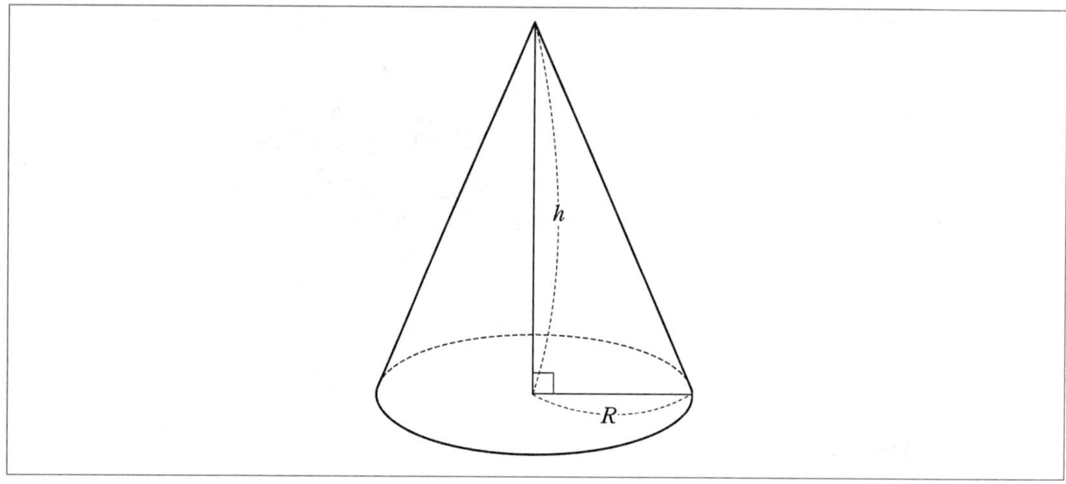

$$M = \rho V = \rho\left(\frac{1}{3}\pi r^2 h\right)$$

$$I_{원뿔} = \int dI_{원판},\ I_{원판} = \frac{1}{2} mr^2$$

$$dI_{원판} = \frac{1}{2} dm r^2 = \frac{1}{2}(\rho \pi r^2 dy) r^2$$

꼭짓점을 원점으로 하고 축을 y축으로 하면

비례식에 의해서 $y = \dfrac{h}{R} r$ ➡ $dy = \dfrac{h}{R} dr$

$$I = \int_0^R \frac{1}{2} \rho \pi r^4 \frac{h}{R} dr = \frac{1}{2} \rho \pi \left(\frac{h}{R}\right) \int_0^R r^4 dr$$

$$= \frac{1}{2}\left(\frac{3M}{\pi R^2 h}\right) \pi \left(\frac{h}{R}\right) \frac{R^5}{5} = \frac{3}{10} MR^2$$

(2) 회전 관성의 대칭성과 정리

질량 M의 꽉 찬 반구의 회전 관성은 대칭성에 의해서 $I=\frac{1}{2}\left(\frac{2}{5}2MR^2\right)=\frac{2}{5}MR^2$ 으로 질량 $2M$의 꽉 찬 구의 반에 해당된다.

① 평행판에서의 수직축 정리(Perpendicular-Axis Theorem)

xy 평면에 질량이 연속적으로 분포하는 경우 대칭성을 이용하여 다른 축의 회전 관성 모멘트를 구할 수 있다.

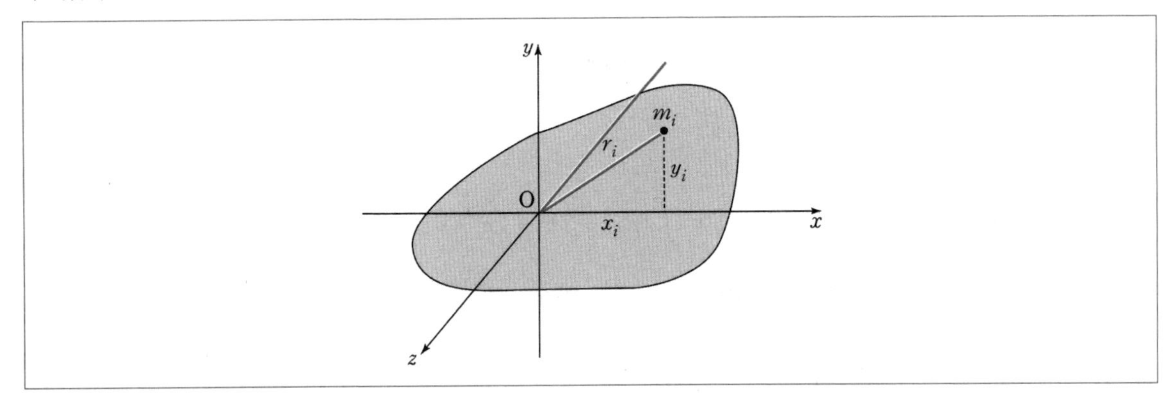

$$I_z=\int r^2 dm=\int (x^2+y^2)\,dm$$
$$=\int x^2\,dm+\int y^2\,dm=I_y+I_x$$

수직축 정리 : $I_z=I_x+I_y$

※ 원판에 응용

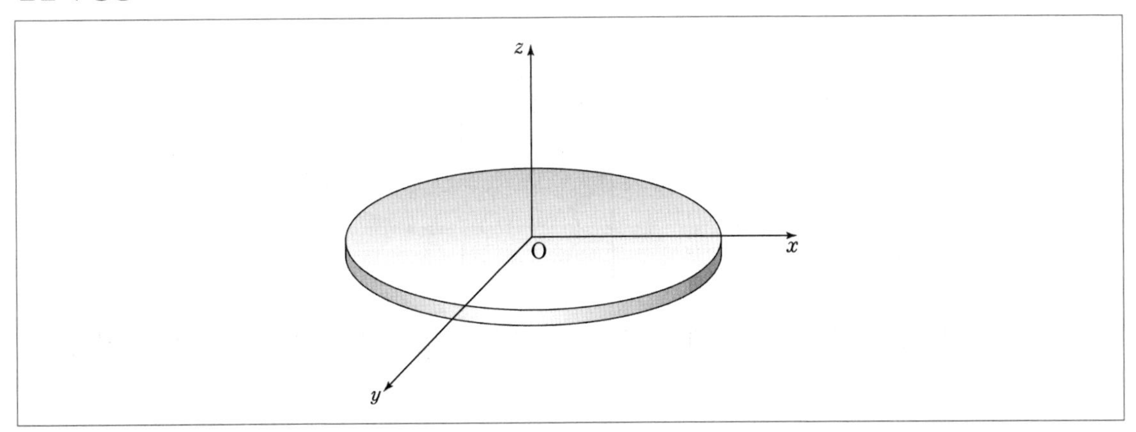

대칭성에 의해서 $I_x=I_y$

$I_z=2I_x=2I_y=\frac{1}{2}MR^2$

$\therefore\ I_x=I_y=\frac{1}{4}MR^2$

Chapter 05

② 평행축 정리(parallel-axis theorem) 중요

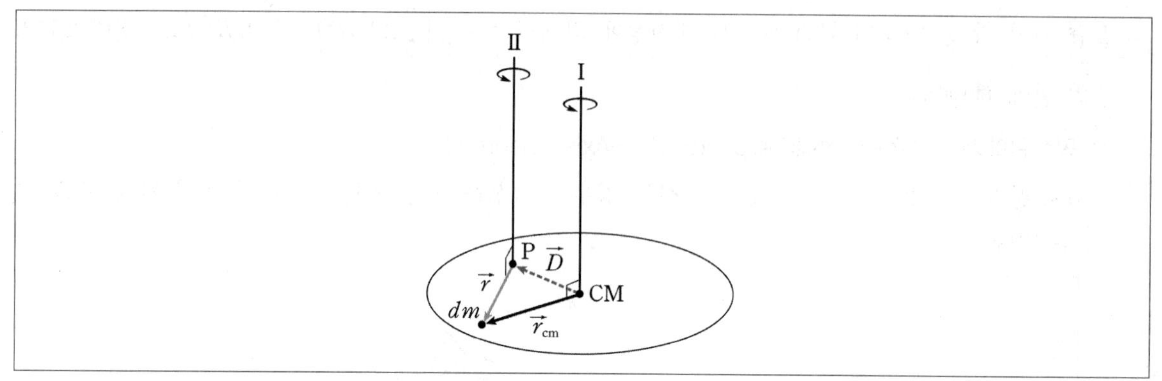

$$\vec{r} = \overrightarrow{r_{cm}} - \vec{D}$$

$$I = \int r^2 dm = \int (\overrightarrow{r_{cm}} - \vec{D})^2 dm = \int (r_{cm}^2 + D^2 - 2\overrightarrow{r_{cm}} \cdot \vec{D}) dm$$

$$= MD^2 + I_{cm} - 2D\int r_{cm}\cos\theta\, dm \quad (dm = \sigma r dr d\theta)$$

$$= MD^2 + I_{cm} - 2D\sigma\int r_{cm}^2 dr_{cm}\int_0^{2\pi}\cos\theta\, d\theta$$

$$\therefore\ I = I_{cm} + MD^2$$

평행축 정리 : $I = I_{cm} + MD^2$

※ 평행축 정리 응용

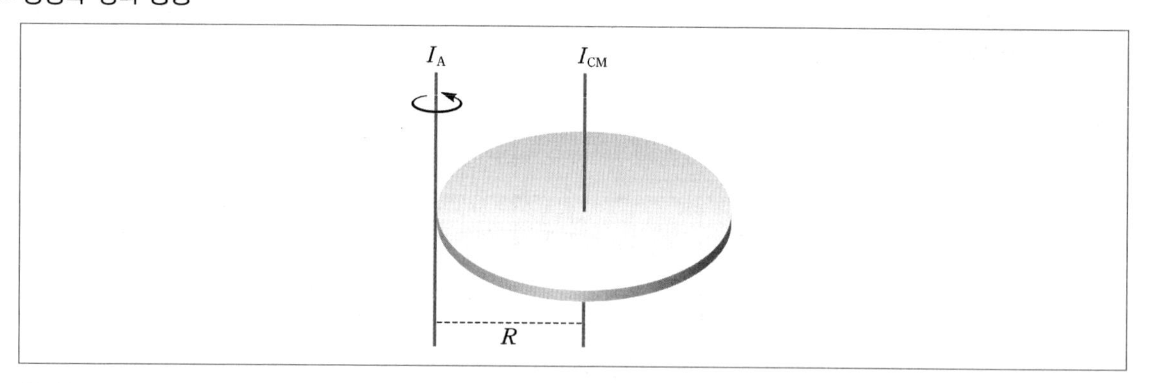

원판을 반지름 R만큼 떨어진 위치에서 회전시킬 때의 회전 관성을 구하면 평행축 정리에 의해서 $I_A = I_{CM} + MR^2$

③ 수직축 정리와 평행축 정리의 복합 응용

원기둥을 y축(다른 축)으로 회전시킬 때의 회전 관성을 구해보도록 하자. 이전에 수직축 정리에 의해서 원판의 지름 방향 회전축에 대한 회전 관성은 $I=\frac{1}{4}ma^2$을 배웠다. 평행축 정리에 의해서 얇은 원판이 회전축으로부터 x만큼 떨어진 곳에서 원판의 회전 관성은 $I'=\frac{1}{4}ma^2+mx^2$이므로 이를 이용하면 된다.

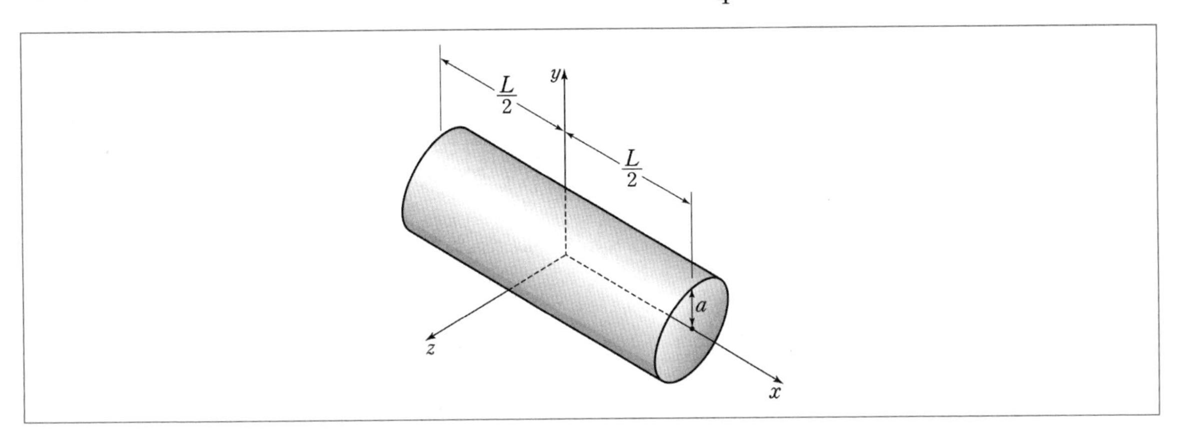

$$m=\rho\pi a^2 L,\ dI_y=\frac{1}{4}dma^2+dm\,x^2$$

$$\begin{aligned} I_y &= \int \frac{1}{4}a^2 dm + \int x^2 dm \\ &= \frac{1}{4}ma^2 + \rho\pi a^2 \int_{-L/2}^{L/2} x^2 dx \\ &= \frac{1}{4}ma^2 + \rho\pi a^2 \left(\frac{L^3}{12}\right) \\ &= \frac{1}{4}ma^2 + \frac{1}{12}mL^2 \end{aligned}$$

$$\therefore\ I_y=\frac{1}{4}ma^2+\frac{1}{12}mL^2$$

④ 물체의 회전 관성 정리

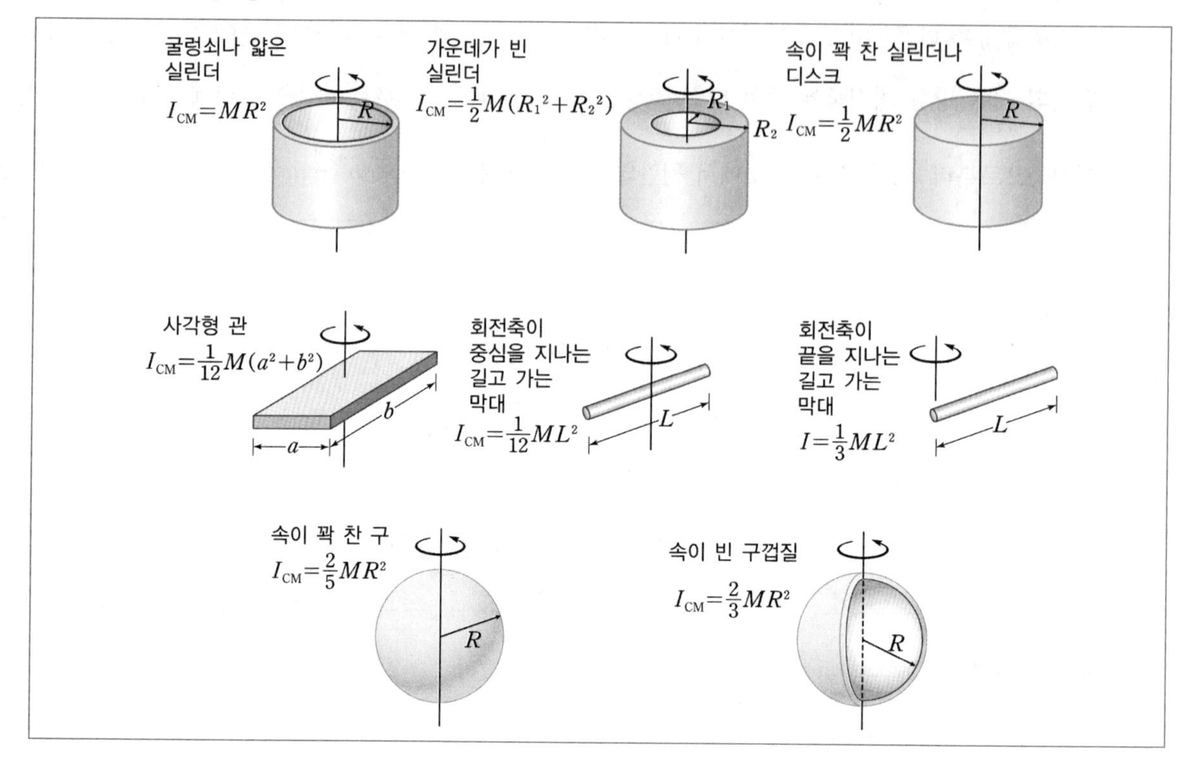

⑤ 회전운동 에너지

회전운동의 에너지 관점에서 접근해보자. 힘 F가 작용하여 회전축에 대해 작은 거리 $ds = rd\theta$만큼 회전시킬 때 한 일을 구해보자.

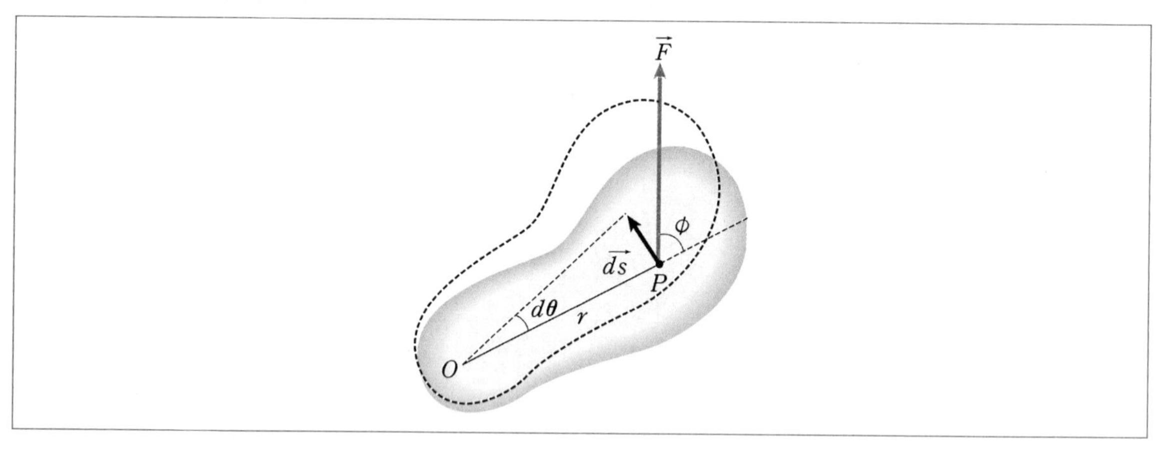

$$W = \int \vec{F} \cdot \vec{ds} = \int F\sin\theta\, r d\theta$$

$$= \int \vec{\tau} \cdot \vec{d\theta} \quad (\tau = F\sin\theta\, r)$$

$$\therefore W = \int \vec{\tau} \cdot \vec{d\theta}$$

㉠ 일과 운동 에너지 정리: 강체가 고정축에 대해서 회전할 때, 외부 힘이 한 일은 회전운동 에너지의 변화와 같다.

$$W = \int \tau d\theta = \int I\alpha\, d\theta = \int I\frac{d\omega}{dt}\, d\theta$$
$$= \int_{\omega_0}^{\omega} I\omega d\omega = \frac{1}{2}I\omega^2 - \frac{1}{2}I\omega_0^2$$

회전운동 에너지: $W = \frac{1}{2}I\omega^2 - \frac{1}{2}I\omega_0^2$

물체의 총운동 에너지 = 병진운동 에너지+회전운동 에너지

➡ $E_{k,total} = E_{k,\text{병진}} + E_{k,\text{회전}} = \frac{1}{2}mv^2 + \frac{1}{2}I\omega^2$

㉡ 회전에서 일과 운동 에너지

회전운동 에너지: $W = \int_{\theta_0}^{\theta} \tau d\theta = \frac{1}{2}I\omega^2 - \frac{1}{2}I\omega_0^2$

03 토크의 응용

1. 도구적 활용

(1) 지레

무거운 물건을 작은 힘으로 움직일 수 있게 하는 도구

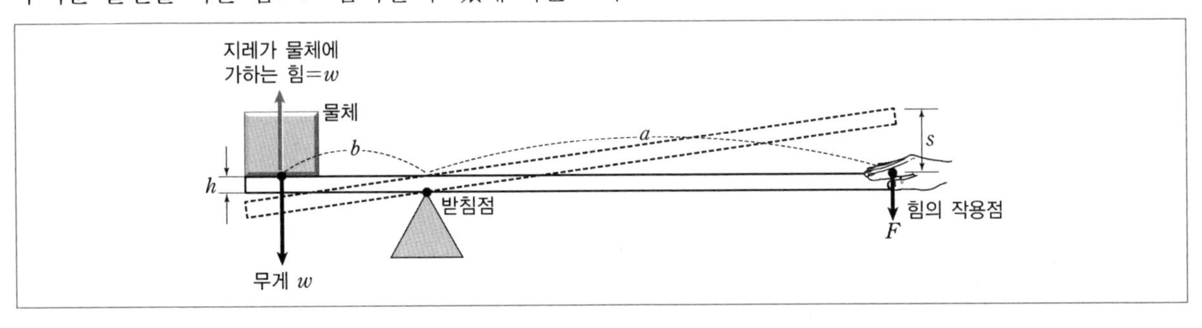

① 물체에서 받침점까지의 거리(a)가 멀수록 돌림힘이 커진다.

➡ 사람이 당긴 힘(F)의 크기는 거리(a)에 반비례

② 지레가 수평을 유지할 때 사람의 돌림힘 크기($=aF$)와 물체의 돌림힘 크기($=bw$)는 같고 방향은 반대이다.

㉠ 돌림힘이 일정하므로 $aF = bw$ 에서 $F = \frac{b}{a}w$ …… ⓐ

㉡ 삼각형의 닮음에서 $s : h = a : b$에서 $s = \frac{ah}{b}$ …… ⓑ

③ 힘의 크기와 움직인 거리를 곱한 값이 서로 같으므로 일의 크기는 서로 같다.

➡ **일의 원리**: 도구(지레)를 사용해도 힘의 이득을 볼수록 이동 거리가 길어지므로 일의 이득은 없다. (ⓐ, ⓑ에서 $W = Fs = wh = $ (일정!))

(2) 축바퀴

하나의 회전축에 지름이 다른 두 바퀴가 붙어 있는 구조

① 지름이 큰 바퀴를 작은 힘으로 회전시키면 돌림힘이 커져서 작은 바퀴에 전달된다.

② 지레의 원리와 같이 돌림힘을 이용한 것!!

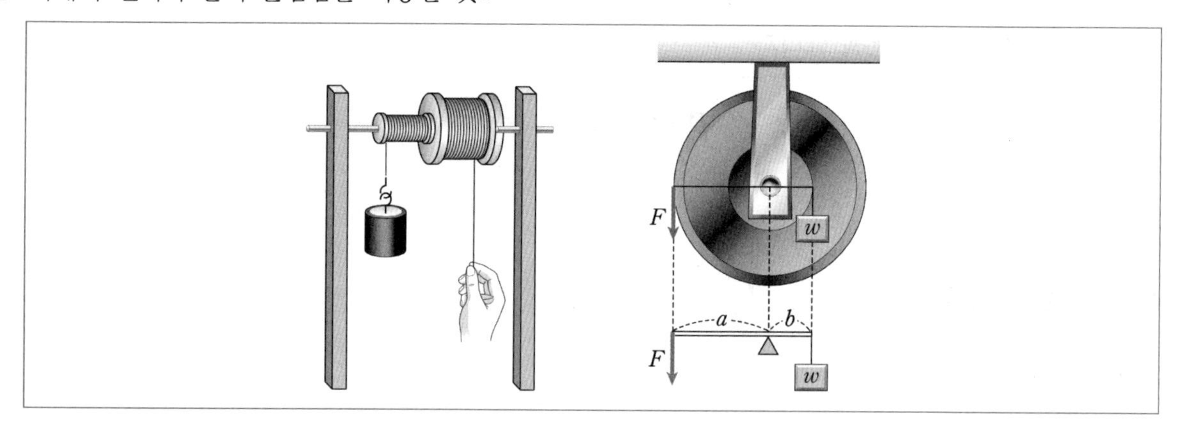

$aF = bw$에서 $F = \frac{b}{a}w$가 성립!

③ 각운동량 보존 법칙

$\vec{\tau}_{net} = I\vec{\alpha} = I\frac{d\vec{\omega}}{dt} = \frac{d(I\vec{\omega})}{dt} = \frac{d\vec{L}}{dt}$

$\therefore \tau = 0$ ➡ $L = I\omega =$ 일정

2. 정적 평형

알짜 토크 $\tau = 0$, 전체 각운동량 $L = 0$

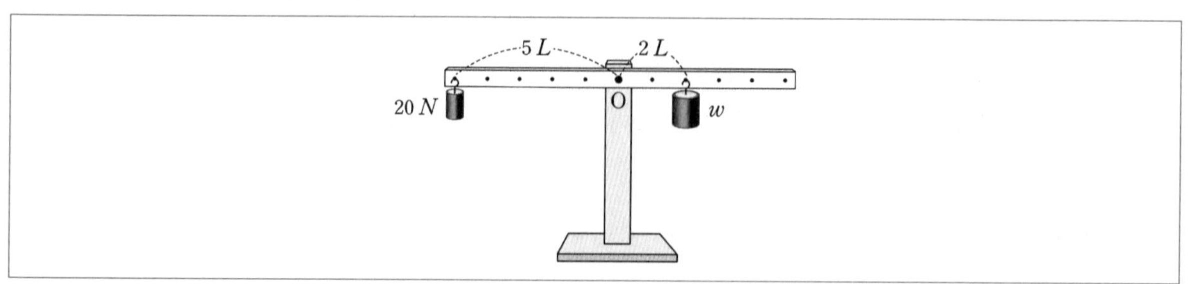

3. 동적 평형

힘 $F=0$, 알짜 토크 $\tau=0$, 전체 각운동량 $L \neq 0$ 일정

(1) 회전

예제 2 다음 그림과 같이 수평면에서 물체 A가 실에 연결되어 일정한 속력 v로 반지름이 r인 원 궤도를 따라 운동하고 있다. 물체 B를 원 궤도 위의 한 점에 가만히 놓았더니, A와 B는 충돌 후 한 덩어리가 되어 같은 궤도에서 등속 원운동을 하였다. A, B의 질량은 각각 $2m$, m이다.

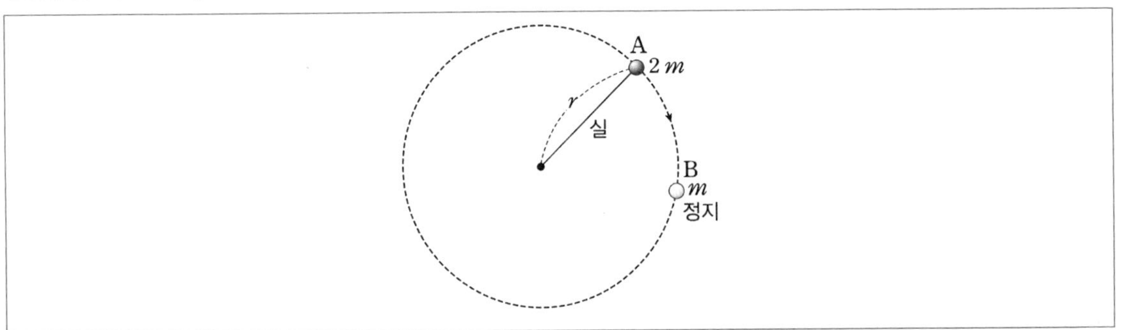

이때 충돌 후 실에 걸리는 장력 T을 구하시오. 또한 충돌 전의 각속도의 크기 ω와 충돌 이후 각속도의 크기 ω'의 비 $\frac{\omega'}{\omega}$를 구하시오. (단, 물체의 크기와 마찰은 무시한다.)

풀이 각운동량 보존

1) $L=2mrv=3mrv'$

$v'=\frac{2}{3}v$

$\therefore\ T=\frac{3mv'^2}{r}=\frac{4mv^2}{3r}$

2) $L=I\omega=2mr^2\omega=3mr^2\omega'$

$\therefore\ \omega'=\frac{2}{3}$

(2) 회전운동 방정식

① 고정점이 존재하는 회전운동

고정점이 존재하면 회전에 의한 고정점에 걸리는 힘이 운동에 관여하게 된다. 그림과 같이 길이가 L이고 질량이 m인 가느다란 막대가 수평면에 고정된 삼각기둥에 접촉하여 회전운동 한다. 막대의 왼쪽 끝점과 삼각기둥의 모서리 사이의 거리는 $L/4$이고, 막대는 수평면과 나란한 정지 상태에서 움직인다. 막대는 임계각 θ_c에서 삼각기둥으로부터 미끄러지기 시작한다.

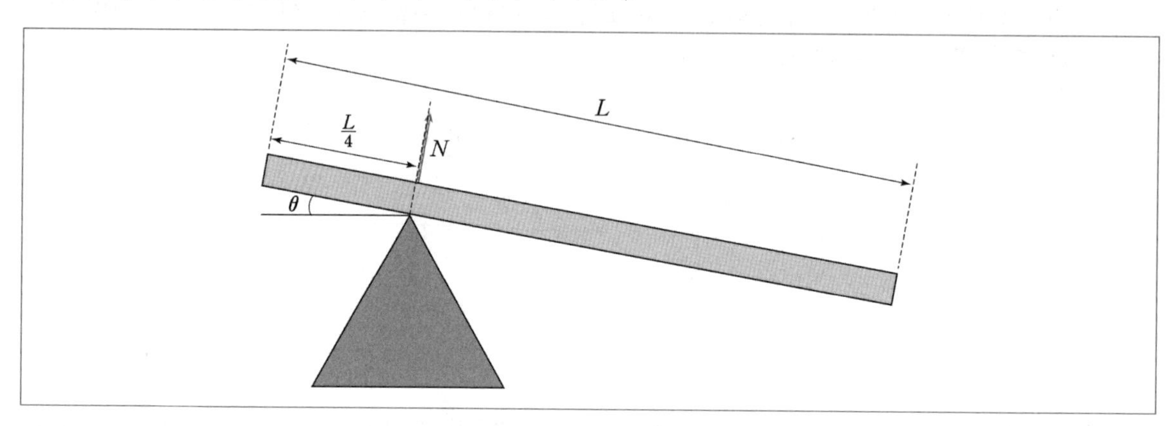

회전은 접선과 구심을 구분하는 것부터 출발한다. 평행축 정리를 활용하여 고정점으로부터 회전 관성 모멘트를 구하면 $I = \frac{1}{12}mL^2 + m\left(\frac{L}{4}\right)^2 = \frac{7}{48}mL^2$이다.

② 고정점으로부터 토크 방정식

$$I\alpha = mg\frac{L}{4}\sin\left(\frac{\pi}{2} - \theta\right) = mg\frac{L}{4}\cos\theta$$

$$\alpha = \frac{12g}{7L}\cos\theta$$

회전 성질에 의해서 질량 중심을 기준으로 고정점에 작용하는 수직항력에 의한 토크 방정식을 구하면

$$I_{cm}\alpha = N\frac{L}{4}$$

$$\frac{1}{12}mL^2 \times \frac{12g}{7L}\cos\theta = N\frac{L}{4}$$

$$\therefore N = \frac{4}{7}mg\cos\theta$$

고정점에 작용하는 N에 수직하고 막대에 나란한 힘을 F_r이라 하면

$F_r = mg\sin\theta + m\frac{L}{4}\omega^2$이다.

토크의 일과 에너지 정리를 이용하면

$$\int_0^\theta \tau d\theta = \frac{1}{2}I\omega^2$$

$$\int_0^\theta mg\frac{L}{4}\cos\theta d\theta = mg\frac{L}{4}\sin\theta = \frac{1}{2}I\omega^2$$

$$\therefore \omega^2 = \frac{24}{7L}g\sin\theta$$

$$F_r = mg\sin\theta + \frac{6}{7}mg\sin\theta = \frac{13}{7}mg\sin\theta \le \mu N = \mu\frac{4}{7}mg\cos\theta$$

$$\therefore \tan\theta_c = \frac{4}{13}\mu$$

③ **고정점을 기준으로 회전하는 물체와 병진 이동하는 물체의 충돌**

그림과 같이 수평면상에 질량 중심을 고정축으로 회전하는 질량이 M이고 길이가 L인 균일한 막대가 정지해 있다. 질량이 m인 물체가 속력 v_0로 움직여 막대 끝 지점에 탄성 충돌한다. 막대의 질량 중심을 지나고 막대에 수직인 회전축에 대한 관성 모멘트는 $\frac{1}{12}ML^2$이다.

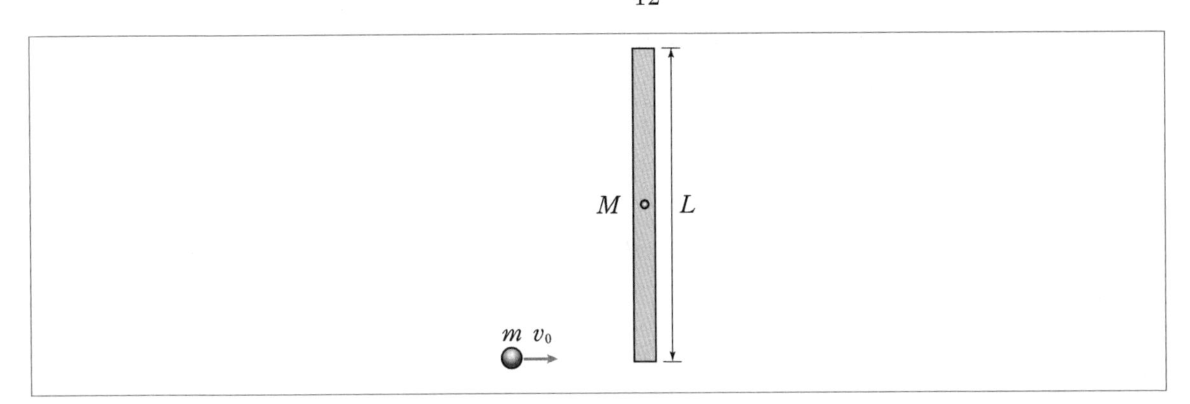

한 물체가 고정점을 중심으로 회전하게 된다면 계 전체로 보면 고정점을 중심으로 각운동량 보존이 되고, 탄성 충돌이므로 에너지 보존이 성립한다. 고정점이 있으므로 계 전체의 운동량 보존은 적용할 수 없다.

지면을 나오는 방향을 +로 하면 각운동량 보존 법칙을 적용하면 다음과 같다. 질량이 m인 물체의 충돌 후 속도 성분을 v라 하자.

$$L = \frac{1}{2}mLv_0 = \frac{1}{2}mLv + \frac{1}{12}ML^2\omega$$

$$mv_0 = mv + \frac{1}{6}ML\omega$$

탄성 충돌이므로 에너지 보존식을 다음과 같다.

$$\frac{1}{2}mv_0^2 = \frac{1}{2}mv^2 + \frac{1}{2}I\omega^2$$

$$m(v_0^2 - v^2) = \frac{1}{12}ML^2\omega^2$$

$$m(v_0 - v)(v_0 + v) = \frac{1}{12}ML^2\omega^2$$

두 식을 연립하여 정리하면 다음과 같다.

$$v_0 + v = \frac{1}{2}L\omega$$

$$v_0 - v = \frac{1}{6}\frac{M}{m}L\omega$$

$$\therefore\ \omega = 12\left(\frac{m}{3m+M}\right)\frac{v_0}{L},\ v = \left(\frac{3m-M}{3m+M}\right)v_0$$

$M < 3m$이면 충돌 후 질량이 m인 물체는 오른쪽으로 운동하고, $M = 3m$이면 정지, 그리고 $M > 3m$이면 초기 운동 방향과 반대인 왼쪽으로 운동한다.

④ 회전 관성이 $I = \frac{1}{2}MR^2$인 도르래에 연결된 물체

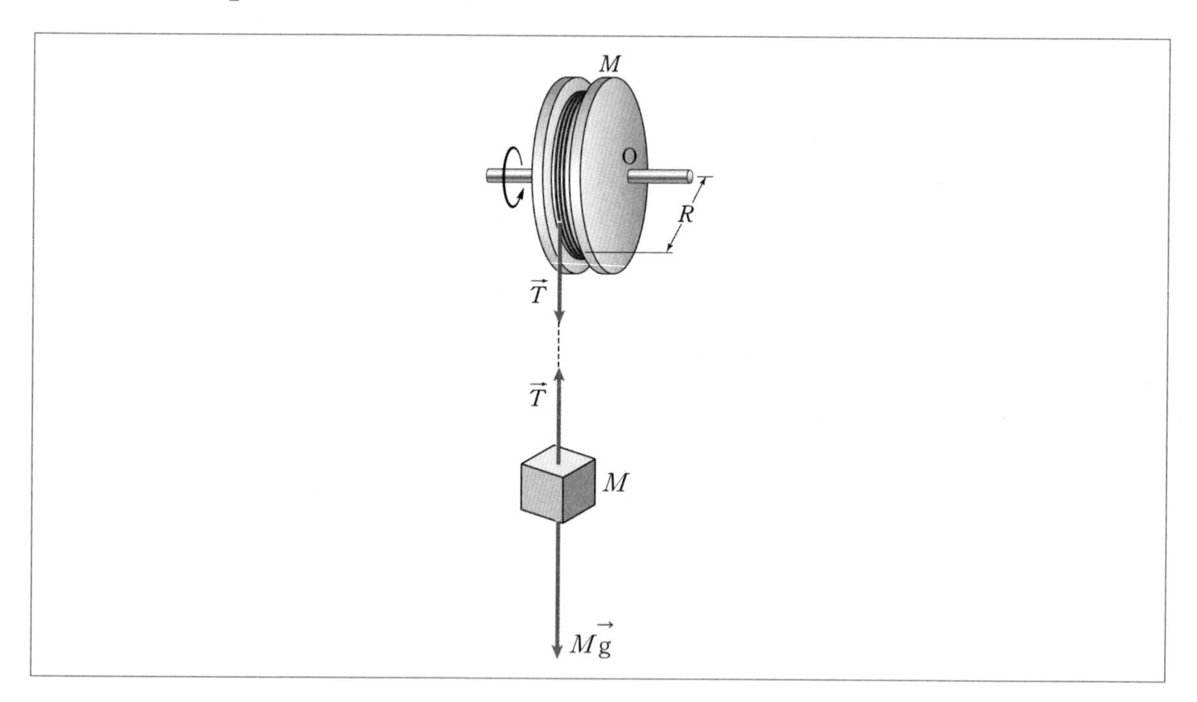

㉠ 병진운동 방정식: $Mg - T = Ma$ …… ⓐ

㉡ 회전운동 방정식: $\tau = TR = I\alpha = \frac{1}{2}MR^2\frac{a}{R} = \frac{1}{2}MRa$ …… ⓑ

ⓑ에서 $T = \frac{1}{2}Ma$ ➡ ⓐ에 대입하면 $Mg = \frac{3}{2}Ma$

$\therefore\ a = \frac{2}{3}g,\ T = \frac{1}{3}Mg$

04 물리 진자

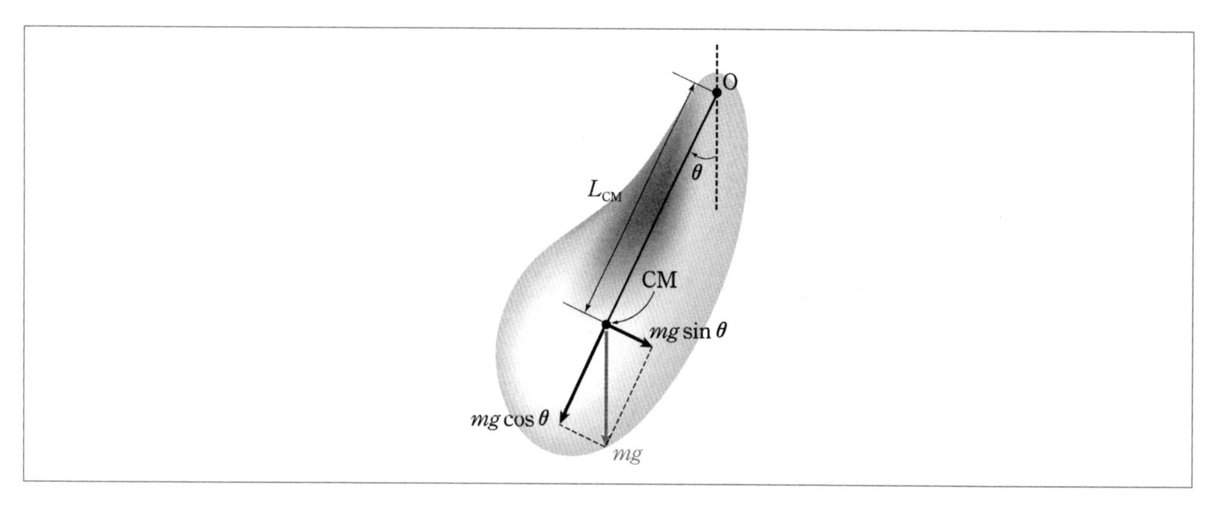

평행축 정리에 의해서 $I = I_0 + mL_{cm}^2$

회전운동 방정식 $\tau = I\alpha = I\ddot{\theta} = -mgL_{cm}\sin\theta$

작은 진동의 경우 $\sin\theta \simeq \theta$이므로

$$\ddot{\theta} + \frac{mgL_{cm}}{I}\theta = 0$$

각진동수 $\omega = \sqrt{\frac{mgL_{cm}}{I}}$ 가 된다.

예제 3 질량이 m이고 길이가 L인 균일한 막대의 한쪽 끝을 회전축으로 하는 물리 진자

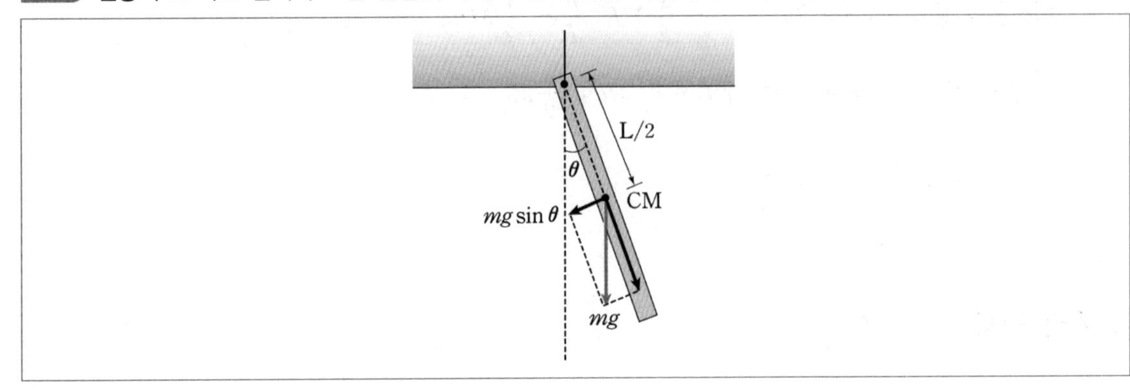

풀이

평행축 정리: $I=\frac{1}{12}mL^2+m\left(\frac{L}{2}\right)^2=\frac{1}{3}mL^2$

회전축과 질량 중심 사이 거리: $\frac{L}{2}$

$\omega=\sqrt{\frac{mgL_{cm}}{I}}=\sqrt{\frac{mgL/2}{mL^2/3}}=\sqrt{\frac{3g}{2L}}$

1. 물체가 2개로 이루어진 물리 진자

예제 4 다음 그림과 같이 가느다란 막대와 원판이 결합된 강체가 막대의 중심을 수직으로 지나는 직선을 회전축으로 하여 연직면 상에서 단진동($\theta \ll 1$) 한다. 막대의 질량은 M, 길이는 $2R$이고, 원판의 질량은 M, 반지름은 R이다.

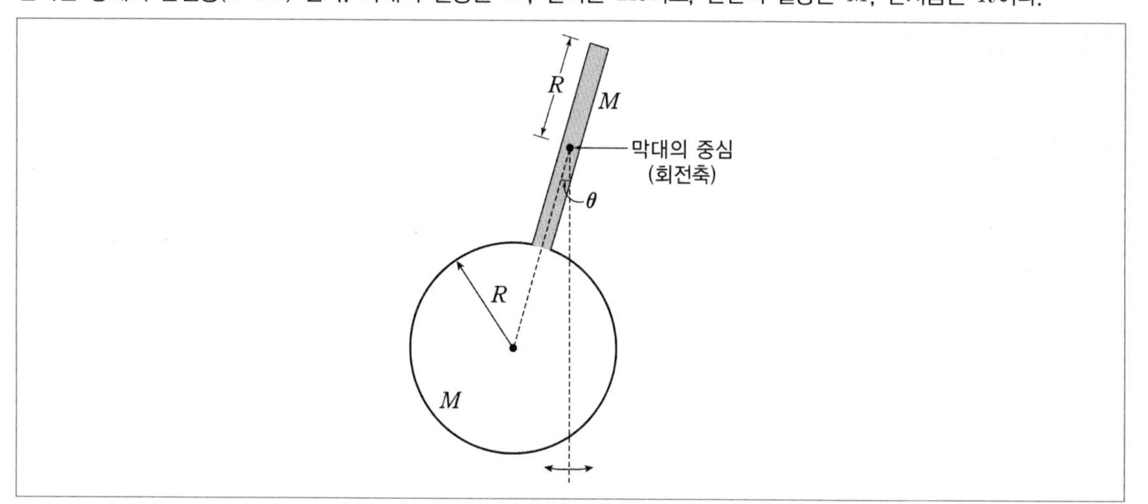

이때 회전축에 대한 강체의 관성모멘트와 단진동 주기를 각각 구하시오. (단, 막대와 원판의 밀도는 각각 균일하며, 질량 M, 반지름 R인 원판의 중심을 원판면에 수직으로 지나는 회전축에 대한 관성모멘트는 $I_{원판} = \frac{1}{2}MR^2$이고, 질량 M, 길이 L인 막대의 중심을 지나고 막대에 수직인 회전축에 대한 관성모멘트는 $I_{막대} = \frac{1}{12}ML^2$이다.)

정답 1) $I_{전체} = \frac{29}{6}MR^2$, 2) $T = \frac{2\pi}{\omega} = \pi\sqrt{\frac{29R}{3g}}$

풀이 $\tau = I\alpha = -m_{전체}gl_{com}\sin\theta\,(where\ I = \sum I_i)$; l_{com}=축으로부터 진자의 무게중심 위치

1) 먼저 회전축으로부터 질량 중심의 위치를 구해보자.

$$l_{com} = \frac{\Sigma m_i r_i}{\Sigma m_i} = \frac{M(0)+M(2R)}{M+M} = R$$

다음 회전관성 I를 구해보면 $I = \Sigma I_i = I_{막대} + I_{원판}$

평행축 정리를 이용해서 구해보면 $I_{막대} = \frac{1}{12}ML^2$, $I_{원판} = \frac{1}{2}MR^2 + M(2R)^2 = \frac{9}{2}MR^2$

$$\therefore I_{전체} = \frac{29}{6}MR^2$$

2) $\tau = I\ddot{\theta} = -(M+M)gl_{com}\sin\theta \simeq -2MgR\theta$

$$\ddot{\theta} + \frac{12g}{29R}\theta = 0$$

$$\omega = \sqrt{\frac{12g}{29R}}$$

$$\therefore T = \frac{2\pi}{\omega} = \pi\sqrt{\frac{29R}{3g}}$$

물체가 2개로 이루어진 물리 진자의 각진동수 : $\omega = \sqrt{\dfrac{(m_1+m_2)gl_{cm}}{I_1+I_2}}$

2. 고정점이 없는 두 물체의 충돌

수평면상에서 두 물체가 충돌하는 경우 병진과 회전을 구분하여 정리하여야 한다. 즉, 운동량 보존과 각운동량 보존이 항상 성립한다.

예제 5 다음 그림과 같이 질량이 M이고 길이가 L인 막대 한쪽 끝에 질량이 m인 물체가 결합하여 정지한 상태로 있다. 이때 수평 방향으로 질량이 m인 물체가 속력 v로 와서 막대 아래쪽 끝에 달라붙는다.

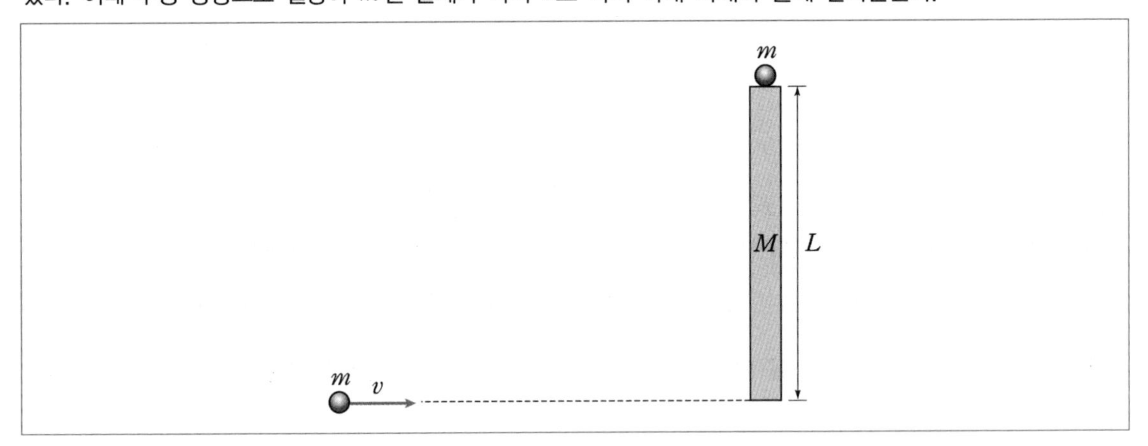

이때 물체가 달라붙은 후에 전체의 질량 중심의 병진 속력 v_{cm}과 질량 중심을 회전축으로 하는 물체의 각속도의 크기 ω을 구하시오. (단, 막대의 중심에 대한 회전 관성 $I_0 = \dfrac{1}{12}ML^2$이고, 중력과 공기저항 및 질량 m의 크기는 무시한다.)

정답 1) $v_{cm} = \dfrac{m}{2m+M}v$, 2) $\omega = \dfrac{6mv}{(M+6m)L}$

풀이 병진과 회전이 동시 가능한 운동은 병진과 회전을 분할하여 생각한다.

1) 질량 중심의 운동량 보존 : 회전을 안 하고 모든 지점이 병진운동만 함

$$mv = (2m+M)v_{cm}$$

$$\therefore v_{cm} = \frac{m}{2m+M}v$$

2) 질량 중심의 각운동량 보존 : 질량 중심이 고정되어 회전운동만 함

$$L = mv\left(\frac{L}{2}\right) = \left(\frac{1}{12}ML^2 + 2m\frac{L^2}{4}\right)\omega$$

$$\therefore \omega = \frac{6mv}{(M+6m)L}$$

예제 6 다음 그림과 같이 수평면상에 질량이 m이고 길이가 L인 균일한 막대가 정지해 있다. 질량이 m인 물체가 속력 v_0로 움직여 막대 끝 지점에 달라붙어 충돌 후 한 물체처럼 운동한다. 막대의 질량 중심을 지나고 막대에 수직인 회전축에 대한 관성 모멘트는 $\frac{1}{12}mL^2$이다.

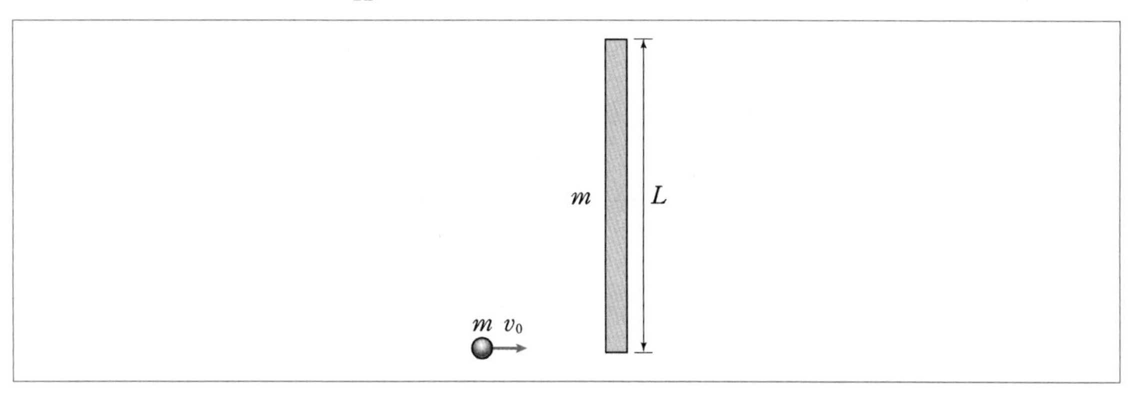

이때 충돌 후 질량 중심의 속력과 질량 중심에 대한 각속력을 각각 구하시오. 또한 충돌과정에서 손실된 에너지의 크기를 구하시오. (단, 물체의 크기와 수평면과의 마찰 및 공기저항은 무시한다.)

정답 1) $v_{cm}=\frac{1}{2}v_0$, 2) $\omega=\frac{6mv}{(M+6m)L}$, 3) $E_{소비}=\frac{1}{10}mv_0^2$

풀이 먼저 막대 중심으로부터 떨어진 계의 질량 중심 위치를 구하면 $r_{cm}=\frac{mL/2}{m+m}=\frac{L}{4}$

1) 질량 중심에 대한 계의 관성 모멘트 $I=\frac{1}{12}mL^2+m\left(\frac{L}{4}\right)^2+m\left(\frac{L}{4}\right)^2=\frac{5}{24}mL^2$

운동량 보존 : $mv_0=2mv_{cm} \rightarrow \therefore v_{cm}=\frac{1}{2}v_0$

2) 각운동량 보존 : $m\frac{L}{4}v_0=I\omega=\frac{5}{24}mL^2\omega \rightarrow \therefore \omega=\frac{6v_0}{5L}$

3) 에너지 보존 : $\frac{1}{2}mv_0^2=E_{병진}+E_{회전}+E_{소비}$

$$=\frac{1}{2}(2m)\left(\frac{v_0}{2}\right)^2+\frac{1}{2}\frac{5}{24}mL^2\left(\frac{6v_0}{5L}\right)^2+E_{소비}$$

$\therefore E_{소비}=\frac{1}{10}mv_0^2$

05 구름 운동

1. 미끄러짐 없이 구르는 운동

(1) 구르는 운동 기본

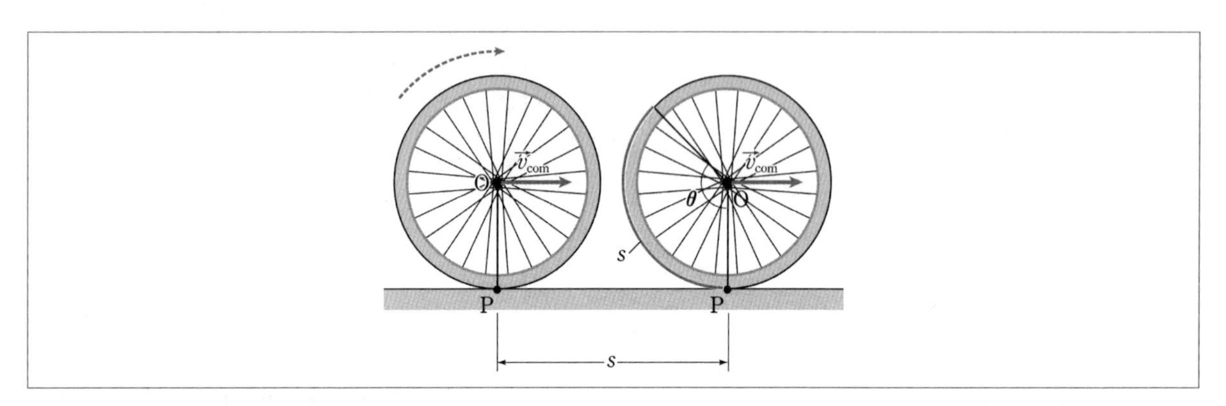

미끄러짐 없이 구를 조건

➡ $v_{cm} = r\omega$ (등속)

➡ $a_{cm} = r\alpha$ (가속)

① 구를 조건

미끄러짐 없이 구르기 위해서는 병진 방향의 거리 s와 회전 이동 거리 $r\theta$가 같아야 한다. 즉, 미끄러짐 없이 등속으로 구른다면 $v_{cm} = r\omega$를 만족해야 하고, 가속한다면 $a_{cm} = r\alpha$가 되어야 한다.

② 회전축의 변환

회전운동의 기본은 병진운동과 회전운동의 합이다. 접촉면과 바퀴와의 상대속도는 0이 된다. 그렇지 않으면 미끄러짐이 발생하게 된다.

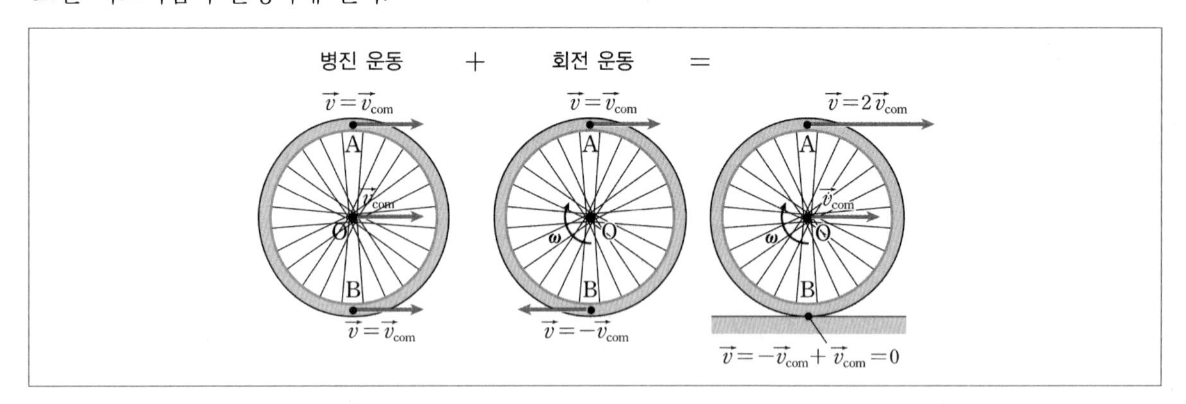

에너지 상태에서 운동을 기술해보자.

에너지 : $E_{전체} = E_{병진} + E_{회전} = \frac{1}{2}mv_{cm}^2 + \frac{1}{2}I_0\omega^2$

구를 조건: $v_{cm} = r\omega$

두 식을 연립하면

$$E_{전체} = E_{병진} + E_{회전} = \frac{1}{2}(I_0 + mr^2)\omega^2$$

이 된다. 이것은 접촉 지점을 축으로 가속도 ω로 회전운동 하는 것과 동일하다. 다음 그림을 보자. 평행축 정리를 이용하면 미끄러짐 없이 구르는 운동은 접촉 지점을 기준으로 동일한 각속도 ω로 회전하는 현상과 동일함을 알 수 있다. 이 아이디어를 이용하면 구르는 운동을 매우 효율적으로 이해할 수 있다.

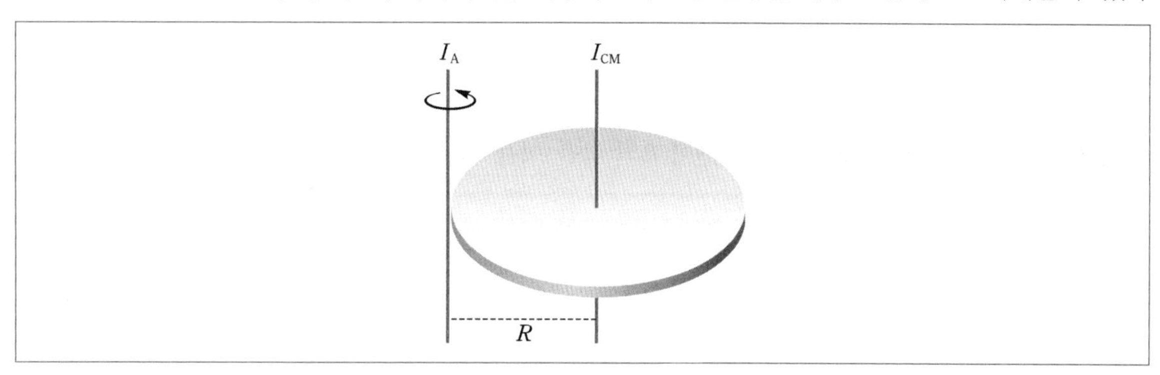

반경 R만큼 떨어진 곳에서 각속도 ω로 회전운동을 한다.

평행축 정리에서 $I = I_0 + mR^2$이므로

$$E_{전체} = \frac{1}{2}I\omega^2$$

그렇다면 우리는 이제 접촉 지점으로 각속도 ω로 회전운동 한다고 보고 운동을 기술해보자. 이를 이용해 물체의 각 지점의 속도와 가속도를 쉽게 구할 수 있다.

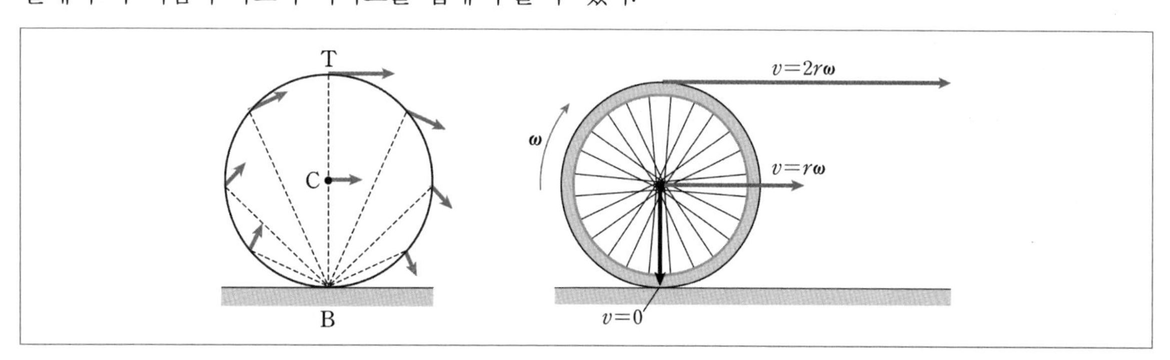

바닥 B를 기준으로 질량 중심 C의 속력은 $v_c = r\omega$이고 이것은 병진 속력과 동일하다. 그리고 꼭대기 지점에서 $v_T = 2r\omega$가 된다. 바닥을 기준으로 모든 지점은 각속도가 동일함을 명심하자. 만약 가속운동을 한다면 $a_c = r\alpha$, $a_T = 2r\alpha$가 된다.

③ 구름 운동 시 바닥을 기준으로 속도와 가속도

$$v = r\omega,\ a = r\alpha$$

(2) 외부 힘이 주어질 때 구름 운동

수평면상에서 물체가 운동하는 데 내부에 줄이 감겨 당겨진 상황을 생각해보자. 다음과 같은 세 가지 상황이 기본적인 예시이다.

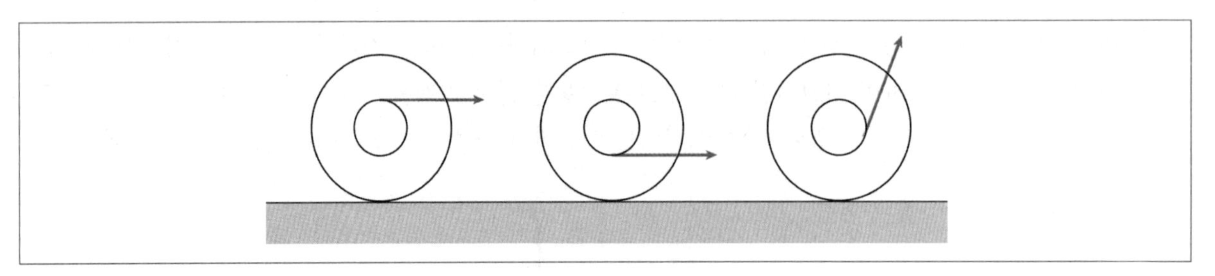

우선 일반적인 경우 외력 F와 수평면이 θ의 각을 이룰 때를 생각해보자.

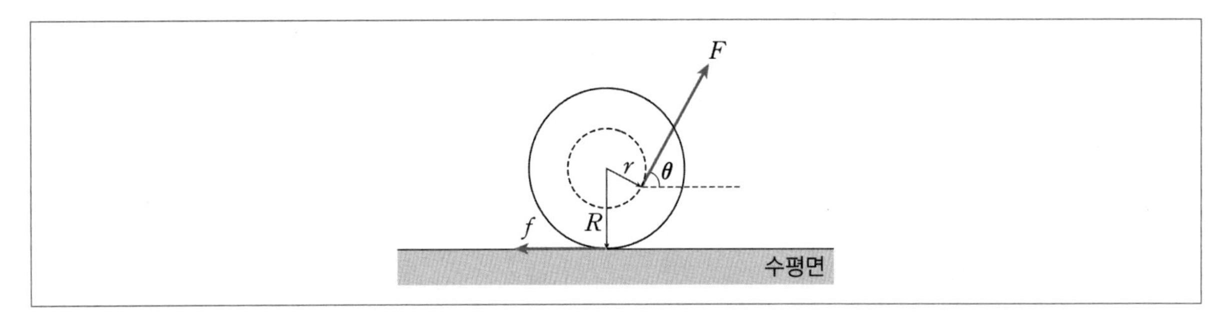

➡ 병진: $F\cos\theta - f = ma$

➡ 회전: $fR - Fr = I_0\alpha$

연립하면 $a = \dfrac{(R\cos\theta - r)}{I_0 + mR^2}FR$

초기 정지상태에서 $\cos\theta_c = \dfrac{r}{R}$ 이면 회전하지 않는 임계각이다.

$\theta < \theta_c$이면 오른쪽으로 가속운동하고, $\theta > \theta_c$이면 왼쪽으로 가속운동을 하게 된다.

① 장력

예제 7 다음 그림과 같이 반경이 $3R$이고 질량이 m인 원통이 있다. 원통에 안쪽 반경 R인 위치에 줄이 감겨져 있으며 이 줄은 도르래를 통해서 질량이 m인 상자와 연결되어 있다.

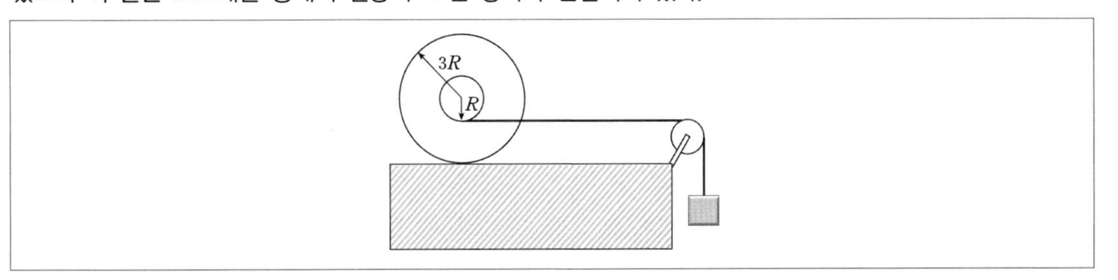

원통이 수평면과 미끄러짐 없이 구른다고 할 때, 원통의 병진 가속도의 크기 a_1과 상자의 병진 가속도의 크기 a_2의 비 $\frac{a_1}{a_2}$와 줄에 걸리는 장력의 크기 T를 각각 구하시오. 또한 마찰력의 크기와 방향을 구하시오. (단, 줄의 질량 및 줄과 도르래의 마찰, 공기저항은 무시한다. 원통의 질량 중심에 대한 회전 관성은 $I_0 = \frac{1}{2}m(3R)^2$이다.)

정답 1) $\frac{a_1}{a_2} = \frac{3}{2}$, 2) $T = \frac{27}{35}mg$, 3) $f = \frac{3}{7}mg$, 4) 왼쪽

예제 8 상황에 따라 마찰력의 방향이 달라지는 경우가 존재한다. 다음 그림과 같이 반경이 R이고 질량이 m인 원통이 있다. 원통에 안쪽 반경 r인 위치에 줄이 감겨 있으며 이 줄은 도르래를 통해서 질량이 m인 상자와 연결되어 있다.

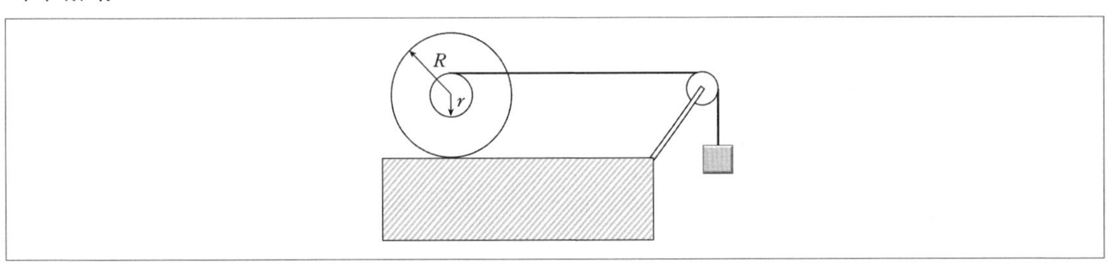

원통이 수평면과 미끄러짐 없이 구른다고 할 때, 줄에 걸리는 장력의 크기 T를 구하시오. 또한 장력 T와 원통의 알짜힘이 같아지는 r의 값을 R로 구하시오. (단, 줄의 질량 및 줄과 도르래의 마찰, 공기저항은 무시한다. 원통의 질량 중심에 대한 회전 관성은 $I_0 = \frac{1}{2}mR^2$이다.)

정답 1) $T = \frac{3R^2}{5R^2 + 4Rr + 2r^2}Mg$, 2) $r = \frac{R}{2}$

Chapter 05

② 경사면에서 구름 운동

지면과 구름 운동을 동반한 회전운동 방정식을 구해보자. 미끄러지지 않고 구를 조건은 $v_{cm} = r\omega$ 이다. 지표면 접촉한 지점으로부터 모든 지점이 각가속도가 동일하다는 조건을 활용하는 것이 중요하다.

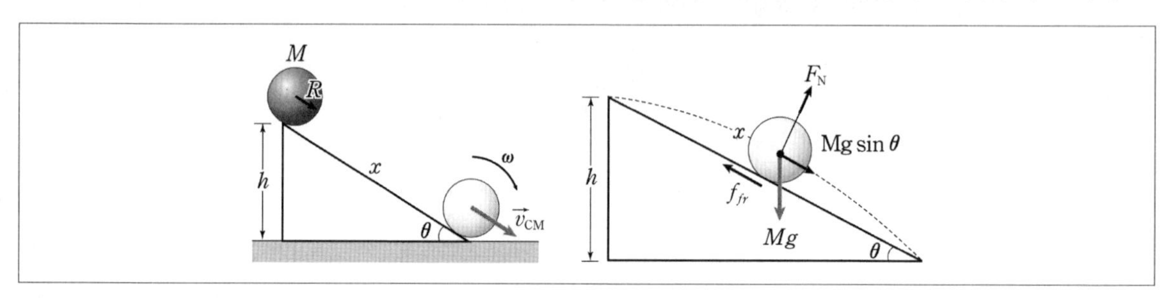

물체에 작용하는 중력이 경사면과 접촉한 부분을 중심으로 회전시키는 운동이다. 접촉면을 중심으로 회전관성을 구하면

➡ 회전 파트

$$I = I_{cm} + MR^2$$

$$\tau = I\alpha = I\frac{a_t}{R} = (I_{cm} + MR^2)\frac{a_t}{R} = (Mg\sin\theta)R$$

$$a_t = \frac{MR^2 g\sin\theta}{MR^2 + I_{cm}} = \frac{g\sin\theta}{1 + \frac{I_{cm}}{MR^2}}$$

➡ 병진 파트

$$Mg\sin\theta - f = Ma$$

회전 파트에서 구한 a를 대입하면 마찰력의 크기와 방향을 손쉽게 찾을 수 있다. 빗면의 길이가 L 이므로 도달 시간은 정지상태에서 출발하였다고 가정하면

$$L = \frac{1}{2}a_t t^2 \ (a_t = \text{빗면 방향 가속도})$$

$$t = \sqrt{\frac{2L}{a_t}}$$

접선방향 가속도 a_t가 클수록 빠르게 도착한다. 따라서 $a_t = \frac{g\sin\theta}{1+k}$ 이므로 회전관성 모멘트가 가장 작은 순서대로 빨리 떨어진다.

③ 요요 운동

예제 9 다음 그림과 같이 질량이 M이고, 반경이 R인 원반이 있다. 원반 내부 반경 r에는 천정에 고정된 줄이 감겨 있다.

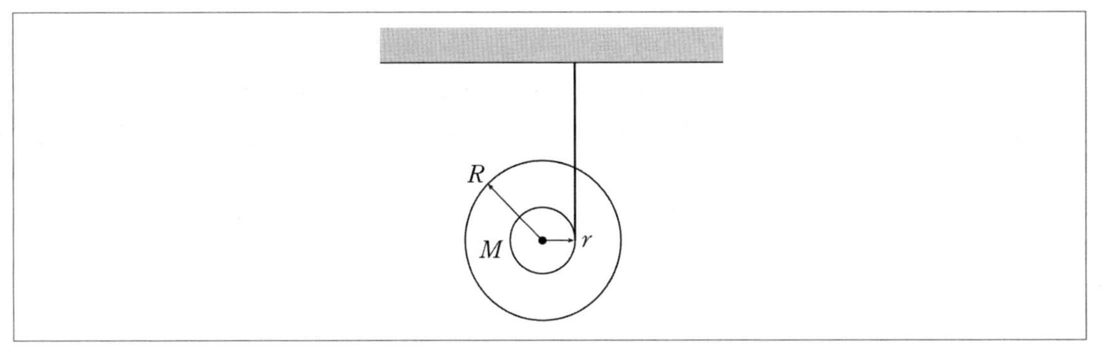

원반의 질량 중심가속도의 크기와 줄의 장력의 크기를 각각 구해보자. (단, 줄의 질량은 무시하고, 중력 가속도의 크기는 g, 원반의 질량 중심에 대한 관성 모멘트는 $I=\frac{1}{2}MR^2$이다.)

풀이 병진: $Mg-T=Ma$

회전: $Mgr=\left(\frac{1}{2}MR^2+Mr^2\right)\alpha=\left(\frac{1}{2}MR^2+Mr^2\right)\frac{a}{r}$

$\therefore a=\frac{2r^2}{R^2+2r^2}g$, $T=\left(\frac{R^2}{R^2+2r^2}\right)Mg$

Chapter 05

(3) 접촉면이 움직일 때 구름 운동

접촉면이 움직이면 기준 좌표계가 이동하므로 보정을 해줘야 한다. 모든 운동은 지표면 기준으로 기술함을 명심하자.

예제 10 다음 그림과 같이 질량이 M이고 반지름이 R_1인 속이 찬 원통에 질량이 M이고 반지름이 R_2인 속이 찬 원통이 줄에 연결된 채 낙하하고 있다. 위쪽 원통은 중심의 수평축에 대해 자유롭게 회전할 수 있으며, 그 둘레에 줄이 감겨 있어서 아래쪽 원통이 낙하하면서 풀리게 되어 있다. 아래쪽 원통의 경우, 그림 (A)에서는 줄이 원통의 중앙에 고정 연결되어 있고, 그림 (B)에서는 원통 중앙의 축을 중심으로 자유롭게 회전하면서 줄이 풀릴 수 있도록 되어 있다.

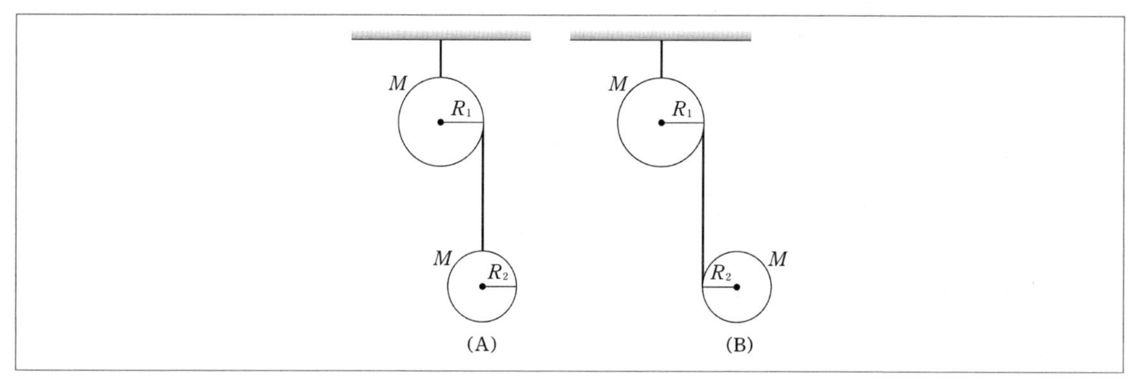

이때 (A), (B)의 경우에서, 아래쪽 원통의 낙하 가속도 a_{A}, a_{B}를 각각 구하시오. 또한 줄에 걸리는 장력의 크기 T_{A}, T_{B}를 각각 구하시오. (단, 줄의 질량은 무시하고, 줄에 의해 원통은 미끄럼 없이 회전하며, 중력 가속도의 크기는 g, 원통의 질량 중심에 대한 관성 모멘트는 $I=\frac{1}{2}MR^2$이다.)

정답 1) $a_{\text{A}}=\frac{2}{3}g$, $a_{\text{B}}=\frac{4}{5}g$, 2) $T_{\text{A}}=\frac{1}{3}Mg$, $T_{\text{B}}=\frac{1}{5}Mg$

(4) 미끄러지지 않을 조건

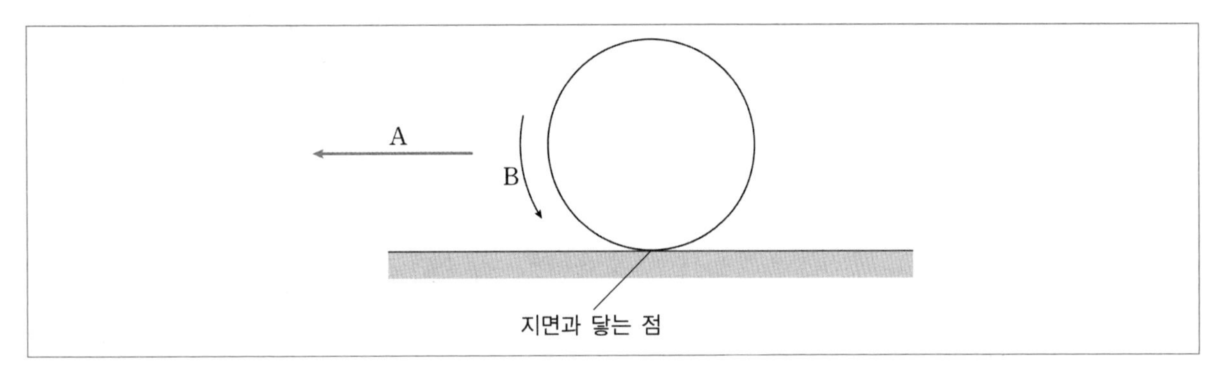

물체가 운동 시 미끄러지기 위해서는 물체에 작용하는 마찰력이 최대 정지 마찰력을 넘어서게 되면 미끄러지기 시작한다. 수직적으로 표현하면 $f \le \mu N$이다.
우리가 회전운동과 병진운동에서 마찰력을 구한 다음 위 식을 활용하여 조건을 이용하면 된다.

2. 미끄러지면서 구름 운동

(1) 병진과 회전운동의 분리

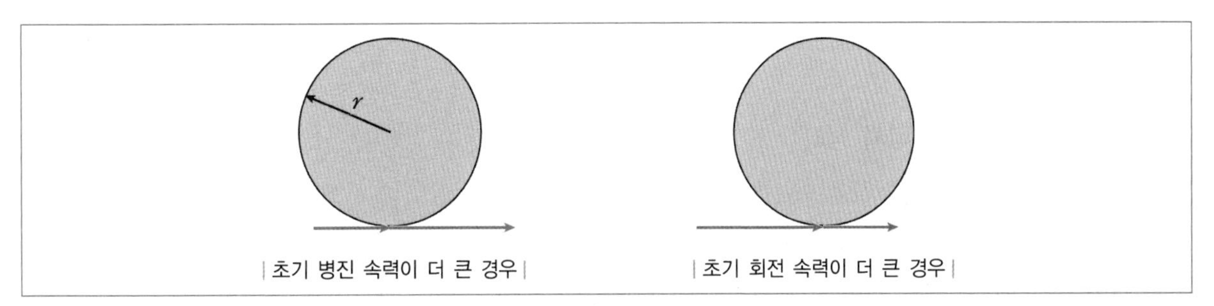

| 초기 병진 속력이 더 큰 경우 | | 초기 회전 속력이 더 큰 경우 |

두 경우 모두 초기에 미끄러짐이 발생하다가 결국 미끄러짐이 멈추고 구르게 된다.

(2) $r\omega < v_0$인 경우에는 운동마찰력이 왼쪽으로 작용하게 된다. 그래서 병진 속력은 감소하고 회전 속력은 증가한다.

➡ 병진: $v = v_0 - at$

➡ 회전: $\omega = \omega_0 + \alpha t$

(3) $r\omega > v_0$인 경우에는 운동마찰력이 오른쪽으로 작용하여 되어 병진 속력은 증가하고 회전 속력이 감소하게 된다.

➡ 병진: $v = v_0 + at$

➡ 회전: $\omega = \omega_0 - \alpha t$

예제 11 다음 그림과 같이 질량이 m이고 반경이 R인 균일한 원판을 각속도 ω로 회전시킨 상태에서 평면에 가만히 놓았다. 평면과 원판 사이의 운동마찰계수는 μ_k이고, 원판의 질량 중심에 대한 회전 관성 모멘트는 $\frac{1}{2}mR^2$이다.

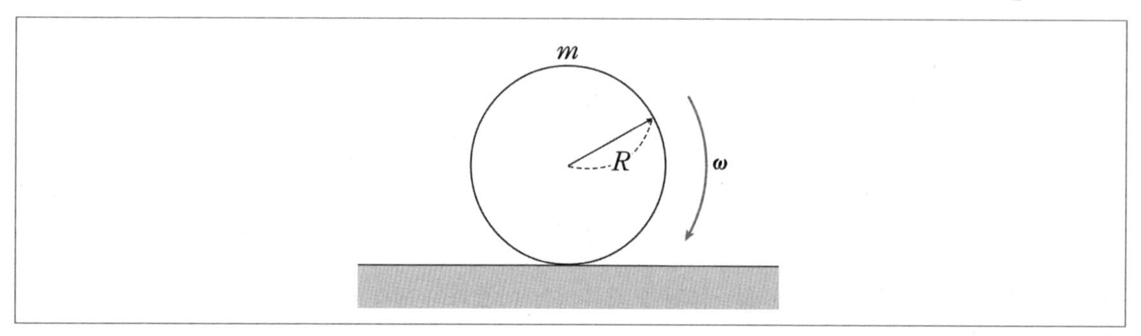

원판이 미끄러지지 않고 구르기 시작하는 순간의 각속도 ω'를 ω로 구하시오. 또한 원판을 평면에 놓은 순간부터 원판이 미끄러지지 않고 구르기 시작하는 시점까지 걸리는 시간을 R, ω, g, μ_k로 구하시오. 그리고 원판을 당구대에 놓는 순간부터 원판이 미끄러지지 않고 구르기 시작하는 시점 사이에서 손실된 운동 에너지를 E라 할 때 $|E|$를 m, R, ω로 구하시오. (단, 중력 가속도의 크기는 g이고, 원판의 질량 중심은 동일 연직면에서 운동한다.)

정답 $\omega' = \frac{1}{3}\omega$, 2) $t = \frac{R\omega}{3\mu_k g}$, 3) $|E| = \frac{1}{6}mR^2\omega^2$

3. 회전운동에서 일과 에너지 정리

(1) 미끄러짐 없이 구를 때

초기에 미끄러짐 없이 구를 때는 접촉면을 축으로 회전하는 운동과 동일하다고 기술했다. 즉, 물체의 접촉면을 기준으로 r만큼 떨어진 외부에 작용하는 힘을 F라 하면 F가 하는 일을 구하면

$$W_F = \int \tau d\theta = \int rFd\theta = \Delta E_k = \frac{1}{2}I\omega^2 - \frac{1}{2}I\omega_0^2 \ ; \ I = I_0 + mR^2$$

그런데 여기서 정지마찰력이 한 일은 존재하지 않게 된다. 이유는 에너지를 병진과 회전으로 구분해보면 되는데, 병진운동 에너지에서 마찰력이 한 일이 $W_f < 0$이라고 하자. 질량 중심을 기준으로 회전운동 에너지에서 마찰력이 한 일은 $W_f > 0$이 된다. 마찰력이 한 일의 총합은 병진+회전 파트이므로 0이 된다.

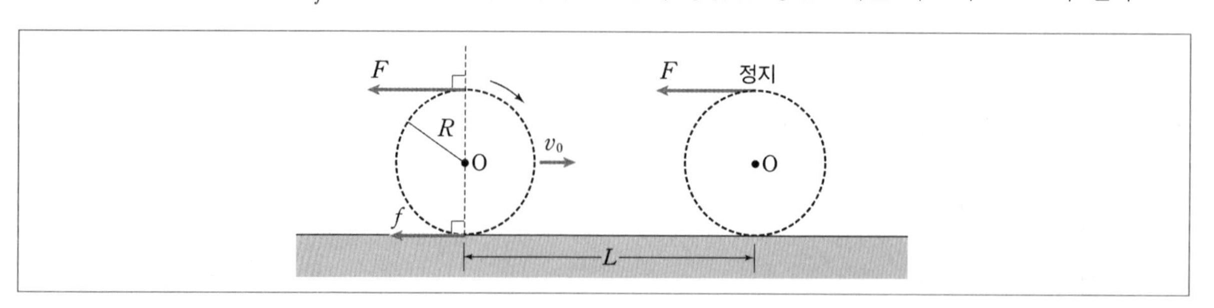

① 병진 파트의 일과 에너지 정리

$$W_{병진} = -(F+f)L = \Delta E_{병진} = -\frac{1}{2}mv_0^2$$

② 회전 파트의 일과 에너지 정리

$$W_{회전} = \int \sum \vec{\tau} \cdot d\vec{\theta} = (f-F)R\theta = (f-F)L = \Delta E_{회전} = -\frac{1}{2}I_0\omega^2$$

③ 전체 일과 에너지

$$W_{병진} + W_{회전} = -2FL = -\frac{1}{2}(I_0 + mR^2)\omega^2$$

그런데 접촉면 기준으로 일과 에너지 정리를 써보면

$$W_F = \int \vec{\tau} \cdot d\vec{\theta} = -\int 2RFd\theta = -2FL = \Delta E_k = \frac{1}{2}I\omega^2 - \frac{1}{2}I\omega_0^2 \Rightarrow I = I_0 + mR^2$$

※ 미끄러짐 없이 구르는 운동할 때 마찰력이 한 일은 0이다.

(2) 수평면에서 마찰 없이 미끄러지면서 회전할 때

다음 그림과 같이 길이 L, 질량이 m인 균일한 강체 막대가 마찰이 없는 수평면과 각 θ를 이루며 정지해 있다. 막대의 질량 중심에 대한 회전 관성 모멘트는 $\frac{1}{12}mL^2$이다.

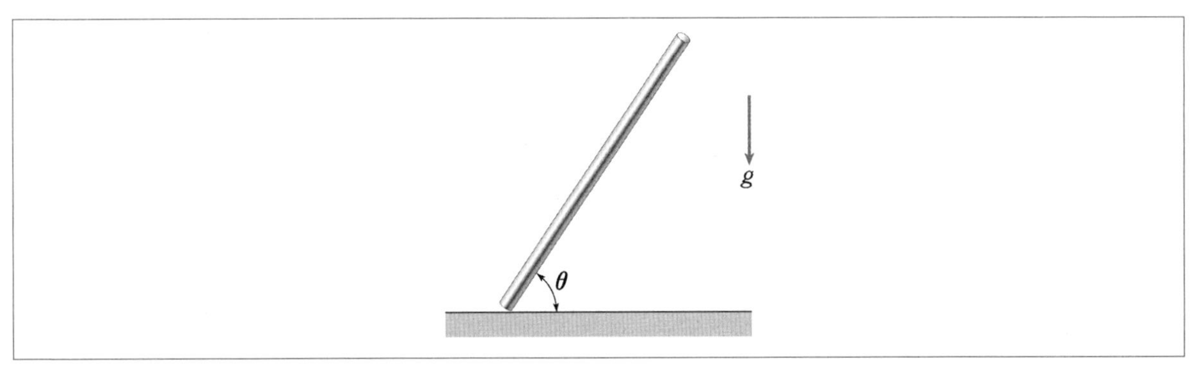

수직항력 N은 병진과 회전 에너지에 각각 관여한다.

수직항력이 병진 파트에 한 일 $W_{병진} = -\int N dy = \int N\frac{L}{2}\cos\theta\, d\theta$

수직항력이 회전 파트에 한 일 $W_{회전} = \int \tau d\theta = \int N\frac{L}{2}\cos\theta\, d\theta$

수직항력은 병진운동 에너지를 감소시키고, 회전운동 에너지를 그만큼 증가시키므로 계 전체에서는 일을 하지 않는다. 마찰이 없으므로 역학적 에너지는 보존되는 에너지 보존 법칙 결과와 일치하게 된다.

연습문제

정답_ 372p

01 다음 그림과 같이 반경이 R이고 질량이 각각 $3m$, m인 원판이 z축에 대해 서로 반대 방향으로 각속도 ω_0로 회전하고 있다. 2개의 원판이 서로 접촉하여 마찰에 의해서 회전 속도가 느려진 다음 결국 하나에 합쳐져 회전하였다.

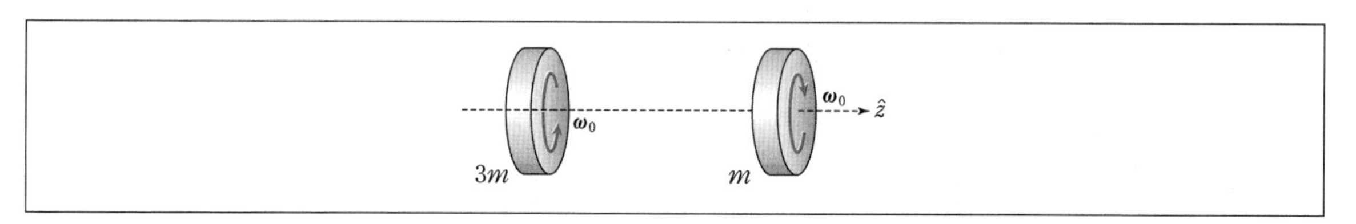

이때 두 개의 원판의 초기 전체 각운동량 크기 L_0와 나중 전체 각운동량 크기 L'을 구하시오. 물체의 최종 각속도의 크기 ω_f를 구하고 마찰력이 한일 W_f를 구하시오. (단, 질량이 M인 원판의 회전관성 $I=\frac{1}{2}MR^2$이고 중력은 무시한다.)

02 다음 그림과 같이 질량이 2kg인 막대가 한쪽 끝은 빗면에, 다른 쪽 끝은 마찰이 있는 수평면에 닿아 정지해 있다. 빗면과 막대 사이에는 마찰이 없고, 빗면의 경사각은 $60°$이며, 막대와 마찰면이 이루는 각은 $30°$이다.

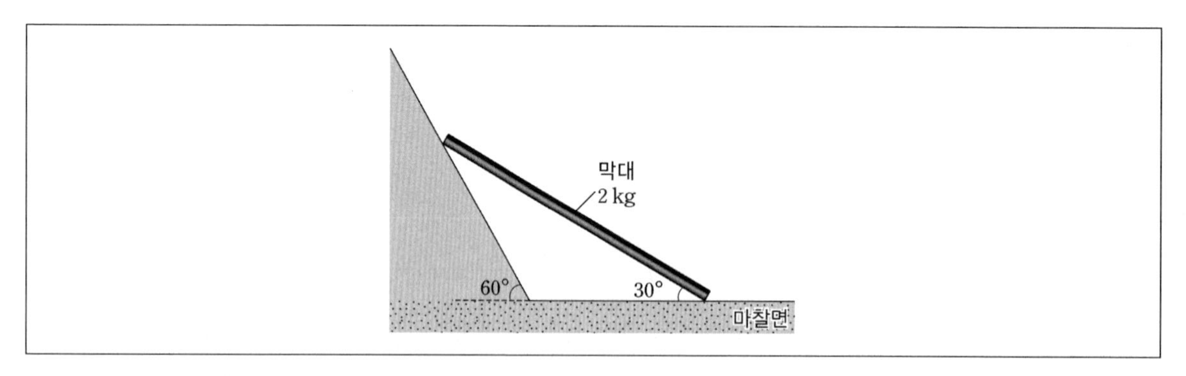

이때 마찰면이 막대에 작용하는 수직항력의 크기와 마찰력을 각각 구하시오. (단, 중력 가속도는 10m/s^2이고, 막대의 굵기는 무시하고 선밀도는 균일하다.)

03 다음 그림과 같이 한 쪽 끝이 회전축에 고정되어 정지 상태인 질량 M, 길이 L인 가늘고 균일한 막대가 일정한 속력 v로 운동하던 동일한 질량 M인 입자와 충돌한다. 충돌하는 순간 막대는 입자의 운동 방향에 수직이고, 충돌 직후 두 물체는 하나로 붙어서 운동한다.

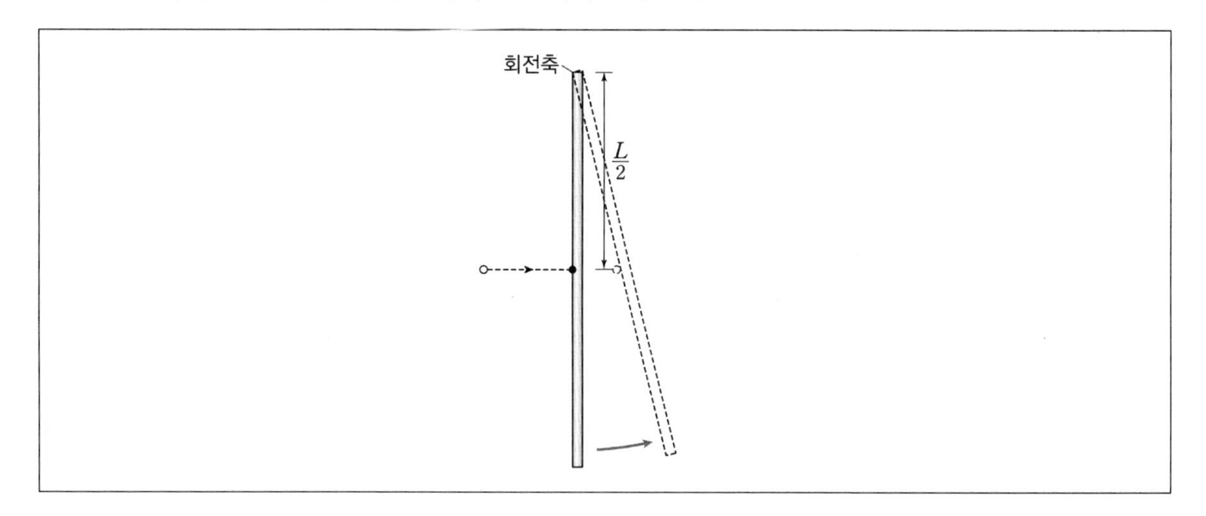

이때 충돌 직후 각속도의 크기 ω를 구하시오. 또한 충돌 과정에서 발생되는 손실 에너지의 크기를 구하시오. 그리고 충돌하여 회전축을 중심으로 한 바퀴 원운동 하기 위한 입자의 최소 속력 $v_{\min}$을 구하시오. (단, 중력 가속도의 크기는 g이고, 모든 마찰과 입자의 크기는 무시하며, 질량 중심에 대한 막대의 회전 관성은 $\frac{1}{12}ML^2$이다.)

04 다음 그림은 반경이 R인 반원 모형의 고정된 틀에 길이가 $2R$인 균일한 막대가 기댄 상태로 기울어져 있는 모습을 나타낸 것이다. $\theta = 30°$인 순간에 막대의 우측 끝의 수평 방향 속력이 v이었다.

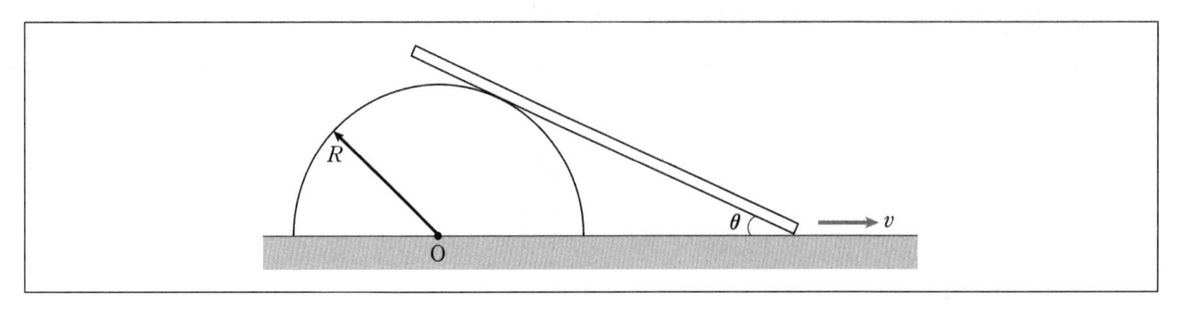

이때 $\theta = 30°$인 순간에 막대의 각속도의 크기 ω와 질량 중심에 대한 연직 방향의 속도의 크기를 각각 구하시오. (단, 모든 마찰은 무시한다.)

05 다음 그림과 같이 질량이 m이고 길이가 L인 균일한 막대가 끝이 고정되어 수평면에서 자유롭게 회전운동하게 놓여 있다. 이때 막대와 연직 방향과의 사이각은 θ이고, 초기에 막대의 질량 중심에 수평 방향의 일정한 힘 F가 작용한다. 막대가 회전하는 동안 힘 F는 수평 방향을 유지하고 막대의 질량 중심에 작용점이 있다.

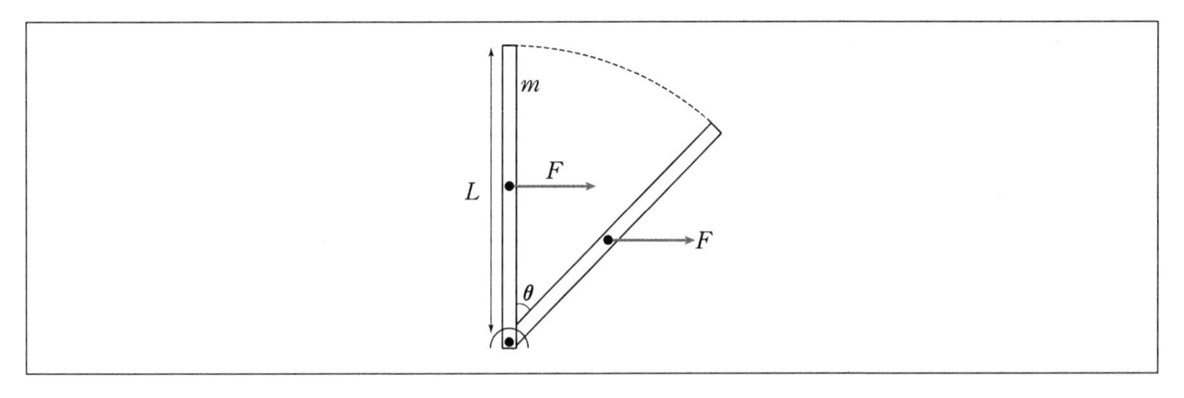

초기 $\theta = 0$에서 정지 상태로부터 막대가 회전할 때, $0 < \theta < \frac{\pi}{2}$에서 막대의 각속도의 크기 ω를 구하시오. 또한 이때 질량 중심에서 접선 가속도와 구심 가속도의 크기를 각각 구하시오. (단, 모든 마찰은 무시하고, 막대의 질량 중심을 회전축으로 하는 회전관성은 $\frac{1}{12}mL^2$이다.)

06 다음 그림과 같이 반경이 R, 질량이 M인 실린더 모양이 용수철 상수 k인 용수철에 연결되어 운동하는 모습을 나타낸 것이다. 용수철의 한쪽은 벽에 고정되어 있고 실린더는 바닥과 미끄러짐 없이 구르는 운동을 한다고 가정한다.

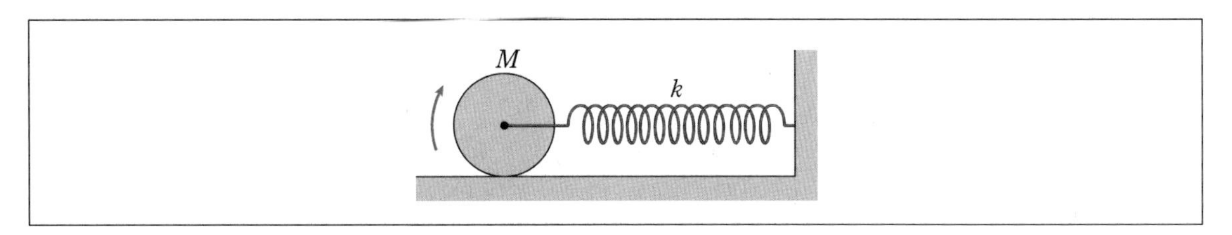

이때 물체의 각진동수와 물체를 평형점에 대해서 A만큼 당겼다가 놓았을 때 물체의 최대 속력을 구하시오. (단, 공기저항은 무시하고 실린더의 중심에 대한 회전관성 $I_{com} = \frac{1}{2}MR^2$이다.)

21-A12

07 다음 그림과 같이 질량 M, 반지름 R인 바퀴가 수평 방향으로 크기가 F로 일정한 힘을 받으며 수평면에서 오른쪽으로 미끄러짐 없이 구르다가 정지하였다. 바퀴의 질량 중심 O의 속력이 v_0인 순간부터 바퀴가 정지할 때까지 이동한 거리는 L이다.

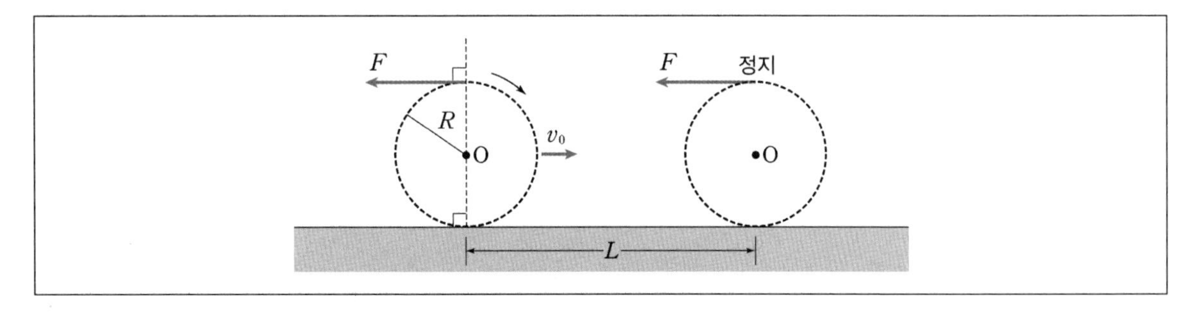

이때 바퀴와 수평면 사이의 마찰력 f의 크기를 풀이 과정과 함께 구하시오. 또한 거리 L을 구하시오. (단, 바퀴의 중심 회전축에 대한 관성 모멘트는 $I = \frac{1}{2}MR^2$이고, 중심 회전축과 힘의 방향은 서로 수직이다.)

08 다음 그림 (가), (나)는 경사면의 높이 h인 지점에 가만히 놓인 동일한 원통이 각각 구르지 않고 미끄러지는 것과 미끄러지지 않고 구르는 것을 나타낸 것이다. (가) 경사면은 마찰이 없고, (나) 경사면은 미끄러지지 않고 구를 정도로 충분한 마찰이 존재한다.

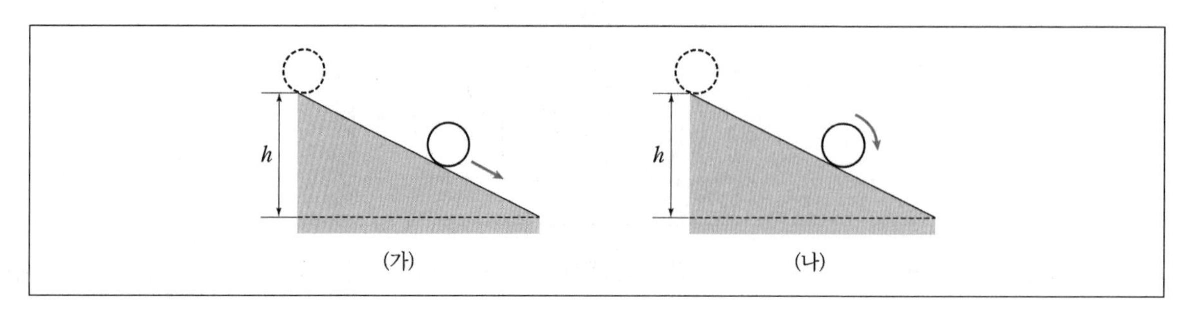

이때 경사면을 벗어나는 순간 운동 에너지의 비 $\frac{E_{(가)}}{E_{(나)}}$를 구하시오. 또한 경사면을 벗어나는 데 걸린 시간의 비 $\frac{t_{(가)}}{t_{(나)}}$를 구하시오. (단, 중력 가속도의 크기는 g이고, 공기저항은 무시한다. 질량 m이고, 반경이 r인 원통의 질량 중심에 대한 회전 관성은 $I = \frac{1}{2}mr^2$이다.)

09

다음 그림은 경사각이 30°인 경사면에 속이 찬 균일한 원통을 가만히 놓았더니, 원통이 $2h$만큼 미끄러짐 없이 굴러 내려간 후 경사면을 떠나 운동하는 것을 나타낸 것이다. 원통이 경사면의 끝점에 도달한 순간부터 원통의 질량 중심은 포물선 운동을 한다. 원통의 질량은 M이고, 반지름은 R이며, 중심축에 대한 관성 모멘트는 $\frac{1}{2}MR^2$이다.

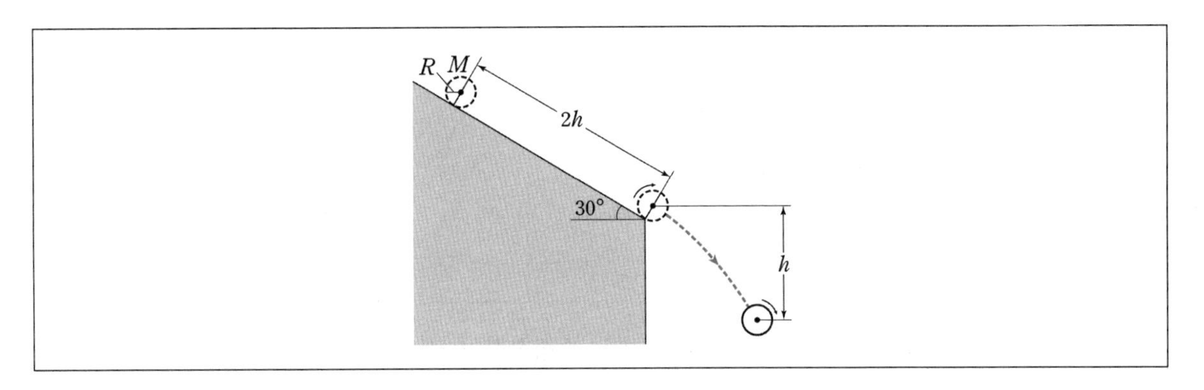

이때 원통과 경사면 사이의 마찰력 f의 크기를 구하시오. 또한 원통이 경사면을 떠난 순간부터 원통의 질량 중심이 연직 방향으로 h 만큼 낙하했을 때, 원통의 병진운동 에너지 K를 풀이 과정과 함께 구하시오. (단, 중력 가속도의 크기는 g이고, 공기저항은 무시하며, 원통의 질량 중심은 동일 연직면에서 운동한다.)

10 다음 그림과 같이 지면에 고정되고 반지름이 R인 반원 모양의 곡면 궤도의 최고점 $\theta = 0$에 정지해 있던 질량 m, 반지름 r인 원반이 곡면 궤도를 따라 미끄러짐 없이 굴러 내려오고 있다. θ와 ϕ는 각각 사분원 궤도와 원반에서의 각변위다. 원반의 운동에 대한 구속 조건은 $(R-r)\dot{\theta}=r\dot{\phi}$이다.

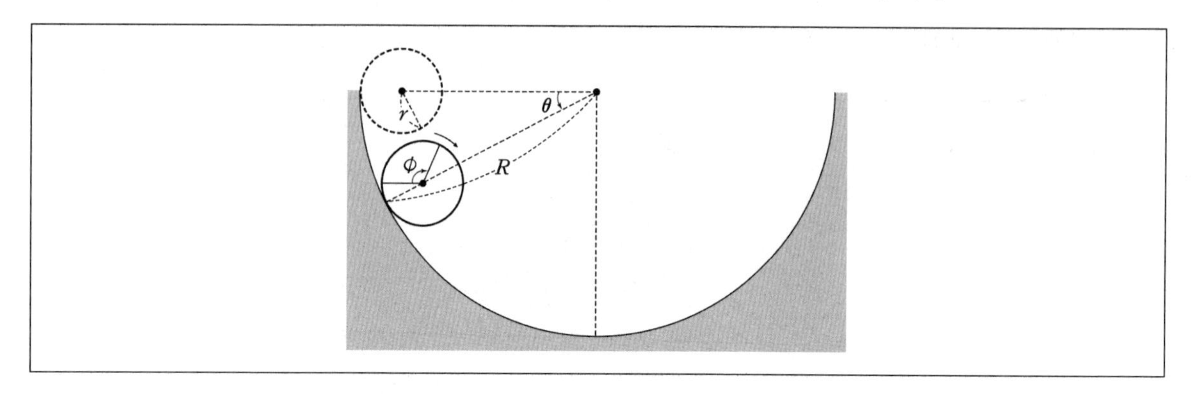

이때 임의 각 θ에서 원반이 곡면으로부터 받는 수직항력의 크기 N과 마찰력의 크기 f를 각각 구하시오. 또한 원반이 받는 알짜힘의 크기 F를 구하시오. (단, 중력 가속도의 크기는 g이고, 원반의 질량 중심에 대한 회전 관성 $I=\frac{1}{2}mr^2$이다.)

05-21

11 원통을 수평 바닥에 던지면 미끄러지면서 구르다가 나중에는 미끄러지지 않고 구르기만 한다. 시각 $t=0$에서 질량 M, 반지름 R인 속이 빈 얇은 원통이 질량 중심 속력 v_0, 각속력 ω_0로 미끄러지면서 구르고 있으며 $v_0 > R\omega_0$이다. 원통과 바닥 사이의 운동 마찰계수는 μ이며, 중력 가속도는 g라 한다.

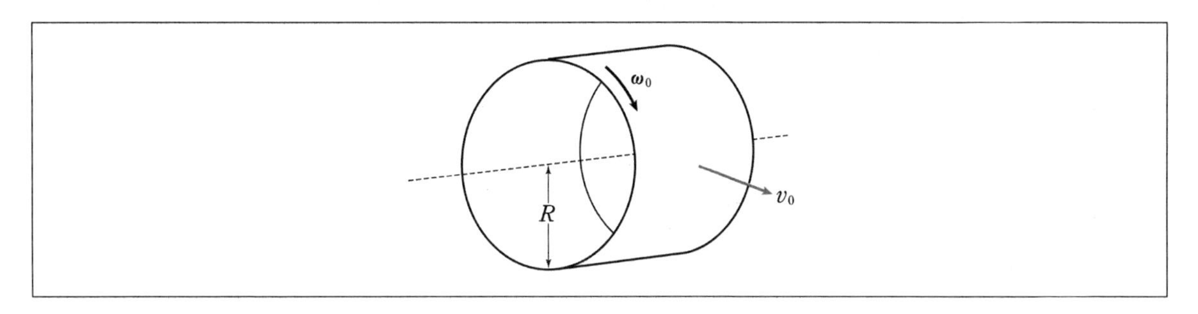

이때 원통이 미끄러지지 않고 구르기 시작하는 시각 T를 구하시오. 또한 시각 $t=0$부터 시각 $t=T$까지 원통의 질량 중심이 이동한 수평 거리 S를 구하시오. (단, 속이 빈 얇은 원통의 회전 관성은 MR^2이다.)

Chapter
05

12 다음 그림은 반지름이 R인 원판 2개와 반지름이 r이고, 길이가 L인 원기둥으로 이루어진 아령 모양의 물체가 수평면과 나란한 레일에서 굴러가는 모습을 나타낸 것이다. 처음에 원기둥이 위쪽 평면에 접촉하여 미끄러지지 않고 굴러가다가 아래쪽 평면에서는 원판이 레일에 접촉하여 굴러간다. 원판의 옆면은 마찰이 없으며 원판과 레일의 운동마찰계수는 μ이고, 물체 전체의 질량은 m이며, 아령 모양을 가진 물체의 질량 중심을 지나는 회전축에 대한 관성 모멘트는 $\frac{3}{2}mR^2$이다.

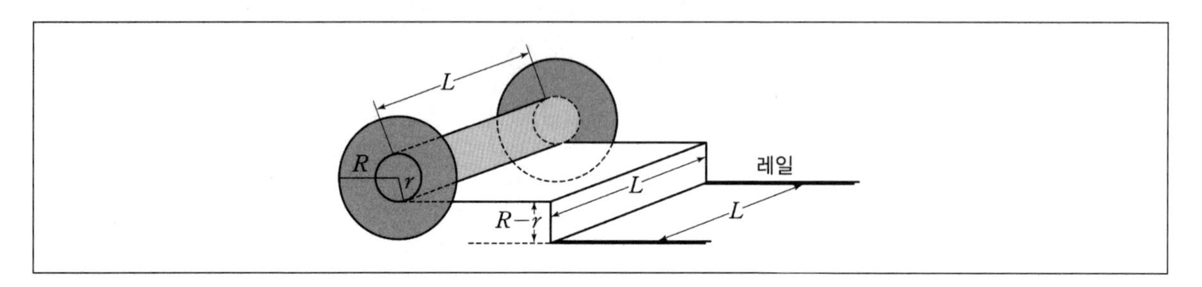

$t=0$인 순간에 원판이 레일에 접촉하게 되며, 이때 질량 중심에 대한 각속도의 크기는 ω_0이다. $t>0$에서 각가속도의 크기를 구하시오. 또한 미끄러짐이 멈추는 시각 t_0를 구하시오. 그리고 $t \geq t_0$일 때 질량 중심에 대한 각속도의 크기 ω를 R, r, ω_0로 구하시오. (단, 중력 가속도의 크기는 g이고, 공기 저항은 무시한다.)

13 다음 그림 (가)는 질량 m, 길이 L인 균일한 막대가 고정된 회전축에 대해 주기 T_{A}로 단순 조화 운동하는 것을 나타낸 것이다. 회전축은 막대에 수직이고, 회전축에 대한 막대의 관성모멘트는 $\frac{1}{3}mL^2$이다. 그림 (나)는 (가)의 막대에 질량 m인 추가 회전축으로부터 거리 x만큼 떨어진 지점에 고정되어, 막대와 추가 주기 T_{B}로 단순 조화 운동하는 것을 나타낸 것이다.

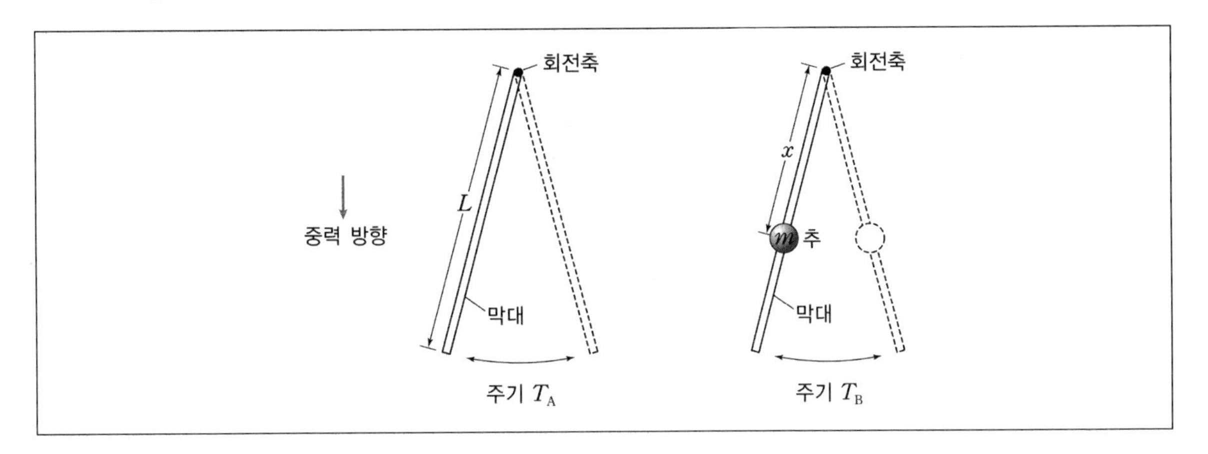

이때 T_{B}를 x의 함수로 구하시오. 또한 $T_{\mathrm{A}} = T_{\mathrm{B}}$일 경우 만족하는 x의 값을 구하시오. (단, 막대의 굵기와 추의 크기는 무시하고, 막대와 추는 연직면에서 운동하며, 매우 작은 각으로 진동한다고 가정한다.)

14 다음 그림과 같이 가로 a, 세로 b의 길이를 가진 질량 m의 직사각형 판 모양의 판자가 중심으로부터 r만큼 떨어진 곳에 아주 작은 구멍이 뚫려서 이 구멍을 회전 중심으로 진동 운동을 하고 있다. 다음 물음에 답하시오. (단, 직사각형 모양의 판 중심에서 회전 관성은 $I_0 = \dfrac{1}{12}m(a^2+b^2)$이고, 모든 마찰은 무시한다. 또한, 물체는 매우 작은 θ로 진동하며, 중력 가속도의 크기는 g이다.)

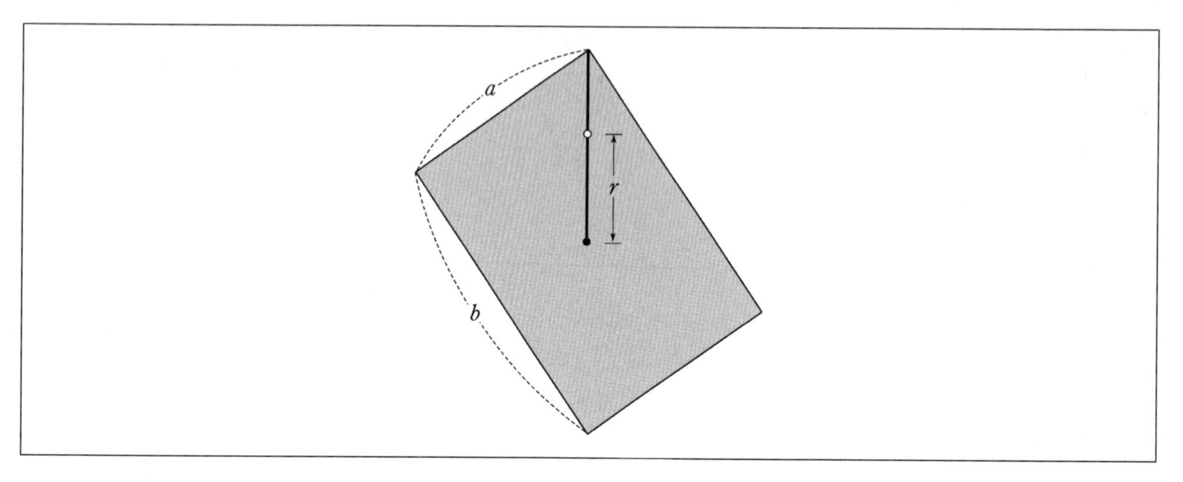

1) 이 물체의 주기 T를 구하시오.

2) 이 물체의 주기 $T(r)$로부터 주기가 최소가 되는 r의 값을 구하시오.

15 다음 그림과 같이 가느다란 막대 2개가 결합된 강체가 막대의 한쪽 끝을 회전축으로 하여 연직면 상에서 단진동하는 모습을 나타낸 것이다. 막대 하나의 질량은 M이고 길이는 L이다.

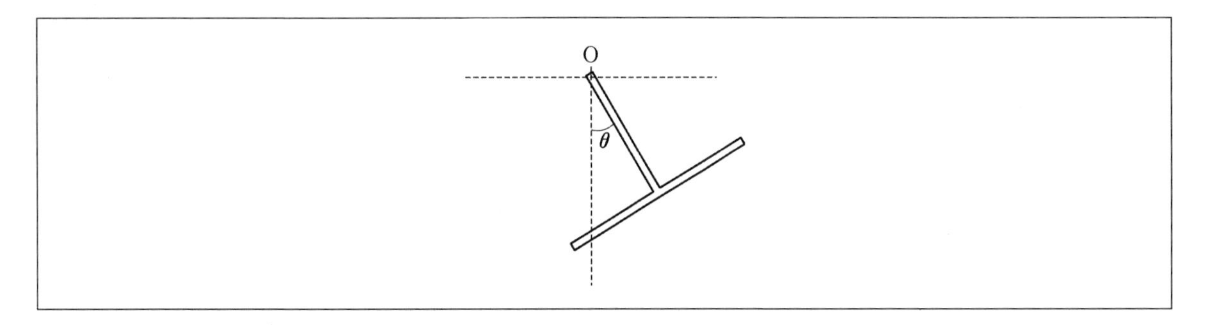

이때 회전축에 대한 강체의 관성모멘트 I와 단진동의 주기 T를 각각 구하시오. (단, 막대의 밀도는 균일하고, 작은 진동($\theta \ll 1$)을 하며, 질량 M, 길이 L인 막대의 중심을 수직으로 지나는 회전축에 대한 관성모멘트는 $\frac{1}{12}ML^2$이다.)

16 다음 그림은 질량 m, 반지름 R인 균일한 원판이 중심(CM)에서 거리가 r만큼 떨어진 점 O를 축으로 하여 작은 각도로 진동하는 것을 나타낸 것이다. 질량 중심에 대한 원판의 회전 관성은 $\frac{1}{2}mR^2$이다.

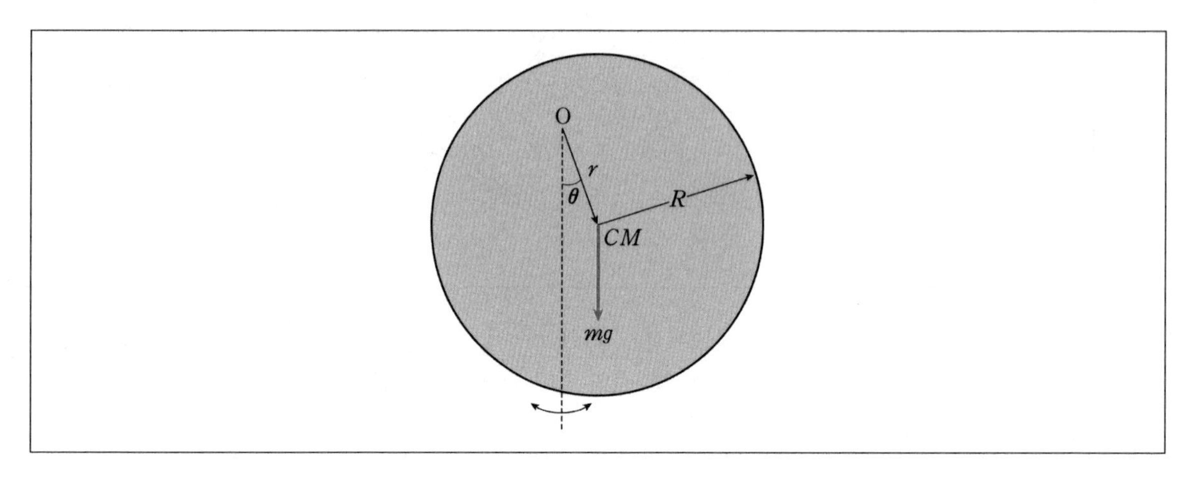

이때 축에 대한 원판의 회전 관성 I를 구하시오. 또한 원판의 진동 주기 T를 쓰고, 주기를 최소로 하는 r_0의 값을 구하시오. (단, 중력 가속도의 크기는 g이고, 모든 마찰은 무시한다.)

17 다음 그림과 같이 질량이 M이고 반지름이 R인 속이 찬 원통이 천정에 고정된 줄에 중심이 연결되어 있다. 줄에 의해서 연결된 동일한 다른 원통이 낙하하고 있다. 위쪽 원통은 중심의 수평축에 대해 자유롭게 회전할 수 있으며, 그 둘레에 줄이 감겨 있어서 아래쪽 원통이 낙하하면서 풀리게 되어있다. 아래쪽 원통의 경우 원통 중앙의 축을 중심으로 자유롭게 회전하면서 줄이 풀릴 수 있게 되어 있다.

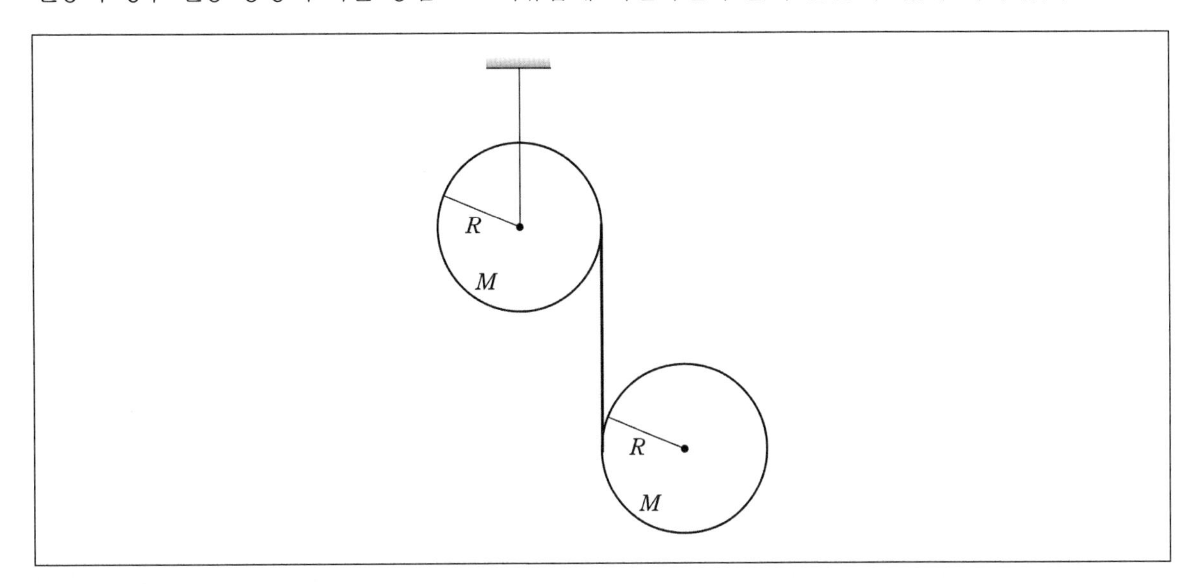

이때 아래쪽 원통의 질량 중심의 가속도의 크기 a와 줄에 걸리는 장력의 크기 T를 각각 구하시오. (단, 줄의 질량은 무시하고, 줄에 의해 원통은 미끄럼 없이 회전하며, 중력 가속도의 크기는 g이다. 또한 원통의 질량 중심에 대한 관성 모멘트는 $I=\frac{1}{2}MR^2$이다.)

18 다음 그림과 같이 질량이 M이고 반지름이 R인 속이 찬 원통의 중심으로부터 $r = \dfrac{R}{2}$인 지점이 천장에 고정된 줄에 감겨 있는 모습을 나타낸 것이다. 원통의 가장자리에도 줄이 감겨 있으며 질량이 $4M$인 물체와 연결되어 있다. 천정에 고정된 줄의 장력의 크기를 T_1, 질량 $4M$인 물체에 연결된 장력의 크기를 T_2라 하자.

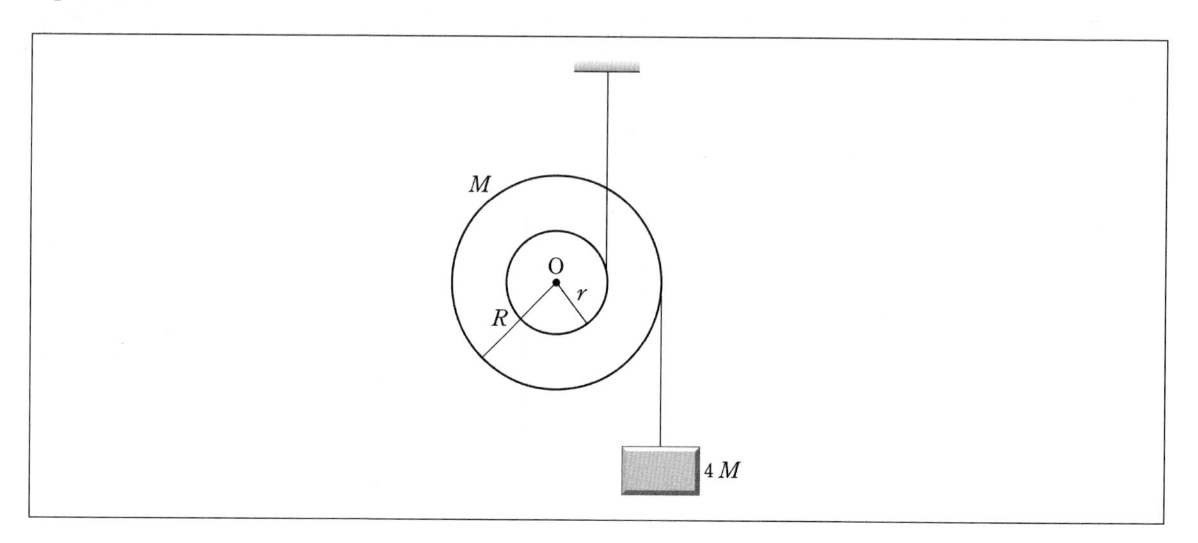

물체가 운동할 때 원통의 질량 중심의 가속도의 크기 a를 구하시오. 또한 각 장력의 크기 T_1과 T_2를 각각 구하시오. (단, 줄의 질량은 무시하고, 줄에 의해 원통은 미끄러짐 없이 회전하며, 중력 가속도의 크기는 g이다. 또한 원통의 질량 중심에 대한 관성 모멘트는 $I = \dfrac{1}{2}MR^2$이다.)

24-A12

19 다음 그림과 같이 질량이 m이고 반지름이 r인 원반이 수평면에 정지해 있다. 높이 h인 지점에 수평면과 나란한 방향으로 충력량 J를 가해더니 원반이 미끄러짐 없이 구르는 운동을 하였다.

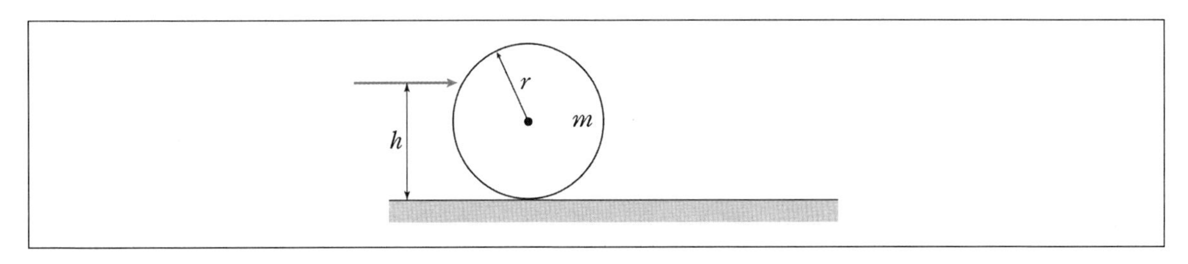

h와 원반의 각속력 ω를 구하시오. 또한 충력량 J가 원반에 공급한 에너지를 구하시오. (단, 질량 중심에 대한 원반의 관성 모멘트는 $\frac{1}{2}mr^2$이다.)

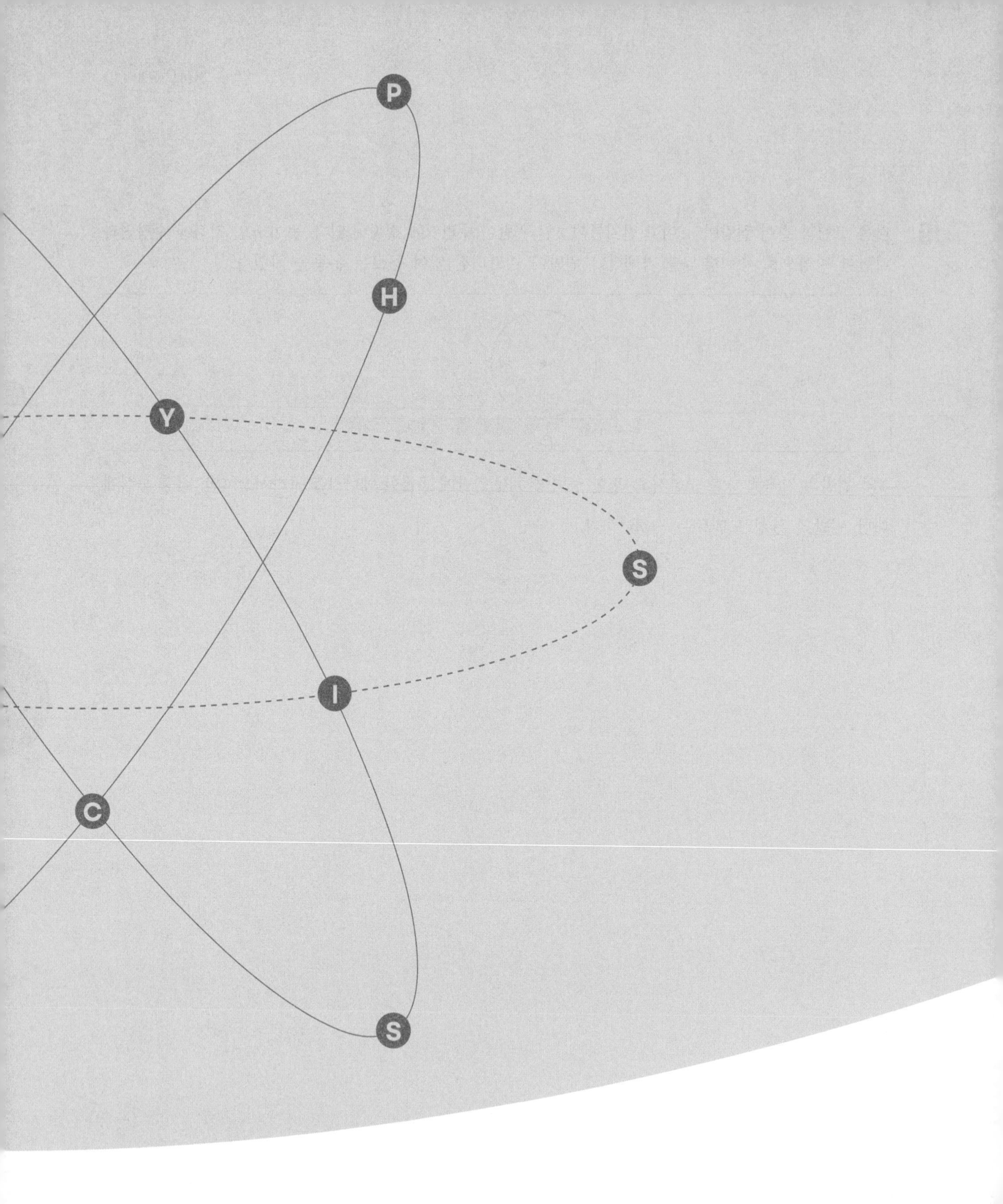

정승현
일반물리학

Chapter

06

유체역학

Chapter 06 유체역학

01 유체의 정의와 분류

1. 유체의 정의

일정한 모양을 갖지 않고 흐를 수 있는 기체와 액체

2. 이상적인 유체

유체역학에서 다루는 유체는 이상적인 유체를 말한다. 이상적인 유체는 비압축성, 비점성의 성질을 지닌 유체를 의미한다.

3. 밀도(density)

(1) 정의

단위부피당 물질의 질량 $\rho \equiv \frac{m}{V}$

(2) 단위

$\mathrm{kg/m^3}$ 또는 $\mathrm{g/cm^3}$

(3) 보기

몇 가지 물질의 밀도 (단위: $\mathrm{kg/m^3}$)

물질	밀도	물질	밀도
공기(20°C 1기압)	1.21	지구: 평균	5.5×10^3
물(20°C 1기압)	0.998×10^3	속	9.5×10^3
바닷물(20°C 1기압)	1.024×10^3	지표면	2.8×10^3
얼음	0.917×10^3	중성자별	10^{18}
철	7.9×10^3	블랙홀	10^{19}

02 유체의 법칙과 이용

깊이에 따른 유체의 압력 변화

1. 압력(기호 P, pressure)

단위 면적(A)에 수직으로 작용하는 힘(F)의 크기 $\left(P = \dfrac{F}{A}\right)$

※ Pa(파스칼), ($1\text{Pa} = 1\text{N/m}^2$)

(1) 유체 속에 정지해 있는 물체가 유체로부터 받는 압력은 항상 물체의 표면에 수직이다. (그림 (가))

(2) 유체 속에 있는 물체에는 어느 방향에서나 똑같은 크기의 압력이 작용한다. (그림 (나))

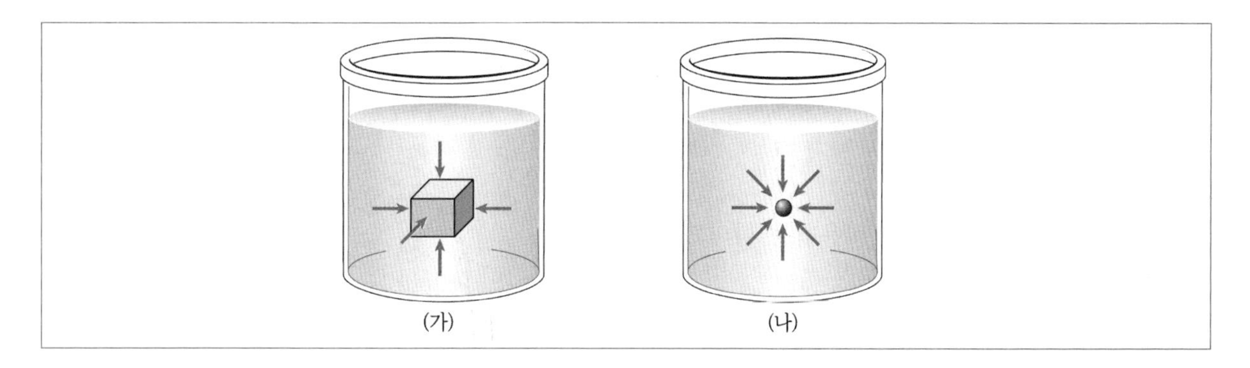

2. 대기의 압력(=대기압)

대기 중에서는 지면에 가까울수록 압력이 크고 지면에서 높은 곳일수록 압력이 낮다.
($1\,\text{atm} = 760\text{mmHg} = 1013\text{hpa} = 1.013 \times 10^5\text{pa}$)

3. 수압

물속에서의 수압은 물의 깊이가 깊은 곳일수록 크다. 수면은 대기로부터 1기압의 압력을 받고 있으며, 물의 깊이가 10m 깊어질 때마다 약 1기압씩 증가한다.

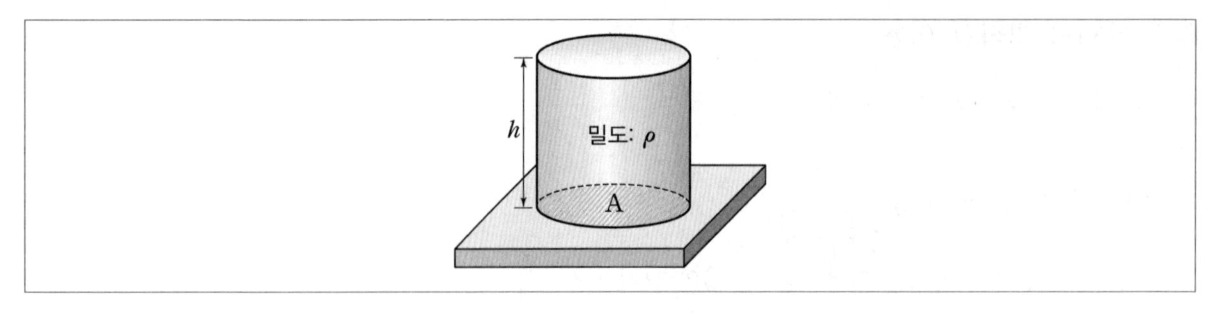

유체의 밀도 ρ, 유체의 높이 h, 밀면적이 A인 유체가 가하는 압력은 다음과 같다.

유체의 무게에 의한 압력 $P_{유체} = \frac{\rho g A h}{A} = \rho g h$

그런데 유체의 윗면이 대기압에 노출되어 있다면 대기압에 의한 효과를 더해줘야 한다. 따라서 실제로 받는 압력은 다음과 같다.

$$P = P_0 + \rho g h$$

4. 부력

물체 주위의 유체가 물체에 작용하는 힘의 합력

(1) 부력의 방향

중력의 반대 방향

(2) 정지해 있는 유체 내부의 압력은 유체 표면으로부터의 깊이에 따라 변한다.

➡ 유체 표면으로부터의 깊이가 같은 곳은 압력이 모두 같다. 또한 깊이가 깊은 곳일수록 압력이 높다.

(3) 물체가 유체 안에 있을 때 아랫면에 작용하는 압력이 윗면의 압력보다 크므로 부력은 항상 위쪽으로 작용

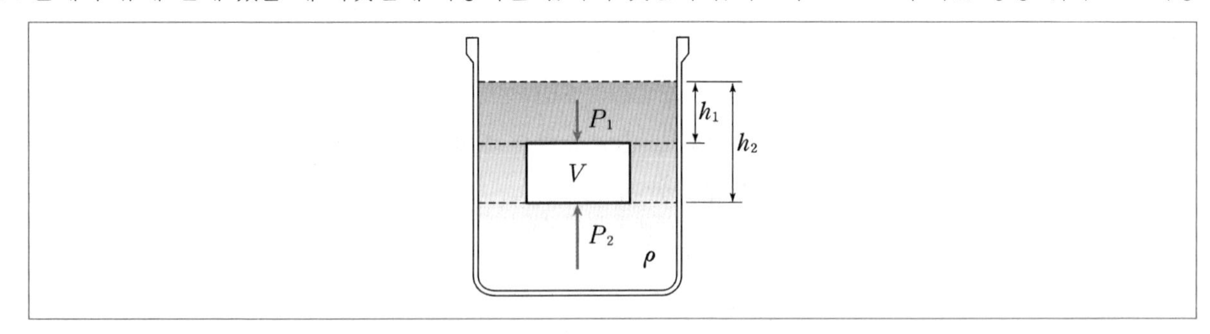

수평 단면적은 A, 부피 V인 물체가 밀도가 ρ인 유체에 잠겨있을 때 부력은 다음과 같이 계산할 수 있다.

물체 윗면이 받는 힘 $F_1 = P_1A = (P_0 + \rho gh_1)A$

물체 아랫면이 받는 힘 $F_2 = P_2A = (P_0 + \rho gh_2)A$

두 힘의 차이 ΔF가 부력이 된다.

$\Delta F = F_2 - F_1 = \rho gA(h_2 - h_1) = \rho gV$

(4) 아르키메데스 법칙

물체가 유체 속에 잠겼을 때 물체의 부피만큼 유체를 밀어내고, 밀어낸 유체의 무게만큼 부력이 작용, 부력의 방향은 중력의 반대 방향!!

(부력의 크기)=(물체가 밀어낸 유체의 부피)×(유체의 밀도)×(중력 가속도) =(물체가 밀어낸 유체의 질량)×(중력 가속도)

5. 물질의 비중과 부력

(1) 비중

어떤 물질의 질량과 그와 같은 부피를 가진 물의 질량과의 비율

① 기준물질
고체(1기압 4℃의 물), 기체(0℃, 1기압에서의 공기)

② 밀도(ρ)
물체의 질량을 부피로 나눈 값으로, 액체나 기체의 경우 밀도와 비중의 값은 같다.

(2) 유체의 비중과 부력

① 잠긴 부피가 같을 때 유체의 비중이 클수록 부력이 크다.

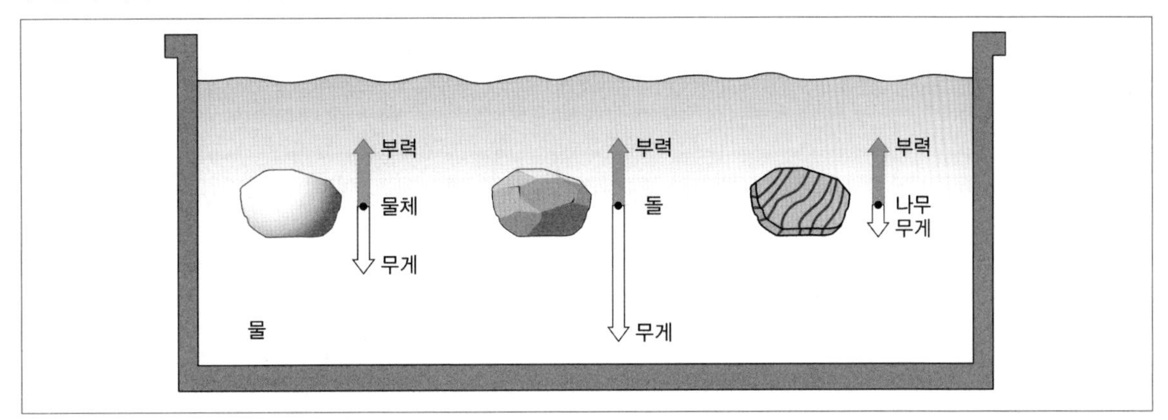

② 부력의 크기

$$F_B = \rho V g$$

(ρ : 유체의 밀도, V : 잠긴 부분의 부피)

③ 물속에 물체를 넣었을 때, "뜨고 가라앉음"의 판별법!

㉠ 비중이 물과 같은 물체 : 부력이 물체의 무게와 같아 평형을 이루므로 물속에 떠 있다.

㉡ 비중이 물보다 큰 물체 : 무게보다 부력이 작으므로 가라앉는다.

㉢ 비중이 물보다 작은 물체 : 부력이 물체의 무게와 같아질 때까지 위로 떠 올라 물체의 일부분만 잠긴다. 이때 잠긴 부분의 부피와 같은 유체의 무게가 물체의 무게와 같다. (➡ 아르키메데스의 원리)

6. 파스칼 원리

(1) 파스칼 원리

밀폐된 용기에 담긴 정적인 유체에 동일한 높이에서 가해지는 압력은 같다.

(2) 유압 장치

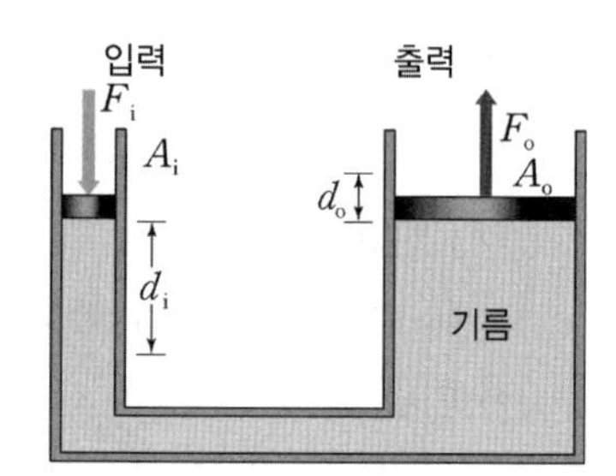

단면의 넓이가 큰 피스톤을 밀어내는 힘이 단면의 넓이가 작은 피스톤을 누르는 힘보다 크다.

$$\frac{F_1}{A_1} = \frac{F_2}{A_2} \qquad \therefore F_2 = \frac{A_2}{A_1} F_1$$

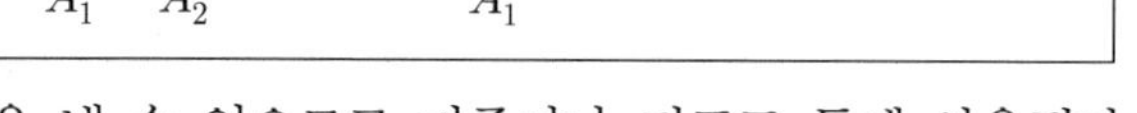

① 작은 힘으로 큰 힘을 낼 수 있으므로 기중기나 리프트 등에 사용된다.

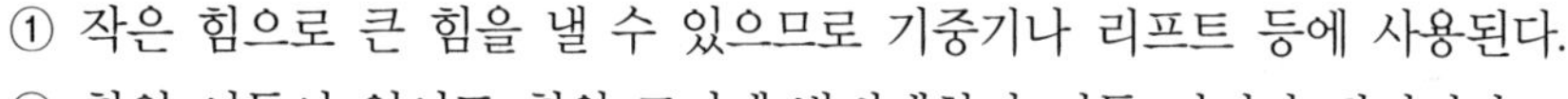

② 힘의 이득이 있어도 힘의 크기에 반비례하여 이동 거리가 길어진다.

➡ **일의 원리** : 전체적인 일의 양은 변하지 않고 일정

03 베르누이 법칙과 이용

1. 이상 유체의 성질

(1) 이상 유체는 비압축성이어서 밀도가 균일하고 일정한 값을 갖는다.

(2) 이상 유체는 점성이 없어서 마찰에 의한 에너지 손실이 없다.

(3) 이상 유체는 유체 속 한 지점에서의 속도가 시간에 따라 변하지 않는 (층흐름: 정상 흐름)을 가진다.

(4) 이상 유체를 이루는 입자들은 비맴돌이 자전하지 않는! 흐름을 가진다.

2. 비압축성 이상 유체의 연속 방정식

비압축성 이상 유체의 경우 흐름관을 따라 각 지점의 단면을 통과한 유체의 부피가 같다.

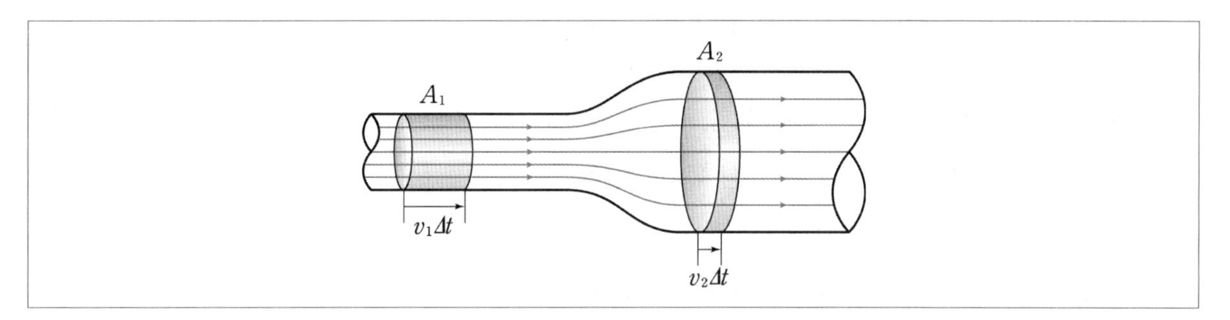

시간 Δt 동안 단면적 A_1에 들러 들어온 유체의 질량 m_1은 $m_1 = \rho V_1 = \rho A_1 v_1 \Delta t$

시간 Δt 동안 단면적 A_2를 빠져나가는 유체의 질량 m_2은 $m_2 = \rho V_2 = \rho A_2 v_2 \Delta t$

비압축성 이상유체이므로 질량이 보존되므로 $m_1 = m_2$ 관계가 성립한다.

$\rho A_1 v_1 \Delta t = \rho A_2 v_2 \Delta t$ ➡ 유체의 흐름에서 단면의 넓이(A)와 속력(v)이 반비례함을 알 수 있다.

$$A_1 v_1 = A_2 v_2$$

3. 베르누이 법칙

밀도가 ρ인 이상유체가 흐름관을 따라 흐를 때, 서로 다른 두 위치에서 유체의 압력과 속도, 높이 사이에는 다음 관계식이 성립한다.

$$P_1 + \rho g h_1 + \frac{1}{2}\rho v_1^2 = P_2 + \rho g h_2 + \frac{1}{2}\rho v_2^2 = (\text{일정})$$

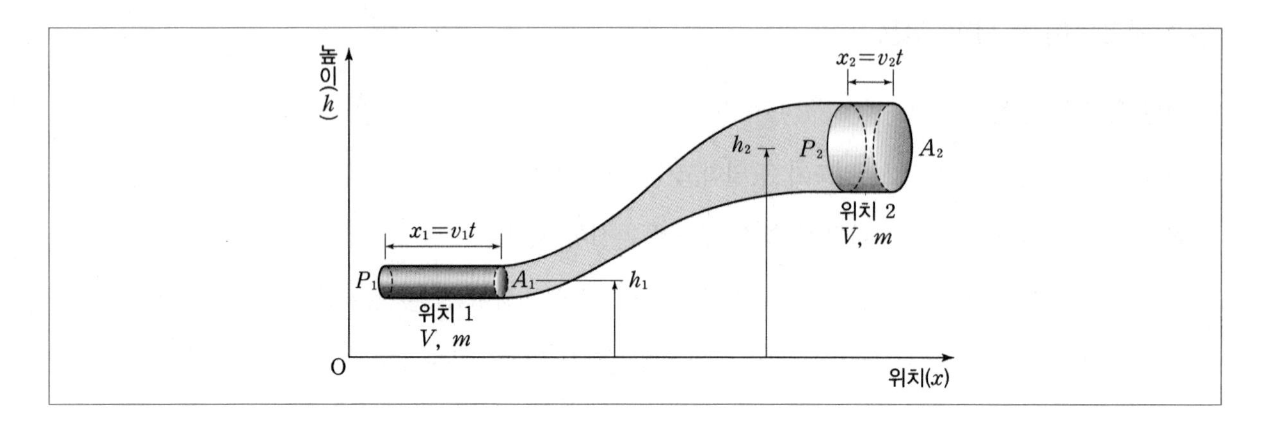

(1) 유체의 퍼텐셜 에너지와 운동 에너지의 합이 항상 일정함을 의미, 역학적 에너지 보존 법칙에 해당, 이상 유체가 규칙적으로 흐르는 경우에 성립한다.

① **흐름관 속에서 유체가 흐르지 않고 정지해 있는 경우**

$P_1+\rho g h_1=P_2+\rho g h_2$이므로 $P_1-P_2=\rho g(h_2-h_1)$이다.

➡ 정지한 유체에서 높이에 따라 압력 차이가 $\rho g(h_2-h_1)$만큼 생긴다.

② **높이가 같은 흐름관 속을 지나는 이상 유체의 성질**

$P_1+\frac{1}{2}\rho v_1^2=P_2+\frac{1}{2}\rho v_2^2$이므로 $P_1-P_2=\frac{1}{2}\rho(v_2^2-v_1^2)$이다.

➡ 유체의 속력이 빠른 곳에서는 압력이 작아진다. $v_1>v_2$이면 $P_1<P_2$이다.

(2) **굵기가 다른 관(벤츄리 관) 속에서 유체의 흐름과 압력**

➡ **벤츄리 관(Venturi Tube)**: 굵기가 다른 관을 통과하는 유체의 속도를 측정하는 장치이다.

➡ 유체의 속력이 증가하면 유체 내부의 압력이 낮아지고 반대로 속력이 감소하면 유체 내부의 압력이 증가

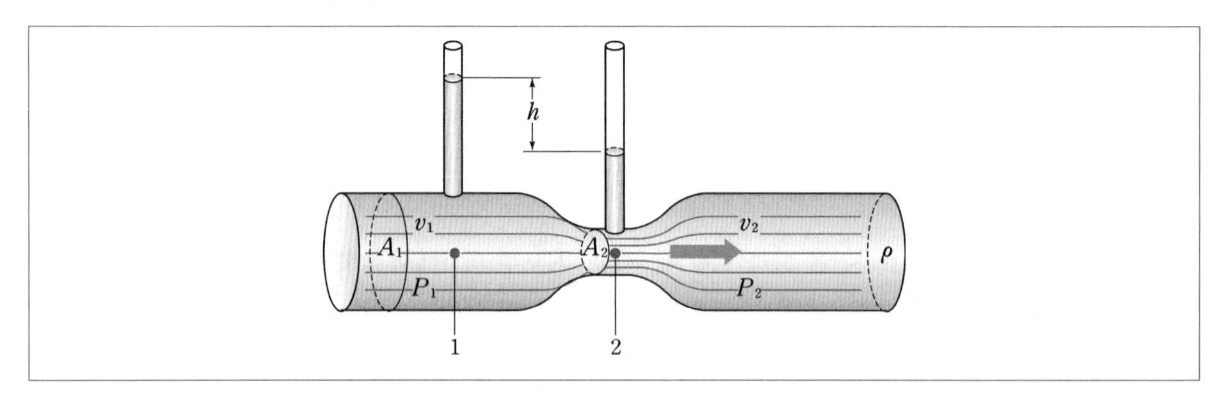

연속방정식에 의해서 $A_1v_1 = A_2v_2$이다.

$P_1 + \frac{1}{2}\rho v_1^2 = P_2 + \frac{1}{2}\rho v_2^2$이므로 $P_1 - P_2 = \frac{1}{2}\rho(v_2^2 - v_1^2)$

$P_1 = P_0 + \rho gh_1$, $P_2 = P_0 + \rho gh_2$이므로 $P_1 - P_2 = \rho gh$

$\frac{1}{2}\rho(v_2^2 - v_1^2) = \rho gh$이다. 연속방정식을 대입하여 유체의 속력을 구할 수 있다.

4. 베르누이 법칙의 이용

(1) 마그누스 힘(Magnus Effect)

변화구 · 바나나킥의 원리이다. 유체 속에 있는 물체와 유체 사이에 상대적인 속도가 있을 때, 상대속도에 수직인 방향의 축을 중심으로 물체가 회전하면 회전축 방향에 수직으로 물체의 힘이 작용하는 현상(➡ 회전을 걸어 준 반대 방향 쪽으로 공이 휘어진다!!)

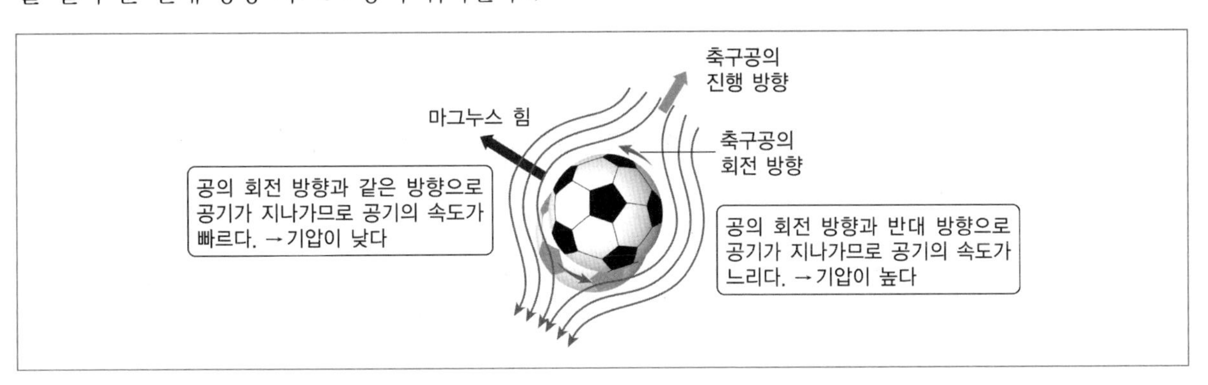

(2) 비행기가 뜨는 힘(=양력)

일반적으로 비행기 날개는 날개 윗면을 따라 흐르는 공기가 같은 시간에 더 긴 거리를 이동하기 때문에 속력이 빠르다. 따라서 날개 윗면 압력이 아랫면 압력보다 낮기 때문에 위쪽으로 힘을 받게 된다. 이때 위쪽으로 작용하는 힘을 양력이라고 한다.

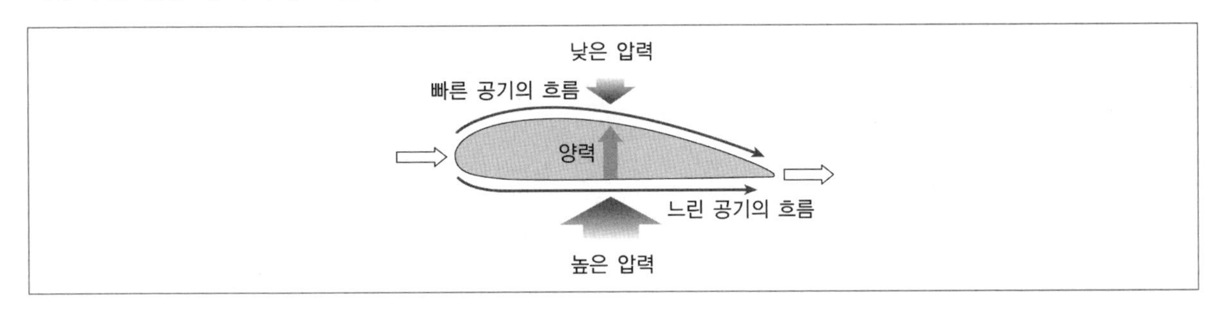

연습문제

정답_ 373p

01 다음 그림 (가)는 질량이 M, m인 물체가 단면적이 각각 $2S$, S인 피스톤 A, B 위에 각각 놓여 정지해 있는 모습을 나타낸 것이다. 두 피스톤의 높이차는 L이다. 그림 (나)는 (가)에서 질량 M인 물체 위에 질량 m인 물체가 노여 두 피스톤의 높이 차가 $\frac{5}{4}L$이 되어 정지해 있는 모습을 나타낸 것이다. 액체의 밀도는 ρ이다.

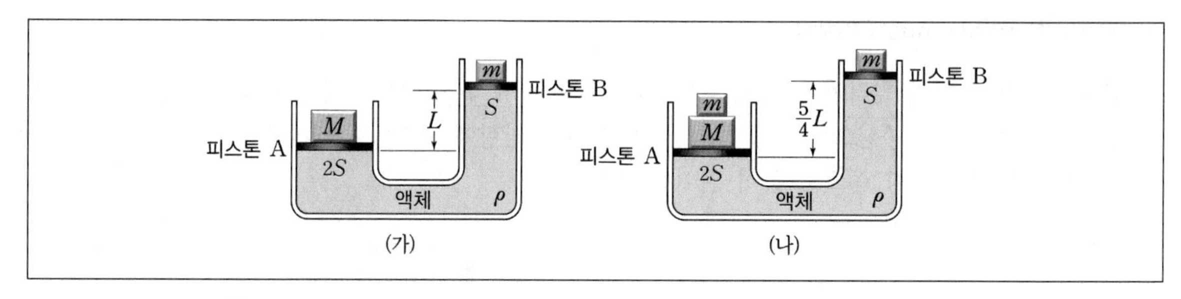

이때 두 질량비 $\frac{M}{m}$을 구하시오. (단, 대기압은 일정하고, 두 피스톤의 질량은 무시한다.)

02 다음 그림은 사이펀을 이용하여 유체 탱크에서 유체를 이동시키는 장치를 나타낸 것이다. 사이펀에는 유체의 흐름을 조절하는 밸브가 설치되어 있고, 관은 밸브까지 유체로 채워져 있다. 위치 A는 유체 탱크의 유체면 위의 한 점을 나타낸다.

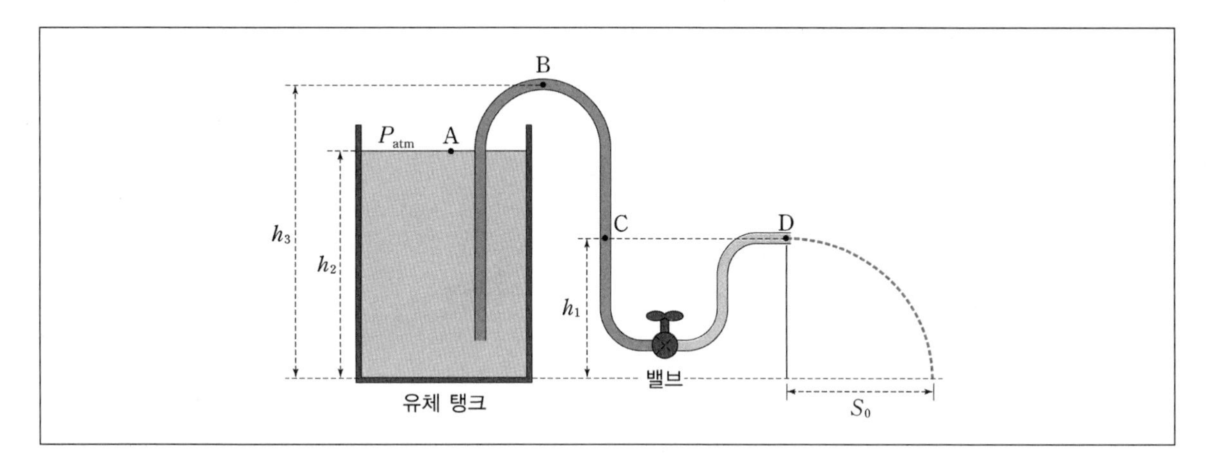

밸브가 잠겨 있을 때, 위치 B와 C 사이의 압력 차이($P_B - P_C$)를 구하시오. 밸브를 완전히 열어 정상류가 되었을 때, 위치 D에서 유체가 수평으로 빠져나와 수평 도달 거리 S_0만큼 이동하였다. S_0을 풀이 과정과 함께 구하고, 위치 B에서의 유체 속력 v_B를 구하시오. (단, 관의 마찰은 없고, 유체는 비압축, 비점성, 비회전적이며, 관을 빠져나온 후 유체는 퍼지지 않는다고 가정하고, 공기 저항은 무시한다. 유체 탱크는 충분히 커서 시간에 따른 유체면의 높이 변화는 무시한다. 또한 관의 단면적은 일정하며, P_{atm}은 대기압이다.)

03 다음 그림과 같이 댐에서 관을 통해 밀도가 ρ인 물을 배출하는 모습을 나타낸 것이다. 관의 직경은 d_1이고, 배출구의 직경은 d_2이다. 댐의 바닥 부분에 위치한 관 입구의 중심부터 수면까지의 높이는 h_2이고, 관의 가장 윗부분의 중심인 C지점은 수면으로부터 높이 h_1이며, 배출구의 중심은 관의 입구 중심으로부터 h_3만큼 아래에 위치한다.

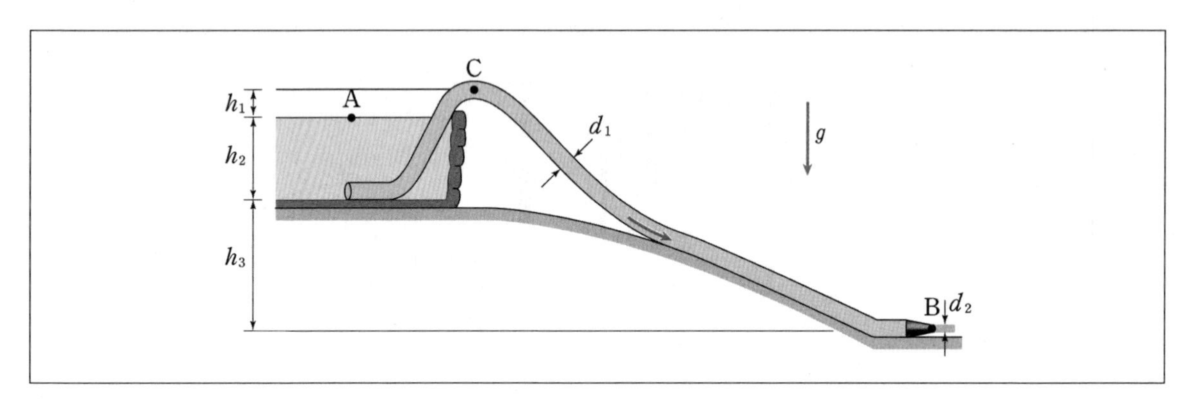

이때 관을 통해 물을 배출할 수 있는 h_1의 조건은 $h_1 < h_{임계}$일 때, 임계높이 $h_{임계}$를 구하시오. 또한 $h_1 < h_{임계}$일 때, C에서의 물의 속력 v_C와 배출구 중심 B에서의 배출 속력 v_B를 각각 구하시오. 그리고 C지점 관의 내부 압력 P_C를 구하시오. (단, 중력 가속도의 크기는 g이고, 댐은 충분히 커서 A지점의 높이는 변하지 않는다고 가정한다. 또한 물은 비압축성, 비점성 이상유체로 가정한다. 그리고 대기압은 P_0로 A와 B지점에서 동일하다.)

04 다음 그림과 같이 밀도가 ρ인 유체를 추로 압력을 가하여 연직 방향의 관을 따라 흐르게 하였다. 관 내부의 두 지점 A와 B의 높이 차이는 h_0이고, 유체의 압력은 A에서가 B에서보다 $\frac{5}{2}\rho g h_0$만큼 높다.

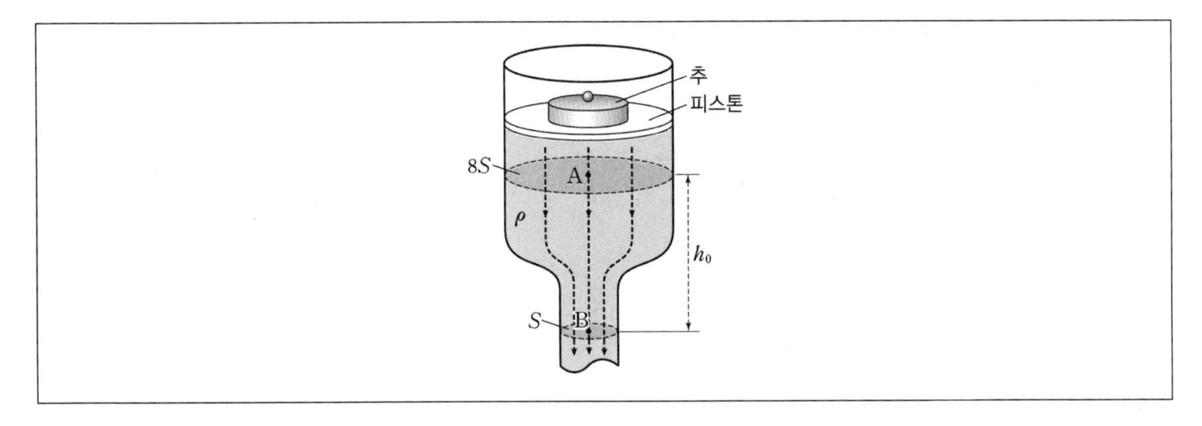

이때 B에서 유체의 속력을 구하시오. (단, 피스톤과 관 사이의 마찰은 없고, 유체는 이상유체이며, 중력 가속도는 g이다.)

05 다음 그림 (가)와 같이 단면적이 $2S$에서 S로 변하는 수평인 관에 단면적이 동일한 유리관이 연결되어 있고 오른쪽 유리관에는 두께가 d인 피스톤이 밀도가 서로 다른 액체 A, B의 경계면에 놓여 정지해 있다. A와 피스톤의 밀도는 각각 ρ, 6ρ이고 오른쪽 유리관과 나머지 유리관 속 B기둥의 높이차는 $4d$이다. 그림 (나)는 (가)에서 A가 흐를 때 유리관 속 B기둥의 높이 변화를 나타낸 것이다.

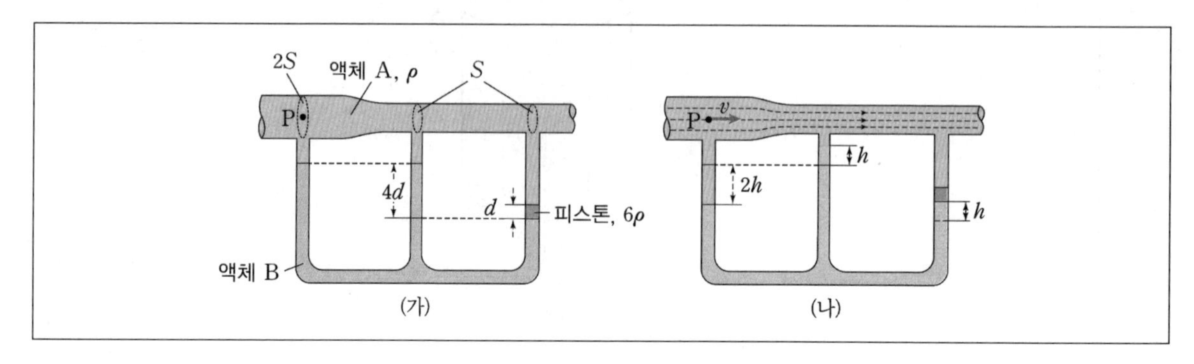

이때 (나)의 점 P에서 A의 속력 v를 구하시오. (단, 중력 가속도는 g이고 피스톤의 마찰은 무시하며 A, B는 베르누이 법칙을 만족한다.)

06 설현이 사이펀의 원리를 이용하여 수조의 물을 빼고 있다. 수조의 물의 초기 높이는 h이고 단면적은 A이다. 튜브의 단면적은 A'이고 바닥으로부터 높이는 h라 할 때 수조의 물을 다 빼내는 데 걸리는 시간을 구하시오. (단, $d \gg h$라고 가정한다.)

07 다음 그림과 같이 단면적이 변하는 수평인 관에 밀도가 ρ인 액체가 점 P에서 속력 v로 흐를 때 유리관 A, B의 액체 표면의 높이는 같다. 이때 A에는 질량이 m인 추가 피스톤 위에 놓여 있다. A, B의 단면적은 S로 같고, 점 P와 점 Q에서 관의 단면적은 각각 $5S$, $3S$이며, P와 Q의 높이는 같다.

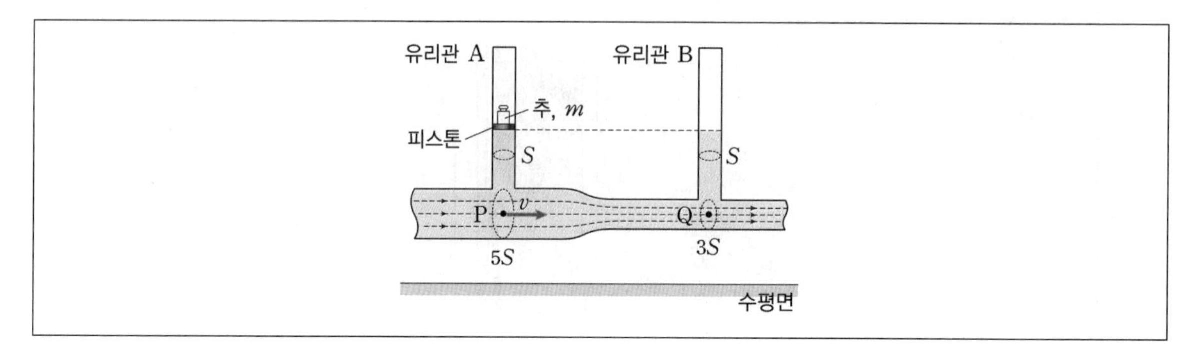

이때 P에서 액체의 속력 v를 구하시오. (단, 중력 가속도의 크기는 g이고, 대기압은 일정하며, 피스톤의 질량과 마찰은 무시한다. 액체는 베르누이 법칙을 만족한다.)

08 밀도가 ρ인 길이 L이고 단면적이 A인 직육면체의 물체가 밀도가 ρ_0인 액체에 일부 잠겨 있다. 액체 속으로 잠긴 부분의 길이를 L_0라고 하자. (단, 모든 마찰은 무시하고, 단면적 A인 면은 액체의 표면과 항상 평행을 유지한다.)

1) 물체를 y_0만큼 살짝 눌렀다가 놓았을 때 운동방정식을 구하고, 물체의 진동주기를 쓰시오.

2) 위 방향으로 가속도 a로 가속 운동하는 엘리베이터 바닥에 놓고 동일한 실험을 하였다고 하자.

2-1) 물체의 진동주기를 구하여라.

2-2) 이때 길이는 L로 그대로 유지하고 단면적을 2배 증가시켰을 때 주기를 구하고 변화에 대한 이유를 물리적으로 설명하여라.

2-3) 이때 단면적은 A로 그대로 유지하고 길이를 2배 증가시켰을 때 주기를 구하고 변화에 대한 이유를 물리적으로 설명하여라.

MEMO

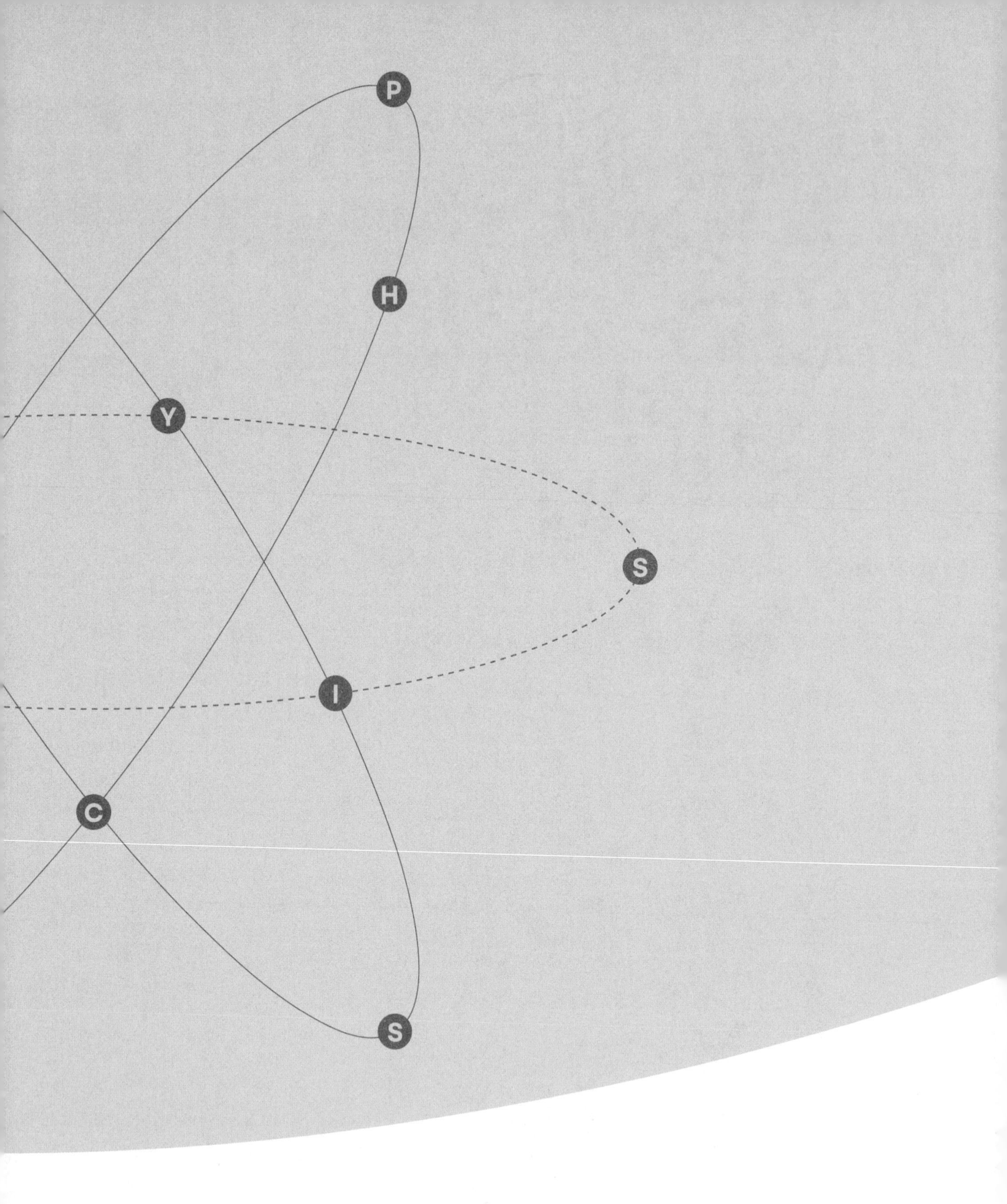

정승현
일반물리학

Chapter

07

기하광학

Chapter 07
기하광학

01 빛의 성질

1. 반사

➡ **반사의 법칙**: 파동이 진행하다 다른 매질에 부딪혀 처음 진행하던 매질 쪽을 향해 되돌아오는 현상을 반사라 한다.

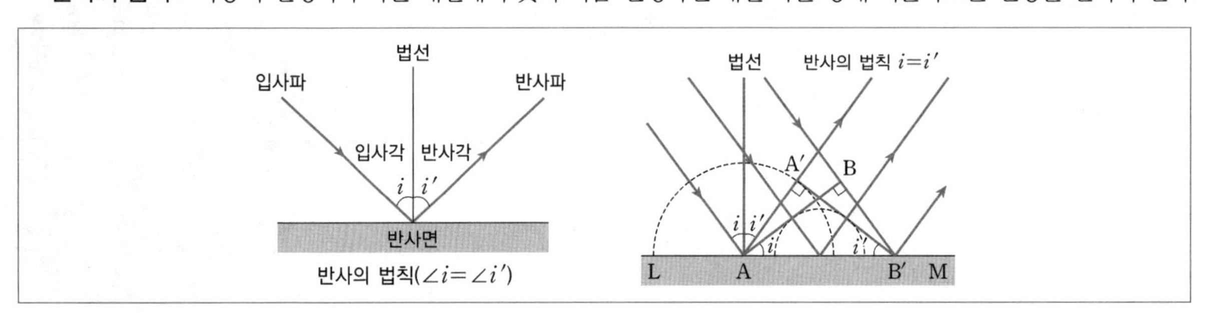

$AA' = BB'$, $\angle AA'B' = \angle ABB'$

$\triangle AB'B' = \triangle AA'B$

$\therefore\ i = i'$

입사각과 반사각의 크기가 같다. 반사할 때 속도, 파장, 진동수 불변이다.

예 메아리, 오페라하우스의 벽면 등

2. 굴절

(1) 굴절률

① 상대 굴절률

매질 1에 대한 매질 2의 굴절률

➡ **굴절하는 이유**: 파동이 진행하다 다른 매질을 만나면 속력이 변하면서 굴절한다.

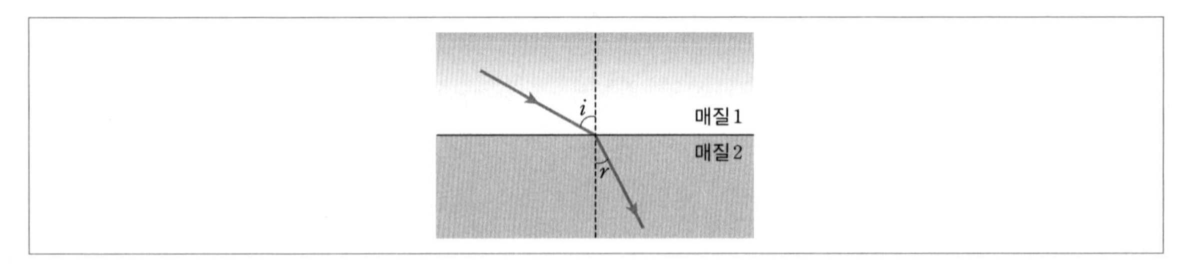

스넬의 법칙 $n_1\sin\theta_i = n_2\sin\theta_r$

파동의 성질 $v = \lambda f$(굴절 시 진동수는 불변)

$$\frac{n_1}{n_2} = \frac{\sin\theta_2}{\sin\theta_1} = \frac{v_2}{v_1} = \frac{\lambda_2}{\lambda_1}$$

② 절대 굴절률

진공에 대한 매질의 굴절률

➡ $n = \frac{c}{v} = \frac{\text{진공에서 빛의 속력}}{\text{매질에서 빛의 속력}}$

진공	공기	물	기름	특수유리	다이아몬드
1	1.00029	1.33	1.52	1.65	2.42

(2) 굴절의 법칙

① 굴절할 때 전파 속도와 파장은 변해도 진동수는 불변이다.

② 증명

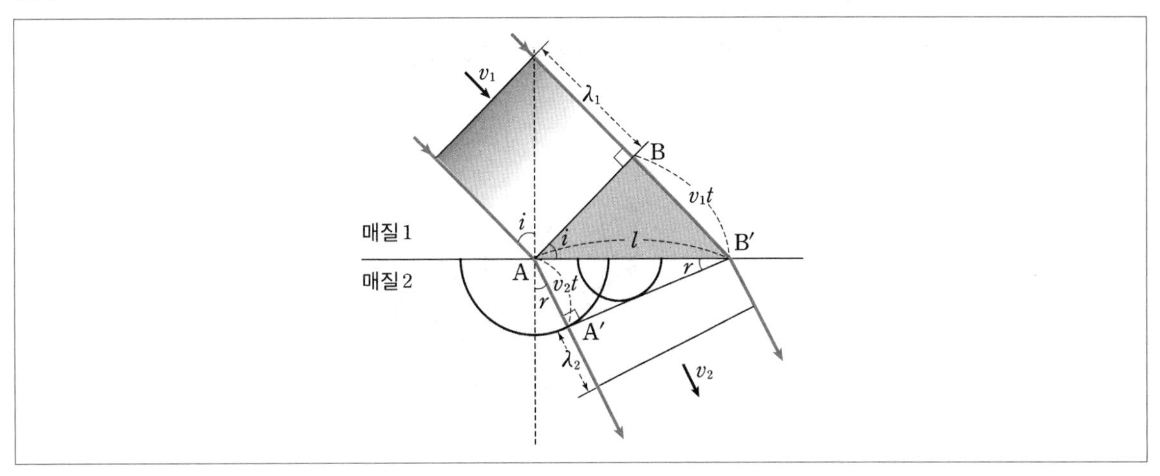

AA′과 BB′은 같은 시간 t동안에 파동이 진행한 거리

$$\sin i = \frac{\text{BB}'}{\text{AB}'} = \frac{v_1 t}{l}$$

$$\sin r = \frac{\text{AA}'}{\text{AB}'} = \frac{v_2 t}{l}$$

$$\frac{\sin i}{\sin r} = \frac{v_1}{v_2} = \frac{n_2}{n_1}$$

(3) 굴절 현상

① 물결파의 굴절

구분	속력이 빠른 매질에서 느린 매질로 진행할 때(깊은 물 ➡ 얕은 물)	속력이 느린 매질에서 빠른 매질로 진행할 때(얕은 물 ➡ 깊은 물)
파동의 진행 모습	입사파, 법선, λ_1, v_1, 매질 1, i, 매질 2, r, λ_2, v_2, 굴절파	입사파, 법선, λ_1, v_1, 매질 1, i, 매질 2, r, λ_2, v_2, 굴절파
파동의 속력	매질 1 > 매질 2 ➡ $v_1 > v_2$	매질 1 < 매질 2 ➡ $v_1 < v_2$
입사각과 굴절각	입사각 > 굴절각 ➡ $i > r$	입사각 < 굴절각 ➡ $i < r$
파장	매질 1 > 매질 2 ➡ $\lambda_1 > \lambda_2$	매질 1 < 매질 2 ➡ $\lambda_1 < \lambda_2$
굴절률(n_{12})	$n_{12} > 1$	$n_{12} < 1$

↳ n_{12}: 매질 1에 대한 매질 2의 상대 굴절률

※ 생활의 예: 물결파의 굴절에 의해서 파도가 해안선에 나란하게 진행한다.

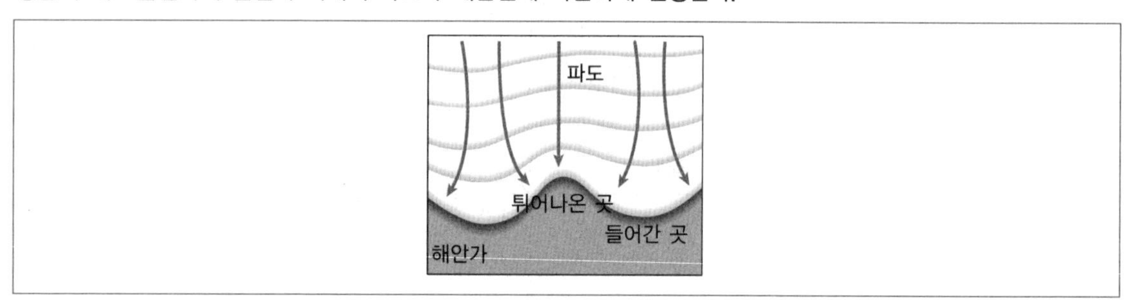

| 파도의 굴절 |

② 소리(음파)의 굴절

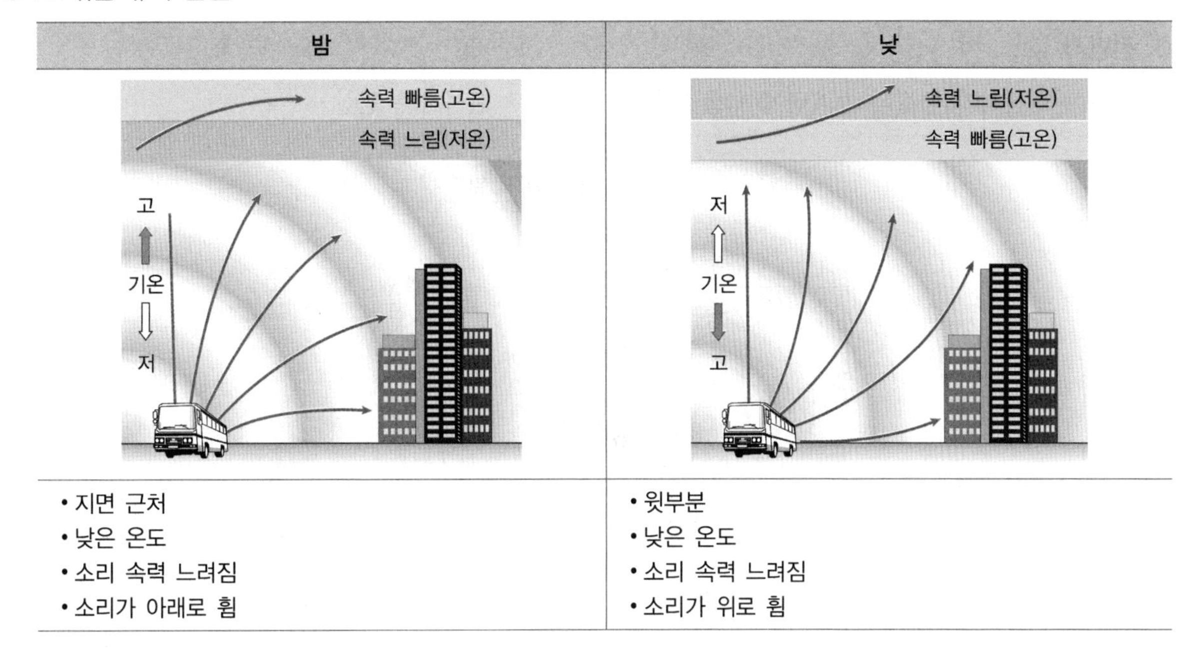

밤	낮
• 지면 근처 • 낮은 온도 • 소리 속력 느려짐 • 소리가 아래로 휨	• 윗부분 • 낮은 온도 • 소리 속력 느려짐 • 소리가 위로 휨

③ 빛의 굴절

겉보기 깊이와 물체의 휘어진다.

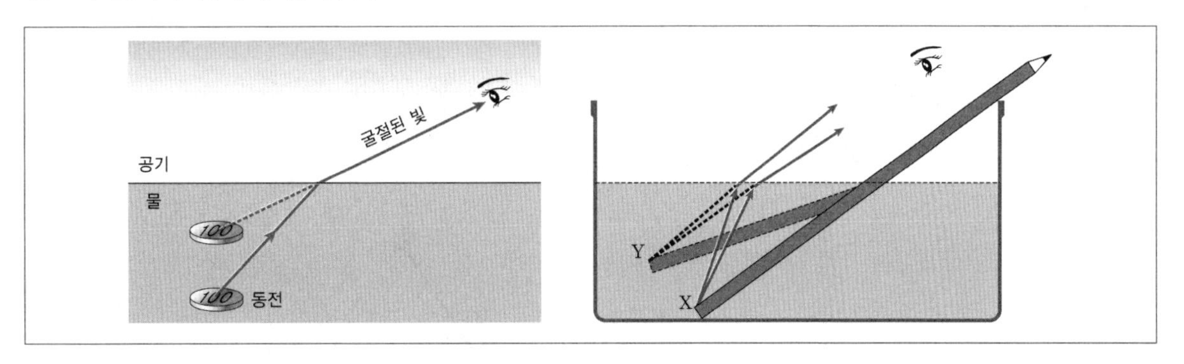

3. 전반사와 광통신

(1) 전반사

빛이 진행하다가 매질의 경계면에서 굴절하지 않고 전부 반사하는 현상

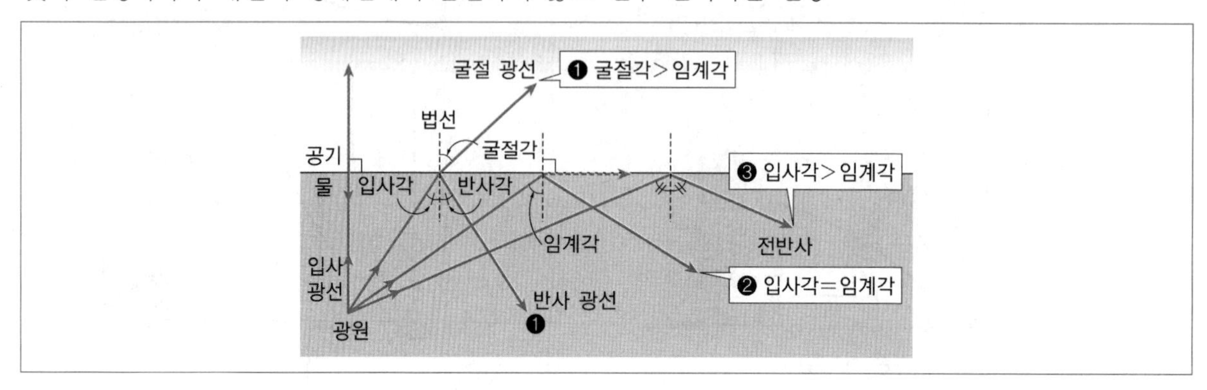

임계각(θ_c) = 굴절각이 90°일 때의 입사각

스넬의 법칙에서 임계각(θ_c)를 구해보면 $n_1 \sin\theta_c = n_2 \sin 90° = n_2$ ➡ $\sin\theta_c = \frac{n_2}{n_1} < 1$

(2) 전반사 조건

굴절률이 높은 매질에서 낮은 매질로 진행하여야 한다.

(3) 겉보기 깊이(굴절 현상)

굴절 현상으로 스넬의 법칙과 연관

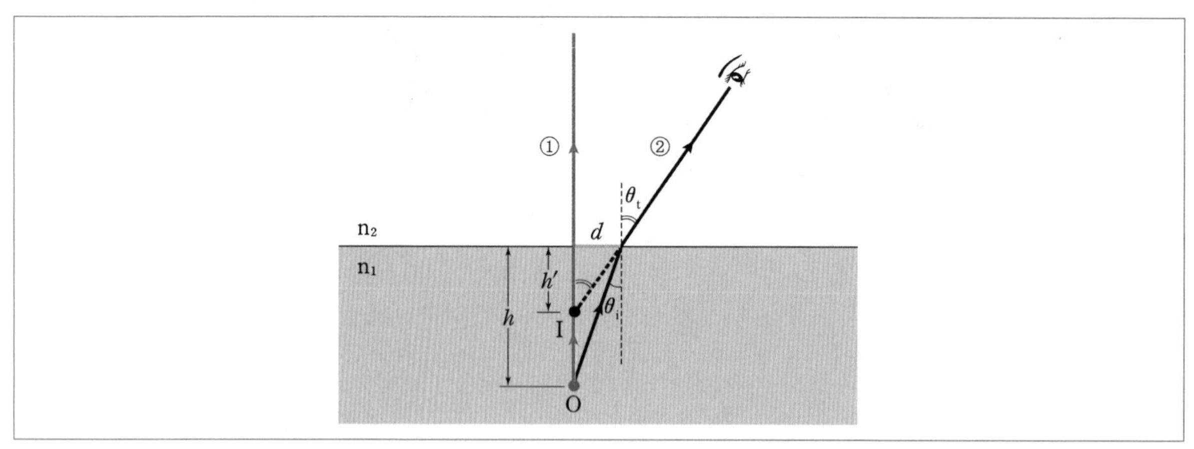

$$h' = \frac{\tan\theta_i}{\tan\theta_t} h \simeq \frac{\sin\theta_i}{\sin\theta_t} h = \frac{n_2}{n_1} h$$

4. 구면 거울에 의한 상

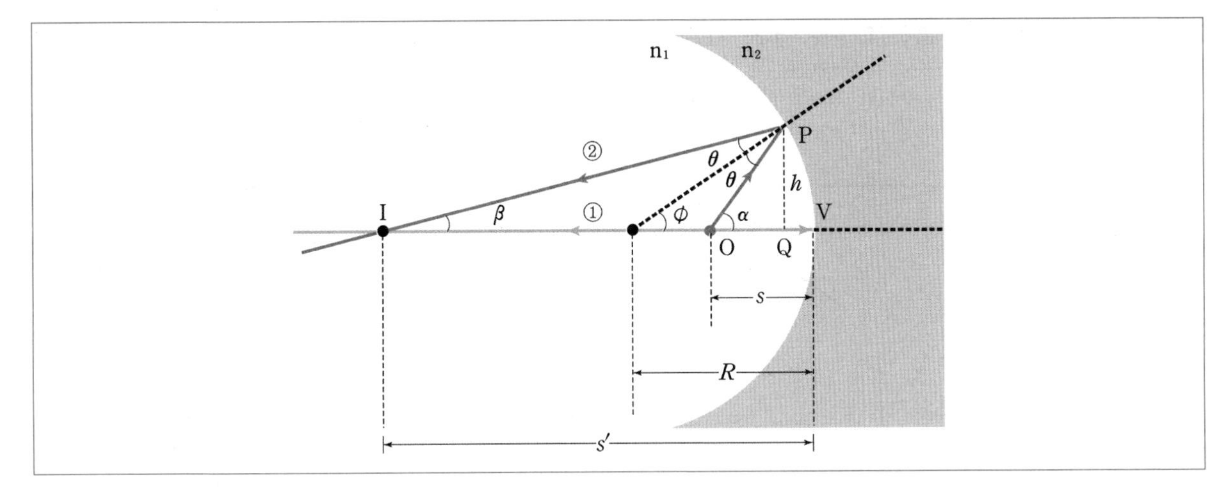

$\alpha = 2\theta + \beta,\ \phi = \theta + \beta$

$\alpha + \beta = 2\phi$

$\alpha \simeq \tan\alpha = \dfrac{h}{s}$

$\beta \simeq \tan\beta = \dfrac{h}{s'}$

$\phi = \tan\phi = \dfrac{h}{R}$

$\dfrac{h}{s} + \dfrac{h}{s'} = \dfrac{2h}{R}$

거울 공식: $\dfrac{1}{s} + \dfrac{1}{s'} = \dfrac{2}{R} = \dfrac{1}{f}$

(1) **오목거울** $R > 0$

평행 광선이 한 점으로 수렴

(2) **볼록거울** $R < 0$

평행 광선이 사방으로 발산

(3) 거울은 거울 앞이 실상, 거울 뒤가 허상

① 오목거울에 의한 상(실상, 허상 모두 가능)

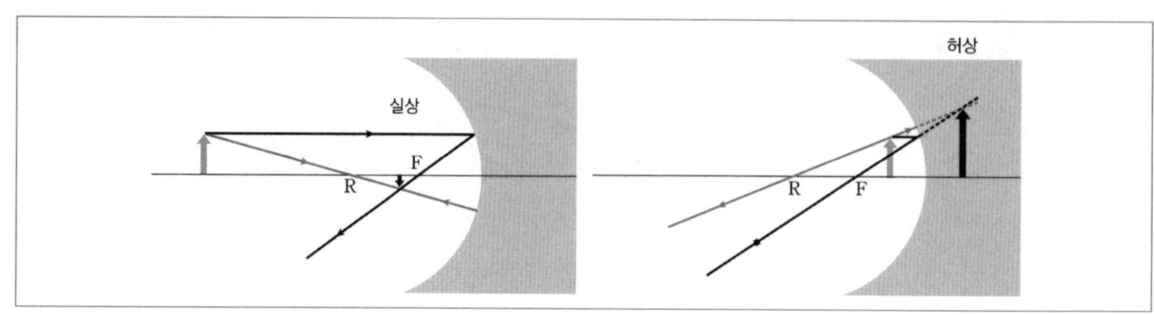

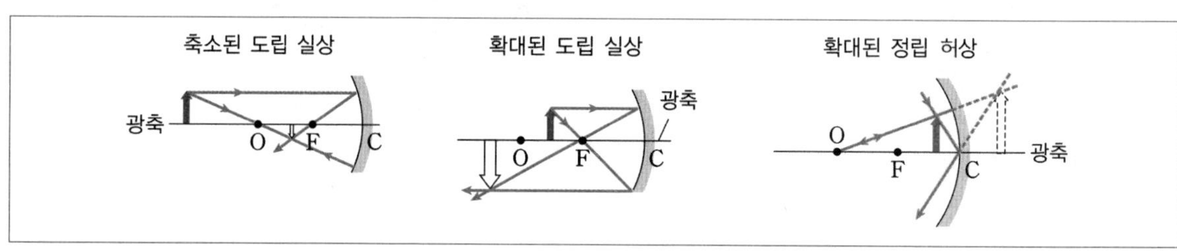

② 볼록거울에 의한 상(허상만 가능)

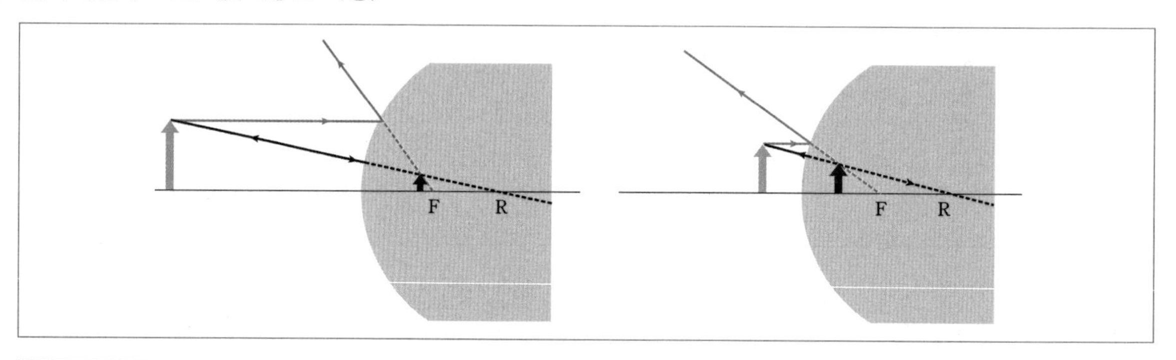

거울 배율 크기 $m = \left|\frac{b}{a}\right|$

5. 굴절면에 의한 상

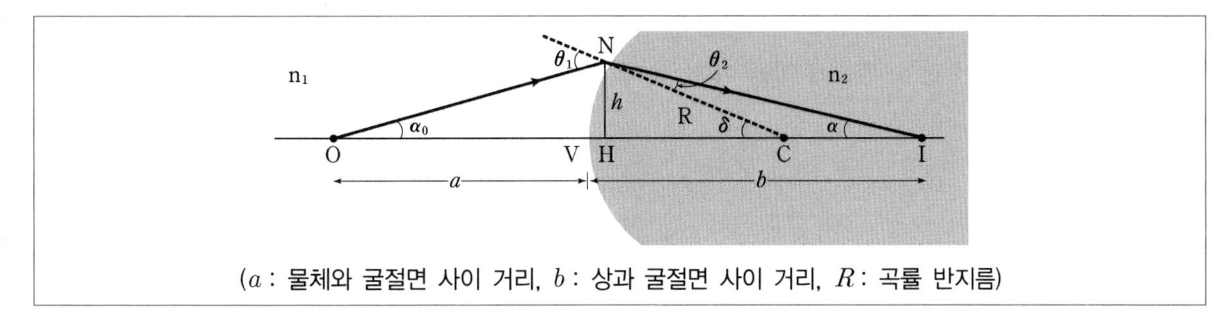

(a : 물체와 굴절면 사이 거리, b : 상과 굴절면 사이 거리, R : 곡률 반지름)

근축광선에 의한 상일 때 각이 작은 조건을 이용하면

$n_1 \sin\theta_1 = n_2 \sin\theta_2$ ➡ $n_1\theta_1 = n_2\theta_2$

$\theta_1 = \alpha_0 + \delta$, $\theta_2 = \delta - \alpha$

$n_1(\alpha_0 + \delta) = n_2(\delta - \alpha)$

$n_1\left(\frac{h}{a} + \frac{h}{R}\right) = n_2\left(\frac{h}{R} - \frac{h}{b}\right)$ ➡ $\frac{n_1}{a} + \frac{n_2}{b} = \frac{n_2 - n_1}{R}$

굴절면 공식: $\frac{n_1}{a} + \frac{n_2}{b} = \frac{n_2 - n_1}{R}$

※ 부호 유의 ➡ $R > 0$: 볼록한 굴절면, $R < 0$: 오목한 굴절면

(1) 굴절면에 의해 형성된 상의 배율

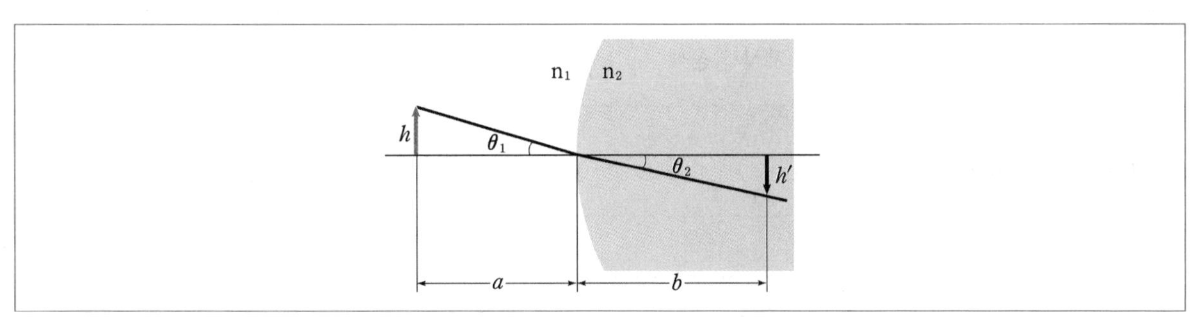

$\sin\theta \simeq \tan\theta$

$m = \frac{h'}{h} = \frac{b\tan\theta_2}{a\tan\theta_1} \simeq \frac{b\sin\theta_2}{a\sin\theta_1} = \frac{b}{a}\frac{n_1}{n_2}$

굴절면 배율 크기: $m = \left|\frac{b}{a}\frac{n_1}{n_2}\right|$

(2) 얇은 렌즈 공식

여기서 R_1과 R_2는 굴절면의 곡률 반지름이다. 렌즈의 굴절률이 n_2, 외부 굴절률이 n_1이라 하자. 곡률 반지름의 부호는 중심이 렌즈 우측에 있을 때 +값이고, 좌측에 있을 때는 −값을 가진다.

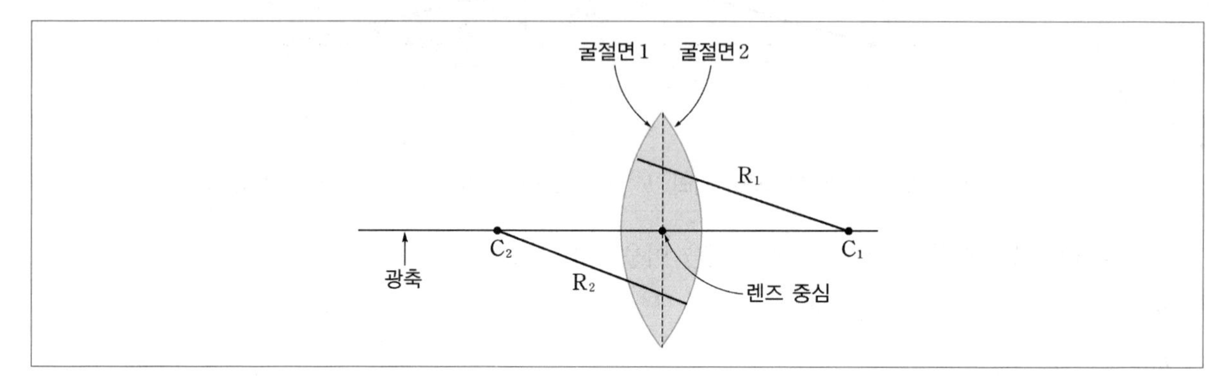

① 곡률 반지름 R_1인 곡면에 의해 형성되는 상

$$\frac{n_1}{a}+\frac{n_2}{b}=\frac{n_2-n_1}{R_1}$$

② 곡률 반지름 R_2인 곡면에 의해 형성되는 상

$$\frac{n_2}{a'}+\frac{n_1}{b'}=\frac{n_1-n_2}{R_2}$$

여기서 $a'=-b$ 가 되므로 두 식을 더하면 $\frac{n_1}{a}+\frac{n_1}{b'}=(n_2-n_1)\left(\frac{1}{R_1}-\frac{1}{R_2}\right)$

렌즈 제작자 공식: $\frac{1}{a}+\frac{1}{b}=\frac{1}{f}=\frac{n_2-n_1}{n_1}\left(\frac{1}{R_1}-\frac{1}{R_2}\right)$

(3) 렌즈에서 상의 배율

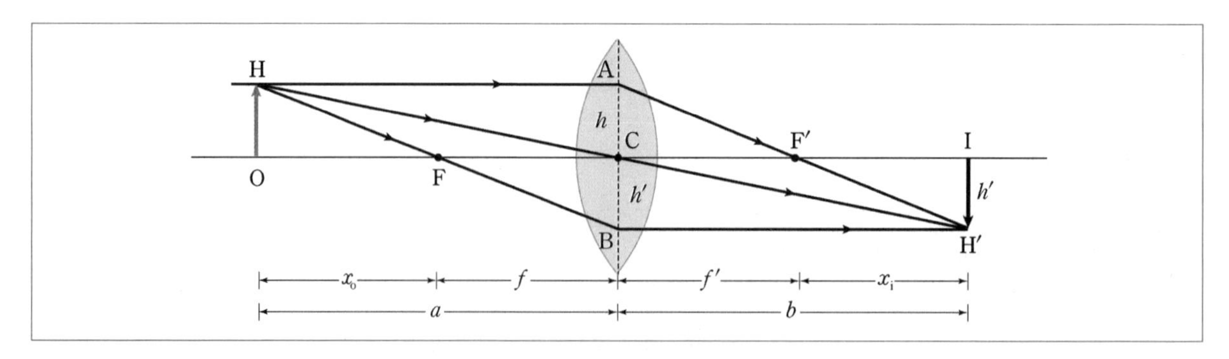

$\triangle HOC \equiv \triangle H'IC$ ➡ $\frac{h}{a}=\frac{h'}{b}$

$\therefore\ m = \dfrac{h'}{h} = \dfrac{b}{a}$

렌즈 배율 크기: $m = \left|\dfrac{b}{a}\right|$

6. 볼록렌즈와 오목렌즈에 의한 가능한 상

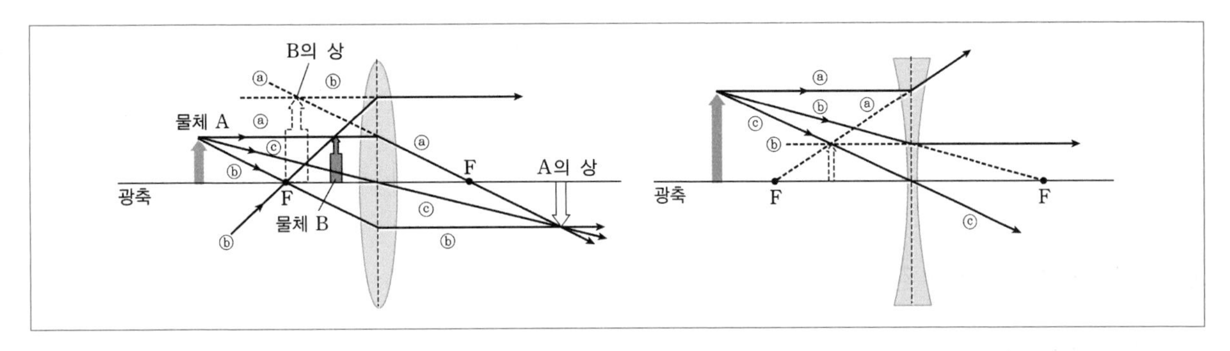

(1) 렌즈의 초점거리

평행 광선($a = \infty$)이 한 점 F으로 모일 때, 렌즈와 점 F 사이의 거리

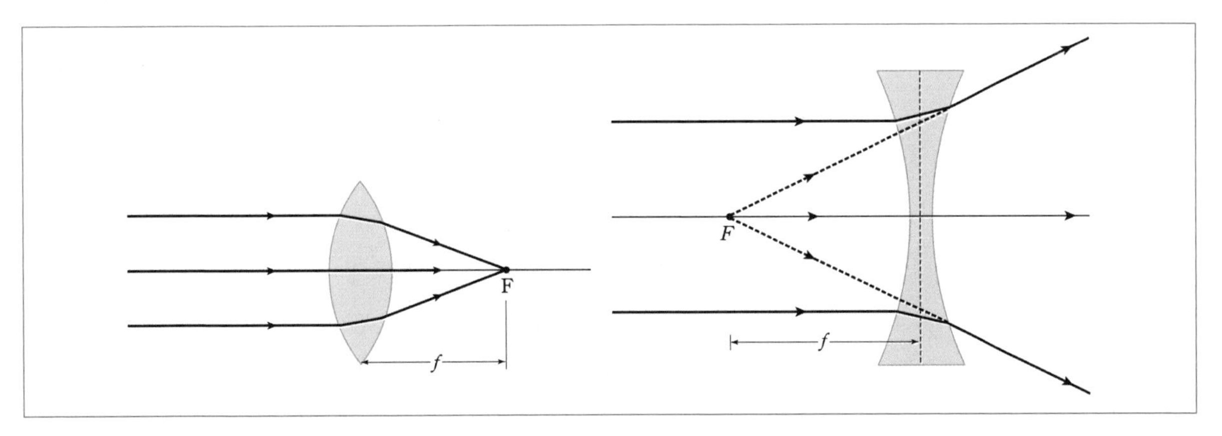

① 볼록렌즈 $f > 0$
수렴

② 오목렌즈 $f < 0$
발산

(2) 서로 붙어 있는 렌즈의 초점

초점이 각각 f_1, f_2인 렌즈가 붙어있는 경우 새로운 초점 ➡ 초점은 부호가 존재하므로 유의

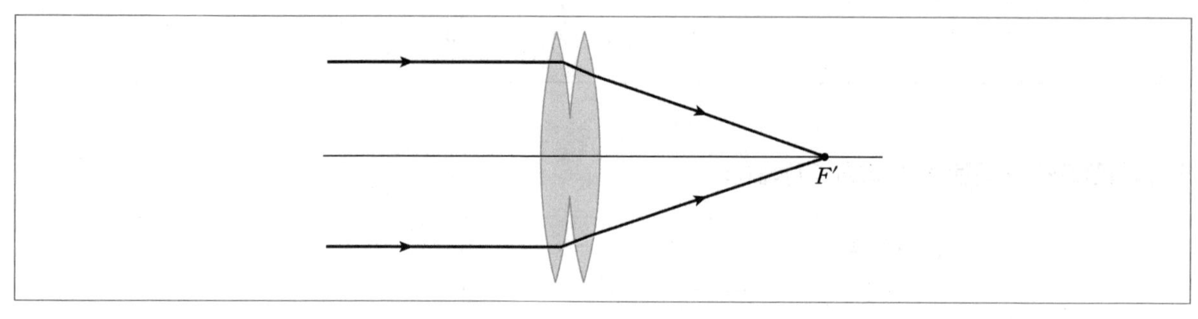

$$\frac{1}{f'}=\frac{1}{f_1}+\frac{1}{f_2}$$

7. 렌즈와 거울의 혼합일 경우

(1) 평면 거울과 렌즈

거울은 같은 배율로 이미지가 생기므로 물체와 렌즈를 거울 대칭으로 고려한다. 거울은 빛이 반사되므로 빛의 진행 방향이 바뀐다.

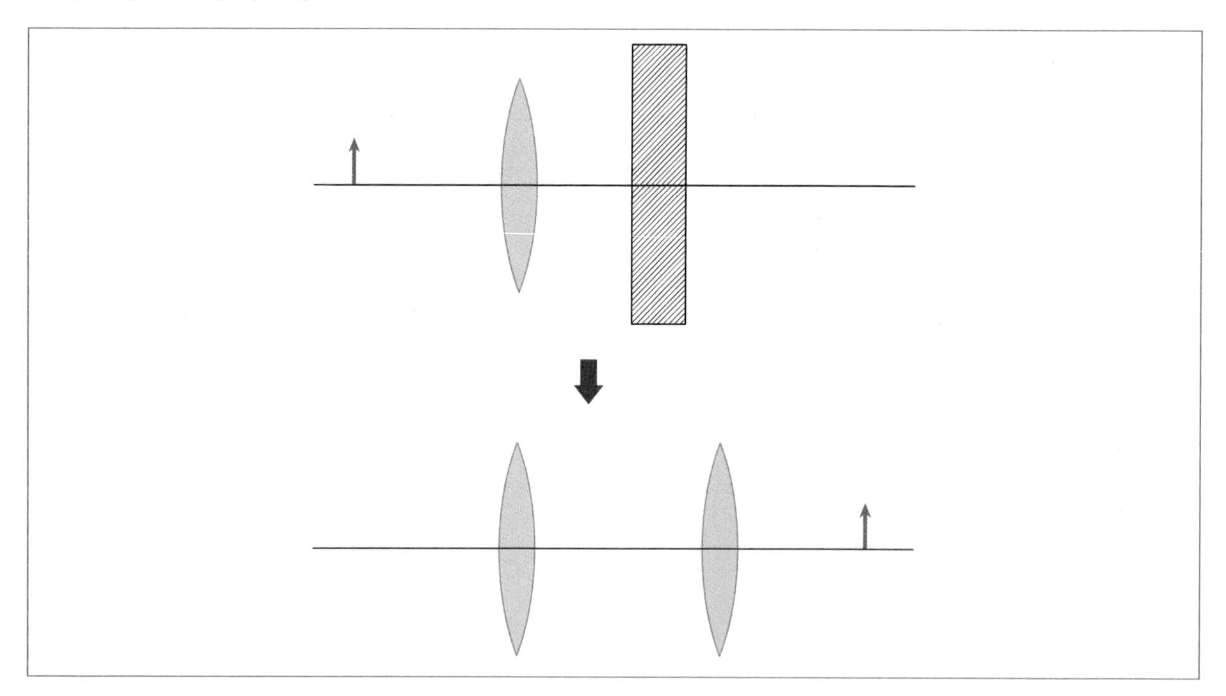

만약 렌즈와 평면거울이 붙어 있는 경우에는 빛의 진행 방향이 바뀌는 상태에서 서로 붙어 있는 렌즈의 합성과 동일하다.

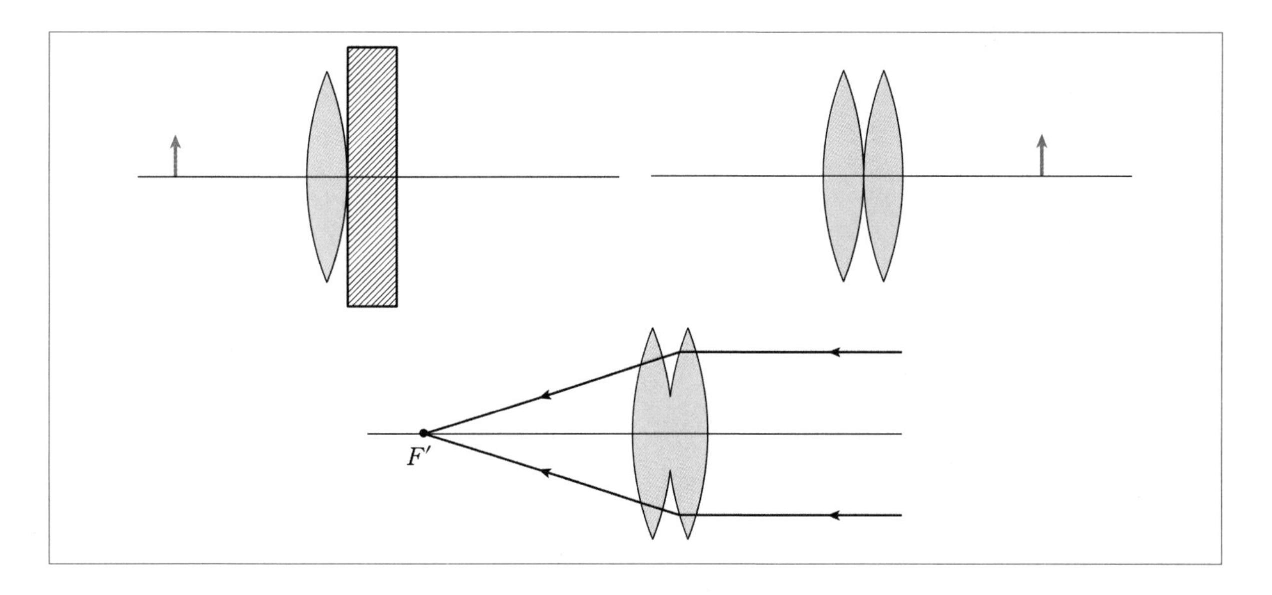

(2) 구면 거울과 렌즈

굴절률이 n_1인 공간에 굴절률이 n_2이고 양쪽의 곡률반지름이 R인 얇은 렌즈와 곡률반지름이 R로 동일한 구면 거울이 있는 경우를 생각해보자.

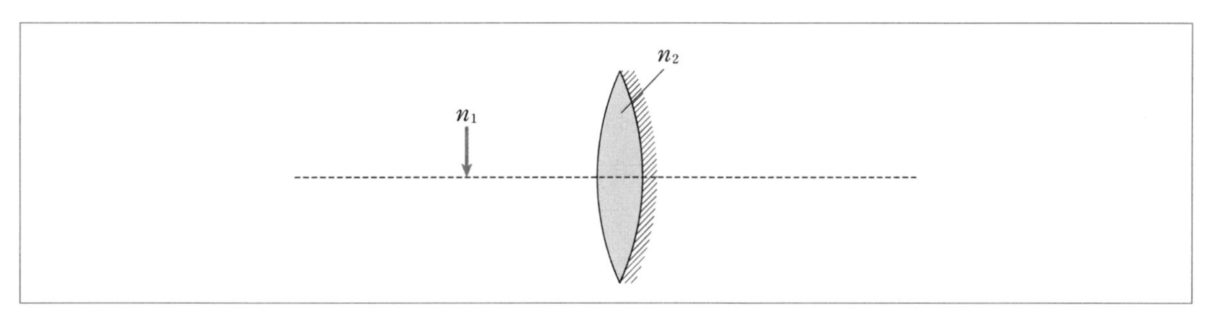

렌즈와 구면 거울로 이루어진 광학기기의 초점을 찾으면 다음과 같다.

① **렌즈의 왼쪽 면에 의한 굴절**

$$\frac{n_1}{a}+\frac{n_2}{b}=\frac{(n_2-n_1)}{R}$$

$$\frac{n_1}{\infty}+\frac{n_2}{b}=\frac{(n_2-n_1)}{R}$$

Chapter 07

② 구면 거울에 의한 반사

$$\frac{1}{a'}+\frac{1}{b'}=\frac{2}{R}$$

$$a'=-b$$

$$\frac{n_2}{a'}+\frac{n_2}{b'}=\frac{2n_2}{R}$$

$$\frac{n_2}{b'}=\frac{n_2}{b}+\frac{2n_2}{R}=\frac{(n_2-n_1)}{R}+\frac{2n_2}{R}=\frac{(3n_2-n_1)}{R}$$

③ 다시 렌즈 왼쪽 면에 의한 굴절

$$\frac{n_2}{a''}+\frac{n_1}{b''}=\frac{(n_1-n_2)}{-R}=\frac{(n_2-n_1)}{R}$$

$$a''=-b',\ b''=f$$

$$\frac{1}{f}=\frac{(3n_2-n_1)}{n_1R}+\frac{(n_2-n_1)}{n_1R}=\frac{(4n_2-2n_1)}{n_1R}=\frac{4(n_2-n_1)}{n_1R}+\frac{2}{R}$$

④ 렌즈 제작자 공식

$\frac{1}{a}+\frac{1}{b}=\frac{1}{f}=\frac{n_2-n_1}{n_1}\left(\frac{1}{R_1}-\frac{1}{R_2}\right)$이므로 $\frac{1}{f_{렌즈}}=\frac{2(n_2-n_1)}{n_1R}$, $\frac{1}{f_{거울}}=\frac{2}{R}$

$$\frac{1}{f}=\frac{4(n_2-n_1)}{n_1R}+\frac{2}{R}=\frac{2}{f_{렌즈}}+\frac{1}{f_{거울}}$$

따라서 렌즈와 곡면 거울에 의한 합성 초점은 다음과 같다.

$$\frac{1}{f}=\frac{2}{f_{렌즈}}+\frac{1}{f_{거울}}$$

(3) 평면 매질에 의한 효과

① 물체가 매질 내부에 존재하는 경우

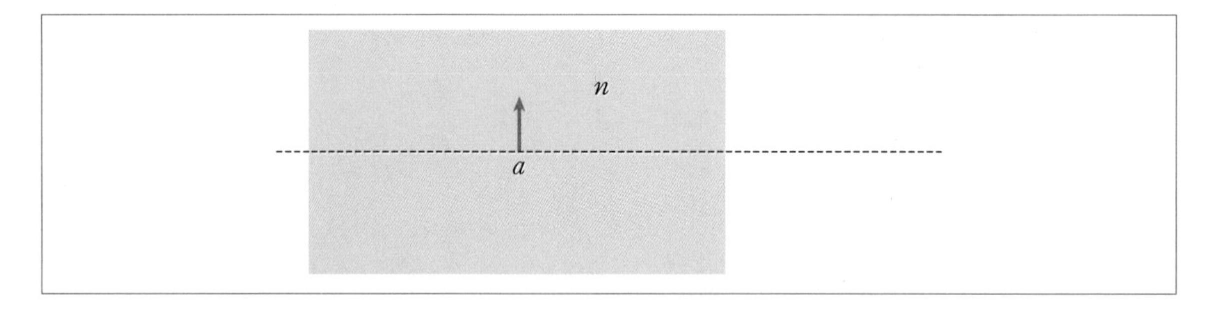

굴절률이 1인 공기 중에 굴절률이 n인 평평한 매질 속 a인 위치에 물체가 놓여 있다고 생각하자. 공기 중에서 관찰할 때 물체가 어떻게 보이는지 알아보자.

굴절면 공식: $\dfrac{n_1}{a}+\dfrac{n_2}{b}=\dfrac{n_2-n_1}{R}$

평면이므로 $R=\infty$가 된다.

$\dfrac{n}{a}+\dfrac{1}{b}=0$

따라서 $b=\dfrac{a}{n}$이고, 배율은 $m=\dfrac{b}{a}n=1$이다.

거리가 상대적으로 가깝게 보이지만 크기는 바뀌지 않는다.

② 물체가 외부에 존재하는 경우

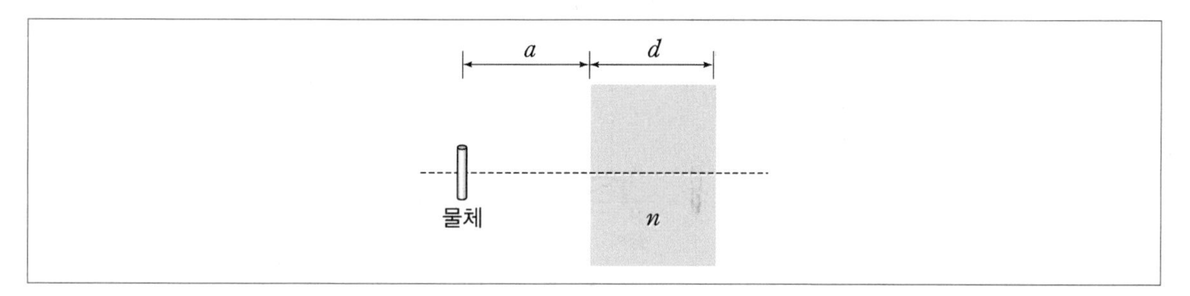

공기 중에 있는 a의 거리는 동일하고 굴절률이 n인 매질의 두께 d가 $\dfrac{d}{n}$로 변화한다. 따라서 $a+\dfrac{d}{n}$에 있는 것처럼 바뀌고 배율은 평면효과에 의해서 1로 동일하므로 크기는 바뀌지 않는다.

02 광학 기기

현미경과 망원경의 경우에는 근사조건을 활용한다. 이유인즉, 현미경의 경우 물체가 매우 작기 때문에 실제적인 거리 측정이 어려워 물체를 대물렌즈의 초점거리에 있다고 가정하여 삼각비를 활용하여 근사적으로 구한다. 정확한 렌즈 공식을 활용하기에는 실제적 거리 측정의 문제가 발생하기 때문이다. 망원경의 경우에는 반대로 물체가 너무 멀리 있기 때문에 거리 측정이 어렵다. 예를 들어 사전 지식이 없는 상태에서 달과 태양이 관측상 크기는 같은데 누가 멀리 있는지 육안으로 파악하기는 불가능하다. 따라서 망원경은 각배율을 사용한다.

1. 현미경

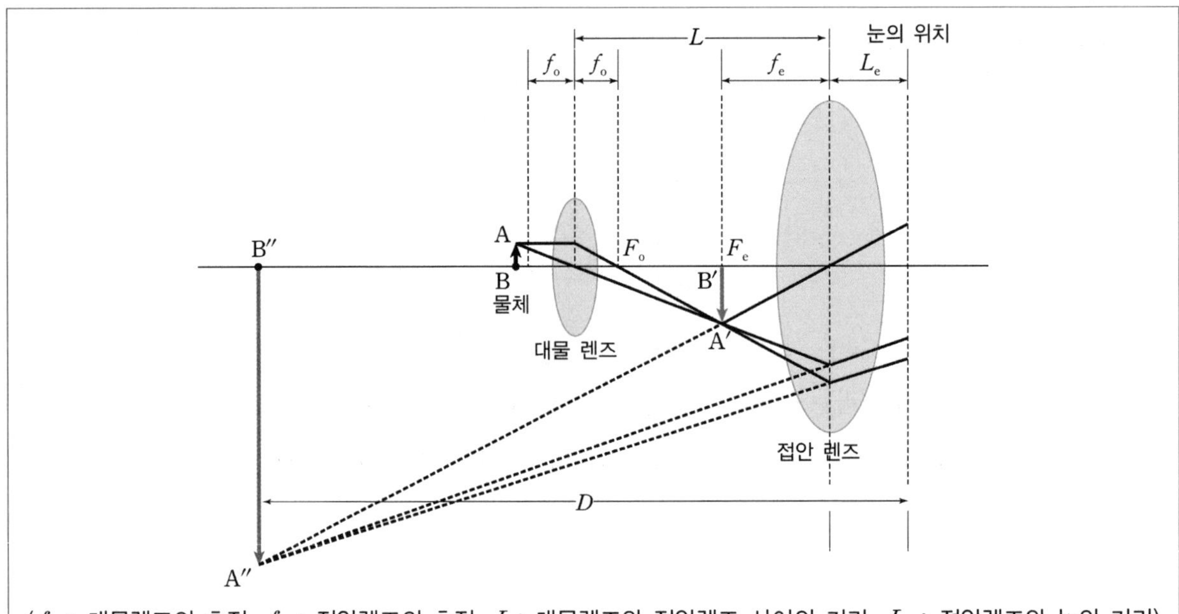

(f_o : 대물렌즈의 초점, f_e : 접안렌즈의 초점, L : 대물렌즈와 접안렌즈 사이의 거리, L_e : 접안렌즈와 눈의 거리)

삼각형 닮음 조건에 의해서 대물렌즈의 배율은 $m_1 = \dfrac{L - f_o - f_e}{f_o}$

접안렌즈의 배율은 $m_2 = \dfrac{D - L_e}{f_e}$

최종배율은 $m = \dfrac{(L - f_o - f_e)(D - L_e)}{f_o f_e}$ 이다. 그런데 $L \gg f_o,\ f_e$, $D \gg L_e$ 이므로 $m \simeq \dfrac{LD}{f_o f_e}$

예제 1 다음 그림은 광학 현미경을 개략적으로 표현한 것이다. 물체를 대물렌즈 초점거리에 가깝게 하여 접안렌즈 초점거리에 근접한 위치에 1차 상을 형성한다. 그리고 1차 상이 접안렌즈에 의해서 접안렌즈로부터 $D=25\text{cm}$ 만큼 떨어진 위치에 최종 상을 형성한다. 대물렌즈의 초점거리 f_o는 5mm이고, 접안렌즈의 초점거리 f_e는 25mm이며, 대물렌즈와 접안렌즈 사이의 거리 $L=180\text{mm}$ 이다. 대물렌즈와 물체 사이의 거리는 근사적으로 $f_o=5\text{mm}$ 로 가정한다.

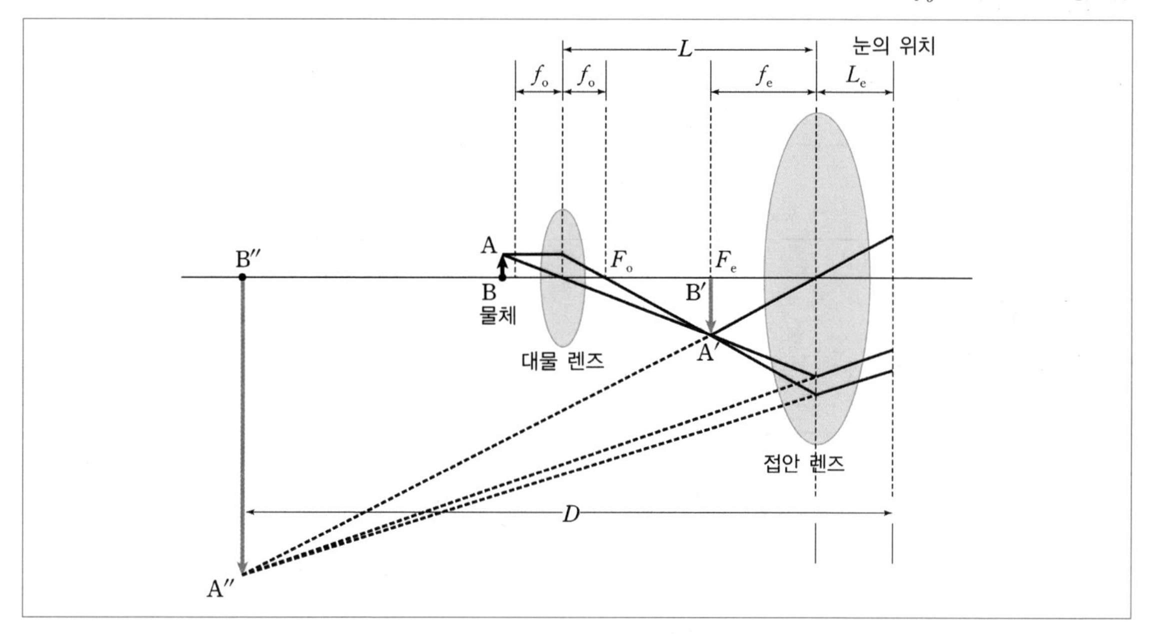

이때 물체의 크기가 0.1mm 일 때, 대물렌즈에 의한 상의 크기를 구하시오. 또한 광학 현미경의 배율을 구하시오. (단, 광선은 근축광선이다.)

정답 1) 3mm. 2) 300배

2. 망원경

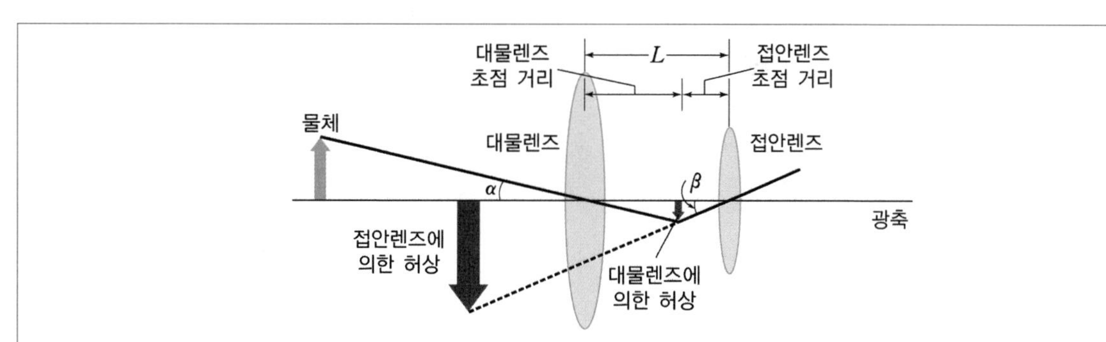

(f_o : 대물렌즈의 초점, f_e : 접안렌즈의 초점, $L=f_o+f_e$: 대물렌즈와 접안렌즈 사이의 거리, h' : 대물렌즈에 의한 실상의 크기)

아주 멀리 있는 물체의 크기는 물체의 각의 크기가 결정한다. 이유는 천체를 예로 들면 우리는 달과 태양의 크기가 같다고 인식하게 된다. 실제로 태양이 더 멀리 있지만 달보다 매우 커서 비례식이 같은 경우이다. 그래서 망원경의 경우에는 각배율을 사용한다.

(1) 망원경의 각배율

$$m = \frac{\beta}{\alpha} = \frac{\tan\beta}{\tan\alpha} = \frac{h'/f_e}{h'/f_o} = \frac{f_o}{f_e}$$

망원경의 각배율 $m = \frac{\beta}{\alpha} = \frac{f_o}{f_e}$

(2) 망원경 종류

① 케플러식 굴절 망원경

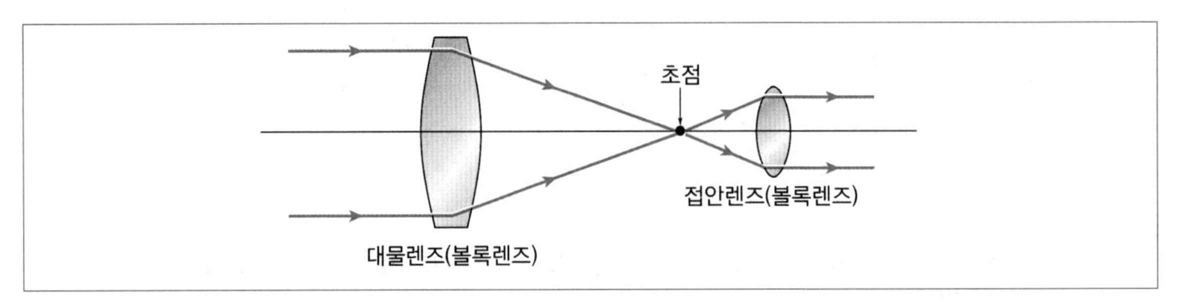

② 갈릴레이식 굴절 망원경

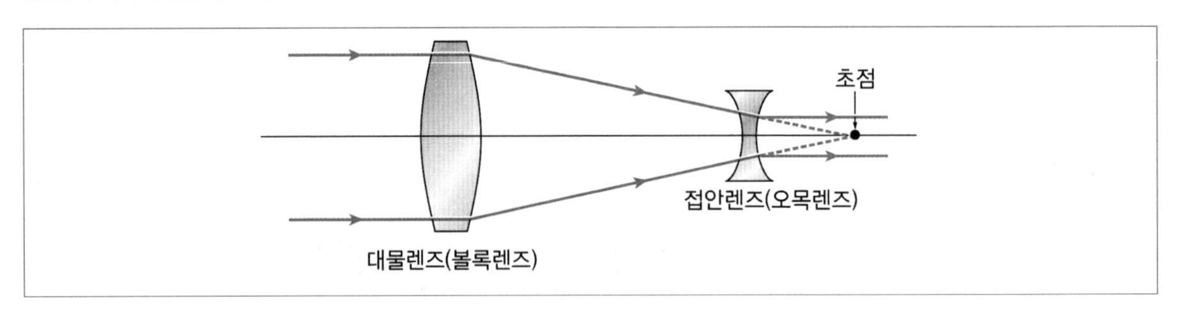

③ 뉴턴식 반사 망원경

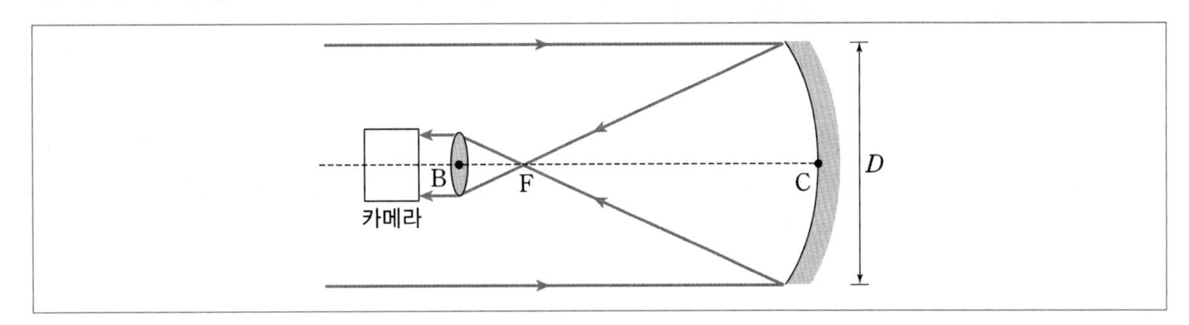

연습문제

정답_ 374p

01 다음 그림과 같이 굴절률 n_1인 액체에 잠긴 굴절률 n_2인 광섬유의 윗면 중심에 단색광이 입사각 θ_i로 들어가 진행한 후, 아랫면에서 굴절각 θ_r로 나온다. 단색광은 광섬유 옆면에서 각 θ로 반사되면서 진행하고, 공기 굴절률은 n_0이며, $n_0 < n_1 < n_2$이다.

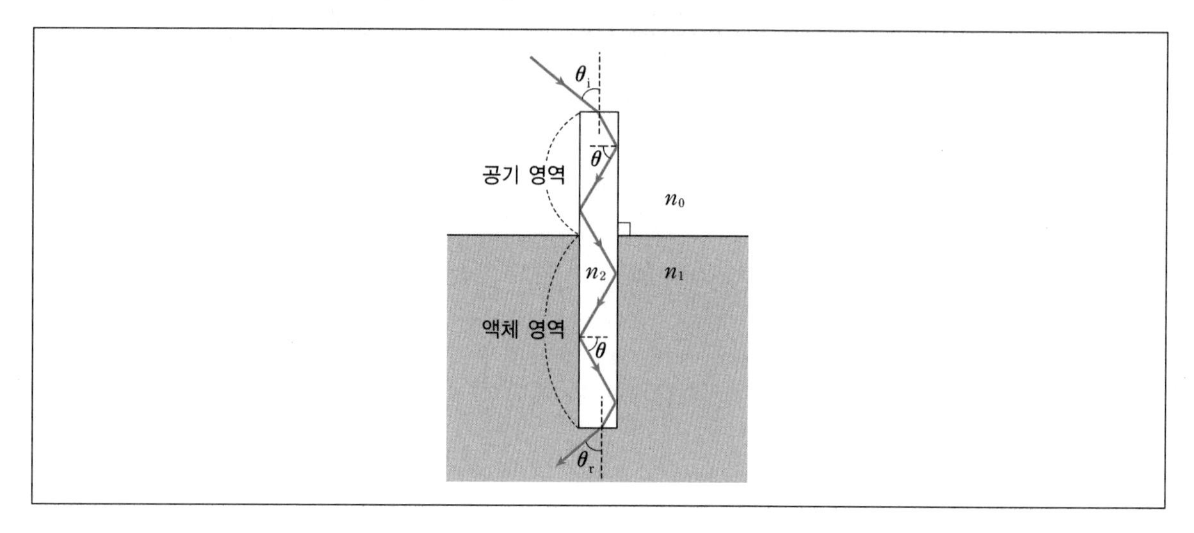

이때 광섬유 내부에서 전반사가 일어나기 위한 θ_i의 최댓값을 구하시오.

02 다음 그림과 같이 공기 중에 굴절률이 n인 균일한 물질로 이루어진 광섬유의 끝이 중심축과 수직인 평면으로 절단되어 있다. 이 절단 평면에 입사된 빛이 공기 중에서의 입사각 θ로 입사하여 굴절각 β로 광섬유 속으로 진행하여 광섬유 내부 경계면에서 전반사를 일으킨다.

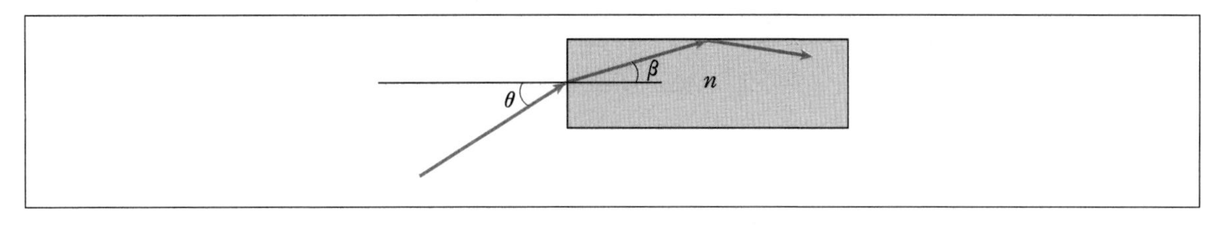

이때 θ에 관계없이 항상 전반사를 일으키기 위한 광섬유 물질의 최소 굴절률 n_0를 구하시오. 또한 이때, 입사각 $\theta = 45°$에서 굴절각 β를 구하시오. (단, 공기의 굴절률은 1이다.)

03 다음 그림 (가)과 같이 볼록 거울 앞에 물체를 놓았더니 거울로부터 d만큼 떨어진 지점에 상이 생겼다. 상의 크기는 물체의 크기의 $\frac{1}{2}$배이다. 볼록 거울과 곡률 반지름의 크기가 동일한 오목 거울로 바꿔서 실험하여 볼록 거울과 동일한 위치에 상이 생겼다.

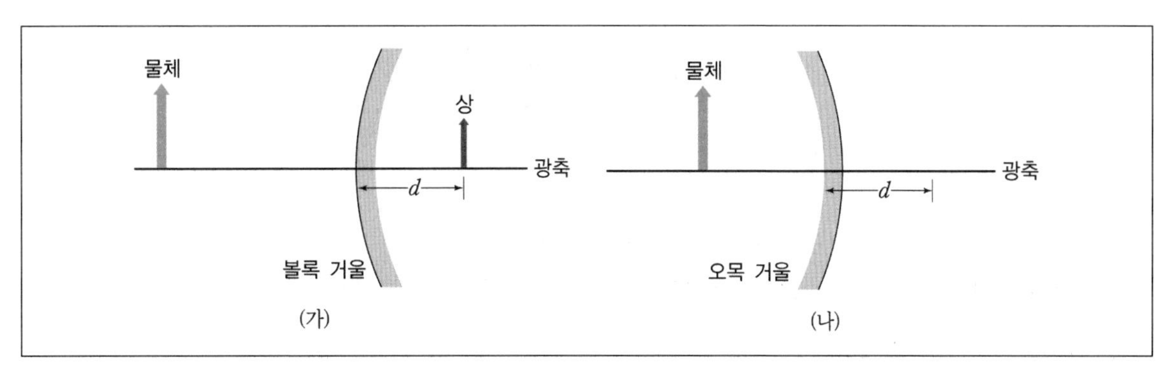

이때 오목 거울과 물체 사이의 거리와 오목 거울의 곡률 반지름 R을 각각 구하시오. (단, 물체의 상의 근축광선에 의해 형성되고 물체의 폭은 무시한다.)

04 다음 그림과 같이 물체로부터 거리 L만큼 떨어진 지점에 스크린이 수직으로 놓여 있다. 물체와 스크린 사이에 초점거리 f인 얇은 볼록렌즈를 놓을 때, 물체와 렌즈 사이의 거리 x에서 스크린에 실상이 맺혔다. 이때 만족하는 x는 $x_1 < x_2$이고 $\Delta x = x_2 - x_1 = \dfrac{L}{3}$이었다.

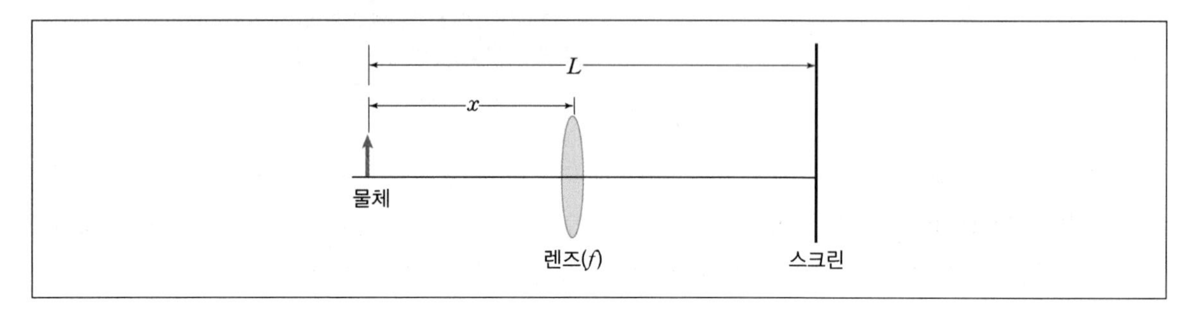

이때 스크린의 초점거리 f를 L로 구하시오. 또한 x_1, x_2를 L로 각각 구하시오.

05 다음 그림은 공기 중에 놓인 초점거리가 f인 얇은 볼록렌즈 왼쪽에 세워진 크기가 h인 선형 물체의 실상이 렌즈의 오른쪽에 맺힌 것을 나타낸 것이다. 물체는 렌즈를 향해 일정한 속력 v로 이동하고 있다. 물체가 볼록렌즈로부터 a만큼 떨어진 위치에 있을 때 상의 속력은 $4v$이고, 이때 상의 크기는 h'이다.

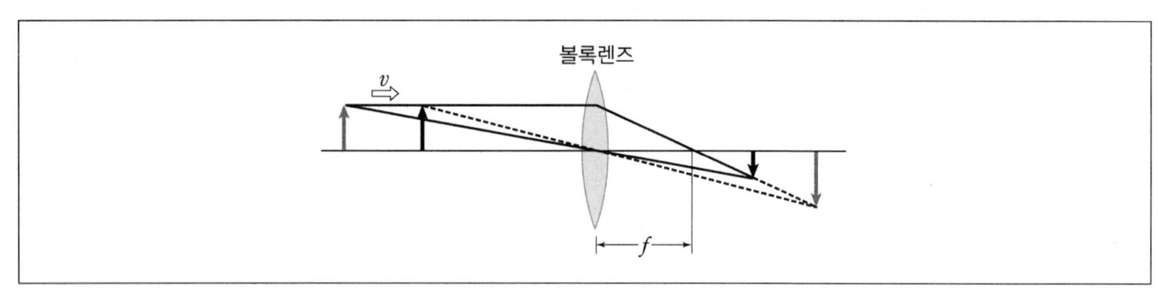

이때 거리 a를 f로 구하시오. 또한 물체와 상의 크기의 비 $\dfrac{h'}{h}$를 구하시오. (단, 모든 광선은 근축광이고, 물체는 광축에 수직이다.)

22-B02

06 다음 그림과 같이 초점거리가 f인 얇은 볼록렌즈 L_1과 초점거리가 $-f$인 얇은 오목렌즈 L_2가 배열되어 있다. 물체가 L_1로부터 $\alpha f(\alpha > 1)$ 만큼 떨어진 위치에 놓여있다.

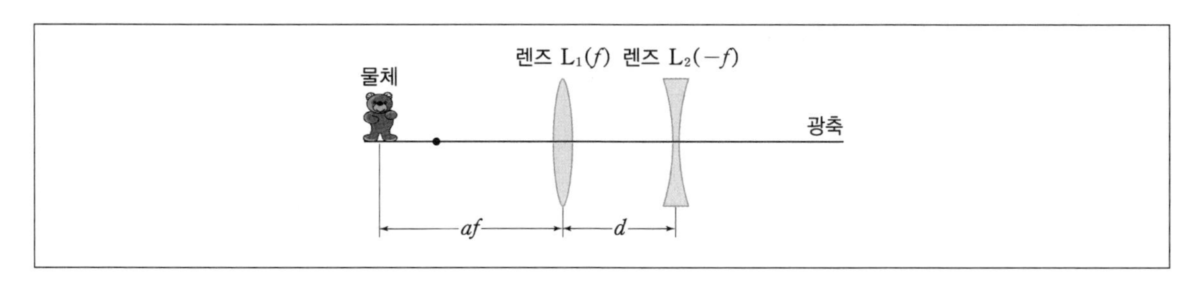

L_1에 의한 물체의 상거리(L_1에서 상까지의 거리)를 구하시오. 그리고 L_1과 L_2에 의한 최종 상거리가 $+\infty$가 될 때, L_1과 L_2사이의 거리 d를 α와 f로 나타내시오. (단, 모든 광선은 근축광선이며, L_1, L_2는 광축에 수직으로 배열되어 있다.)

07 다음 그림은 광축 위에 놓인 물체에서 나온 빛의 일부가 렌즈 A, B를 통과하여 진행하는 경로와 크기가 각각 h, $6h$인 상 I_1, I_2를 나타낸 것이다. 초점거리는 A가 B의 2배이고, A에서 I_1, I_2사이의 거리는 각각 20cm, 5cm이다.

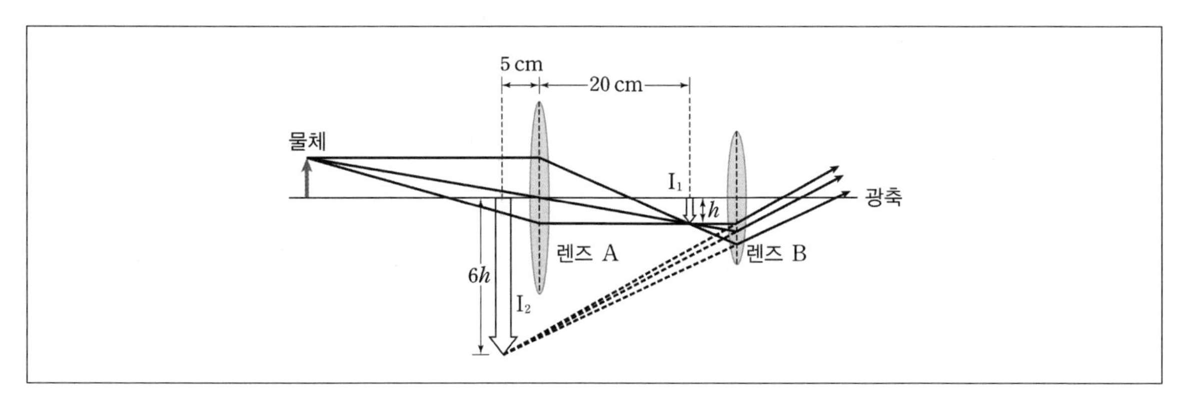

이때 렌즈 A의 초점거리 f_A를 구하고, 물체의 크기를 h로 표현하시오.

20-B02

08 다음 그림 (가)와 같이 광축과 평행한 두 광선이 얇은 볼록렌즈 A를 지나 렌즈로부터 거리 d만큼 떨어진 곳에 수렴한다. (가)의 A에 얇은 오목렌즈 B를 그림 (나)와 같이 접촉하면 두 광선은 렌즈로부터 거리 $\frac{3}{2}d$만큼 떨어진 곳에 수렴한다.

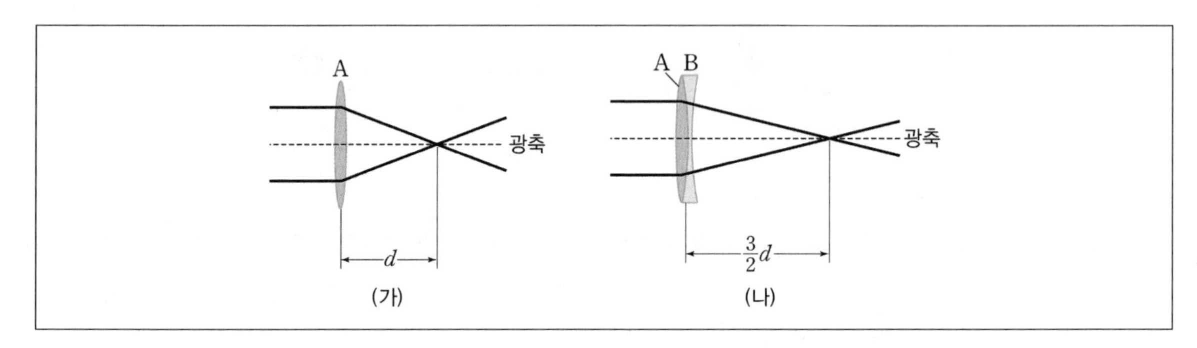

이때 A와 B의 초점거리 f_A와 f_B를 부호를 포함하여 각각 d로 구하시오. (단, 모든 광선은 근축광선이며, A와 B는 공기 중에 놓여 있다.)

09 다음 그림과 같이 초점거리가 f인 얇은 볼록렌즈가 평면거울면에 접하여 나란하게 서 있다. 렌즈로부터 광축상 $2f$ 거리에 크기가 h인 물체가 놓여있다.

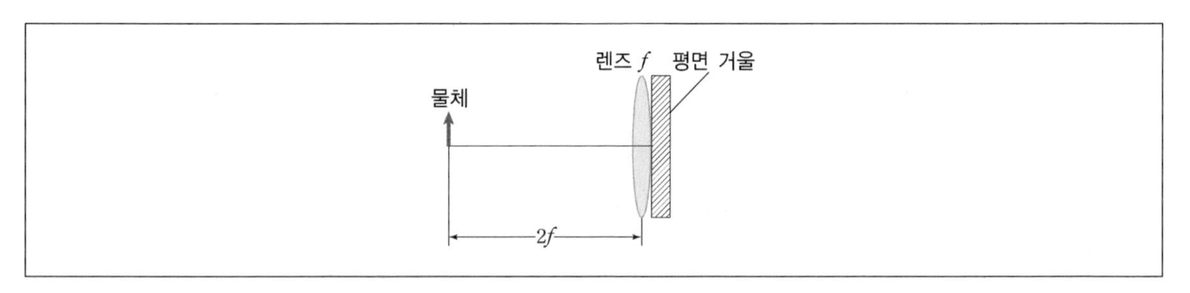

렌즈와 거울에 의해 상이 생길 때, 렌즈로부터 상까지의 거리와 이때 상의 크기를 각각 구하시오.

10 다음 그림과 같이 공기 중에 초점거리가 f인 사진기 렌즈 앞에 렌즈로부터 20cm 떨어진 위치에 물체가 놓여있다. 물체와 렌즈 사이에는 굴절률 $n = 1.5$인 두께 d인 매질이 존재한다. 사진기 렌즈로부터 필름까지의 거리는 6cm 이다. 물체의 상이 필름에 맺혔을 때 물체보다 $\frac{1}{3}$배 축소된 상을 나타내었다.

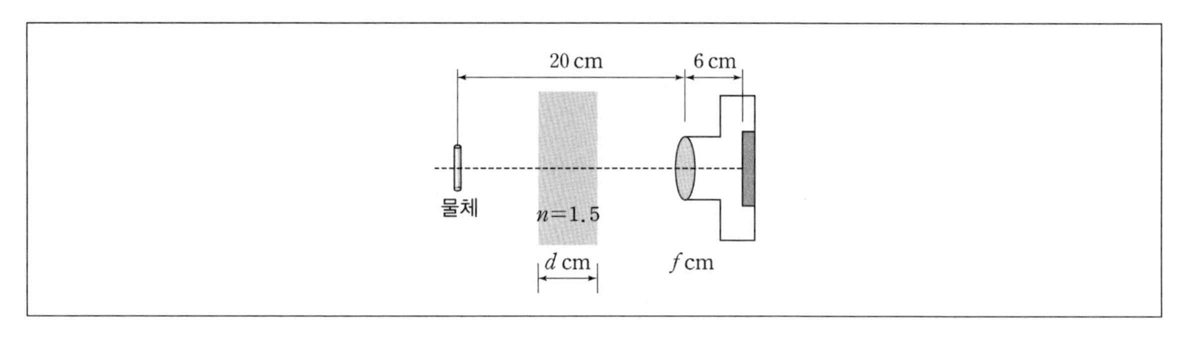

이때 매질의 두께 d와 렌즈의 초점거리 f를 각각 구하시오. (단, 공기의 굴절률은 1이다.)

11 다음 그림 (가)와 같이 유리 안에 공기가 차 있는 모습을 나타낸 것이다. 좌우 곡률 반지름의 크기는 R로 동일하고, 유리의 굴절률은 $\frac{3}{2}$이다.

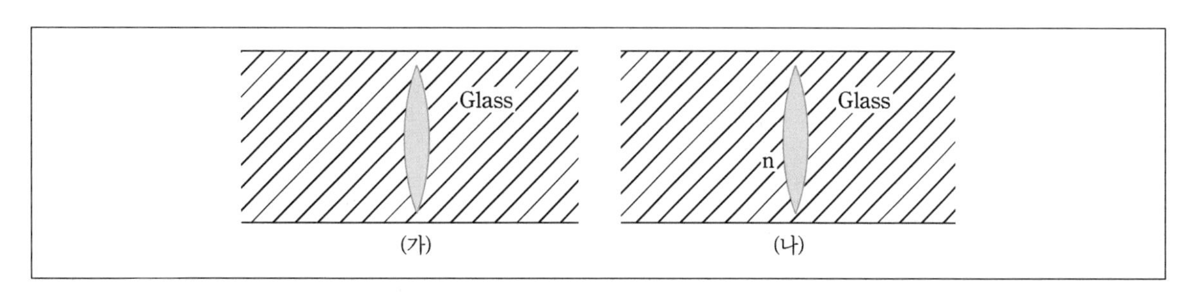

이때 초점거리 f의 부호를 고려하여 R로 구하시오. 또한 그림 (나)와 같이 내부에 공기 대신 굴절률이 n인 매질을 채웠을 때, 크기는 동일하고 반대 부호의 초점을 형성하기 위한 굴절률 n의 값을 구하시오. (단, 공기의 굴절률은 1이고, 렌즈 제작자 법칙 $\frac{1}{f} = \frac{(n_{내부} - n_{외부})}{n_{외부}}\left(\frac{1}{R_1} - \frac{1}{R_2}\right)$이다.)

12 그림은 곡률 반지름이 각각 $R_1 = 10\text{cm}$, $R_2 = 20\text{cm}$ 이고, 굴절률이 $n = 1.5$ 인 유리로 만든 렌즈 앞에 물체가 놓여있는 것을 나타낸다. 렌즈의 두께는 무시할 수 있을 만큼 얇다. 굴절률이 1인 공기 중에서 렌즈 제작자 공식은 $\frac{1}{f} = (n-1)\left(\frac{1}{R_1} - \frac{1}{R_2}\right)$ 이다.

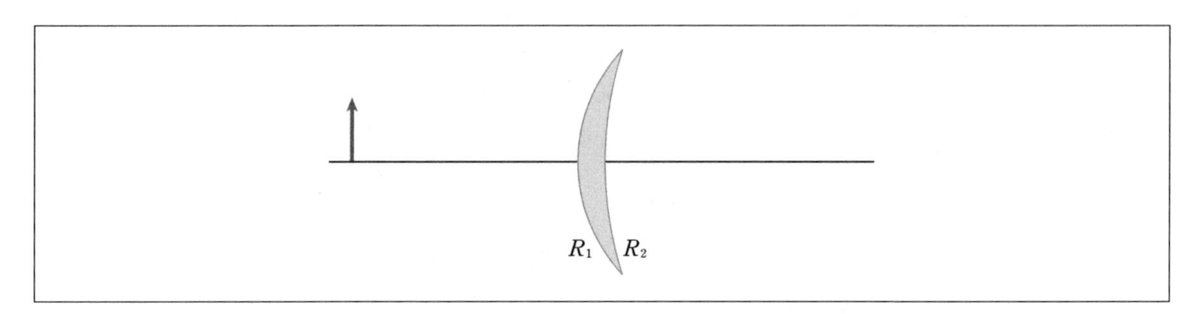

1) 물체를 렌즈 앞 20cm 지점에 놓고, 렌즈의 오른쪽 면이 물체를 향하도록 뒤집어 놓을 때 물체의 최종상의 위치와 배율을 구하시오.

2) 굴절률이 2인 액체에서 위와 동일한 실험을 하였을 때 물체의 최종상의 위치와 배율을 구하시오.

13 다음 그림과 같이 굴절률 $n_1 = 1$인 공기 중에 곡률 반지름이 R이고 굴절률이 $n_2 = \dfrac{3}{2}$인 굴절면이 놓여 있다. 굴절면에 10cm 만큼 떨어진 위치에 점광원이 놓여있는데 굴절면을 통과 후 평행광선이 되어 나아간다.

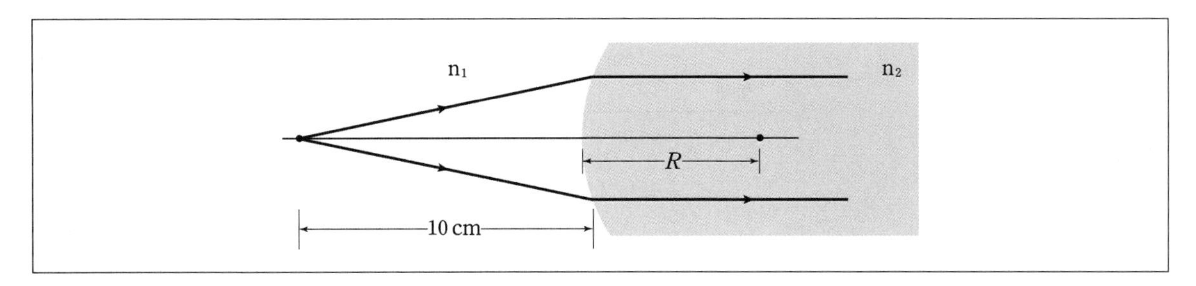

이때 굴절면의 곡률 반지름 R을 구하시오. 또한 굴절면 앞 20cm 에 크기가 h인 물체를 놓았을 때 굴절면에 의해 상이 형성된다. 이때 굴절면으로부터 상의 거리를 구하시오. 또한 물체의 크기 h와 상의 크기 h'의 비 $\dfrac{h'}{h}$를 구하시오. (단, 상은 근축광선에 의해서 형성되고, 렌즈 제작자 공식은 $\dfrac{n}{p} + \dfrac{n'}{q} = \dfrac{n'-n}{R}$ 이다.)

Chapter 07

14 다음 그림과 같이 물탱크에 붙은 곡률 반지름이 양면 모두 2cm이고, 그 두께가 2cm인 양면 볼록 렌즈가 있다. 이 렌즈 축상에 렌즈면으로부터 10cm에 위치한 공기 중에 작은 물체가 있다.

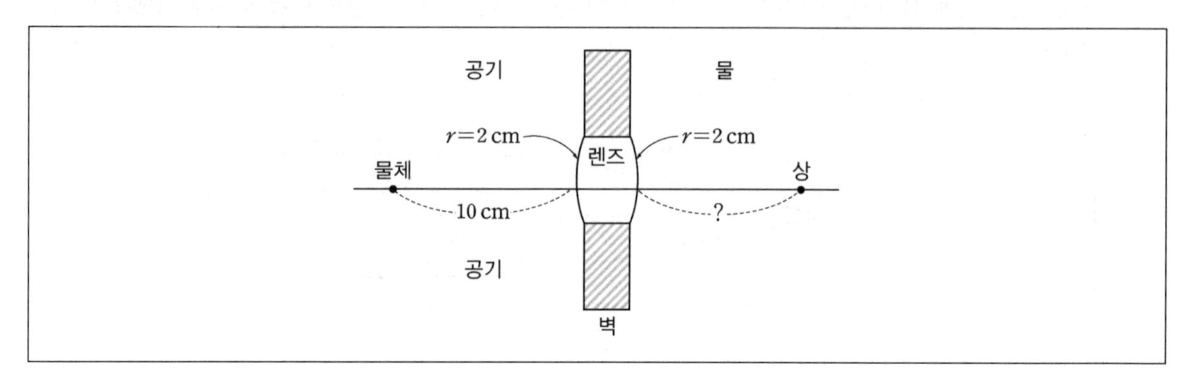

이때 이 물체가 렌즈 오른쪽 면으로부터 생긴 상의 위치와 배율을 구하시오. (단, $\frac{n_1}{a}+\frac{n_2}{b}=(n_2-n_1)\left(\frac{1}{R}\right)$: 렌즈 제작자 공식이고, 유리의 굴절률은 1.5, 물의 굴절률은 $\frac{4}{3}$, 공기의 굴절률은 1이다.)

15 다음 그림과 같이 곡률 반지름이 $R=5\text{cm}$이고, 한쪽이 평평한 얇은 렌즈가 있다. 렌즈 왼쪽은 굴절률이 $n_{물}=\frac{4}{3}$인 물이, 우측은 $n_{공기}=1$인 공기가 각각 존재한다. 렌즈의 굴절률은 $n_{렌즈}=\frac{3}{2}$이다.

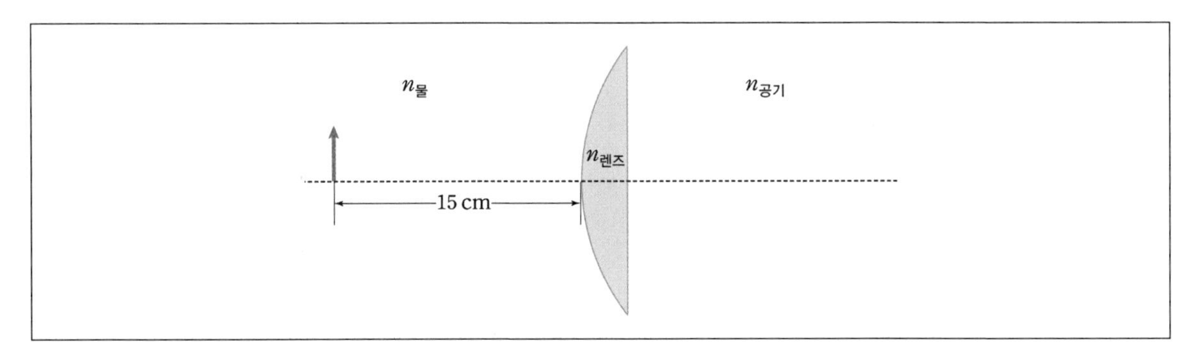

평행광선이 렌즈에 의해서 공기 중의 한 점에서 모일 때, 렌즈로부터 떨어진 초점거리를 구하시오. 또한 렌즈 앞 15cm 거리에 크기가 h인 물체가 있을 때, 렌즈에 의해서 생기는 상이 렌즈로부터 떨어진 거리를 구하시오. 그리고 상의 크기를 h'이라 할 때, 물체의 크기에 대한 상의 크기의 비 $\frac{h'}{h}$을 구하시오. (단, 물체의 상은 근축광선에 의해서 형성되고, 렌즈의 두께는 무시한다.)

자료

렌즈의 굴절률이 n, 외부 굴절률이 n'인 렌즈 제작자 공식은 $\frac{1}{f}=\frac{n-n'}{n'}\left(\frac{1}{R_1}-\frac{1}{R_2}\right)$이다. 여기서 R_1과 R_2는 굴절면의 곡률 반지름이다. 곡률 반지름의 부호는 중심이 렌즈 우측에 있을 때 +값이고, 좌측에 있을 때는 −값을 가진다.

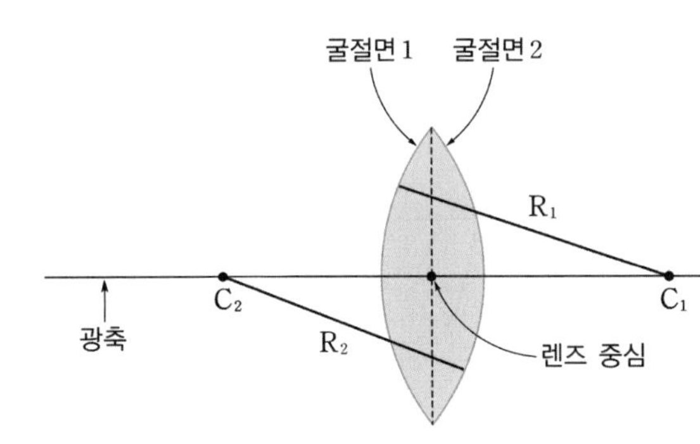

16 그림과 같이 굴절률이 $n_1 = 1$인 공기 중에 굴절률은 $n_2 = \dfrac{3}{2}$이고 곡률 반지름이 R인 광학기기가 놓여져 있다. 광학기기 표면으로부터 10cm 떨어진 위치에 물체가 놓여져 있는데, 광학기기에 의한 상은 표면에서 빛이 반사되어 만들어지는 상과 굴절을 통해 만들어지는 상이 각각 생기게 된다. 굴절을 통해 만들어지는 상은 굴절면 내부에서 물체보다 2배 크게 형성되었다.

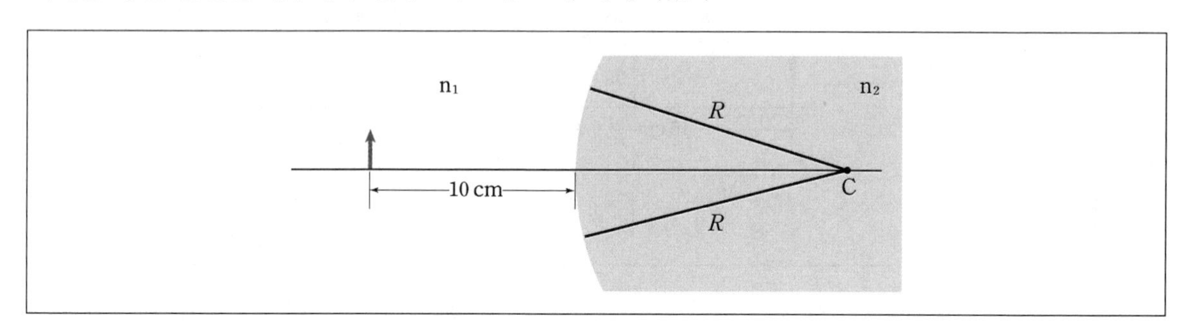

이때 곡률 반지름 R을 구하시오. 또한 굴절면 표면으로부터 반사에 의해 만들어진 상까지의 거리를 구하시오. 그리고 물체의 크기를 h에 대한 반사에 의한 상의 크기 h'의 비 $\dfrac{h'}{h}$를 구하시오. (단, 물체의 폭은 무시하고, 물체의 상은 근축광선에 의해 형성된다고 가정한다.)

자료

굴절률이 n, n'인 두 매질의 경계면(굴절면)에 의해 물체의 근축광선으로 형성되었을 경우 다음 관계식이 성립한다.

$$\frac{n}{p} + \frac{n'}{q} = \frac{n' - n}{R}$$

17 다음 그림과 같이 반지름 2cm인 유리구슬의 일부로 만든 두꺼운 렌즈가 있다. 유리의 굴절률은 1.5이다.

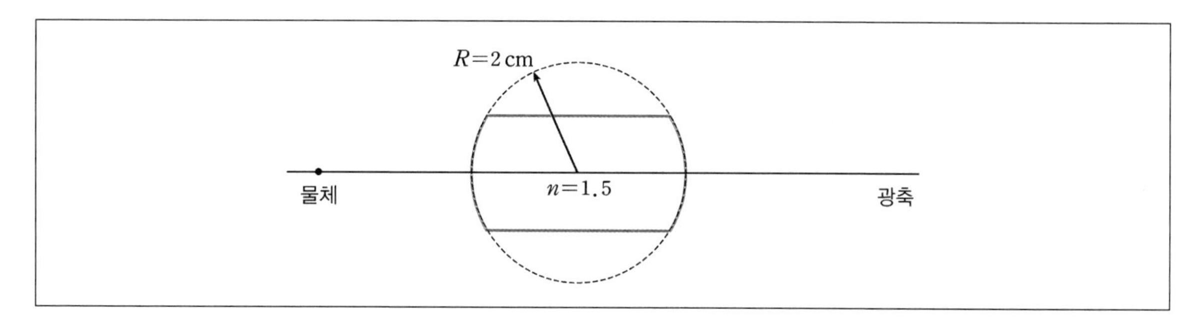

이 렌즈의 초점 거리가 렌즈 우측으로부터 얼마나 떨어져 있는지 구하시오. 또한 광축 상에 있는 물체와 이 렌즈에 의하여 맺는 상까지의 거리를 제일 가깝게 만드는 렌즈 왼쪽 면으로부터 떨어진 물체의 거리를 구하시오. 이 경우 물체와 상 사이의 거리는 얼마인지 구하시오. (단, 물체의 상은 근축광선에 의해 형성되고, 외부 공기의 굴절률은 1이며, 렌즈 제작자 공식은 $\frac{n}{p}+\frac{n'}{q}=\frac{n'-n}{R}$ 이다.)

21-B11

18 다음 그림은 구면거울, 볼록렌즈, 카메라로 이루어진 천체망원경을 나타낸 것이다. 구면거울의 지름은 $D=50\text{cm}$, 곡률 반지름은 $R=200\text{cm}$ 이고, 망원경 각배율의 크기는 $M_\theta=50$ 이다.

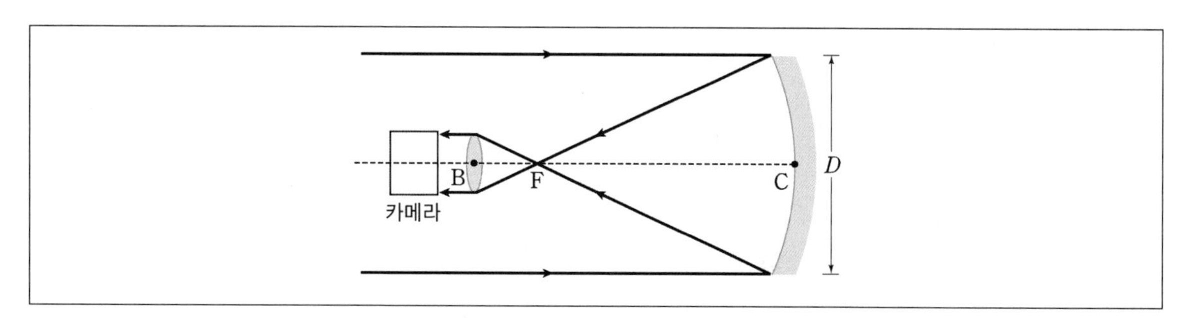

이때 볼록렌즈의 초점 거리($\overline{BF}$), 볼록렌즈와 거울 사이의 거리($\overline{BC}$)를 각각 구하시오. 또한 500nm 파장의 빛에 대한 망원경의 각해상도를 풀이 과정과 함께 구하시오. (단, 각해상도는 구분 가능한 두 물체 사이의 최소 각거리이며, 모든 광선은 근축광선이다.)

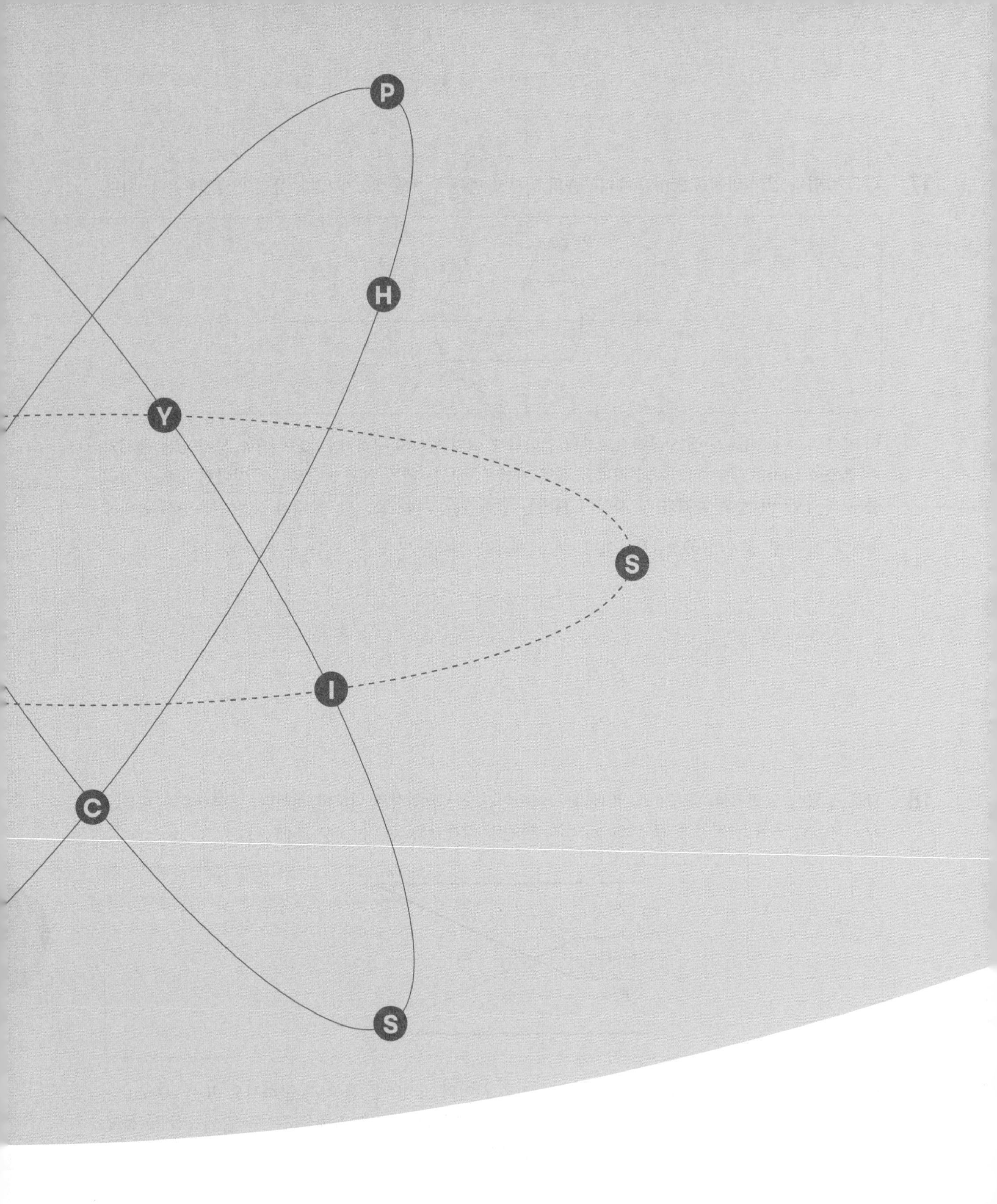

정승현
일반물리학

Chapter

08

파동 기본

Chapter 08 파동 기본

01 파동의 종류

1. 역학적 파동

(1) 예시

수면파, 음파, 지진파, 탄성파

(2) 본질

매질을 이루는 입자들의 운동을 종합적으로 기술

(3) 기본방정식

역학적 파동방정식(뉴턴의 운동법칙)

2. 전자기파

(1) 예시

빛(가시광), 적외선, 자외선, 방송파, X-선 등

(2) 본질

전기장과 자기장의 파동(매질을 이루는 입자와 무관)

(3) 기본방정식

전자기 파동방정식(맥스웰의 전자기장 방정식)

(4) 특징

진공에서의 속도 299,792,458m/s

3. 물질파

(1) 예시

전자, 양성자, …등

(2) 본질

확률진폭의 파동

(3) 기본방정식

슈뢰딩거 파동방정식

(4) wave-particle duality

4. 진동의 형태는 공간을 통해 이동하지만, 물질 자신은 이동하지 않는다.
예 물결파 위에 떠 있는 부표

5. 모든 파동은 에너지를 운반한다.
예 줄의 파동 끝단에서 받는 충격

02 역학적 파동

역학적 파동은 매질의 진동에 의해 에너지가 전달되는 파동을 말한다.

$$\frac{\partial^2 y}{\partial x^2}=\frac{1}{v^2}\frac{\partial^2 y}{\partial t^2}$$ (y : 파동의 변위, v : 파동의 전파 속력)

특정 방향으로 에너지가 진행하는 진행파의 경우 $y=f(kx\pm\omega t)$ $[k=\frac{2\pi}{\lambda},\ \omega=\frac{2\pi}{T}]$

이런 형태의 함수를 만족한다. 이런 식을 만족하는 파동함수는 매우 많다.

예를 들어 $y(x,\ t)=\dfrac{A}{(x-3t)^2+B}$, $y(x,\ t)=A\sin(3x-4t+\pi)$

그리고 우리는 역학적 진동의 힘이 훅의 법칙을 만족하는 경우를 조화 파동함수를 일반적으로 다룬다. 우리는 훅의 법칙 $F=-ky=m\ddot{y}$일 때, $\ddot{y}+\omega^2 y=0$의 운동방정식을 만족함을 진동 파트에서 배웠다. 따라서 $y=A\sin(kx\pm\omega t+\phi)$의 형태를 만족한다.

이제 우리는 역학적 조화 파동함수를 배우게 된다. 이것이 왜 파동만 나오면 삼각함수 형태가 나오는지에 대한 이유일 것이다.

1. 역학적 조화 파동의 수학적 표현

파동의 진동 에너지를 매질을 통해 주위로 이동시키는 파동을 진행파(traveling wave)라 한다. 진행 방향은 $+x$축 방향/$-x$축 방향 즉, 양방향으로 나뉜다.

※ 참고: 파동이 진행하지 않고 정체되어 있는 파동을 정상파(standing wave)라 한다.

(1) 진동 방향 y축, 진행 방향 $+x$축인 진행 파동(traveling wave)함수

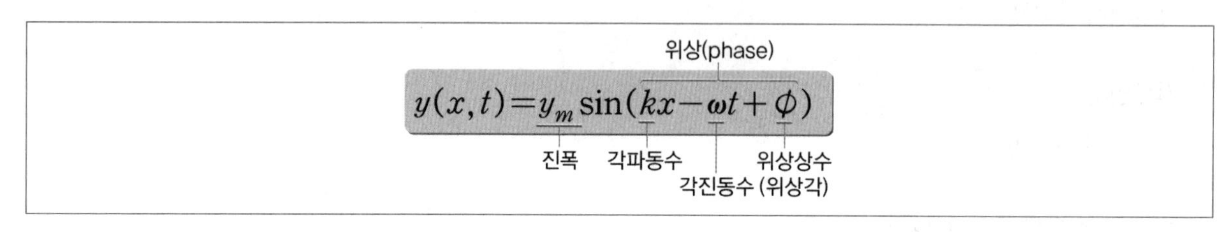

(2) 진동 방향 y축, 진행 방향 $-x$축인 파동함수

$y(x,\ t) = y_m \sin(kx + \omega t + \phi)$

(3) 일반적인 진행 파동함수

$y(x,\ t) = y(kx \pm \omega t)$

2. 매질의 진동 방향에 따른 파동의 형태(횡파와 종파)

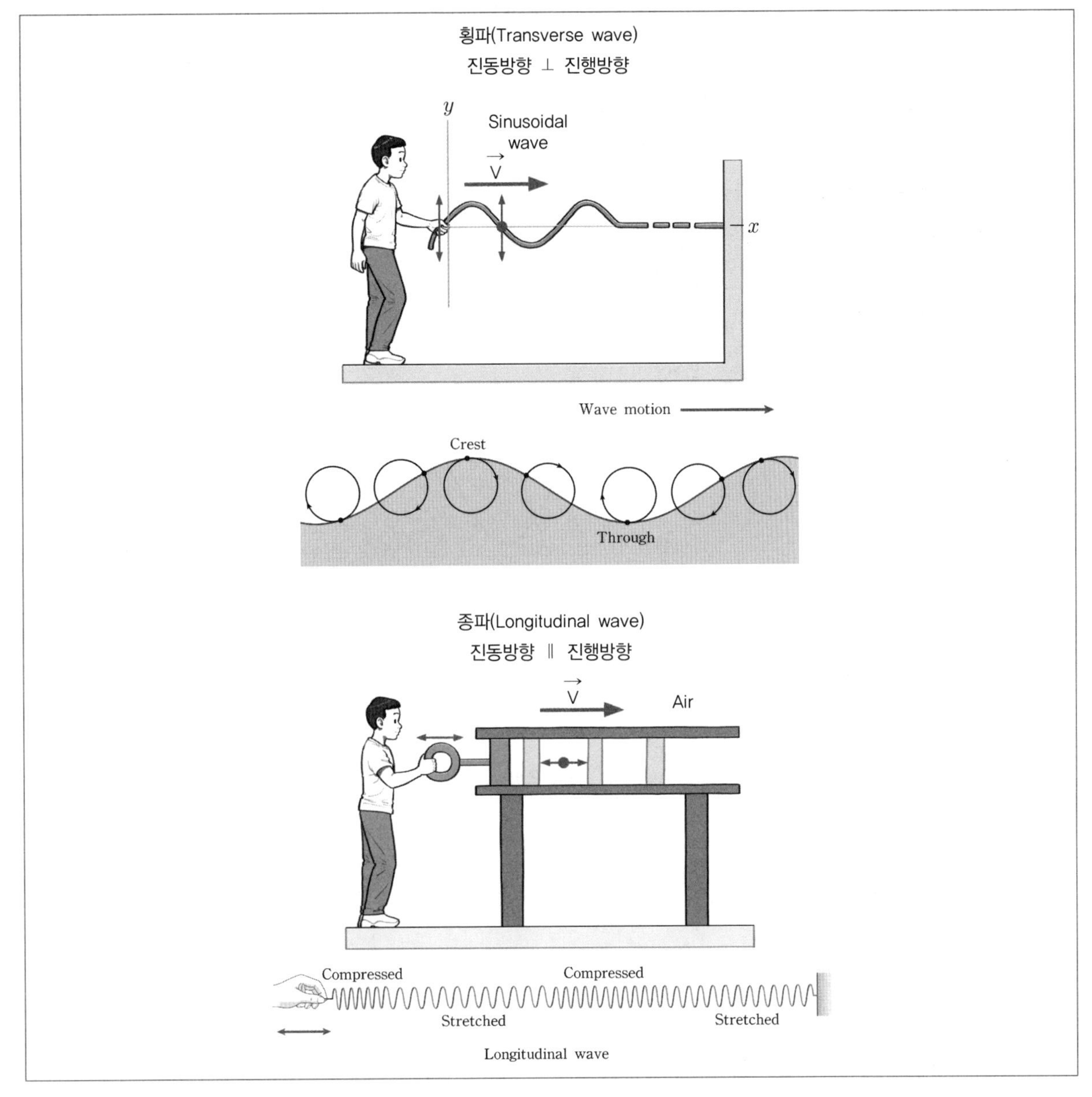

파동은 공간적 특성과 시간적 특성을 동시에 포함하고 있다. 이를 동시에 표현하는 방법은 동영상 외에 지면에 표현하는 법은 없다. 예를 들어 움직이는 파도를 그려보라. 그래서 그래프로 분석할 때 공간적 측면과 시간적 측면으로 양분해 본다.

(1) 공간적 측면을 분석할 때는 시간을 정지시키면 된다. 즉, 움직이는 파도를 사진을 찍어 순간적인 모습이 공간적 분석이다.

(2) 시간적 분석에서 파동은 매질이 진동하고 에너지가 이동하지 매질 자체는 이동하지는 않는다. 이때 파도 위에 보트를 타고 떠 있을 때 시간에 따른 높이 변화가 시간적 분석이다.

참고로 수식적으로 횡파와 종파를 구분하는 방법은 없다. 즉, 표현 방식이 일치하고 단, 진동방향과 진행 방향이 수직이냐 수평이냐에 따라 그림 상 표현이 다를 뿐이다.

3. 진행파의 분석(파동 함수의 이해)

공간적 측면(파장과 각파동수) ⟷ 시간적 측면(주기와 각진동수)

(1) 공간적 주기 = 파장(λ)

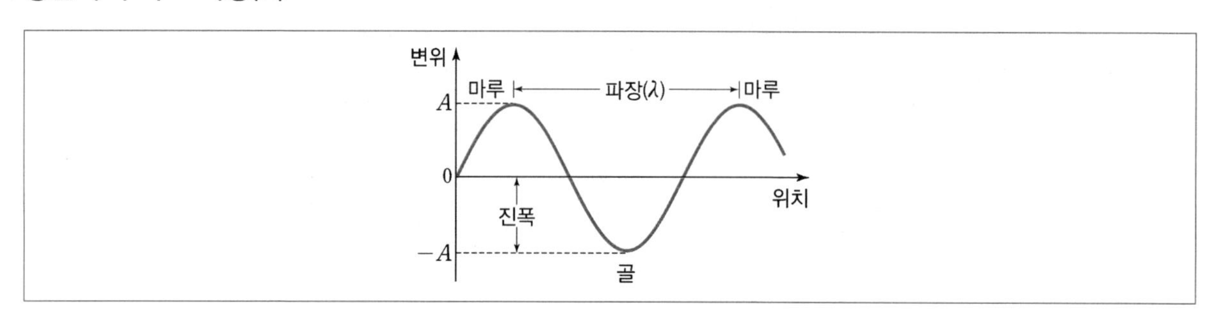

$y(x,\ t) = y(x+\lambda,\ t)$

$A\sin(kx-\omega t) = A\sin[k(x+\lambda)-\omega t]$

$k\lambda = 2\pi$

$k = \dfrac{2\pi}{\lambda}$: 각파동수(파수)

① 마루

파동의 변위가 최고인 지점

② 골

파동의 변위가 최저인 지점

③ 파장

파동의 어떤 한 점과 같은 변위와 위상을 갖는 가장 인접한 점 사이의 거리

(예 이웃한 두 마루 또는 골 사이의 거리)

(2) 시간적 주기 = 주기(T)

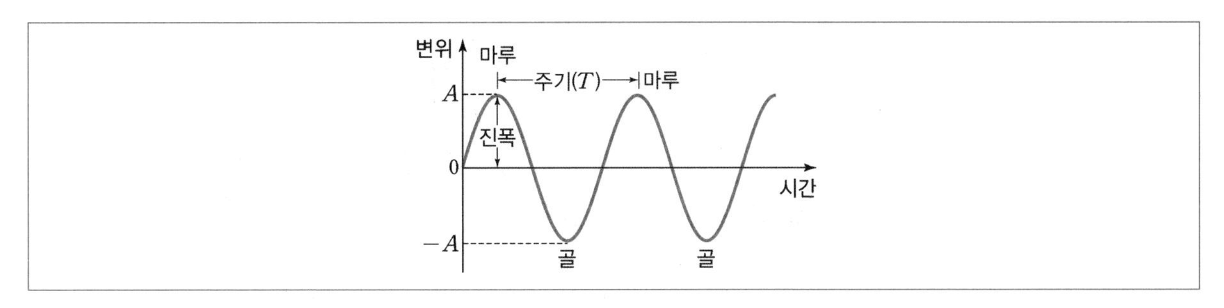

$y(x,\ t) = y(x,\ t+T)$

$A\sin(kx-\omega t) = A\sin[kx-\omega(t+T)]$

$\omega T = 2\pi$

$$\omega = \frac{2\pi}{T} \ : \text{ 각진동수}$$

① 주기

한 파장을 이동하는 데 걸리는 시간

$$T = \frac{\lambda}{v}$$

② 진동수

주기의 역수(단위 시간당 진동 횟수)

4. 역학적 조화 파동의 속력

파동의 속력은 혼동하기 쉬운데 2가지가 존재한다. 첫 번째로 매질의 진동 속력이 있고 두 번째로 우리가 흔히 알고 있는 파동에너지의 진행 속력이다. 야구장에서 응원 파도를 할 때 사람이 앉았다가 일어나는 속력이 진동 속력이고, 응원 물결이 이동하는 속력을 파동의 진행 속력이라 한다.

(1) 매질의 진동 속력

진동 속력은 파동함수 변위의 시간적 변화 값이다.

$y = A\sin(kx-\omega t+\phi)$일 때, $v_{진동} = \dfrac{dy}{dt} = -A\omega\cos(kx-\omega t+\phi)$가 된다.

Chapter 08

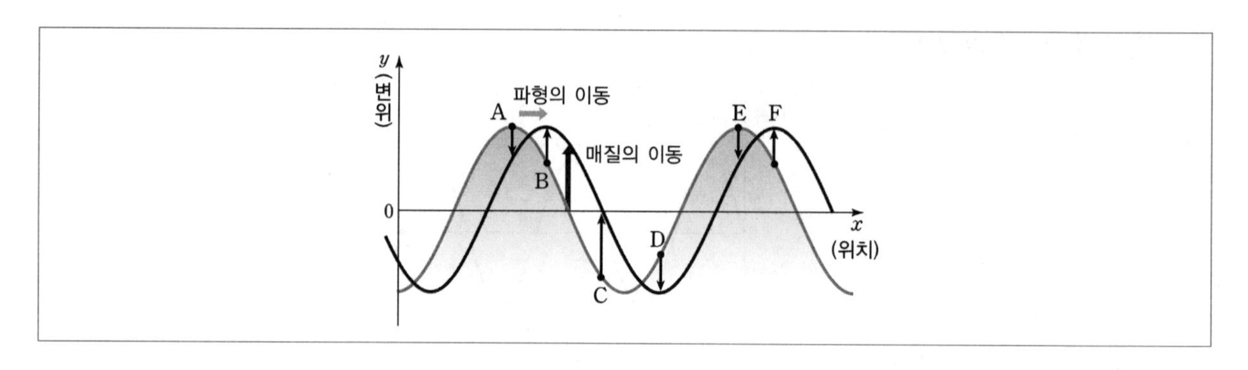

(2) **파동의 진행 속력**

진행 속력은 착각하면 안 된다. 매질이 직접 이동하는 것이 아니라 파동의 에너지가 이동하는 것이다. 파동의 진행 변위의 시간변화량이다. 여기서 파동함수 $y = A\sin(kx + \omega t + \phi)$가 파동의 진동 변위라 하면 진행 변위는 수식에서 x값을 의미한다.

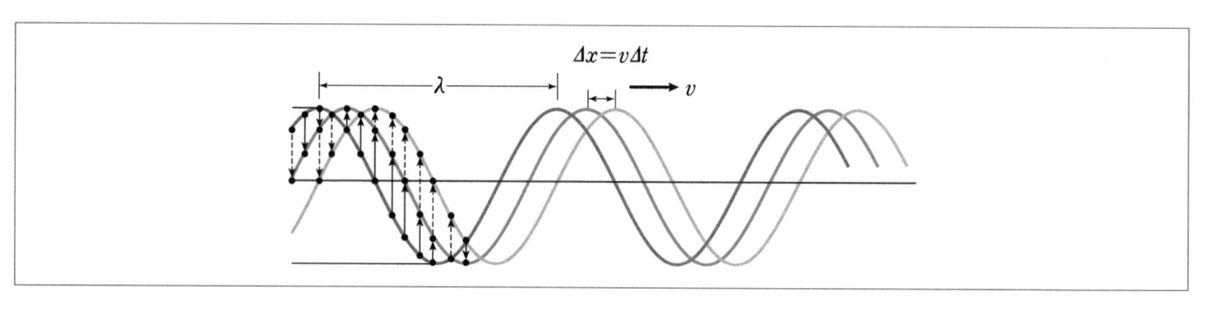

마루의 이동 ➡ x와 t가 변해도 위상값은 일정하므로

$$kx - \omega t + \phi = k(x + \Delta x) - \omega(t + \Delta t) + \phi$$

$$k\Delta x = \omega \Delta t$$

$$v = \frac{\Delta x}{\Delta t} = \frac{\omega}{k}$$

파동의 기본: 진행 속력 $v = \frac{\omega}{k} = \frac{\lambda}{T} = \lambda f$

5. 줄에서의 파동의 전파 속력(역학적 조화 파동의 진행 속력)

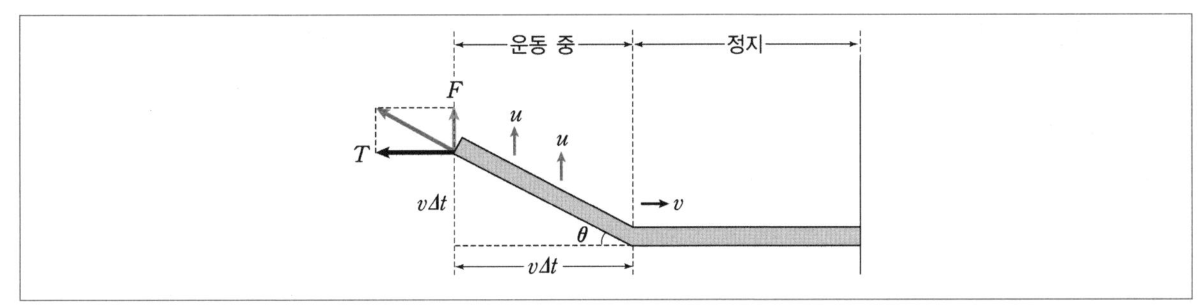

| 줄에서의 파동 속도 |

$I = F\Delta t = \Delta P = dmu$(위 방향으로 힘을 받아 진동할 때 줄이 위 방향으로 운동량의 변화량)

$dm = \mu v dt$

$F = T\sin\theta$

$T\sin\theta\, dt = \mu v dt u$ $[small\,\theta \rightarrow \sin\theta \simeq \tan\theta]$

$\tan\theta = \dfrac{u}{v}$

$T\sin\theta = T\left(\dfrac{u}{v}\right) = \mu v u$

➡ $T = \mu v^2$

$\therefore\ v = \sqrt{\dfrac{T}{\mu}}$

6. 줄을 따라 진행하는 파동의 에너지와 에너지 전달률(일률)

줄의 질량 요소 dm은 상하 운동을 한다. 이때 에너지 전달률을 구하는 과정은 다음과 같다.

(1) 운동 에너지

$dK = \dfrac{1}{2}dmv_y^2\ \ (dm = \mu dx)$

$v_y = -\omega A\cos(kx - \omega t)$

$dK = \dfrac{1}{2}\mu[-\omega A\cos(kx-\omega t)]^2 dx = \dfrac{1}{2}\mu\omega^2 A^2\cos^2(kx-\omega t)\,dx$

(2) 운동 에너지 시간변화율

$\dfrac{dK}{dt} = \dfrac{1}{2}\mu v\omega^2 A^2\cos^2(kx-\omega t)$

$\left(\dfrac{dK}{dt}\right)_{avg} = \dfrac{1}{4}\mu v\omega^2 A^2$

(3) 위치 에너지

$$dU = \frac{1}{2}ky^2 = \frac{1}{2}dm\omega^2 y^2 = \frac{1}{2}\mu dx\omega^2 A^2 \sin^2(kx - \omega t)$$

(4) 위치 에너지 시간변화율

$$\frac{dU}{dt} = \frac{1}{2}\mu v\omega^2 A^2 \sin^2(kx - \omega t)$$

$$\left(\frac{dU}{dt}\right)_{avg} = \frac{1}{4}\mu v\omega^2 A^2$$

(5) 에너지 전달율

$$P = \left(\frac{dK}{dt}\right)_{avg} + \left(\frac{dU}{dt}\right)_{avg} = \frac{1}{2}\mu v\omega^2 A^2$$

※ 참고로 평균을 구하지 않아도 바로 에너지 전단율을 구할 수 있다.

$$dK + dU = \frac{1}{2}\mu dx\omega^2 A^2 \cos^2(kx - \omega t) + \frac{1}{2}\mu dx\omega^2 A^2 \sin^2(kx - \omega t) = \frac{1}{2}\mu dx\omega^2 A^2$$

$$P = \frac{dE}{dt} = \frac{1}{2}\mu v\omega^2 A^2$$

7. 파동의 반사와 투과

$$v = \sqrt{\frac{T}{\mu}}$$

선밀도 μ가 작은 가벼운 줄은 파동의 속력 v가 빠르고 소한 매질, 선밀도 μ가 큰 무거운 줄의 파동의 속력은 v가 느리고 밀한 매질이다.

(1) 고정단(fixed end) 반사

소한 매질 ➡ 밀한 매질

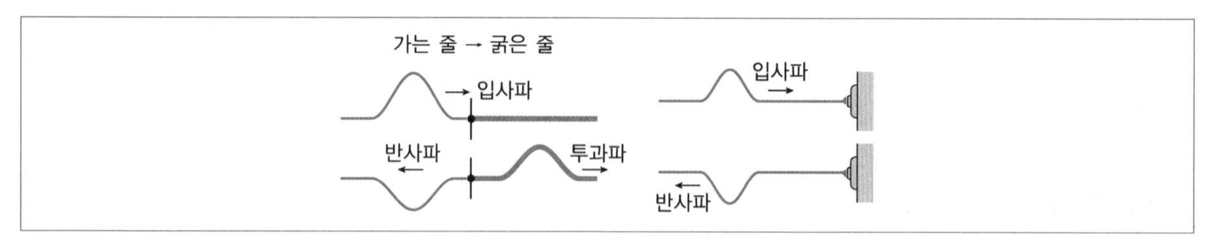

| 고정단 반사 |

반사파의 위상이 $\pi(180°)$만큼 변화하여 뒤집히게 된다. 투과파는 위상변화가 없다. 입사파의 일부가 반사되고 일부는 투과된다.

(2) 자유단(free end) 반사

밀한 매질 ➡ 소한 매질

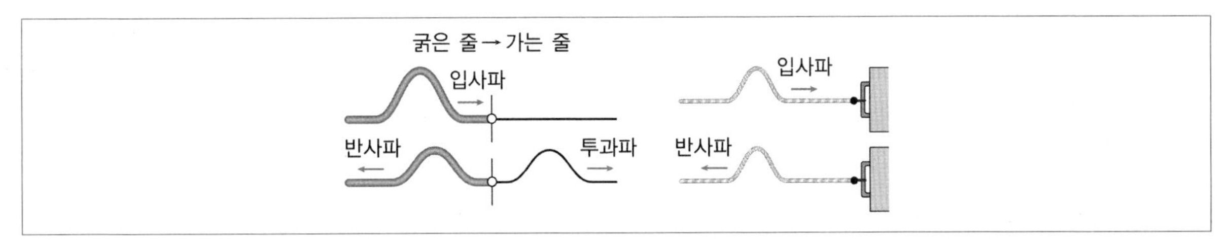

| 자유단 반사 |

반사파와 투과파는 위상변화가 없다. 입사파의 일부가 반사되고 일부는 투과된다.

8. 매질에서 빛의 광경로차

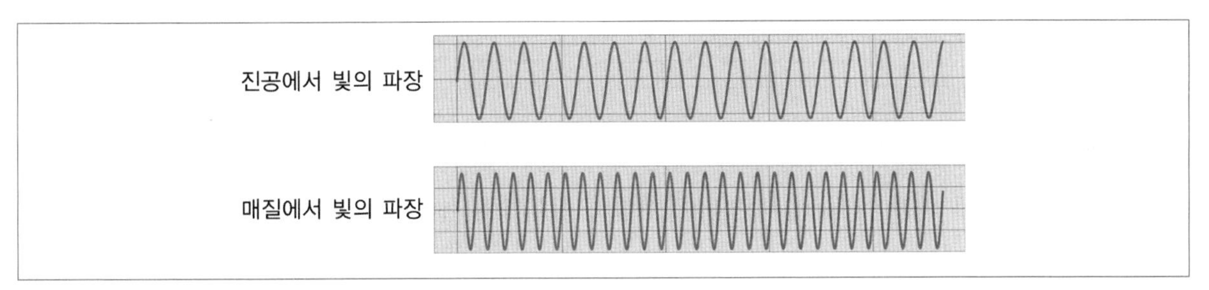

빛의 파동 성질은 $v = \lambda f$ 이다. 이때 진공에서나 매질에서 빛의 진동수는 불변한다. 그리고 빛의 속력의 정의가 $v = \dfrac{c}{n}$ 이므로 매질에서 빛의 파장은 $\lambda = \dfrac{\lambda_0}{n}$ 이다. λ_0는 굴절률이 1인 진공(혹은 공기 중)에서 빛의 파장이다.

실제 길이가 L인 매질이 있다고 하자. 빛의 입장에서는 파장의 몇 배인지로 길이를 측정하게 된다. 예를 들어 우리가 자가 없을 때 거리 측정을 한다면 일반적인 보폭의 몇 배인지로 거리를 재는 것과 동일하다. $L = N\lambda$라고 하면 공기 중에서와 매질에서는 N이 서로 다르게 된다.

$$L = N_0\lambda_0 = N\lambda = N\frac{\lambda_0}{n}$$

$$N = nN_0$$

매질에서는 빛의 파장이 짧아지므로 같은 거리에서 빛의 파장의 개수가 증가하게 된다. 따라서 빛 입장에서는 보폭이 짧아지므로 파장의 횟수가 증가하여 더 멀리 이동했다고 생각한다.

변화된 파장에서 파장의 개수에 비례하는 것이 광경로이다. 진공에서 빛의 경로가 Δ이면 굴절률이 n인 매질에서의 광경로는 $\Delta_{광} = n\Delta$이 된다. 즉, 굴절률에 비례하여 증가하게 된다.

참고로 기하광학에서는 매질이 있으면 겉보기 깊이가 달라지는 것과 혼동하기 쉬운데 기하광학에서는 인간의 눈을 기준으로 파악하는 반면, 파동광학에서는 빛을 기준으로 파악하므로 주체가 달라지게 되어 반대되는 현상이 일어난다. 기하광학에서는 스넬의 법칙에 의한 굴절 현상에 의해서 공기 중에서 매질을 보면 상대적으로 깊이가 얕아지는 겉보기 현상이 일어나고, 파동광학에서는 빛의 파장이 짧아지므로 같은 거리라도 보폭의 횟수가 증가하여 빛 입장에서 경로가 길어지는 현상이 일어난다.

9. 파동의 중첩(superposition)과 간섭(Interference)

파동의 중첩은 두 개 이상의 파동이 서로 만나 겹칠 때 파동의 모양이 변하여 합성파가 되는 현상이다.

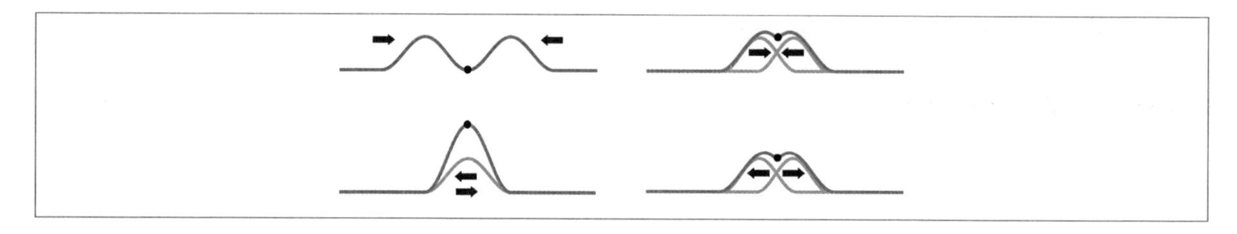

(1) 파동의 간섭

어느 한 점에서 두 파동이 만나면 중첩되어 보강과 상쇄가 일어나는 현상

① 보강 간섭

동일한 위상 즉, 마루와 마루(골과 골)가 만나서 합성파의 진폭이 커지는 간섭

② 상쇄 간섭

서로 반대 위상 즉, 마루와 골이 만나서 합성파의 진폭이 작아지는 간섭

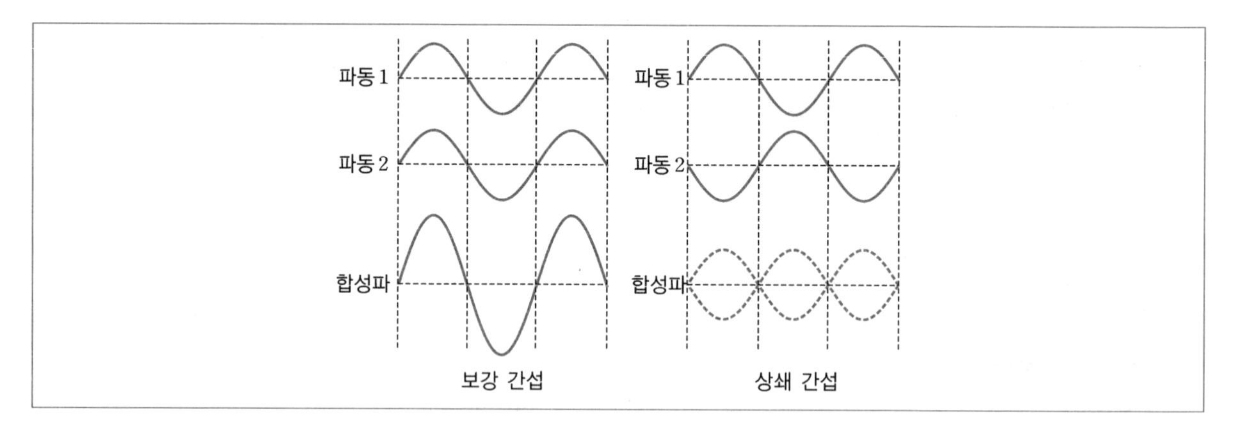

(2) 진폭이 서로 동일하고 위상차 ϕ인 두 조화 파동의 간섭 현상

$y_1(x,\ t)= A\sin(kx-\omega t)$, $y_2(x,\ t)= A\sin(kx-\omega t+\phi)$

$$y(x,\ t)= y_1+y_2= A[\sin(kx-\omega t)+\sin(kx-\omega t+\frac{\phi}{2})]$$
$$=2A\cos\left(\frac{\phi}{2}\right)\sin\left(kx-\omega t+\frac{\phi}{2}\right)$$

(3) 합성파의 진폭항

$$2A\cos\left(\frac{\phi}{2}\right)$$

① 보강 간섭

$\phi=0$ 일 때, 진폭이 $2A$로 최대

② 상쇄 간섭

$\phi=\pi$ or $180°$ 일 때, 진폭이 0으로 최소

(4) 합성파의 위상항

$$\sin\left(kx-\omega t+\frac{\phi}{2}\right)$$

파수, 진동수, 진행 속력이 모두 기존의 파와 동일 단, 위상상수만 $\frac{\phi}{2}$로 변화한다.

10. 위상자(phasor)

파동의 벡터공간 합성

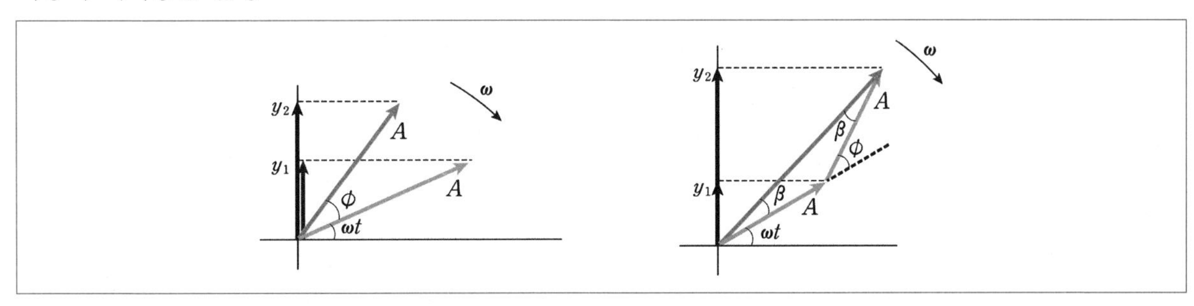

진폭의 벡터 합성은 다음과 같다.

$y_1(x,\ t)= A\sin(kx-\omega t)$, $y_2(x,\ t)= A\sin(kx-\omega t+\phi)$

$y(x,\ t)= y_1+y_2= 2A\cos\beta\sin(kx-\omega t+\beta)$

$\beta=\frac{\phi}{2}$

(1) 위상차 ϕ가 0일 때 합성 파동의 진폭이 $2A$로 최대(보강)

(2) 위상차 ϕ가 π일 때 합성 파동의 진폭은 0으로 최소(상쇄)

(3) 복소 공간 합성법

추후 전기장의 파동 합성을 할 때는 복소 공간이 더 편리하는 경우가 있다.

$y(x,\ t) = A\sin(kx - \omega t)$ ➡ $Ae^{i(kx-\omega t)}$ 에 대응시킨다고 하자. 같다는 게 아니라 대응시킨다는 의미이다.

$y_1(x,\ t) = Ae^{i(kx-\omega t)}$, $y_2(x,\ t) = Ae^{i(kx-\omega t+\phi)}$

$$\begin{aligned} y(x,\ t) &= y_1 + y_2 = Ae^{i(kx-\omega t)} + Ae^{i\phi}e^{i(kx-\omega t)} \\ &= A(1+e^{i\phi})e^{i(kx-\omega t)} \\ &= A(1+e^{i\phi})e^{-i\frac{\phi}{2}}e^{i\frac{\phi}{2}}e^{i(kx-\omega t)} \\ &= A(e^{-i\frac{\phi}{2}} + e^{i\frac{\phi}{2}})e^{i(kx-\omega t+\frac{\phi}{2})} \end{aligned}$$

$$\therefore\ y(x,\ t) = 2A\cos\frac{\phi}{2}e^{i(kx-\omega t+\frac{\phi}{2})}$$

03 정상파(Standing wave)

동일한 매질에서 진폭과 진동수가 같은 두 파동이 서로 반대 방향으로 진행하다가 중첩될 때, 어느 방향으로도 진행하지 않고 제자리에서 진동만 하는 것처럼 보이는 간섭현상을 정상파라고 한다.

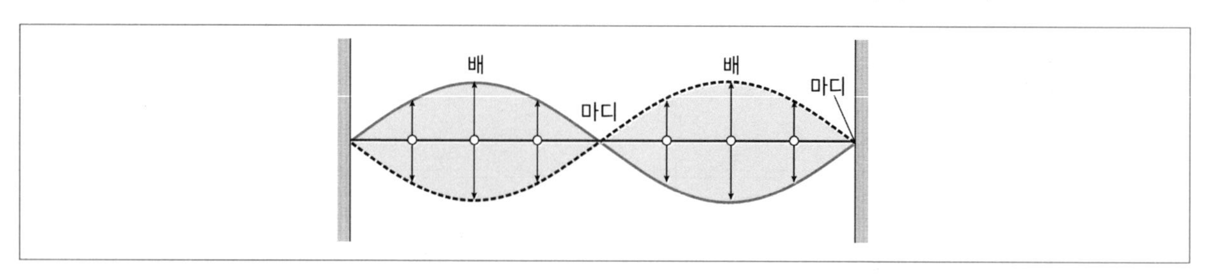

$y_1(x,\ t) = A\sin(kx - \omega t)$, $y_2(x,\ t) = A\sin(kx + \omega t)$

$$\begin{aligned} y(x,\ t) &= y_1 + y_2 = A[\sin(kx-\omega t) + \sin(kx+\omega t)] \\ &= 2A\sin(kx)\cos(\omega t) \end{aligned}$$

정상파 : $y(x,\ t) = \underbrace{[2A\sin(kx)]}_{x\text{ 위치에서의 진폭}}\ \underbrace{\cos(\omega t)}_{\text{시간적인 진동}}$

정상파의 경우 시간과 공간의 요소가 서로 분리되어 있다. 그러므로 에너지가 이동하지 않고 정체되어 있다. 정상파의 가장 단순한 예시는 줄넘기이다.

(1) 시간에 따른 정상파의 모양

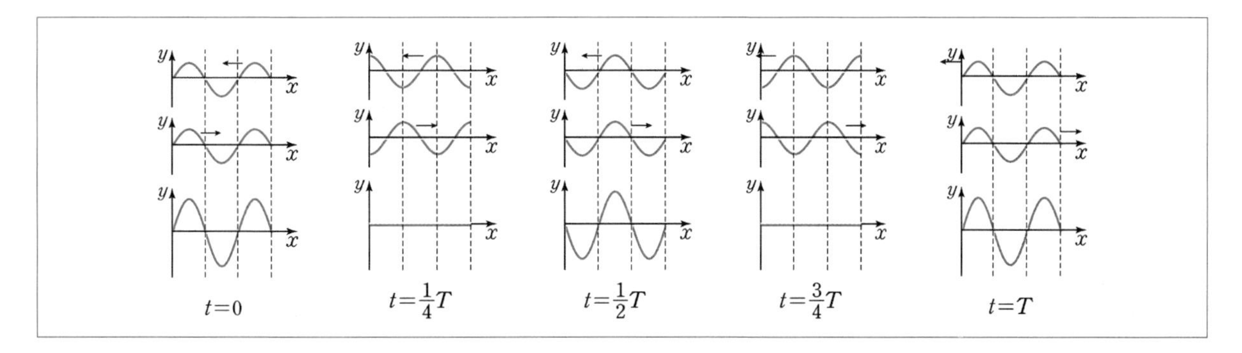

(2) 정상파의 종류

① 양 끝이 고정된 줄에서의 정상파

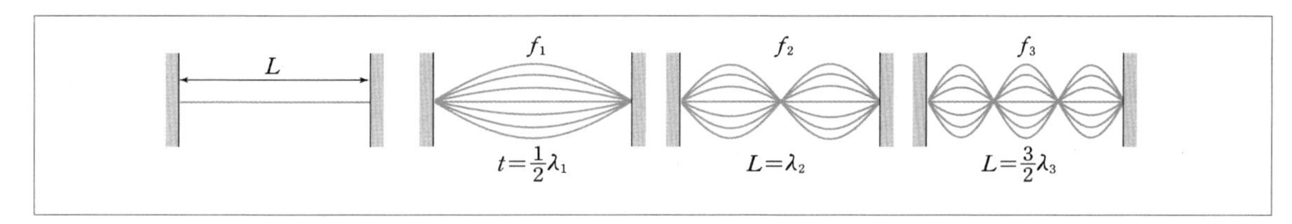

㉠ 정상파 조건: $L=\dfrac{n}{2}\lambda$

$kL=n\pi$ ➡ $\dfrac{2\pi}{\lambda}L=n\pi,\ L=\dfrac{n}{2}\lambda\ (n=1,\ 2,\ \cdots)$

$n=1$일 때를 기본 진동으로 한다.

$\lambda_n=\dfrac{2L}{n}$, $v=\lambda f$이므로

$\therefore\ f_n=\dfrac{nv}{2L}$

장력 T이고 줄의 선밀도가 μ일 때, 줄의 전파 속력은 $v=\sqrt{\dfrac{T}{\mu}}$이므로

$\therefore\ f_n=\dfrac{n}{2L}\sqrt{\dfrac{T}{\mu}}$

㉡ 기본 진동수(fundamental frequency): $n=1$인 가장 낮은 진동수 $f_1=\dfrac{v}{2L}$

모든 정상파의 진동수는 기본 진동수의 정수배이다. 그리고 기본 진동수의 정수배를 가진 진동수 시스템을 조화모드(harmonics)라 한다.

② 양 끝이 열린 관에서의 정상파

양 끝이 고정된 줄과 조건이 비슷하지만 양쪽 끝에서 자유단반사가 일어나는 차이점이 있다.

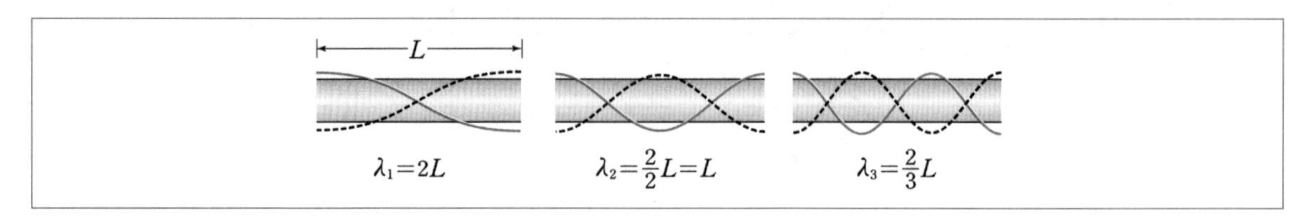

정상파 조건은 $L=\dfrac{n}{2}\lambda$이다.

$kL=n\pi$ ➡ $\dfrac{2\pi}{\lambda}L=n\pi,\ L=\dfrac{n}{2}\lambda\ (n=1,\ 2,\ \cdots)$

$n=1$일 때를 기본 진동으로 한다.

$\lambda_n=\dfrac{2L}{n},\ v=\lambda f$이므로

$\therefore\ f_n=\dfrac{nv}{2L}$

③ 한쪽은 열리고 한쪽은 닫힌 관에서의 정상파

한쪽 끝에서는 고정단반사, 그리고 다른 한쪽은 자유단반사가 일어난다.

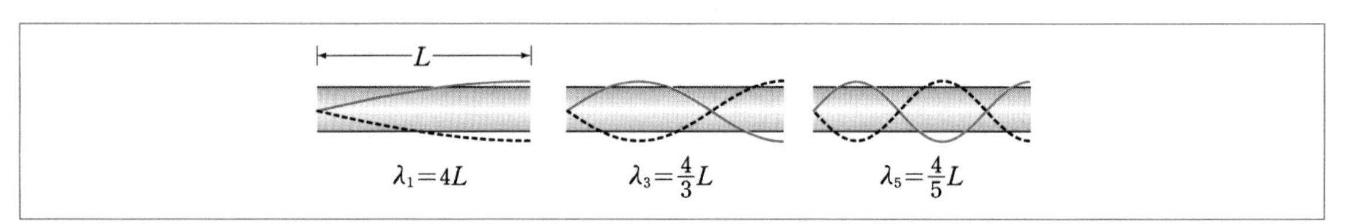

㉠ 정상파 조건: $L=\dfrac{2n-1}{4}\lambda$

$kL=\dfrac{2n-1}{2}\pi$ ➡ $\dfrac{2\pi}{\lambda}L=\dfrac{2n-1}{2}\pi,\ L=\dfrac{2n-1}{4}\lambda\ (n=1,\ 2,\ \cdots)$

$n=1$일 때를 기본 진동으로 한다.

$\lambda_n=\dfrac{4L}{2n-1},\ v=\lambda f$이므로

$f_n=\dfrac{(2n-1)v}{4L}$

ⓛ 기본 진동수(fundamental frequency) : $n=1$인 가장 낮은 진동수 $f_1 = \dfrac{v}{4L}$

둘 다 열리거나 닫힌 관과는 다르게 모든 정상파의 진동수는 기본 진동수의 홀수배가 된다.

예 기주공명 장치

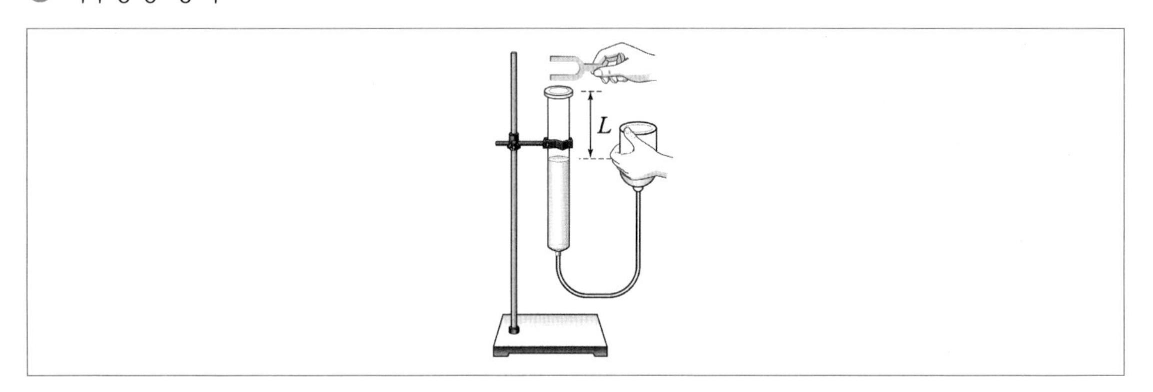

유리관에 물을 채우고 유리관 입구에서 진동수가 f로 일정한 소리굽쇠를 진동시킨 후 수면을 입구에서부터 서서히 낮추어가며 소리가 크게 들리는 수면의 위치를 찾는 실험을 하였다. 이를 통해 유리관 입구부터 수면까지의 거리 L에 따른 소리가 크게 들리는 위치를 찾을 수 있다. 이때 공기의 속력을 v라 하자.

특정 지점 L_1에서 소리가 크게 들렸다면 $L_1 = \dfrac{2n-1}{4}\lambda = \dfrac{2n-1}{4}\dfrac{v}{f}$

그리고 바로 다음 L_2인 위치에서 소리가 크게 들렸다면 $L_2 = \dfrac{2n+1}{4}\lambda = \dfrac{2n+1}{4}\dfrac{v}{f}$

$L_2 - L_1 = \dfrac{\lambda}{2} = \dfrac{v}{2f}$를 측정하면 소리의 파장과 소리굽쇠의 진동수를 구할 수 있게 된다.

04 맥놀이(Beat)

시간적 간섭이라고 한다. 이전의 간섭은 동일한 진동수를 갖는 파동들의 중첩이었다. 같은 시간에서 관측할 때, 진폭이 공간적 위치에 따라 달라지므로 공간적 간섭이라고 한다. 이제 진동수가 약간 다른 파동들의 중첩을 생각해보면 한 지점에서 관측할 때, 진동의 진폭이 시간적으로 달라지는 현상을 관측할 수 있다. 이것을 맥놀이 현상이라 한다.

1. 맥놀이의 정의

위상이 동일하고 진동수가 약간 다른 두 파동의 중첩현상이다. 쉽게 하기 위해서 우리는 $x=0$인 위치에서 파동의 간섭현상을 관측한다고 하자.

$$y_1(t) = A\cos(2\pi f_1 t)\ ,\ y_2(t) = A\cos(2\pi f_2 t)$$

$$y(x,\ t) = y_1 + y_2 = A[\cos(2\pi f_1 t) + \cos(2\pi f_2 t)]$$

$$= \left[2A\cos 2\pi\left(\frac{f_1 - f_2}{2}t\right)\right]\cos 2\pi\left(\frac{f_1 + f_2}{2}t\right)$$

우리가 관측하는 것은 파동의 에너지이다. 주로 맥놀이의 경우는 진동수가 약간 차이 나는 두 음의 중첩현상이다. 즉, 음파를 귀로 들을 때 우리는 소리의 에너지를 느끼는 것이다.

앞에서 전달되는 단위 시간당 파동의 에너지는 진폭의 제곱에 비례한다.

$$P = \frac{dE}{dt} = \frac{1}{2}\mu v\omega^2 A^2$$

따라서 맥놀이 진동수는 합성파의 진동수에 2배가 된다.

$$y^2(x,t) = \left[2A\cos 2\pi\left(\frac{f_1 - f_2}{2}t\right)\right]^2 \cos^2 2\pi\left(\frac{f_1 + f_2}{2}t\right)$$

주기 함수의 제곱의 경우에는 진동수가 2배 증가한다. 앞의 항의 진동수는 $f_b = |f_1 - f_2|$이고, 뒤의 항은 진동수 $f = f_1 + f_2$가 된다. 소리의 경우 보통 20Hz ~ 20000Hz인데 우리는 약간 차이가 나는 $f_b = |f_1 - f_2|$ 진동수는 느낄 수 있지만, $f = f_1 + f_2$는 매우 커서 연속으로 보이게 된다. 무슨 말인가 하면 예를 들어 형광등의 경우 초당 120번 깜박이지만 진동수가 커지게 되면 인간의 인지 범위를 벗어나게 되므로 진동한다고 느끼지 못하고 그냥 계속 같은 밝기를 낸다고 인식한다는 것이다.

맥놀이 진동수 : $f_b = |f_1 - f_2|$

2. 맥놀이의 예시

진동수가 1000Hz와 1001Hz인 파동의 합성

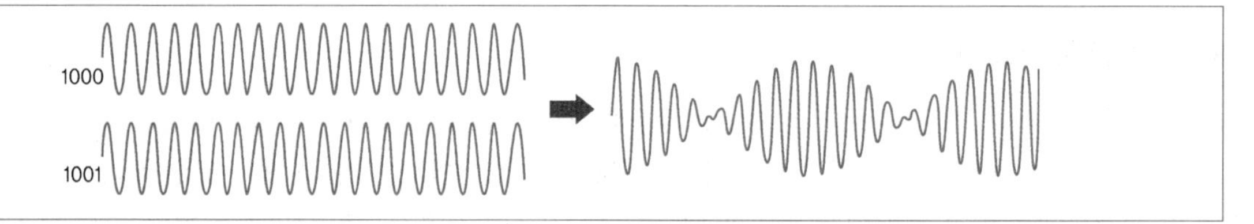

05 도플러 효과(The Doppler effect)

파원이나 관측자의 상대적 운동 때문에 생기는 진동수의 변화를 도플러 효과라 한다. 전파 속력이 v인 매질에 대하여 음원과 관측자의 속력이 v_s, v_o의 속력일 때 음원의 진동수 f와 관측자가 관측하는 진동수 f' 사이의 관계를 구해보자.

1. 음원이 움직일 때(관측자에 다가갈 때)

$$v = \lambda f = \lambda' f'$$

전파 속력은 불변하고, 관측하는 파장이 변화하여 진동수가 달라진다.

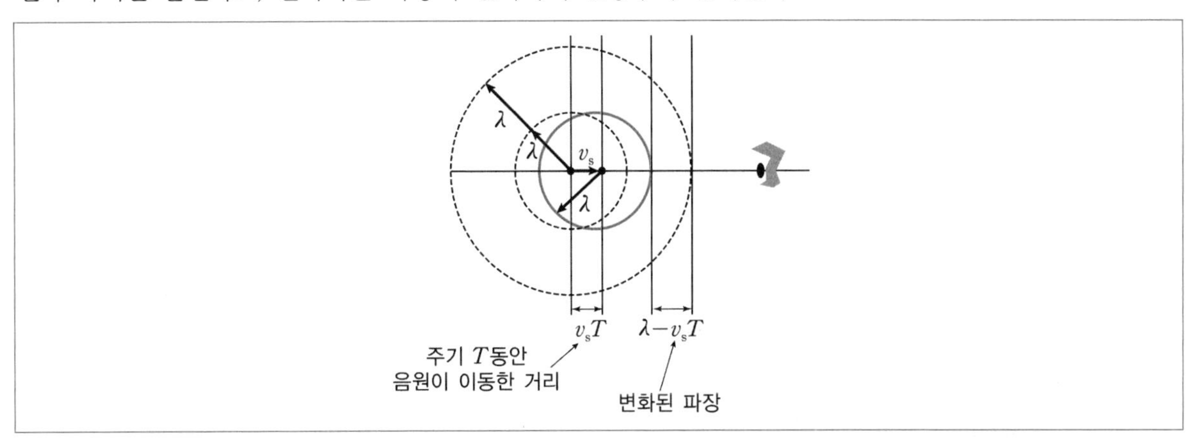

관측자가 관측하는 파장은 다음과 같다.

$$\lambda' = vT - v_s T = (v - v_s)T$$
$$= (v - v_s)\frac{1}{f}$$
$$\frac{v}{f'} = (v - v_s)\frac{1}{f}$$
$$\therefore f' = \frac{v}{v - v_s}f$$

음원이 움직일 때 $f' = \frac{v}{v \pm v_s}f$ ➡ 멀어질 때 +, 다가갈 때 −

Chapter 08

2. 관측자가 움직일 때(음원에 다가갈 때)

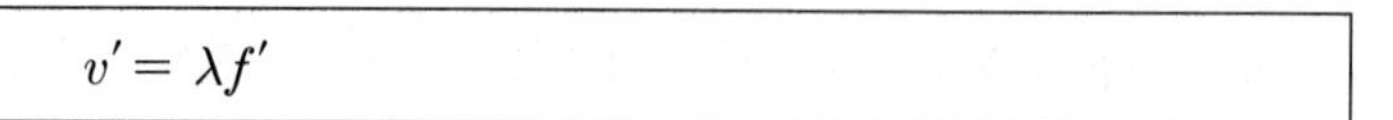

$$v' = \lambda f'$$

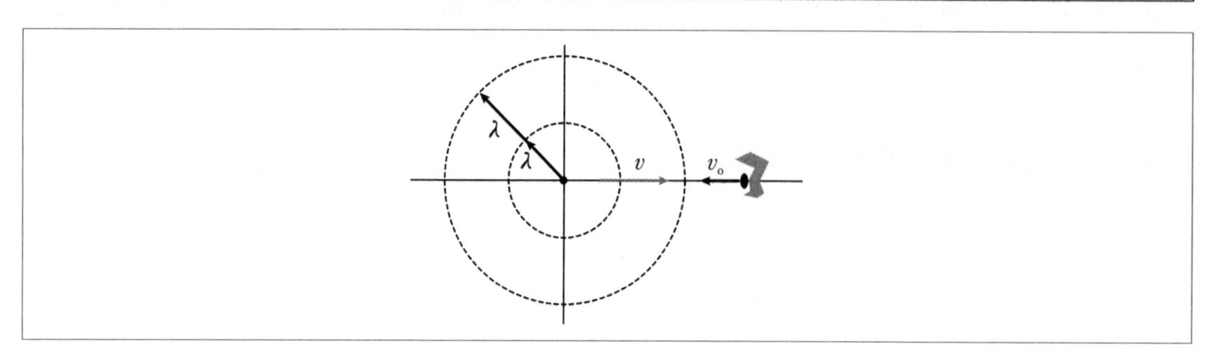

관측자가 관측하는 속력은 다음과 같다.

$v' = v + v_o$

$v + v_o = \lambda f' = \dfrac{v}{f} f'$

$\therefore f' = \dfrac{v + v_0}{v} f$

$f' = \dfrac{v \pm v_o}{v} f$ ➡ 다가갈 때 +, 멀어질 때 −

종합하면 도플러 효과 $f' = \left(\dfrac{v + v_o}{v - v_s} \right) f$ ➡ v_s, v_o의 부호는 서로 다가갈 때(+), 멀어질 때(−)

연습문제

정답_ 375p

18-A04

01 다음 그림은 매질과 두 개의 평면거울로 구성된 레이저 공진기가 공기 중에 놓여 있는 것을 모식적으로 나타낸 것이다. 두 거울 사이의 거리는 1.5m 이고 매질의 길이는 1.0m 이다. 공기의 굴절률은 1.0 이고, 매질의 굴절률은 1.5 이다.

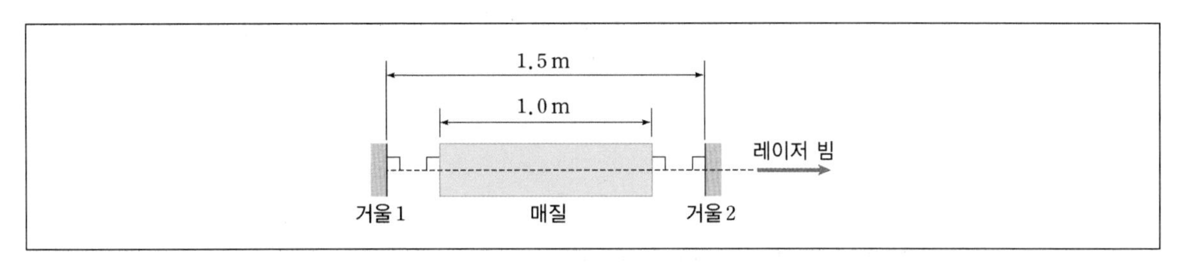

이때 레이저 빔이 거울 1 에서 거울 2 로 진행할 때의 광경로 길이(optical path length) L을 구하고, 공진기 내부에서 정상파 조건을 만족하는 종 모드(longitudinal mode)들 중에서 이웃한 두 모드 사이의 진동수 차 $\Delta\nu$를 구하시오. (단, 공기에서 빛의 속력은 $3.0\times10^8\mathrm{m/s}$ 이다. 매질 표면에서 반사는 무시하고, 레이저 빔은 거울 면에 수직이다.)

Chapter 08

02 다음 그림 (가)와 같이 기주공명 실험 장치에 물을 채우고 유리관 입구에서 소리굽쇠를 진동시킨 후 수면을 입구에서부터 서서히 낮추어가며 소리가 크게 들리는 수면의 위치를 찾는 실험을 하였다. 그림 (나)는 유리관 입구부터 수면까지의 거리 L에 따른 소리가 크게 들리는 위치를 나타낸 것이다.

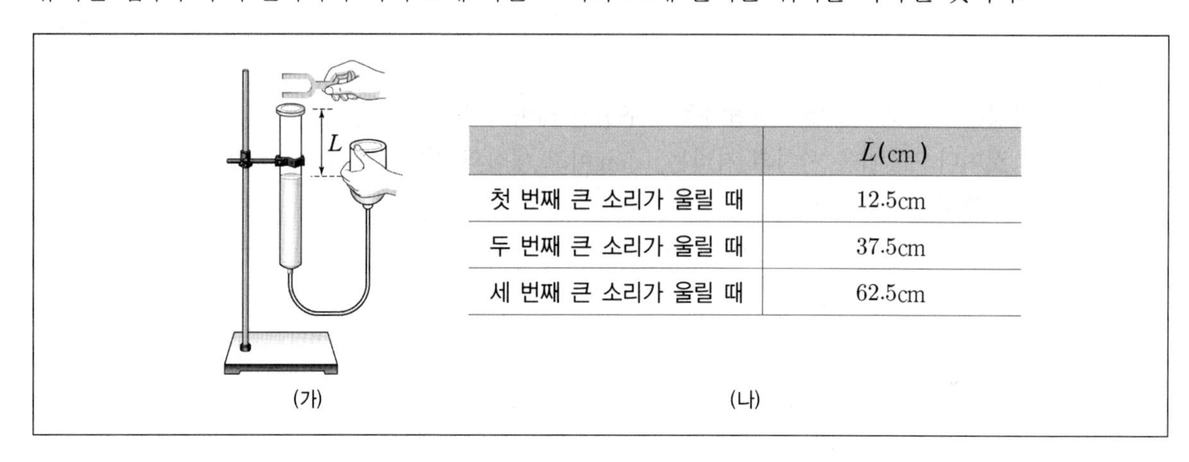

	L(cm)
첫 번째 큰 소리가 울릴 때	12.5cm
두 번째 큰 소리가 울릴 때	37.5cm
세 번째 큰 소리가 울릴 때	62.5cm

(가) (나)

이때 소리의 파장과 소리굽쇠의 진동수를 각각 구하시오. 동일한 소리굽쇠가 기주 공명 장치로부터 20m/s로 멀어질 때, 첫 번째 큰 소리가 울릴 때의 L의 값을 구하시오. (단, 공기 중에서 소리의 속력은 340m/s이다.)

03 다음 그림과 같이 $x=0$과 $x=l$인 위치에 고정된 줄이 기본 진동을 하고 있는 것을 나타낸 것이다. 줄은 에너지 전파 속력이 매어진 양쪽에서 반사되어 정상파를 형성하게 된다. 줄의 선밀도는 σ이고 장력은 T일 때 줄의 파동방정식은 다음과 같다.

$$\frac{\partial^2 y(x,\ t)}{\partial x^2} = \frac{\sigma}{T}\frac{\partial^2 y(x,\ t)}{\partial t^2}$$

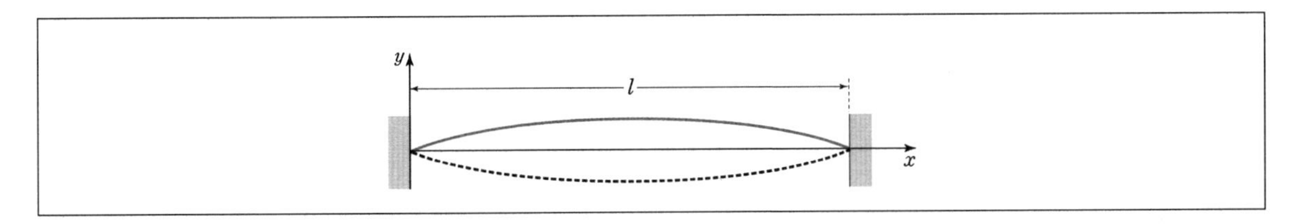

이때 <자료>를 참고하여 줄의 전파 속력 v와 파장 λ을 각각 구하시오. 또한 줄의 파동방정식의 해 $y(x,\ t)$를 구하시오. (단, 모든 마찰은 무시한다.)

자료

- 줄의 파동방정식의 해는 $y(x,\ t) = X(x)\,\Omega(t)$일 때, $X(x) = \alpha_1 \cos\frac{2\pi}{\lambda}x + \alpha_2 \sin\frac{2\pi}{\lambda}x$,
  $\Omega(t) = \beta_1 \cos\frac{2\pi}{\lambda}vt + \beta_2 \sin\frac{2\pi}{\lambda}vt$이다. 여기서 α_1, α_2, β_1, β_2는 상수이고, λ는 줄의 파장, v는 줄의 속력이다.
- $y(0,\ t) = y(l,\ t) = 0$, $y\left(\frac{l}{2},\ 0\right) = 0$, $\frac{d}{dt}y\left(\frac{l}{2},\ 0\right) = A$이고, A는 양의 상수이다.

17-A03

04 다음 그림은 압력 변화가 사인파 형태인 두 음파가 같은 세기로 관측점에 도달할 때 측정한 압력 변화 ΔP를 시간에 따라 나타낸 것이다.

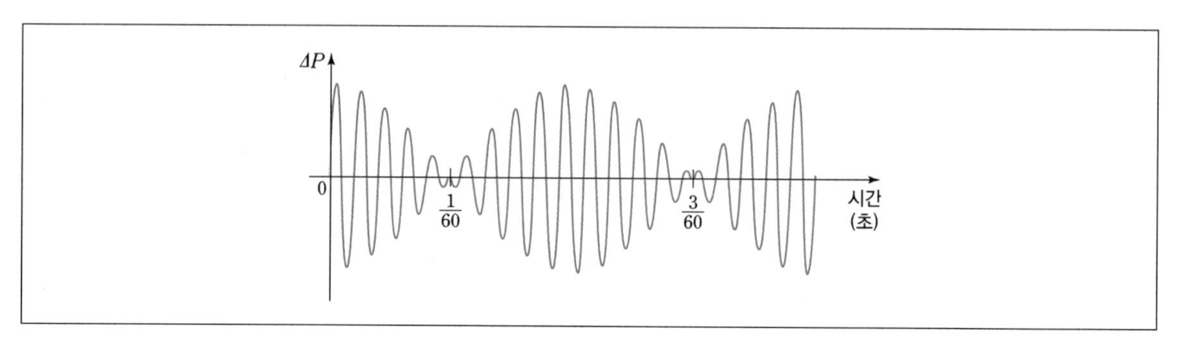

이때 맥놀이 진동수 f_b를 쓰고, 두 음파의 진동수를 구하시오.

(단, $\sin A + \sin B = 2\sin\left(\frac{A+B}{2}\right)\cos\left(\frac{A-B}{2}\right)$이다.)

05 다음 그림 (가)는 정지해 있는 음원에서 발생하는 음파의 파면을 모식적으로 나타낸 것이다. 이 음파의 파장은 λ_0이고 진동수는 f_0이고 속력은 v_0이다. 그림 (나)는 정지해 있는 관측자를 향해 (가)와 동일한 음원이 일정한 속력 v_s로 다가올 때, 음파의 파면을 모식적으로 나타낸 것이다. (나)에서 관측자가 관측하는 음파의 파장과 진동수는 각각 λ와 f이다.

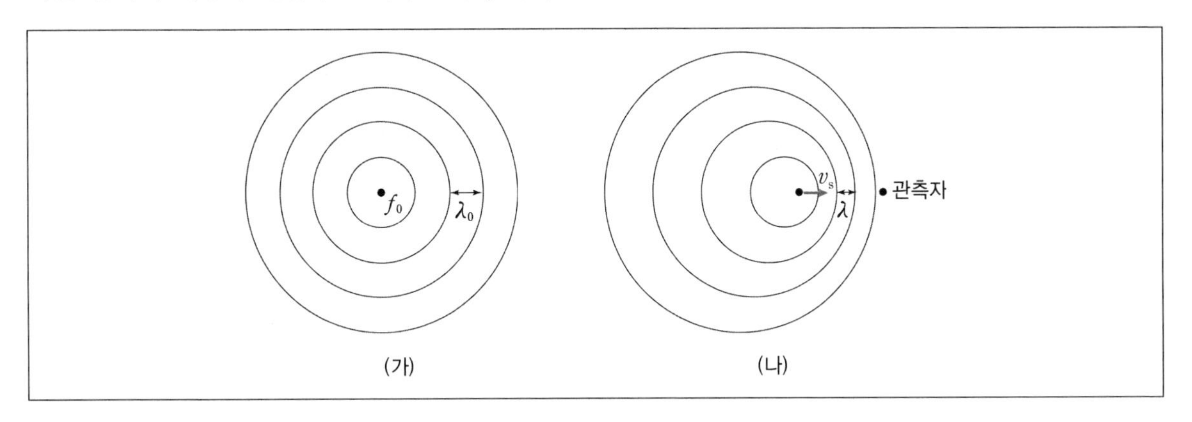

이때 (나)에서 관측자가 느끼는 음원에서 발생되는 파의 속력 v와 파장 λ, 그리고 진동수 f를 모두 구하시오. (단, 매질과 관측자는 정지해 있고, 음파의 속력은 일정하다.)

06 다음 그림과 같이 수평면상에서 음원 A는 음파 측정기를 향해 속력 v_0으로 가까워지고, 음원 B는 음파 측정기로부터 속력 v_0으로 멀어진다. A, B의 진동수는 f_0이다.

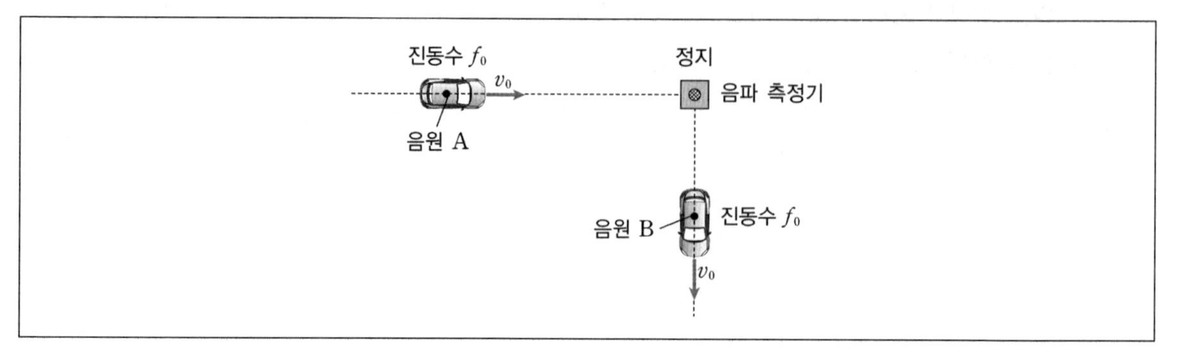

이때 음파 측정기가 측정한 음원 A의 파장을 구하시오. 또한 v_0이 음속의 $\frac{1}{25}$일 때, 음파 측정기로 측정한 두 음파의 진동수차를 구하시오. (단, 매질은 균일하고 음파 측정기에 대해 정지해 있다.)

10-21

07 다음 그림은 한쪽 끝이 닫힌 원통 A와 양쪽 끝이 열린 원통 B 사이에서, 음원이 원통 B를 향해 일정한 속력 v로 직선 운동 하는 모습을 나타낸 것이다. 음원과 원통 A, B는 모두 일직선상에 있고 두 원통의 길이는 모두 L이다. 두 원통에는 각각 기본 진동수의 정상파가 형성되었으며, 음속은 v_0이다.

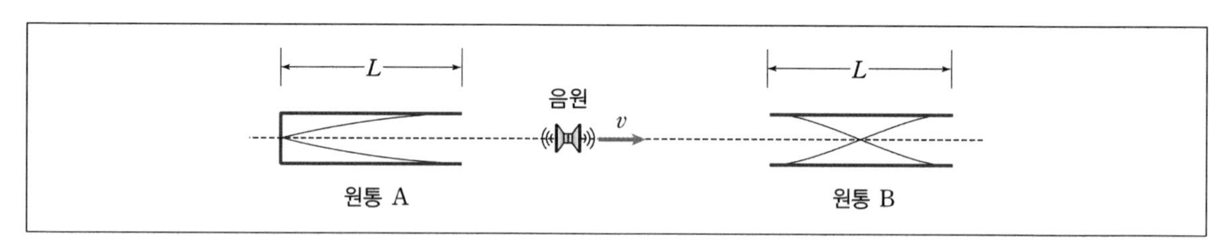

이때 음원의 속력 v을 구하시오. (단, 정상파의 배와 원통의 끝은 일치한다.)

08 다음 그림 (가)와 같이 마찰이 없는 수평면에서 진동수 f_0의 소리를 발생시키는 음원이 v의 속력으로 정지해 있는 음파 측정기를 향해 운동하고 있다. 음원과 음파 측정기의 질량은 m으로 같다. 그림 (나)는 (가)에서 음원이 음파 측정기와 충돌하는 과정에서 음파 측정기가 음원으로부터 받은 힘의 크기를 시간에 따라 나타낸 것으로, 곡선이 시간 축과 만드는 면적은 $\frac{2}{3}mv$이고, 소리의 속력은 $5v$이다.

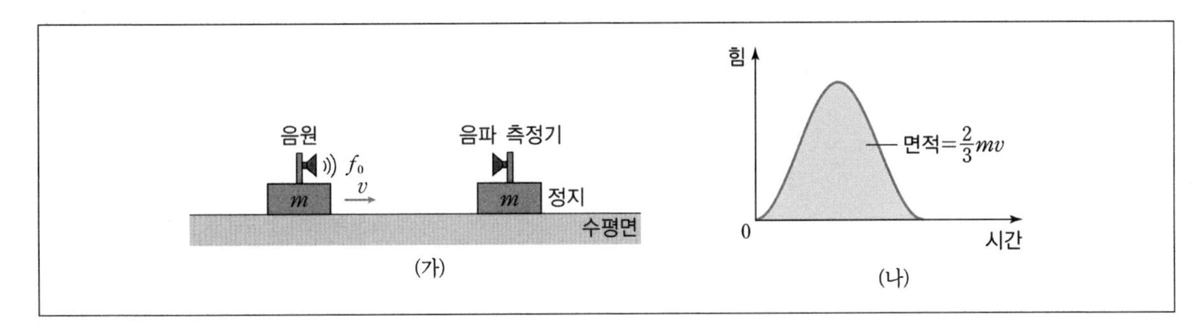

이때 충돌 전 음파 측정기에서 측정된 음원의 파장을 구하시오. 또한 음파 측정기가 음원과 충돌하기 전과 후에 측정한 소리의 진동수를 각각 f_1, f_2라 할 때, $\frac{f_1}{f_2}$를 구하시오.

09 다음 그림 (가)는 경고음을 내는 비행기 A가 경고음을 내는 관제탑 B를 향해 등속 직선 운동을 하고 있는 것을 나타낸 것이다. A가 정지 상태에서 내는 경고음의 파장과 B가 내는 경고음의 파장은 λ_0으로 같다. 그림 (나)는 (가)에서 시간 t 동안 A가 측정한 B의 경고음의 변위와 B가 측정한 A의 경고음의 변위를 나타낸 것으로, A가 측정한 마루의 개수는 n_1, B가 측정한 마루의 개수는 n_2 이다. T는 B가 측정한 A의 경고음의 이웃한 마루 사이의 시간 간격이다. T 동안 A가 이동한 거리는 $\frac{1}{4}\lambda_0$이다.

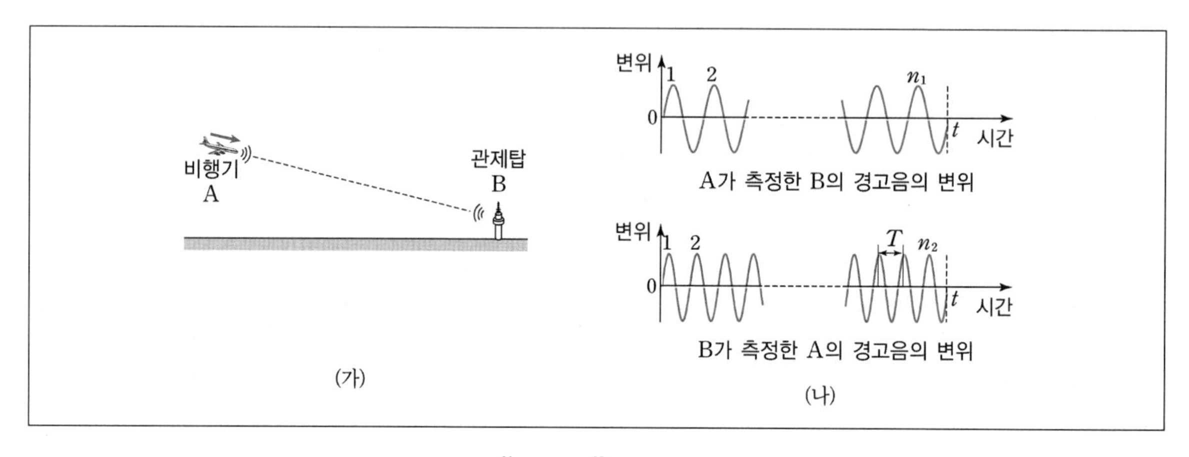

이때 비행기의 속력과 음파의 속력의 비 $\frac{v_A}{v_{음파}}$와 $\frac{n_1}{n_2}$을 각각 구하시오. (단, 음파의 속력은 일정하다.)

MEMO

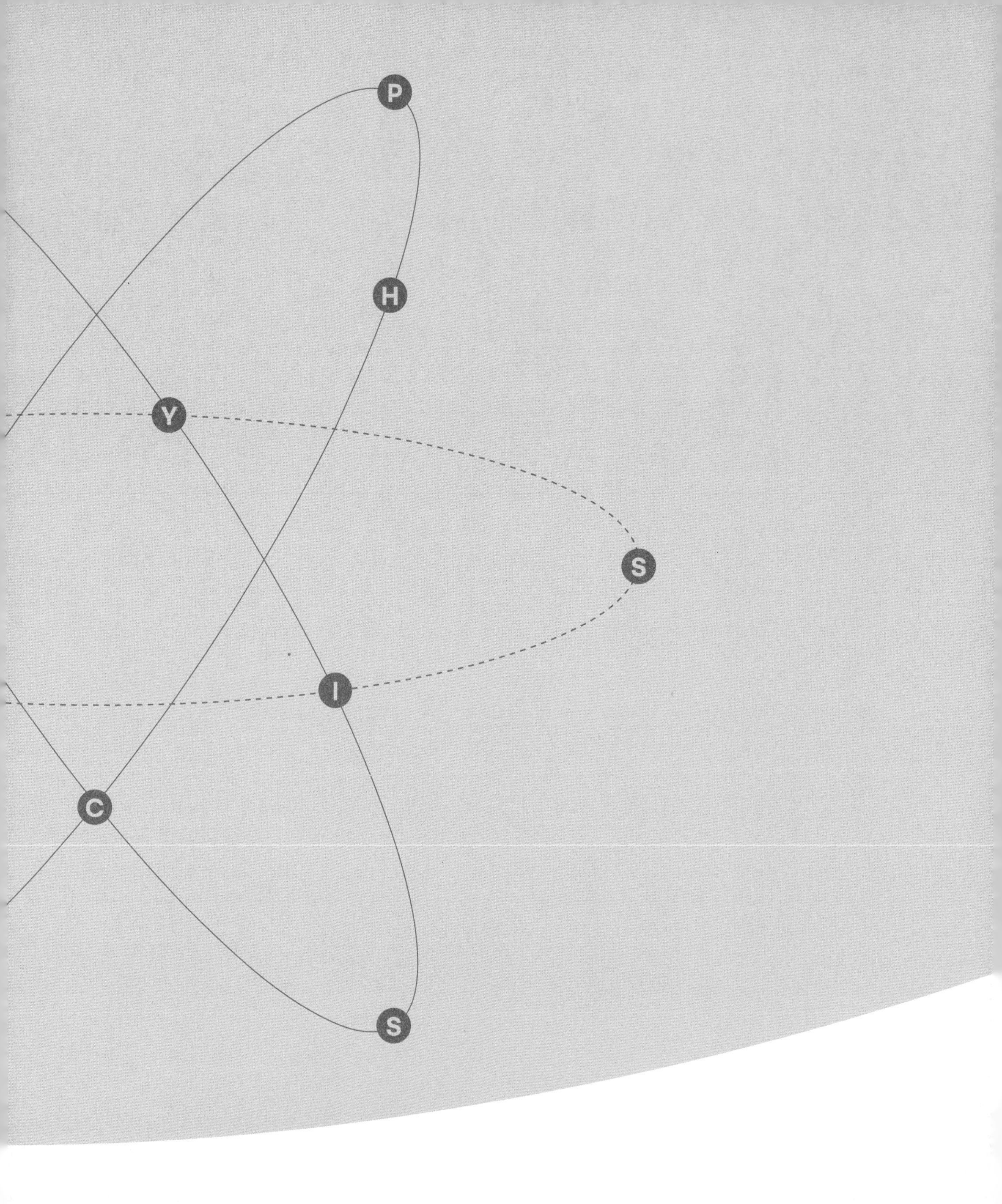

정승현
일반물리학

Chapter

09

전기회로

Chapter 09 전기회로

01 전류, 전압, 전기저항

1. 전류

(1) 전류의 정의

전자가 이동하면서 전하를 운반하는데, 이러한 전하의 흐름을 전류라고 한다.

① 전자와 전류의 방향

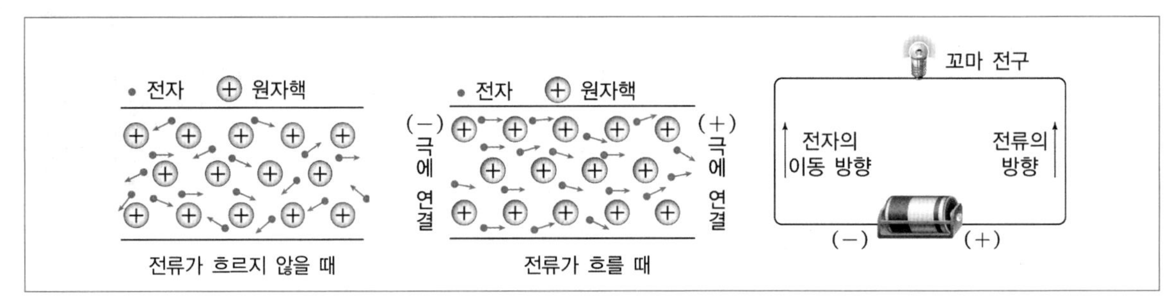

㉠ 전자의 이동 방향: 전지의 (−)극 ➡ (+)극

㉡ 전류의 방향: 전지의 (+)극 ➡ (−)극

② 전류의 세기

1초 동안 흐른 전하의 양 (단위: A)

이때 1A는 1초 동안 도선의 한 단면을 6.25×10^{18}개의 전자가 이동할 때의 전류의 세기이다.

$$1\text{A} = 1000\text{mA},\ 1\text{mA} = \frac{1}{1000}\text{A}$$

(2) 도체와 절연체

① 도체

자유 전자를 많이 가지고 있어 전류가 잘 흐르는 물질(예 은, 구리, 철 등)

② 절연체

자유 전자가 거의 없어 전류가 잘 흐르지 않는 물질(예 고무, 나무 등)

(3) 전류의 측정

① 전류계

전류의 세기를 측정하는 기구

② 전류계의 사용법

㉠ 회로에 직렬로 연결한다.

㉡ 저항이나 전구 없이 전지와 직접 연결하지 않는다.

㉢ (+)단자는 전지의 (+)극에, (−)단자는 전지의 (−)극에 연결한다.

㉣ 측정하려는 전류가 전류계의 최댓값을 넘지 않도록 (−)단자를 선택한다.

㉤ 연결된 (−)단자에 해당하는 눈금을 읽는다.

※ 전류계 측정

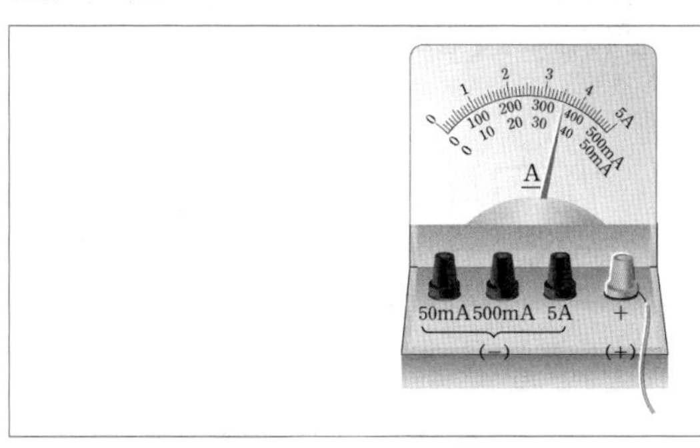

(−)단자	측정값
50mA	mA
500mA	mA
5A	mA

(4) 전류와 전하

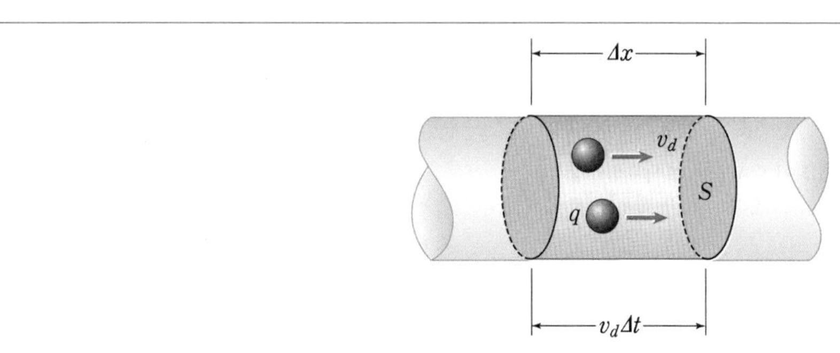

(도선의 단면적: S, 단위 부피당 전하 운반자수: n(전하 운반자 개수 밀도), 전하 운반자의 전하량: e, 전하의 속도(유동속도): v_d)

총 자유 전하량 $\Delta Q = eN = en(Sv_d\Delta t)$

$I = \dfrac{\Delta Q}{\Delta t} = Sev_d n$ ➡ $I = Sevn$ (세븐)으로 외우기~!!

2. 전하량 보존

(1) 전하량

일정 시간 동안 회로의 한 점을 통과하는 전하의 양(단위: C)

① 전하량(C)=전류의 세기(A)×시간(초), $Q = It$

② $1\text{C} = 1\text{A} \times 1\text{s}$ = 전자 6.25×10^{18}개가 지닌 전하량

(2) 전하량 보존의 법칙

전하는 새로 생겨나거나 없어지지 않고 항상 일정하게 보존된다.

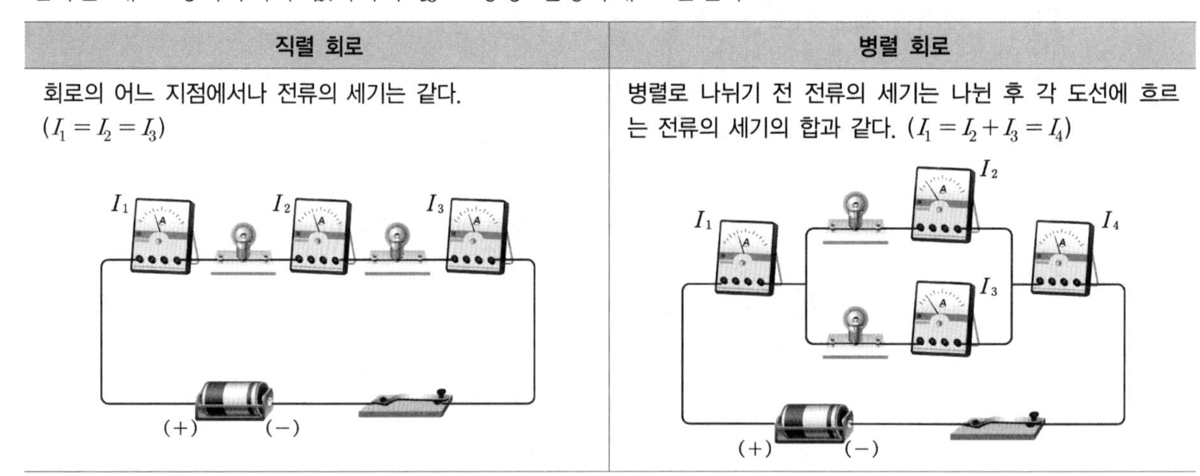

직렬 회로	병렬 회로
회로의 어느 지점에서나 전류의 세기는 같다. ($I_1 = I_2 = I_3$)	병렬로 나뉘기 전 전류의 세기는 나뉜 후 각 도선에 흐르는 전류의 세기의 합과 같다. ($I_1 = I_2 + I_3 = I_4$)

3. 전압

(1) 전압의 정의

전류를 흐르게 할 수 있는 능력(단위: V(볼트))

① 기전력

전지 양단의 전위차(생산자 입장)

② 소비 전압

저항등 양단의 전위차(소비자 입장)

③ 전위

단위 전하 당 위치에너지

④ 전기 회로를 물의 흐름에 비유

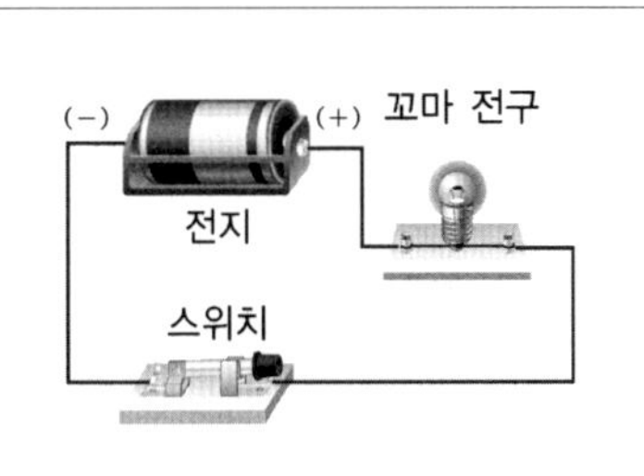

꼬마전구	물레방아
스위치	밸브
전류	물의 흐름
도선	파이프
전지	펌프
전압	수압

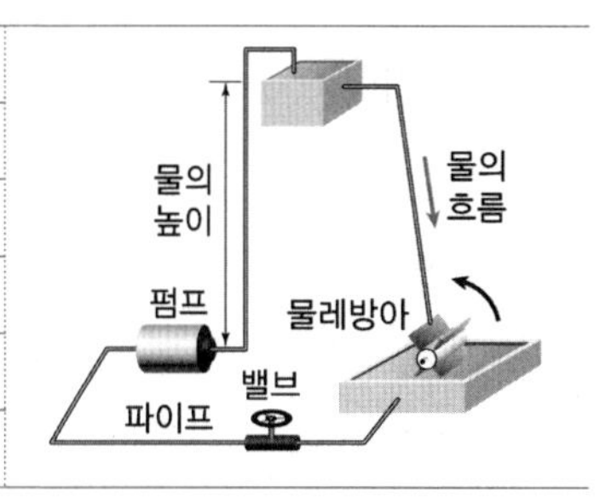

⑤ 전압계

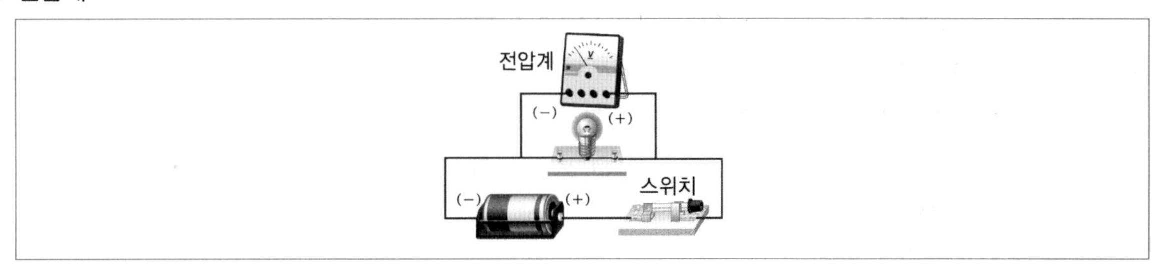

㉠ 전압을 측정하려는 부분에 병렬로 연결한다.

㉡ (+)단자는 전지의 (+)극에, (−)단자는 전지의 (−)극에 연결한다.

㉢ 측정하려는 전압이 전압계의 최댓값을 넘지 않도록 (−)단자를 선택

(2) **전위**

① 전기장 내에서 +1C의 전하가 갖는 전기적 위치 에너지. 단위 전하당 위치 에너지 또는 전기장 내에서 +1C의 전하를 기준점에서 한 점까지 옮기는 데 필요한 일이라고 한다.

② 전기장 내의 전하는 힘을 받으므로, 일을 할 수 있는 능력(퍼텐셜 에너지)을 가진다.

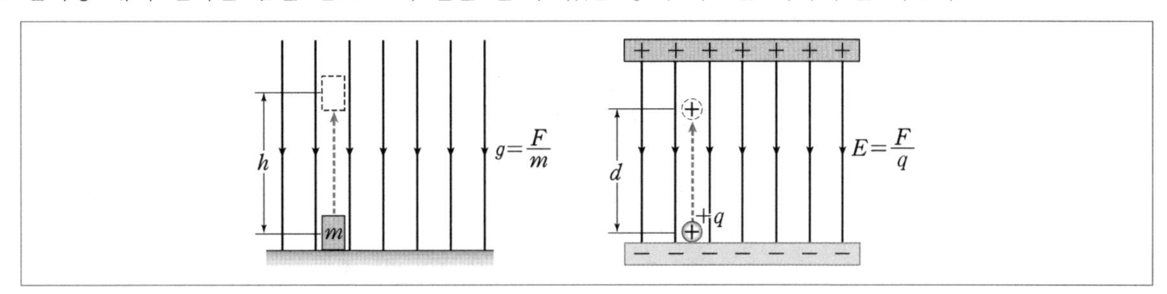

중력장 내에서 높이 h인 곳에서의 퍼텐셜에너지는 $W=mgh$이고, 극판 사이이 거리 d인 전기장 내에서 퍼텐셜 에너지는 $W=qEd=qV$이다.

이때 극판 사이의 전위차가 V이면, 전하 q를 전위차 V에서 옮기는 데 한 일은 qV이므로

전위차 $V=\frac{W}{q}=\frac{qEd}{q}=Ed$

4. 전기 저항

(1) 전기 저항

전류의 흐름을 방해하는 정도 (단위: Ω(옴))

① 저항이 생기는 이유

전자들이 이동하면서 원자들과 충돌하기 때문

② 전기 저항을 변화시키는 요인

물질의 종류, 물질의 길이, 물질의 단면적

물질의 종류	물질의 종류에 따라 저항이 다르다.	
물질의 길이	저항은 물질의 길이에 비례한다.	저항 $\propto \frac{\text{길이}}{\text{단면적}}$
물질의 단면적	저항은 물질의 단면적에 반비례한다.	

같은 면적과 같은 길이일 때 저항은 물질의 종류에 따라 달라지게 된다. 이것의 척도가 비저항이다.

③ 비저항(ρ)

단위 면적당 단위 길이일 때 물질의 저항

④ 물체의 저항

$$R = \rho \frac{\ell}{A}$$

(2) 옴의 법칙

전류의 세기(I)는 전압(V)에 비례하고, 저항(R)에 반비례한다.

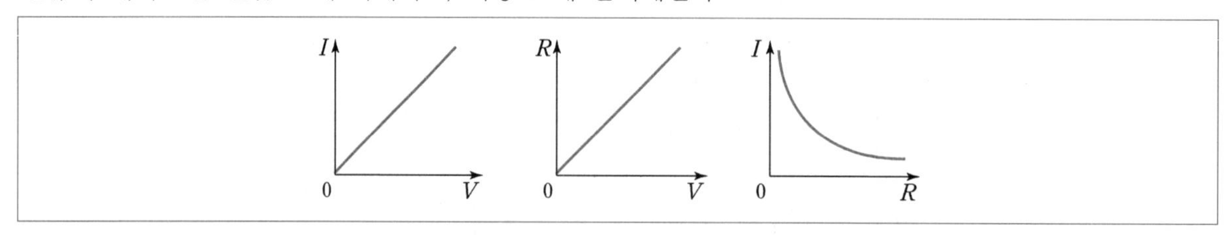

$$I = \frac{V}{R}, \quad V = IR, \quad R = \frac{V}{I}$$

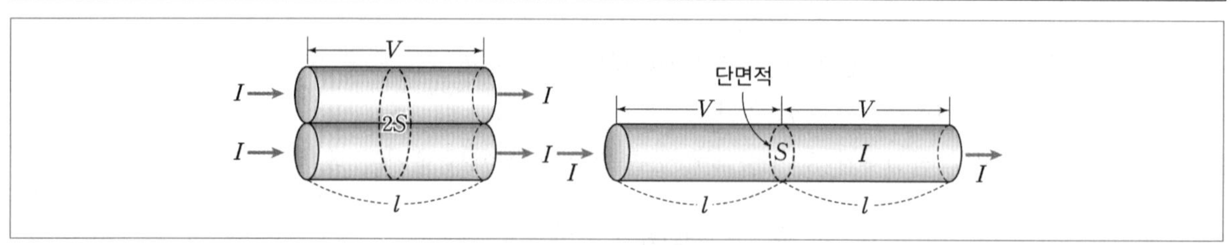

(3) 저항의 연결

저항의 직렬 연결과 병렬 연결은 다음과 같다.

구분	직렬 연결	병렬 연결
정의	한 전지의 (+)극을 다른 전지의 (−)극과 연결 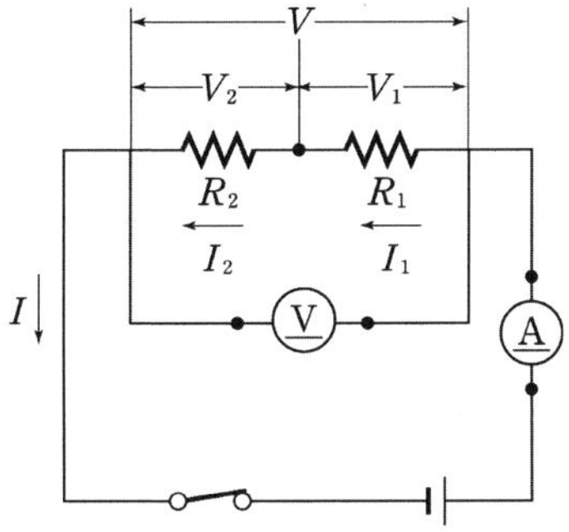	각 전지의 (+)극은 (+)극끼리 (−)극은 (−)극끼리 연결 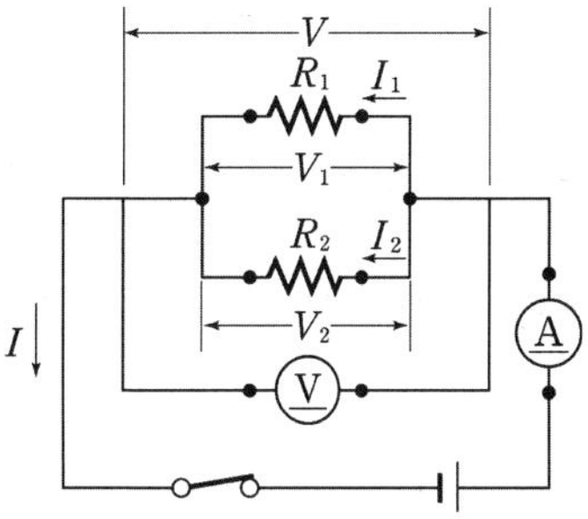
전체 전류	전하량 보존 법칙에 의해 각 저항에 흐르는 전류와 같다. ➡ $I = I_1 = I_2$	전하량 보존 법칙에 의해 각 저항에 흐르는 전류의 합과 같다. ➡ $I = I_1 + I_2$
전체 전압	각 저항에 걸리는 전압의 합과 같다. ➡ $V = V_1 + V_2$	각 저항에 걸리는 전압과 같다. ➡ $V = V_1 = V_2$
전체 저항	각 저항의 합과 같다. ➡ $R = R_1 + R_2$	전체 저항의 역수는 각 저항의 역수의 합과 같다. ➡ $\frac{1}{R} = \frac{1}{R_1} + \frac{1}{R_2}$ ※ 두 개의 저항: $R_{합성} = \frac{R_1 \times R_2}{R_1 + R_2}$

5. 전기 에너지

(1) 전류의 열작용

전류가 도선을 지날 때 열이 발생한다.

① 열 발생의 원인
자유 전자가 이동하면서 도선 속의 원자와 충돌하기 때문

② 전열기
전기를 이용하여 열을 내는 기구(예 전기다리미, 전기밥솥, 헤어드라이어 등)

(2) 발열량과 전압, 전류, 전류가 흐른 시간의 관계

$$Q = VIt$$

① 저항의 직렬 연결
각 저항에 흐르는 전류가 일정하고, 전압은 저항에 비례한다.
➡ 발열량은 저항에 비례한다.

② 저항의 병렬 연결
각 저항에 걸리는 전압이 일정하고, 전류는 저항에 반비례한다.
➡ 발열량은 저항에 반비례한다.

(3) 전기 에너지

전류가 흐를 때 공급하는 에너지이다.

$$E = VIt = I^2Rt = \frac{V^2}{R}t \text{ (단위: J)}$$

① 발열량과 전기 에너지의 관계
발열량은 전기 에너지에 비례한다.

② 전기 에너지의 크기=전압×전류×시간(단위: J(줄))
➡ 1J: 1V의 전압으로 1A의 전류가 1s 동안 흐를 때 공급되는 전기 에너지, 1J=1V×1A×1s

(4) 전력과 전력량

구분	전력	전력량
정의	• 1초 동안 소비한 전기 에너지의 양 • 전력=전압×전류 • $P=VI$	• 전기 기구에서 어느 시간 동안 사용한 전기 에너지의 총량 • 전력량=전력×시간=전압×전류×시간 • $W=Pt$=VIt(시간)
단위	W(와트), kW, J/s	Wh(와트시), kWh

※ 1W : 1V의 전압으로 1A의 전류가 흐를 때 공급되는 전력

※ 1Wh : 1W 전력을 1시간 동안 사용하였을 때의 전력량 = 1W × 1h = 1W × 3600s = 3600J

① 200V–100W의 의미

전구를 200V의 전원에 연결하여 사용하였을 때 전구가 1초 동안에 100J의 전기 에너지를 소비한다.

② $\text{전류}=\dfrac{\text{전력}}{\text{전압}}=\dfrac{100\text{W}}{200\text{V}}=0.5\text{A}$

③ $\text{저항}=\dfrac{(\text{전압})^2}{\text{전력}}=\dfrac{(200\text{V})^2}{100\text{W}}=400\Omega$

(5) 정격 전압과 소비 전력

220V-44W 전구 ➡ 전구를 220V 전원에 연결하여 사용할 때 1초 동안 44J의 전기 에너지를 소비한다.

구분	220V 전원에 연결할 때	110V 전원에 연결할 때	비교
저항	$R=\dfrac{V^2}{P}=\dfrac{(220\text{V})^2}{44\text{W}}=1100\Omega$	1100Ω	항상 일정
소비 전력	$P=44\text{W}$	$P=\dfrac{V^2}{R}=\dfrac{(110\text{V})^2}{1100\Omega}=11\text{W}$	$\dfrac{1}{4}$배
전류	$I=\dfrac{P}{V}=\dfrac{44\text{W}}{220\text{V}}=0.2\text{A}$	$I=\dfrac{P}{V}=\dfrac{11\text{W}}{110\text{V}}=0.1\text{A}$	$\dfrac{1}{2}$배

(6) 전기 사고

합선	전기 회로의 두 부분이 전기적으로 접촉하는 현상
누전	전류가 회로의 바깥으로 흘러나오는 현상
퓨즈	합선이나 누전에 의해 회로에 과전류가 흐르면 녹아서 끊어져 전류를 차단하는 장치
누전차단기	누전이 발생하면 이를 감지하여, 회로에 흐르는 전류를 자동으로 차단하는 장치

퓨즈

누전 차단기

(7) 전기 에너지의 안전하고 효율적인 이용

① 전기 에너지의 안전한 이용

㉠ 한 콘센트에 여러 개의 플러그를 꽂지 않는다.

㉡ 고장이 난 전기 기구나 피복이 벗겨진 전선은 반드시 수리한 후 사용한다.

㉢ 전기 기구는 반드시 정격 전압에서 사용한다.

② 전기 에너지의 효율적인 이용

㉠ 사용하지 않는 전기 기구의 플러그는 빼서, 대기 전력을 줄인다.

㉡ 백열전구 대신 에너지 효율이 좋은 LED나 형광등을 사용한다.

㉢ 냉장고에 음식물을 가득 채워 넣지 않고, 뜨거운 음식은 식혀서 넣는다.

02 전기회로

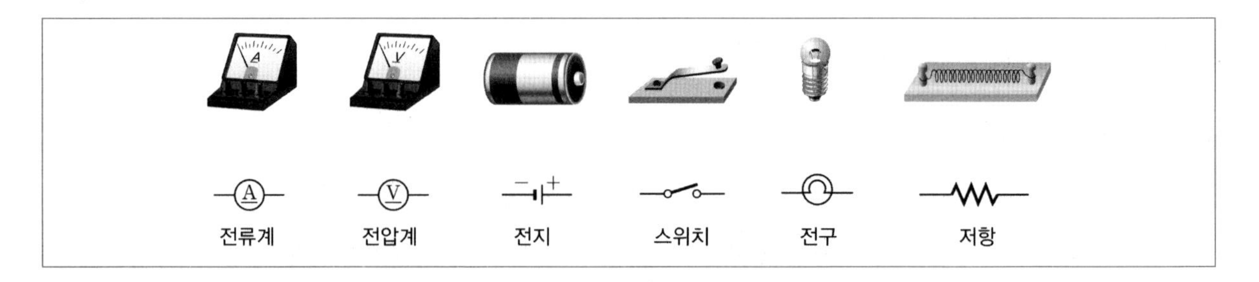

1. 전지의 기전력과 내부저항

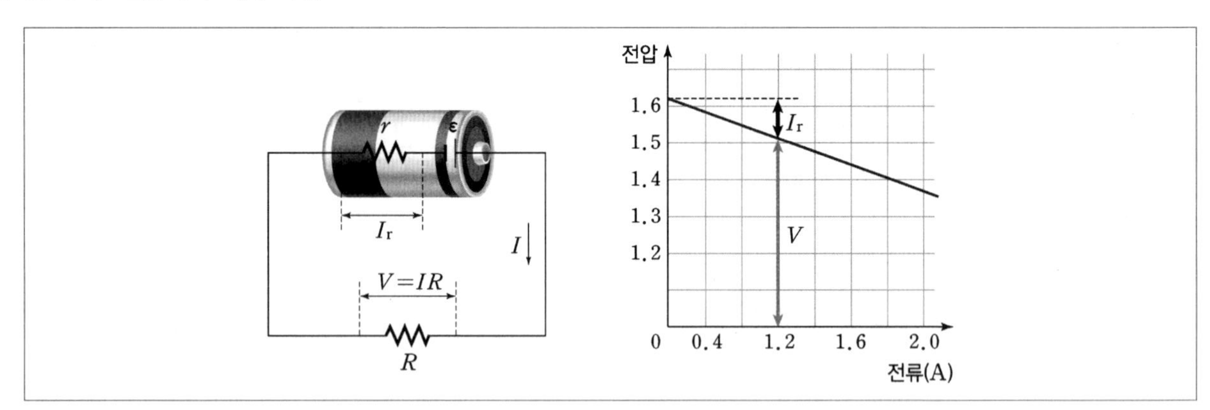

전지는 전원(ε)과 내부 저항 r이 직렬로 연결되어 있다.

'기전력: E, 내부저항: r, 외부저항: R'이라면

$$E = V + Ir = IR + Ir,\ I = \frac{E}{R+r}$$

단자전압(외부저항에 의한 전압강하) V는

$$V = E - Ir$$

※ 내부저항 : 전지 자체의 저항(V-I 그래프에서 직선의 기울기)

2. 전지의 직렬연결

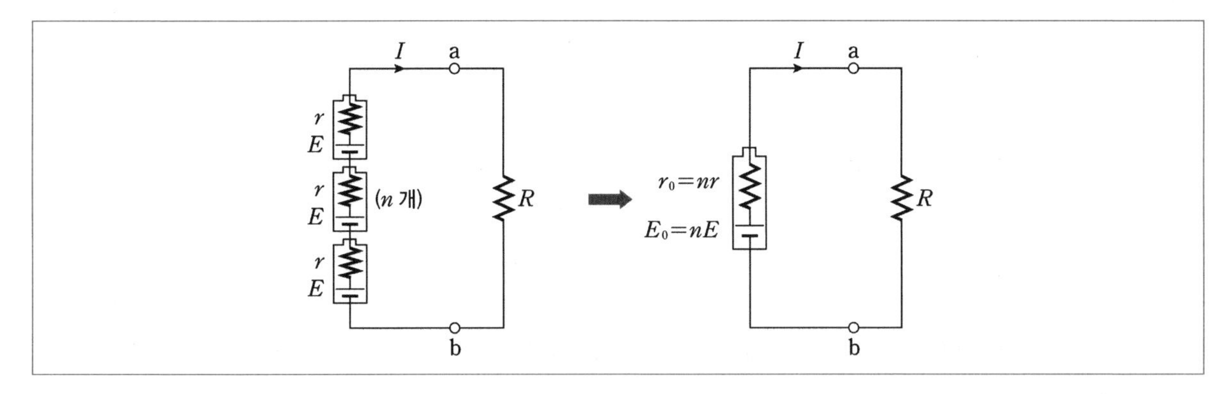

(1) 전지의 총기전력

$E_0 = nE$

(2) 전지의 합성 내부저항

$r_0 = nr$

(3) 회로 전체의 합성 저항

$R_0 = R + nr$

$$I = \frac{E_0}{R_0} = \frac{nE}{R + nr}$$

3. 전지의 병렬연결

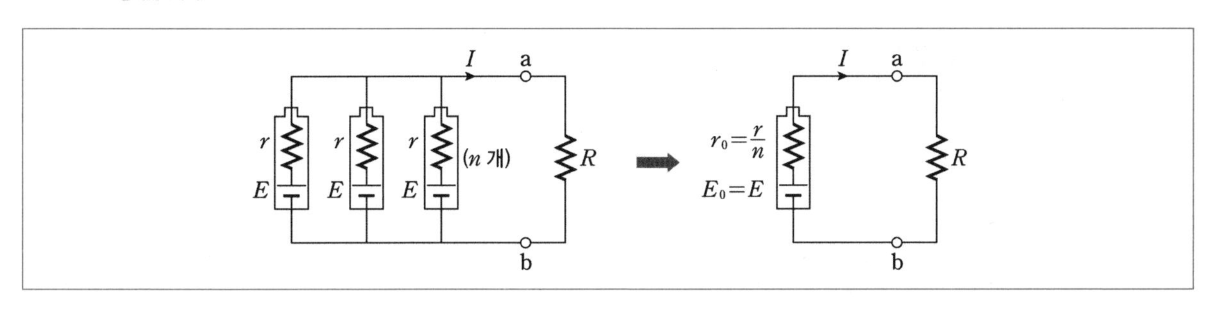

(1) 전지의 총기전력

$E_0 = E$

(2) 전지의 합성 내부저항

$r_0 = \frac{r}{n}$

(3) 회로 전체의 합성 저항

$R_0 = R + \frac{r}{n}$

$$I = \frac{E_0}{R_0} = \frac{E}{R + r/n}$$

예제 1 어떤 건전지에 가변 저항기를 연결하여 전류 I를 변화시키면서 단자 전압 V를 측정하여 그림과 같은 그래프를 얻었다.

1) 이 전지의 기전력은 얼마인가?

2) 이 전지의 내부 저항은 몇 Ω인가?

정답 1) $1.45\,V$, 2) 1.0Ω

풀이

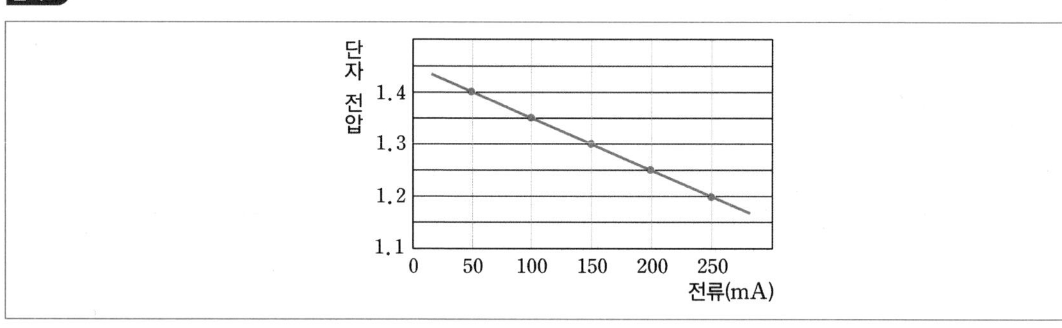

$I_1 = 50\text{mA}$일 때 $V_1 = 1.4\,V$, 또 $I_2 = 250\text{mA}$일 때 $V_2 = 1.2\,V$이므로

$V = E - Ir$에서 $1.4 = E - 0.05r$ …… ①

$1.2 = E - 0.25r$ …… ②

①과 ②를 연립으로 풀면

$E = 1.45\,V$, $r = 1.0\Omega$

03 휘트스톤 브리지

미지의 저항을 보다 정밀하게 측정하는 장치를 휘트스톤 브리지라고 한다.

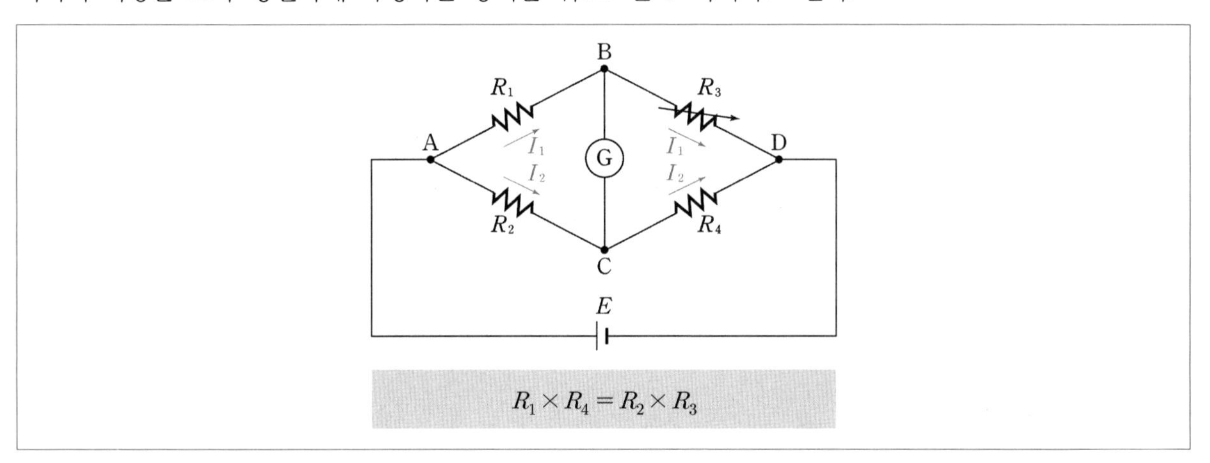

| 휘트스톤 브리지 |

전지 E의 두 극에 저항 R_1, R_2와 가변저항 R_3를 연결하여 미지의 저항 R_4를 측정하려고 한다. 이때 가변저항을 조절하고 검류계에 전류가 흐르지 않을 경우 B점과 C점의 전위가 같아진다.

$V_B = V_C$

$I_1R_1 = I_2R_2$, $\frac{I_1}{I_2} = \frac{R_2}{R_1}$ …… ①

$I_1R_3 = I_2R_4$, $\frac{I_1}{I_2} = \frac{R_4}{R_3}$ …… ②

①=②이므로

$\frac{R_2}{R_1} = \frac{R_4}{R_3}$, $R_1 \cdot R_4 = R_2 \cdot R_3$ ➡ 마주 보는 저항을 곱한 값이 같다.

여기서 R_4를 구하면

$\therefore R_4 = \frac{R_2R_3}{R_1}$

04 키리히호프 법칙

1. 전하량 보존 법칙

교차점에서 유입되는 전류와 유출되는 전류의 합은 0이다.

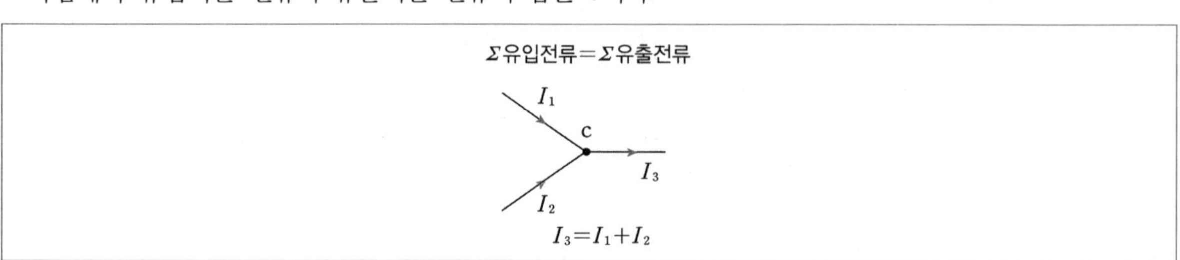

2. 에너지 보존 법칙

폐회로에서 기전력의 합과 전압강하의 합은 동일하다.

$$\Sigma \text{기전력} = \Sigma \text{전압강하}$$

예제 2 다음 그림과 같이 기전력이 14V인 전지와 저항을 연결했을 때 전류계에 나타나는 값은 몇 A인가?

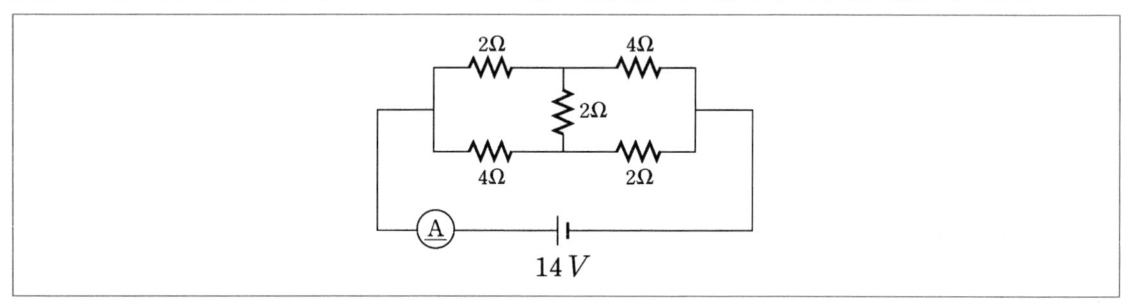

풀이

복잡한 폐회로에서는 키르히호프의 법칙을 이용한다. 그림과 같이 전류가 I, I_1, I_2 등이 흐르면 키르히호프 법칙을 적용하여 다음과 같이 구할 수 있다.

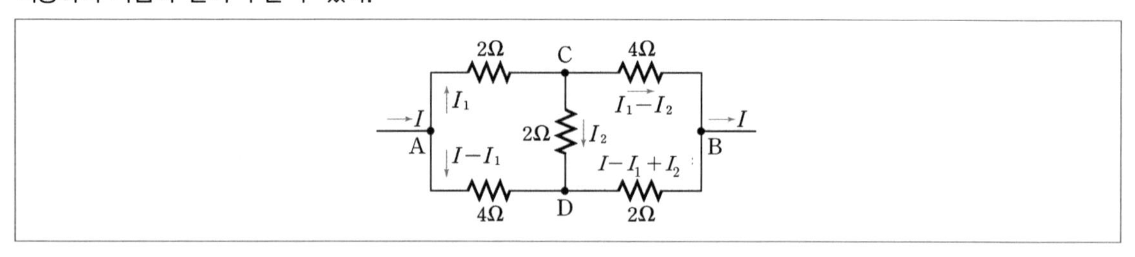

$-2I_1-2I_2+4(I-I_1)=0$

$-2I_2-2(I-I_1+I_2)+4(I_1-I_2)=0$

두 식에서 $I_1=\frac{3}{5}I,\ I_2=\frac{1}{5}I$

$V_{AB}=IR_{AB}=V_{AC}+V_{CB}$

$=\frac{3}{5}I\times 2+\frac{2}{5}I\times 4$

$\therefore\ V_{AB}=\frac{14}{5}I,\ R_{AB}=\frac{14}{5}\Omega$

$\therefore\ I=\frac{V}{R_{AB}}=\frac{14V}{2.8\Omega}=5A$

05 축전기와 전기용량

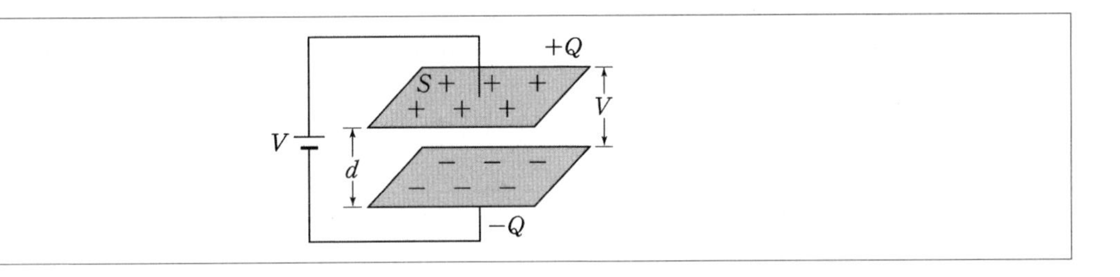

1. 전기용량(capacitor)

전기장 에너지를 저장하는 창고(단위 전위차당 대전되는 전하량)

$$C=\frac{Q}{V}\ (\text{단위: } F)$$

2. 평행판 축전기(면적 S, 사이 거리 d : $S \gg d$)

$V=Ed$

$E=\frac{\sigma}{\epsilon_0}=\frac{Q}{S\epsilon_0}=\frac{CV}{S\epsilon_0}=\frac{CEd}{S\epsilon_0}$ (가우스 법칙: $E=\frac{\sigma}{\epsilon_0}$)

$\therefore\ C=\epsilon_0\frac{S}{d}$

3. 축전기 연결

(1) 축전기의 직렬 연결

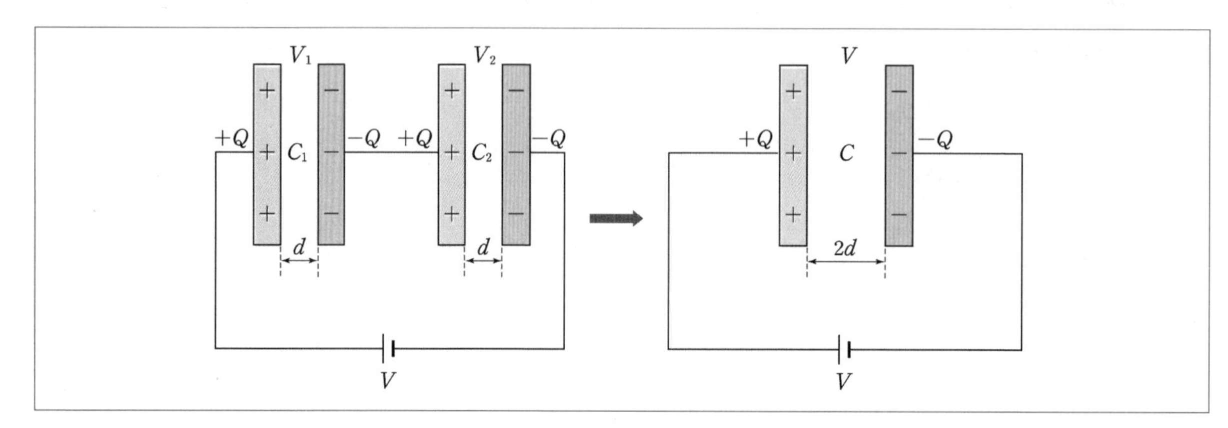

① 전기용량이 각각 C_1과 C_2인 두 축전기를 직렬로 연결하고 양 끝에 전위차 V를 걸어주면 C_1의 왼쪽에 $+Q$, C_2의 오른쪽에 $-Q$의 전하가 모인다.

➡ 정전기유도에 의해 C_1의 오른쪽에 $-Q$, C_2의 왼쪽에 $+Q$의 전하가 모인다.

➡ 두 축전기에는 똑같은 양의 전하 Q가 충전된다.

$V_1 = \frac{Q}{C_1}$, $V_2 = \frac{Q}{C_2}$이고, $V = V_1 + V_2$이므로 $\frac{Q}{C} = \frac{Q}{C_1} + \frac{Q}{C_2}$

② 직렬 연결한 축전기의 합성 전기용량 C는 다음과 같다.

$$\frac{1}{C} = \frac{1}{C_1} + \frac{1}{C_2}$$

③ 같은 크기의 극판으로 만든 축전기를 여러 개 직렬로 연결하면 축전기의 합성 전기용량은 감소한다.

➡ 전기용량이 같은 축전기 2개를 직렬로 연결하는 것은 극판 사이의 간격을 2배로 늘인 것과 같은 효과가 있다.

(2) 축전기의 병렬 연결

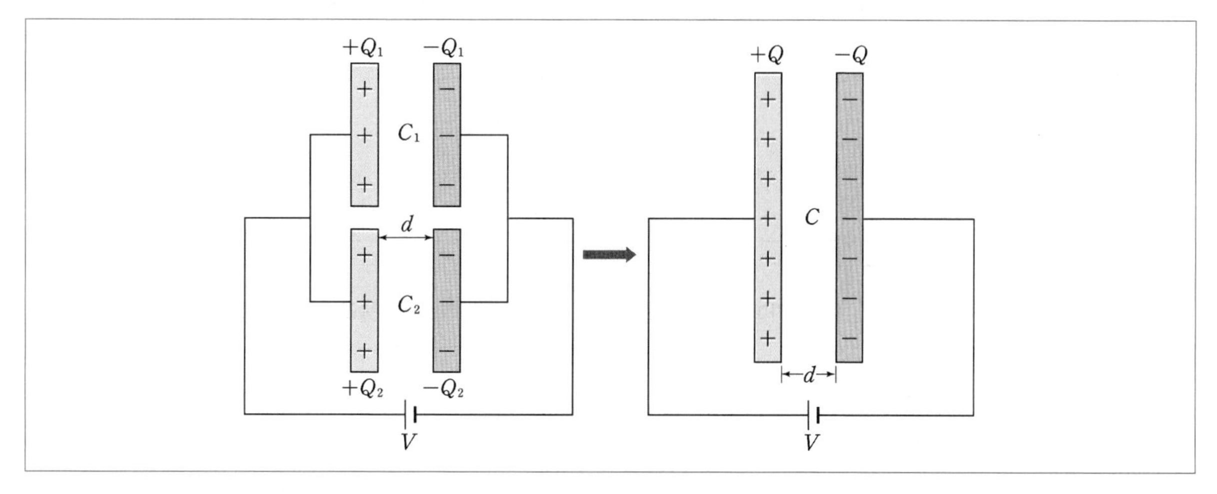

① 전기용량이 각각 C_1과 C_2인 두 축전기를 병렬로 연결하고 양 끝에 전위차 V를 걸어주면, 왼쪽에는 $+Q_1$, $+Q_2$, 오른쪽에는 $-Q_1$, $-Q_2$가 각각 충전된다.
두 축전기에 걸리는 전압은 V로 같고, $Q_1 = C_1 V$, $Q_2 = C_2 V$이고, 전하량 총합은 $Q = Q_1 + Q_2$이다.

② 축전기의 합성 전기용량 C는 $Q = CV = C_1 V + C_2 V$에서 다음과 같다.

$$C = C_1 + C_2$$

③ 같은 크기의 극판으로 만든 축전기를 여러 개 병렬로 연결하면 축전기의 합성 전기용량은 증가한다.
➡ 전기용량이 같은 축전기 2개를 병렬로 연결하는 것은 극판의 면적을 2배로 늘린 것과 같은 효과가 있다.

(3) 축전기에 저장되는 에너지

$\frac{1}{2}$(전하량 Q가 전기용량 C인 축전기에 저장되는 동안 전지가 한 일) = 축전기에 저장되는 에너지

$$W = \frac{1}{2}QV = \frac{1}{2}CV^2 = \frac{1}{2}\frac{Q^2}{C}$$

전지가 한 일의 나머지 절반은 전하를 축전기에 이동시키는데 필요한 에너지로 소비가 된다. 만약 저항이 있다면 저항에서 소비되는 에너지로 절반이 소비된다. 저항의 존재유무를 떠나 전지가 한 일의 절반만 축전기에 저장된다.

예제 3 전기용량이 일정한 축전기에 대전 된 전하량을 처음보다 2배로 증가시키면 전기에너지는?

풀이

$$W' = \frac{1}{2}\frac{Q'^2}{C} = \frac{1}{2}\frac{(2Q)^2}{C} = 4W$$

4배가 된다.

예제 4 전기용량이 200μF인 어떤 카메라 플래시에 100V의 전압을 가하면, 플래시에 저장되는 전기에너지는?

풀이

$$W = \frac{1}{2}CV^2 = \frac{1}{2} \times 200 \times 10^{-6} \times (10^2)^2 = 1J$$

축전기는 충전이 완료되면 전압이 걸리고 축전기가 연결된 도선 쪽에는 전류가 흐르지 않는다.

06 유전체와 전기용량

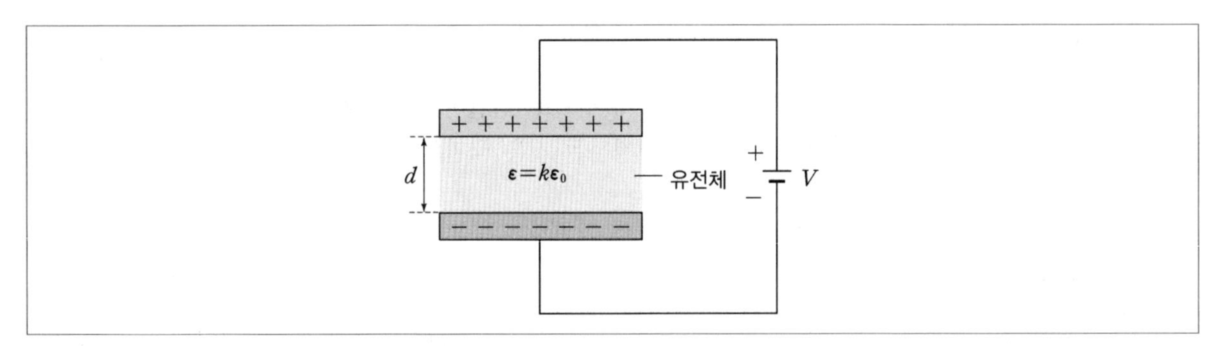

유전체를 축전기 사이에 넣으면 유전분극 현상에 의해서 전기용량이 증가하게 된다.

1. 축전기에 어떤 유전물질을 채웠더니 전기장이 E_0에서 E로 변했다고 하자. 이때 유전물질의 유전상수 (dielectric constant)를 다음처럼 정의하자.

$$k \equiv \frac{E_0}{E}$$

여기서 $k > 0$이다.

2. 축전기에 유전물질을 넣으면 전기용량이 증가한다.

$$\because \ C = \frac{Q}{V} = \frac{Q}{Ed} = \frac{Q}{(E_0/k)d}$$

$$= \frac{Q}{(V_0/k)}$$

$= kC_0 \ (> C_0)$ (C_0 : 축전기 내부에 아무것도 없을 때, 바꾸어 말해 진공에서 전기용량)

평행판축전기에서 $C = kC_0 = k\dfrac{\epsilon_0 A}{d}$

$= \epsilon \dfrac{A}{d}$ ➡ $\epsilon = k\epsilon_0$: (물질의) 유전률(permittivity)

연습문제

정답_ 376p

01 다음 그림과 같이 저항 R_1, R_2가 직렬로 연결된 회로에 직류 전압 V_0를 걸어주었다. 내부 저항이 r인 전압계를 저항 R_1에 병렬로 연결하여 전압을 측정하고자 한다.

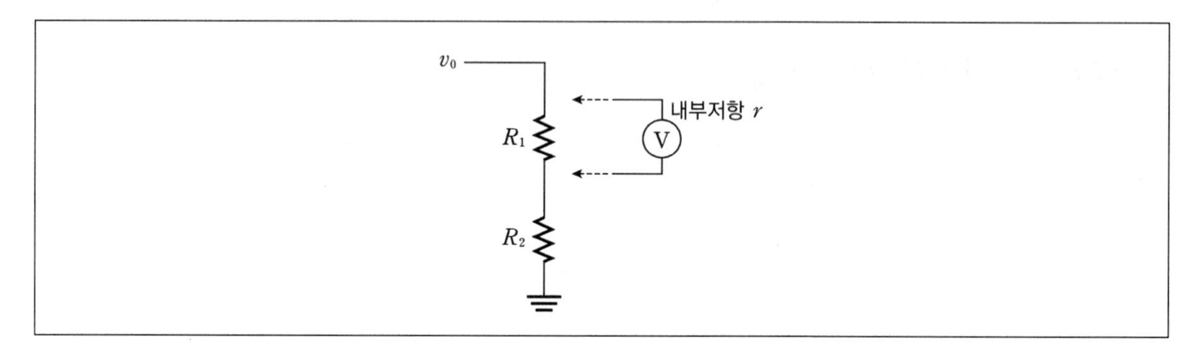

이때 전압계를 연결하기 전에 R_1에서의 전압 강하와 전압계를 연결한 후에 R_1에서의 전압 강하를 각각 구하시오.

02 다음 그림과 같이 기전력 V, 내부 저항 r인 전지에 외부 가변 저항 R_x가 연결되어 있다.

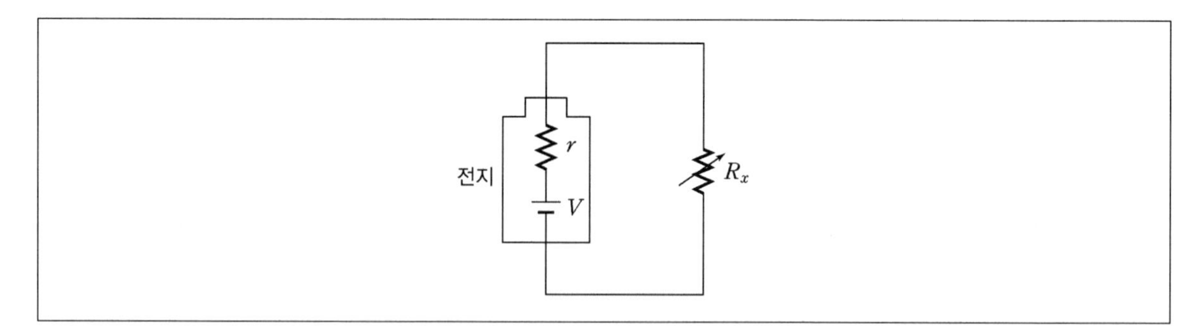

가변 저항에서 소모되는 전력이 최대가 될 때의 가변 저항 R_x의 값과 이때 회로 전체의 소비 전력을 각각 구하시오.

21-A02

03 다음 그림과 같은 회로에서 가변저항 R_x의 저항값을 조절하여 전류계에 흐르는 전류가 0이 되도록 하였다. $V_1 = 9\text{V}$, $V_2 = 5\text{V}$, $R = 100\Omega$이다.

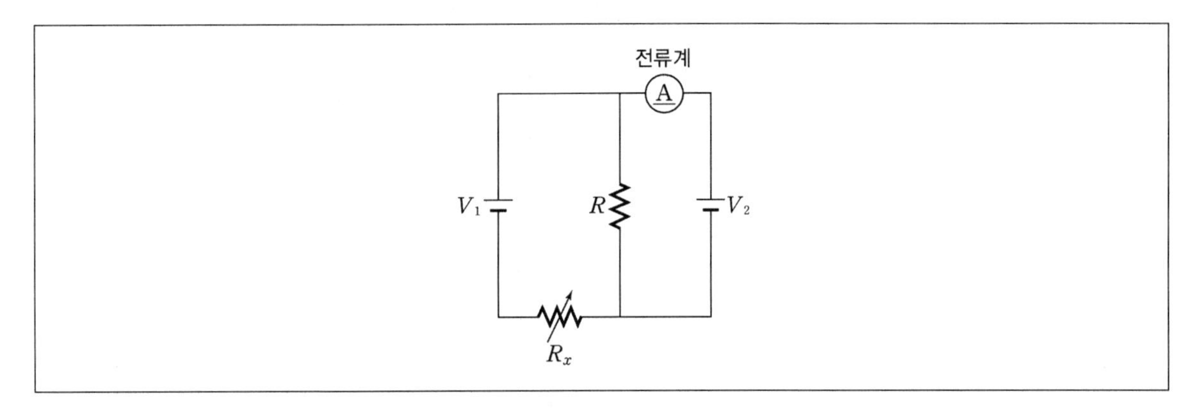

이때 가변저항 R_x에 흐르는 전류와 저항값을 각각 구하시오.

04 다음 그림은 기전력이 각각 ε_1, ε_2인 2개의 직류전원과 저항값이 각각 R, r, r인 3개의 저항으로 구성된 회로를 나타낸 것이다. 각 도선에는 I, I_1, I_2의 전류가 흐르고 있다.

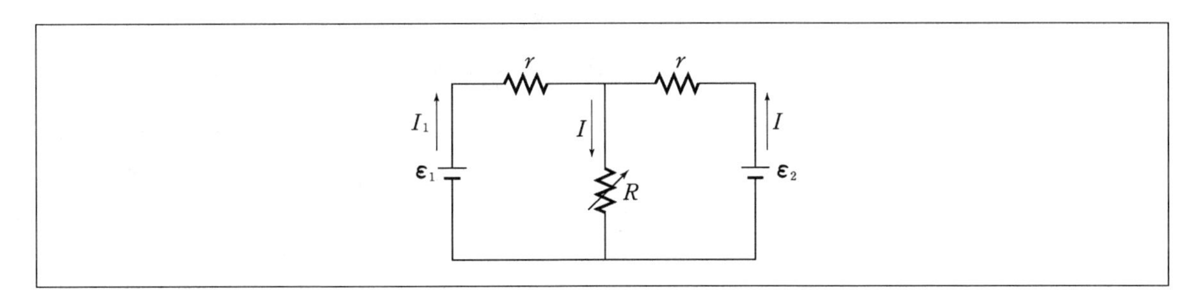

I를 ε_1, ε_2, r, R로 나타내고 R이 변할 때, 저항값 R인 저항의 소비전력이 최대가 되는 조건을 R와 r사이의 관계식으로 표현하시오.

05 다음 그림은 기전력이 각각 $2V$, $4V$인 2개의 직류 전원과 저항이 6Ω, 3Ω, 8Ω으로 구성된 회로를 나타낸 것이다. 8Ω의 저항에는 전류 I가 흐르고 있다.

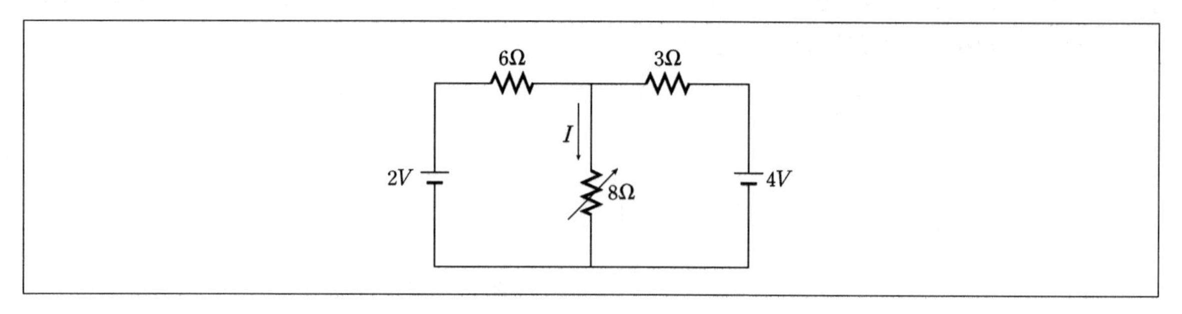

이때 6Ω 양단에 걸리는 단자 전압과 전류 I의 값을 각각 구하시오.

06 다음 그림과 같이 전지와 저항에 의해 구성된 회로가 있다.

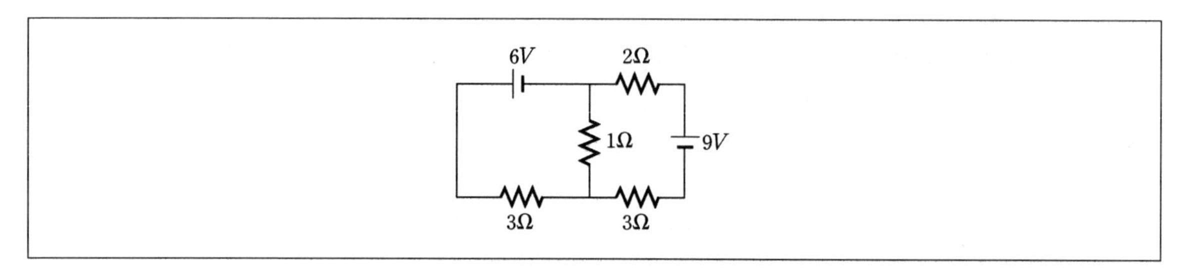

이때 1Ω과 2Ω에 흐르는 전류의 세기를 각각 구하시오. (단, 전지의 내부저항은 무시한다.)

07

다음 그림과 같은 회로가 있다. 이때 $\varepsilon = 10\,V$, $R_1 = 1\Omega$, $R_2 = 2\Omega$, $R_3 = 2\Omega$, $R_4 = 4\Omega$, $R_5 = 8\Omega$이다. 전지의 내부 저항은 무시한다.

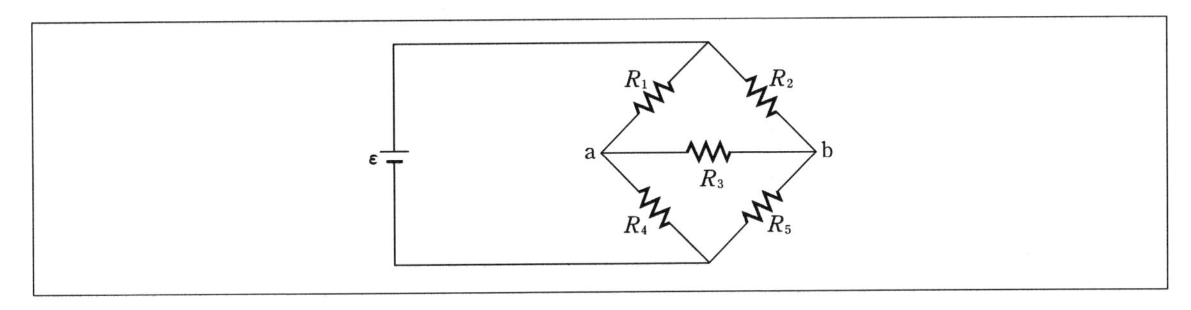

1) 그림과 같이 각 전류의 방향을 가정하였을 경우 키리히호프의 회로 규칙을 이용하여 각 저항을 통해 흐르는 전류 I_1, I_2, I_3, I_4, I_5를 모두 구하시오.

2) 회로의 전체 저항 R_{eq}를 구하시오.

3) a와 b 사이의 전기 퍼텐셜차($\Delta V = V_a - V_b$)를 구하시오.

08

다음 그림과 같이 4개의 저항과 2개의 전지로 회로를 구성하였다. 회로상의 점 P에 흐르는 전류의 세기를 구하시오.

1Ω 2Ω

P

10 V

2Ω 1Ω

10 V

09 다음 그림과 같이 내부저항이 없는 기전력 V_1, V_2인 전지와 저항값이 각각 R_1, R_2, R_3인 저항을 연결하여 회로를 구성하였다.

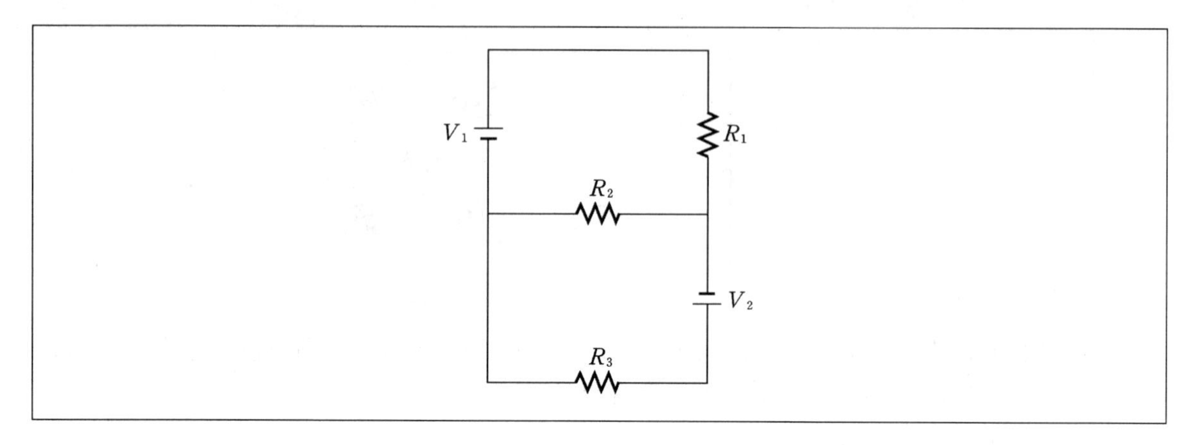

이때 회로에서 R_2의 저항에 흐르는 전류를 구하시오. 또한 R_2저항에 전류가 흐르지 않을 조건을 쓰시오.

10 다음 그림과 같이 기전력이 V인 전지 2개와 기전력이 $2V$인 전지 한 개, 그리고 전기용량이 C인 축전기, 저항값이 R, $2R$인 저항으로 이루어진 회로가 있다. 충분한 시간이 흘러 정상 상태가 되어 축전기가 완전히 충전되었다.

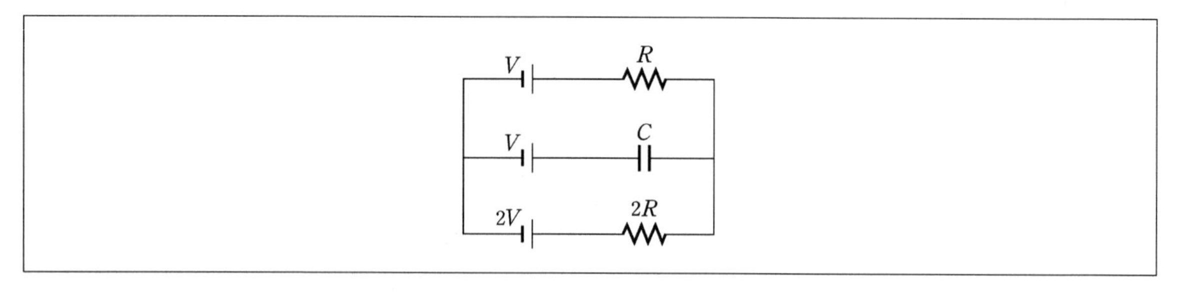

이때 회로의 전체 저항에서 소비되는 전력 P와 축전기 양단에 걸리는 전압 V_C를 각각 구하시오. (단, 전지의 내부 저항은 무시한다.)

11 다음 그림은 축전기 A, B, C, D와 스위치 S를 전압이 V로 일정한 전지에 연결한 회로를 나타낸 것이다. S가 열려있을 때 A에 충전된 전하량은 C의 2배이며, A, B, C, D에 저장된 에너지는 각각 $4U_0$, $2U_0$, $2U_0$, U_0이다. 각각의 축전기는 완전히 충전되어 있다. S를 닫아 축전기가 완전히 충전되었다고 하자.

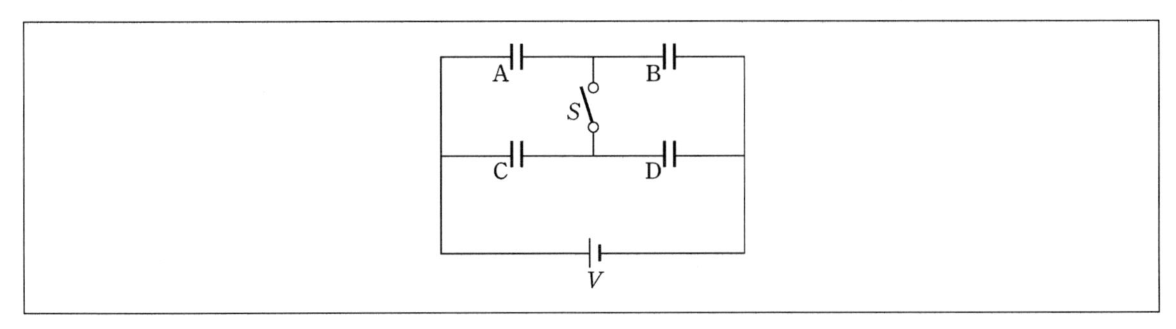

이때 A와 B의 전기용량의 비 $\frac{C_B}{C_A}$를 구하시오. 또한 C와 D에 충전된 전하량의 비 $\frac{Q_D}{Q_C}$를 구하시오.

12 다음 그림은 전압이 V인 전지, 전기용량이 각각 C, $2C$인 축전기 A, B, 스위치 S_1, S_2를 이용하여 구성한 회로이다. S_2를 연 상태에서 S_1을 닫고 충분한 시간이 지났을 때 A에 충전된 전하량은 Q_0이며, 저장된 전기 에너지는 U_0이다.

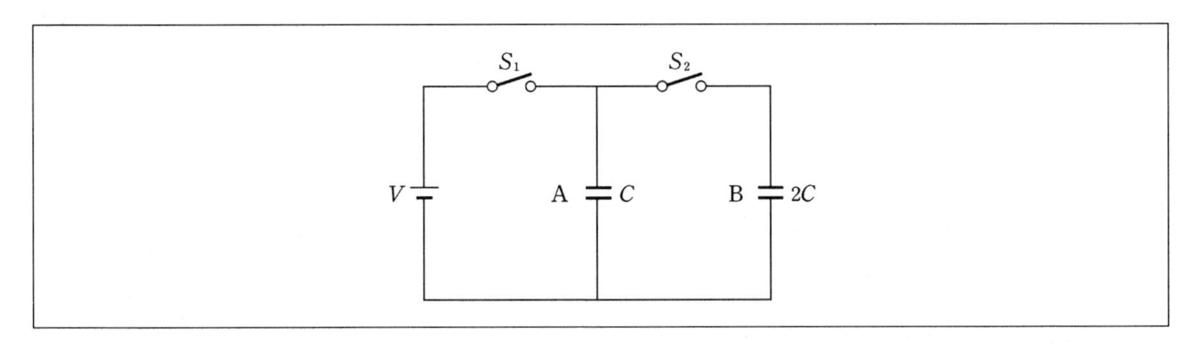

S_1을 열고 S_2를 닫고 충분한 시간이 지났을 때, A에 충전된 전하량과 B에 걸린 전압을 구하시오. 또한 B에 저장된 전기 에너지를 U_0로 나타내시오.

Chapter 09

13 다음 그림과 같이 전기용량이 $2C$인 축전기 A, 전기용량이 C인 축전기 B, C를 전압이 일정한 전원 장치에 연결하였다. S가 열린 상태에서 각각의 축전기가 완전히 충전되었을 때 B에 저장된 에너지는 U이다.

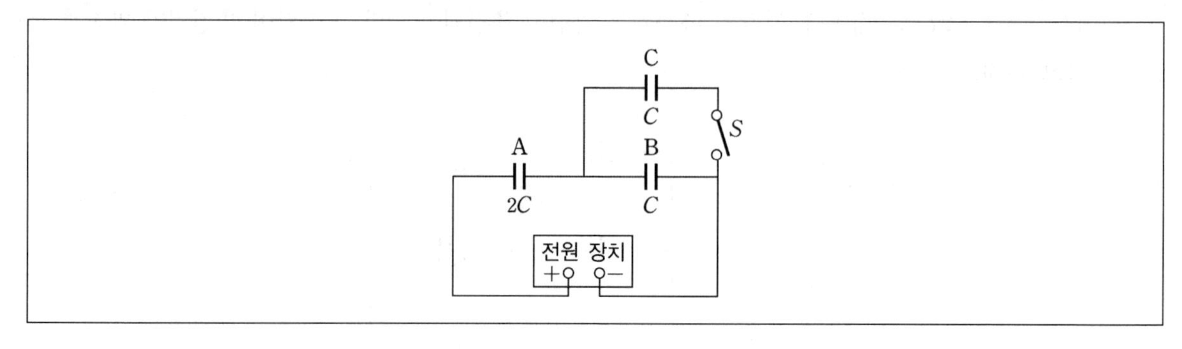

S를 닫은 후 A가 완전히 충전되었을 때, A에 저장된 에너지를 구하시오.

14 다음 그림과 같이 저항값이 같은 저항 3개, 전기용량이 C인 축전기 2개가 전압이 V로 일정한 전원에 연결되어 있다.

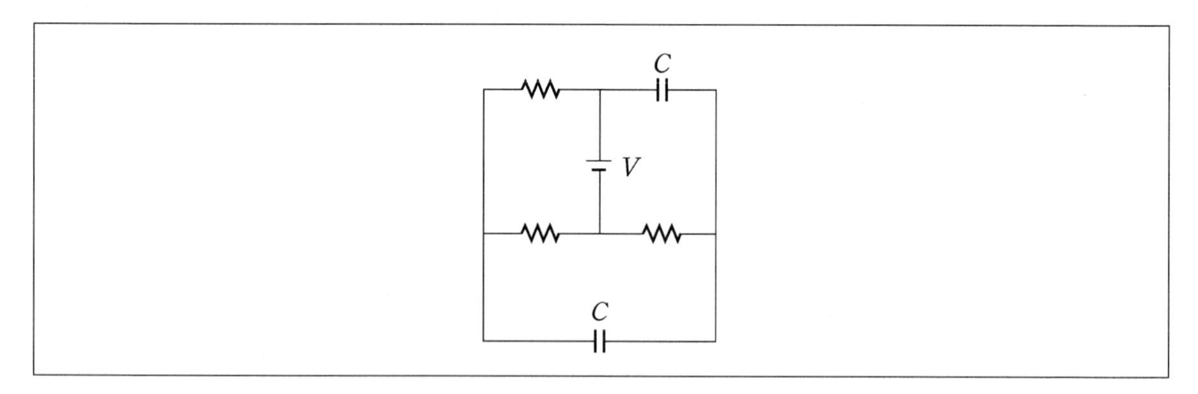

이때 두 축전기에 충전된 전하량의 합을 구하시오.

03-10

15 다음 그림은 축전기들을 연결한 회로이다.

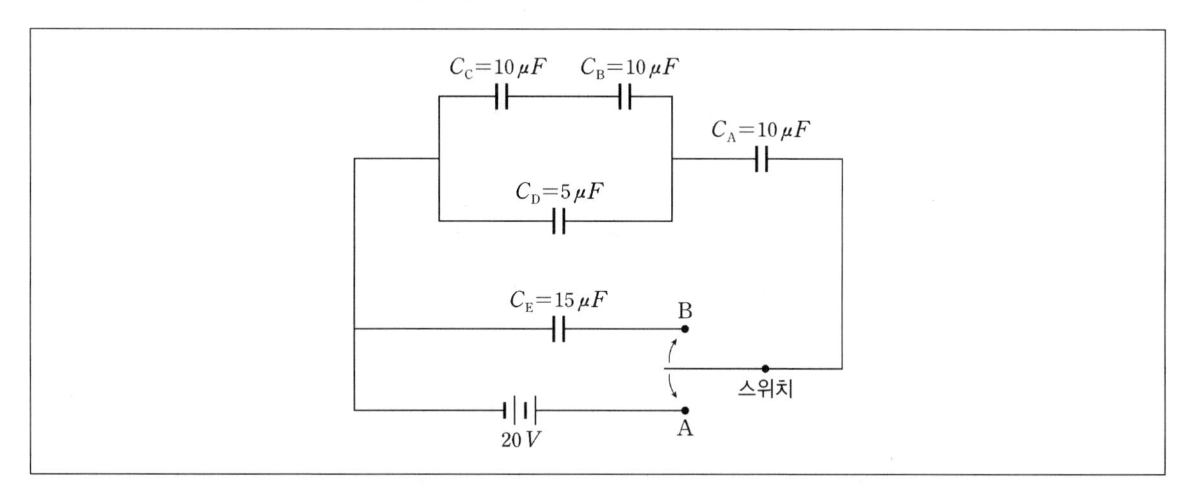

1) 스위치를 A에 연결하여 $20V$의 전위차를 갖는 직류 전원으로 축전기들을 완전히 충전시켰다. 충전 후 축전기 C_A와 C_B에서의 전압 강하 V_A와 V_B를 구하시오.

2) 충전이 완전히 이루어진 다음에 A에 연결된 스위치를 떼어서 B에 연결하였다. 축전기 C_E 양단의 전위차를 구하시오.

16 다음 그림은 전압이 V_0으로 일정한 전원 장치, 저항값이 R인 저항 4개, 전기용량이 C인 축전기로 구성된 회로와 회로상의 점 P를 나타낸 것이다. 스위치를 a에 연결하여 축전기를 충분히 충전시켰더니 축전기의 전하량이 Q_0이 되었다. 이때 스위치를 b에 연결하여 축전기를 방전시킨다.

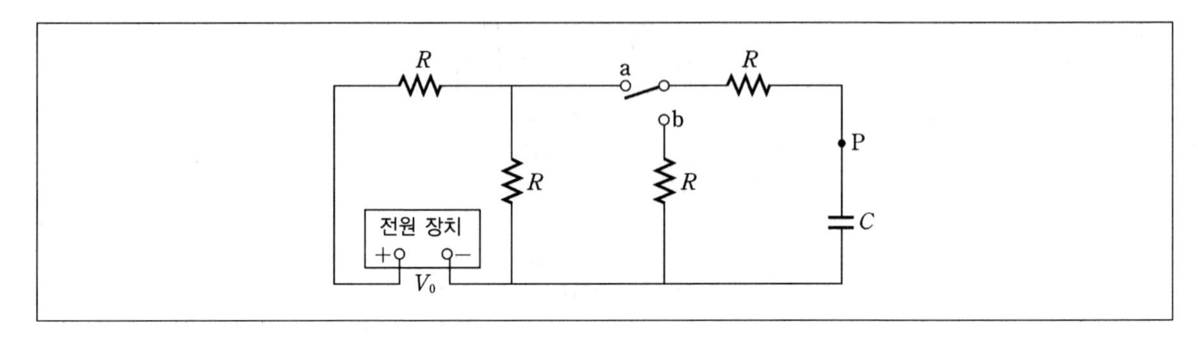

이때 축전기가 방전되는 순간 초기 축전기의 전위차와 P에 흐르는 전류의 최댓값을 구하시오. 또한 축전기의 전하량이 $\frac{Q_0}{2}$일 때, 축전기에 저장된 전기 에너지를 구하시오.

17 다음 그림은 전압이 일정한 전원 장치, 전기용량이 C인 축전기 2개, 저항값이 각각 R, $2R$, $2R$인 저항 3개, 스위치로 구성한 회로를 나타낸 것이다. 표는 이 회로의 두 상태 (가), (나)를 나타낸 것이다.

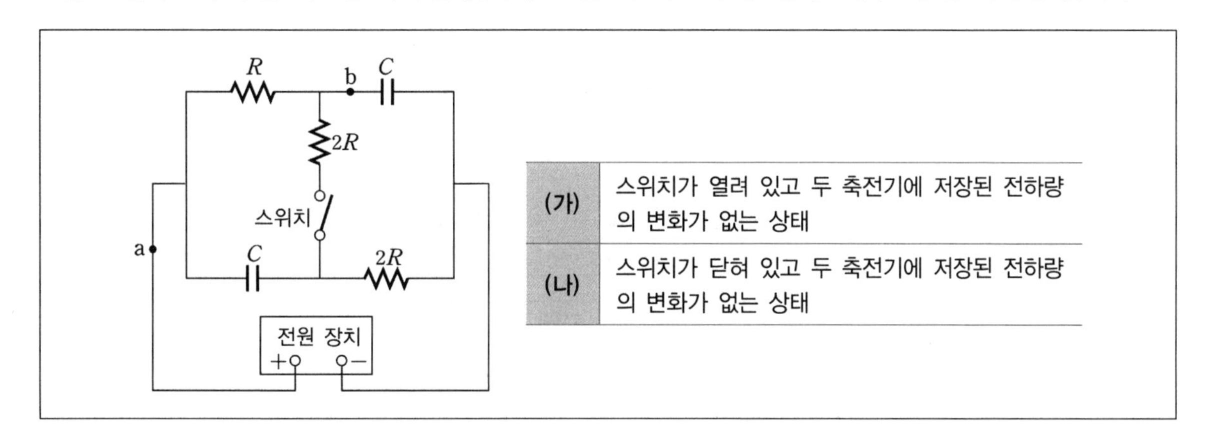

(가)	스위치가 열려 있고 두 축전기에 저장된 전하량의 변화가 없는 상태
(나)	스위치가 닫혀 있고 두 축전기에 저장된 전하량의 변화가 없는 상태

(가)일 때, a와 b의 전위 차이 $V_{ab} = V_a - V_b$를 구하시오. 두 축전기에 저장된 전기 에너지의 합은 (가)일 때를 $U_{(가)}$, (나)일 때를 $U_{(나)}$라 할 때 전체 전기 에너지의 비 $\dfrac{U_{(가)}}{U_{(나)}}$를 구하시오.

18 다음 그림은 저항값이 R인 저항 3개, 가변저항, 전기용량이 C인 축전기를 전압이 V로 일정한 전원 장치에 연결한 것을 나타낸 것이다.

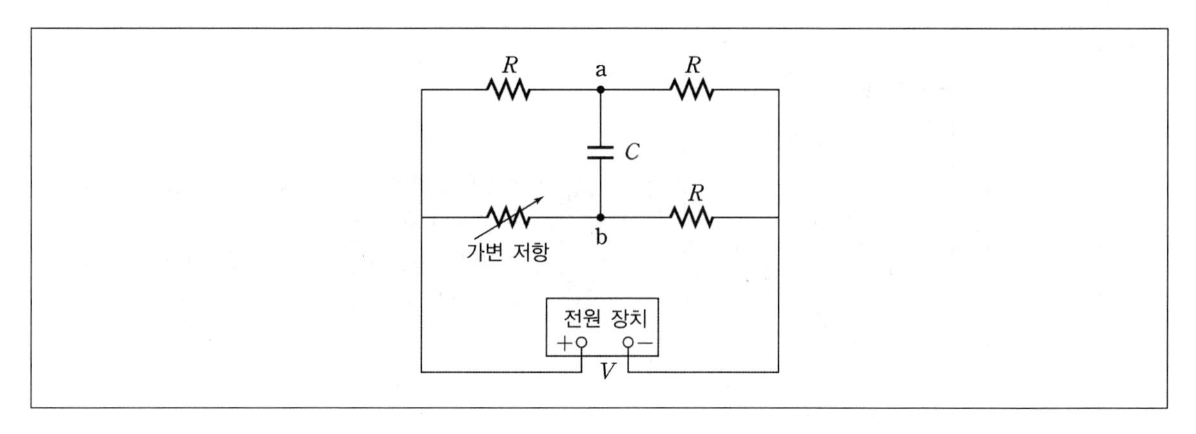

이때 축전기 양단의 전위차 $\Delta V = V_a - V_b$가 0이 되기 위한 가변저항값을 구하시오. 또한 가변저항이 0일 때 충분한 시간이 흘렀을 때 축전기에 저장된 에너지를 구하시오.

19 다음 그림과 같이 전기용량이 각각 C, $2C$인 축전기 A, B와 저항값이 R인 저항, 스위치로 회로를 구성하였다. 스위치가 열려 있을 때 A와 B에 저장된 전하량은 각각 Q와 0이다.

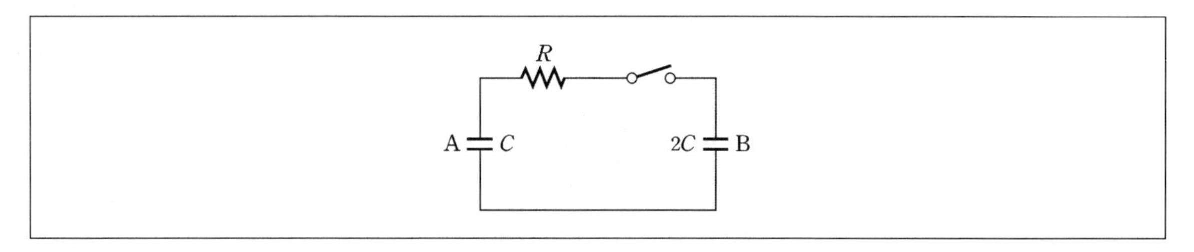

이때 스위치를 닫고 충분한 시간이 지난 후에 B 양단의 전위차를 구하시오. 또한 저항 R에서 소비된 에너지 E_R을 구하시오.

20 다음 그림과 같이 거리 $d = 2\text{mm}$ 떨어진 두 도체판에 $V_1 = -70\,V$, $V_2 = -50\,V$의 전위를 유지하고 있다. 이때 입자가 90km/h 의 속력으로 왼쪽 도체 표면에서 우측으로 발사되었는데 속력이 점차 감소하였다.

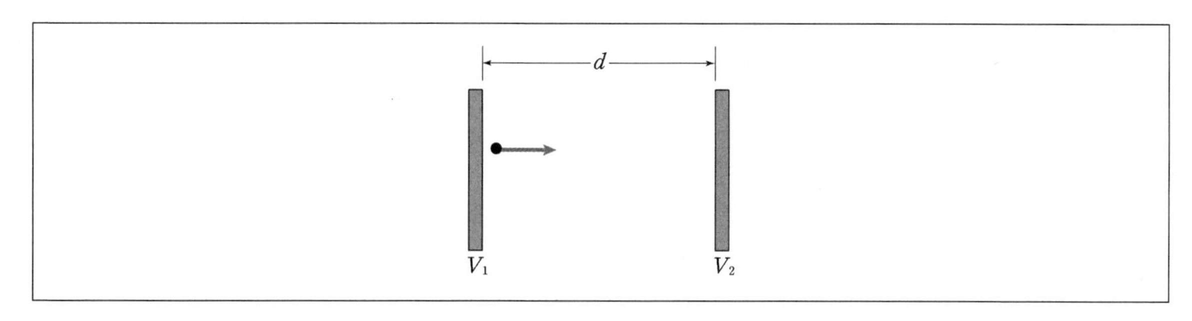

이때 입자 전하의 부호를 쓰시오. 또한 $\frac{q}{m} = 10$ 일 때 오른쪽 축전기 판에 도달하는 속력을 구하시오.

21 다음 그림은 무중력인 공간에 전위차가 V이고 간격이 d인 두 평행한 금속판 사이로 전하량의 크기가 e이고, 질량이 m인 전자가 아래쪽 금속판으로부터 h인 지점에서 속도 v_0로 금속판에 나란하게 들어가는 것을 나타낸다.

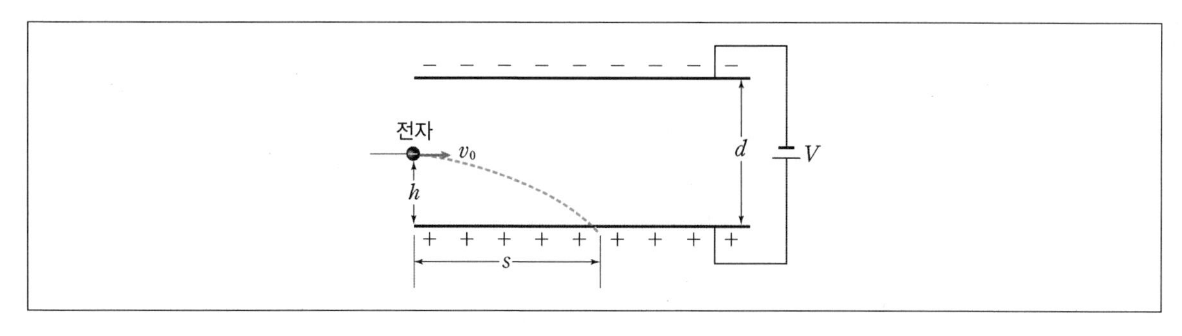

이때 s를 구하시오. 또한 전자가 아래쪽 금속판에 도달하기 직전의 속력 v를 구하시오. (단, 축전기의 가장자리 효과와 모든 마찰은 무시한다.)

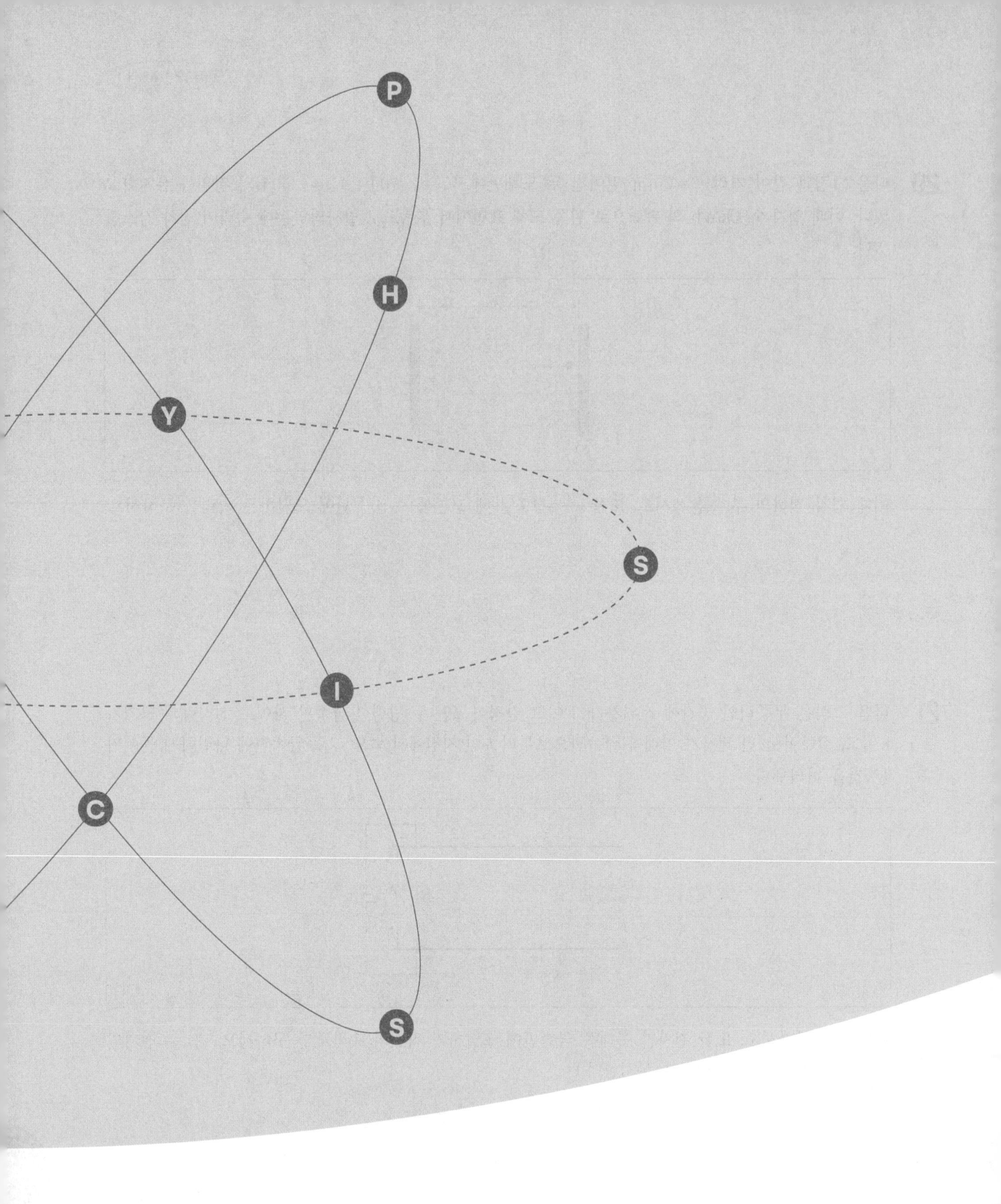

정승현
일반물리학

Chapter

10

자기장과 직류 RLC 회로

자기장과 직류 RLC 회로

01 도선의 전류에 의한 자기장

들어가기 전에 자기장은 벡터의 성질을 가지고 있다. 즉, 크기와 방향 성분이 매우 중요하다.

1. 무한 직선 전류에 의한 자기장 (단위 T: 테슬라)

(1) 균일한 전류 I가 흐르는 도선의 외부 $\rho > R$에서 자기장 $\overrightarrow{B}$

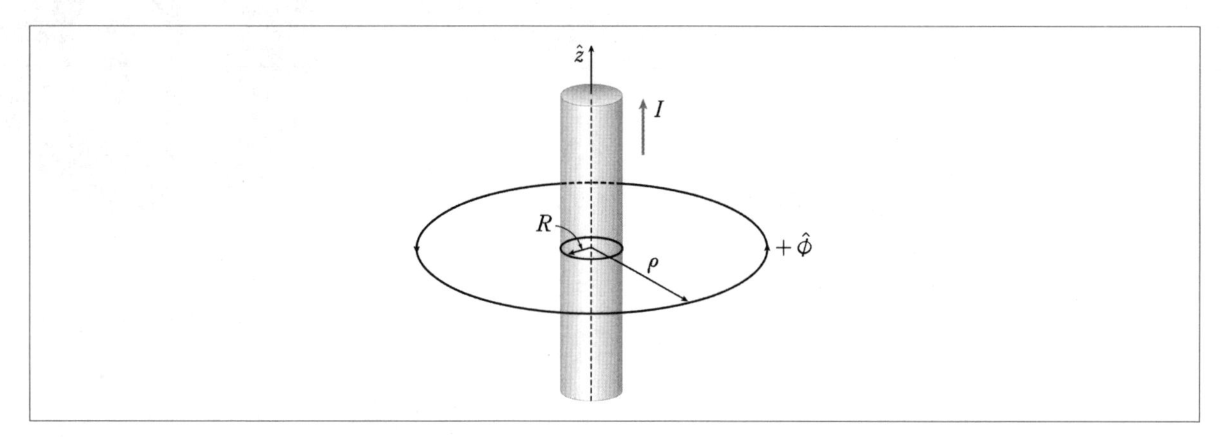

앙페르 법칙

$$\int \overrightarrow{B} \cdot d\vec{l} = \mu_0 I$$

$$\therefore\ \overrightarrow{B} = \frac{\mu_0 I}{2\pi r}\hat{\phi}$$

회전 성분의 자기장을 가진다. 즉, 전류가 $+z$축 방향으로 흐르면 자기장의 방향은 $+\hat{\phi}$이다.

(2) 도선의 내부 $\rho \leq R$에서 자기장 $\vec{B}$

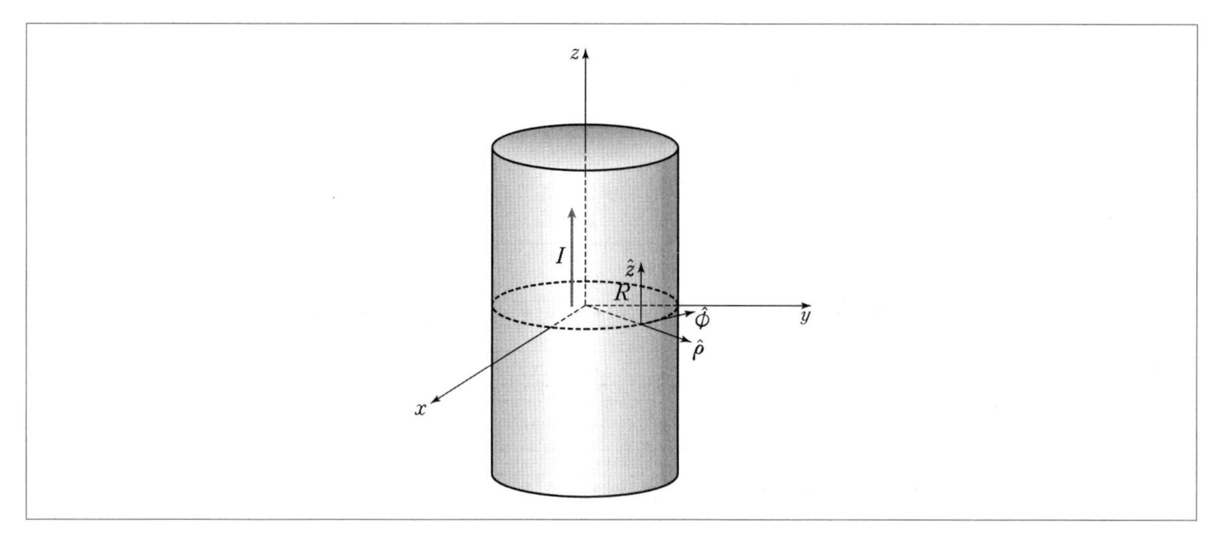

앙페르 법칙

$$\int \vec{B} \cdot d\vec{l} = \mu_0 \int \frac{I}{\pi R^2} dS = \mu_0 \frac{\rho^2}{R^2} I$$

$$\therefore \ \vec{B} = \frac{\mu_0 I}{2\pi R^2} \rho \hat{\phi}$$

2. 원형 전류에 의한 자기장

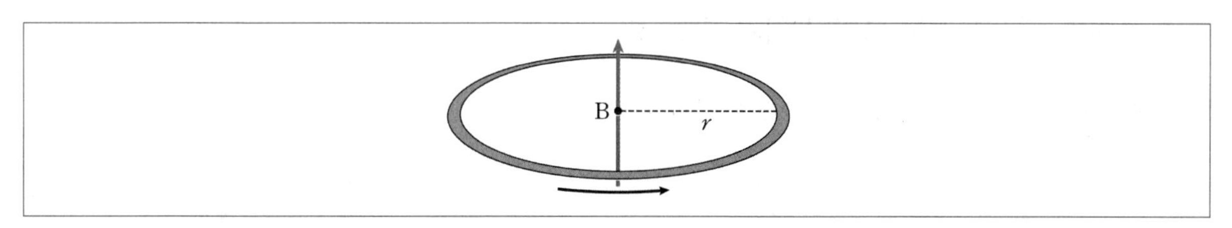

직선 전류에 의한 자기장이 원형으로 휜 모양이며, 중심에서의 자기장의 방향은 전류의 방향으로 오른손 엄지를 제외한 나머지 네 손가락을 감아쥐었을 때, 엄지손가락이 가리키는 방향이 된다. 원형 전류 중심에서 자기장의 세기는 전류의 세기(I)에 비례하고 반지름(r)에 반비례한다.

원형 도선 중심에서의 자기장: $B = \frac{\mu_0 I}{2r}$

3. 솔레노이드(코일)에 의한 자기장

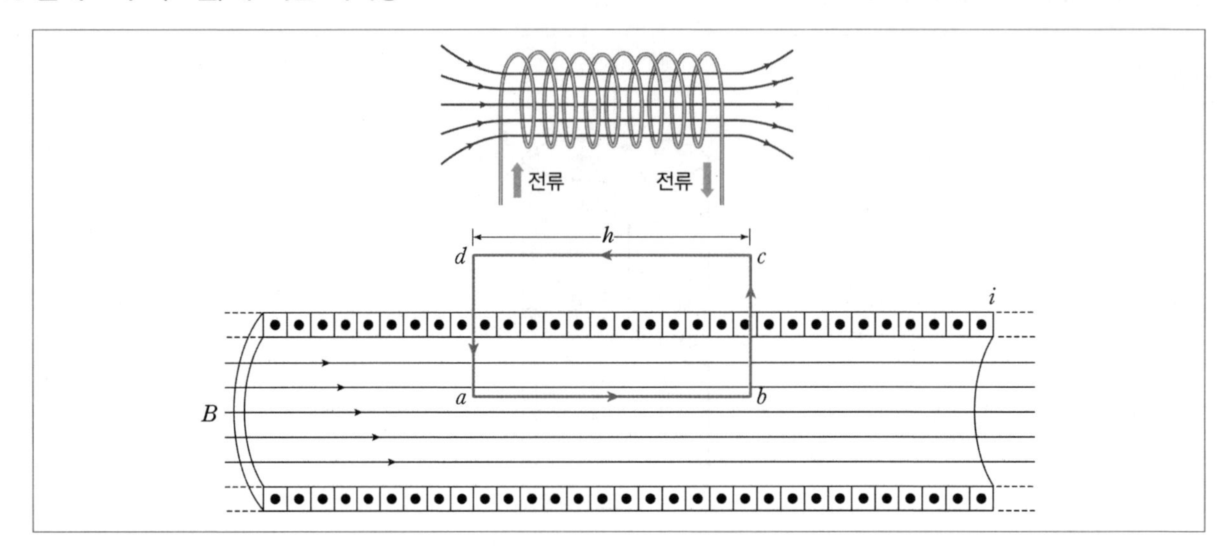

감은 밀도(단위 길이당 감은 수)가 n인 무한 솔레노이드의 내부 자기장은 다음과 같다.

$$B = \mu_0 n I$$

이는 원형 도선의 연속적 효과를 이용해 증명이 가능하나 심화 전자기에서 원론적 증명이 가능하므로 넘어가도록 하자.

02 로렌츠 힘 : 자기장 속의 전하가 받는 힘

1. 균일한 자기장 속에서 전류가 흐르는 도선이 받는 힘

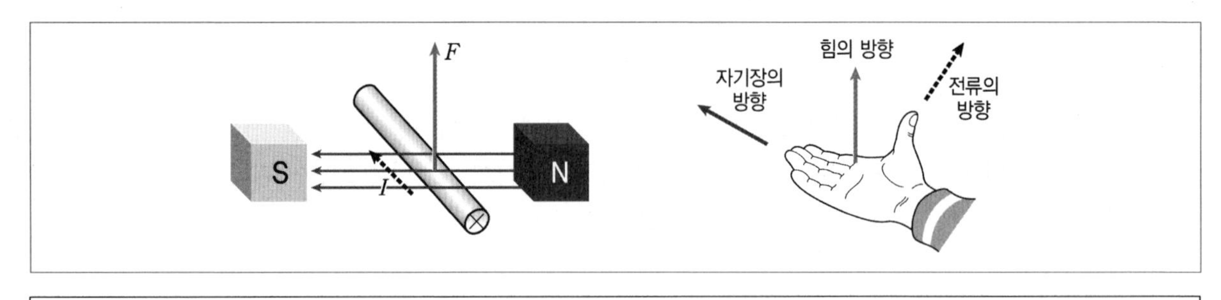

$$\vec{F} = L\vec{I} \times \vec{B}$$

(1) 자기장과 전류가 비스듬한 경우

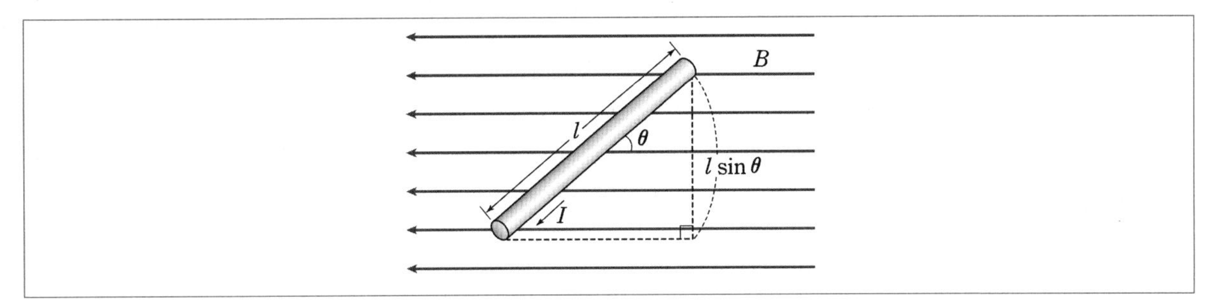

자기력의 크기는 $F = BIl\sin\theta$이다.

(2) 나란한 두 도선이 받는 힘

전류 방향이 같으면 인력, 다르면 척력이다.

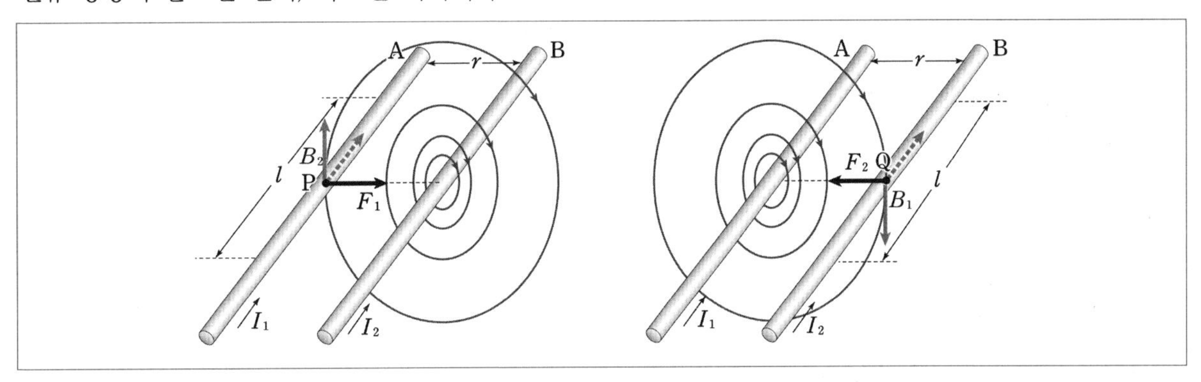

단위 길이당 자기력의 크기는 $\dfrac{F}{l} = \dfrac{\mu_0 I_1 I_2}{2\pi r}$이다.

2. 균일한 자기장 속에서 움직이는 전하가 받는 힘

$\vec{F} = q\vec{v} \times \vec{B}$ 에서 로렌츠 힘은 구심력으로 작용한다.

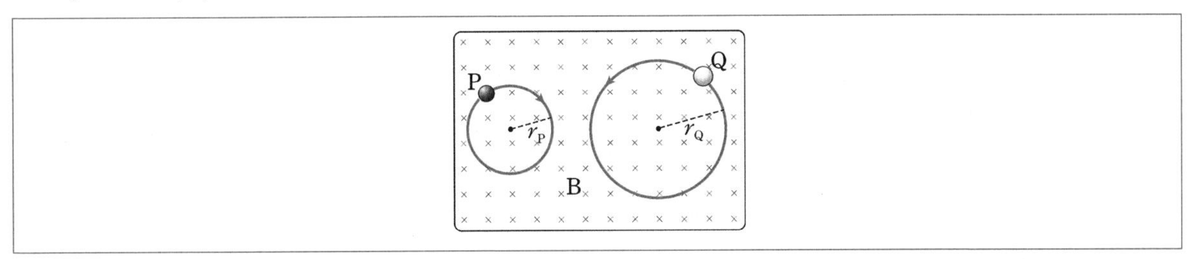

구심력은 일을 하지 않으므로 전하의 속력은 일정하다. 따라서 등속 원운동을 하게 된다.
전하의 부호에 따라 원운동의 방향이 변하게 되고, 이로써 부호를 확인 가능하다. 위에서 P는 음(−)의 전하를 Q는 양(+)의 전하를 띄게 된다.

반경과 주기 : $F = qvB = \dfrac{mv^2}{R}$ ➡ $R = \dfrac{mv}{qB}$

$$T = \frac{2\pi}{w} = \frac{2\pi m}{qB}$$

3. 질량 분석기

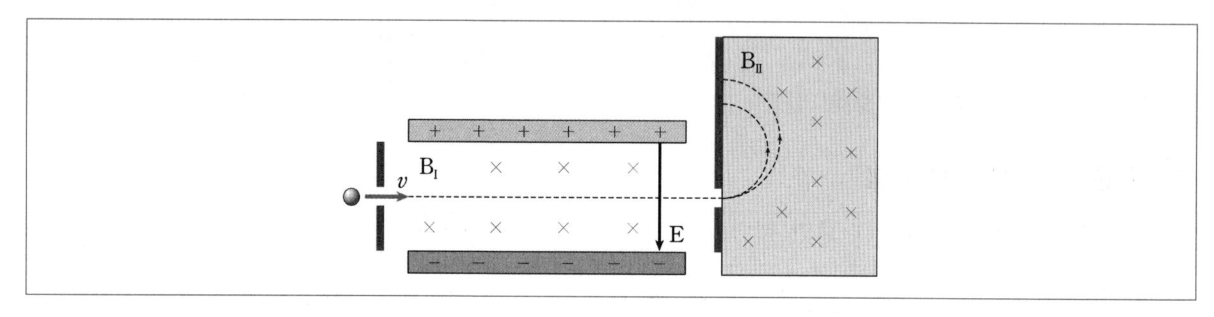

반경에 의해서 질량을 파악할 수 있다.

$qvB_I = qE$

$$v = \frac{E}{B_I}$$

$$F = qvB_{II} = \frac{mv^2}{r}$$

$$qB_{II} = \frac{mv}{r} = \frac{m}{r} \times \frac{E}{B_I}$$

$$\therefore\ m = \frac{qB_I B_{II}}{E} r$$

동일한 전하량을 가진 입자가 있을 때 자기장 B_{II}영역에서 원운동 반경을 측정하면 입자의 질량을 알 수 있게 된다.

4. 홀 효과(Hall effect)

반도체에서 다수 전하 운반자(majority charge carrier)의 종류와 단위 부피당 개수 n을 측정하기 위한 구조를 홀 효과라고 한다.

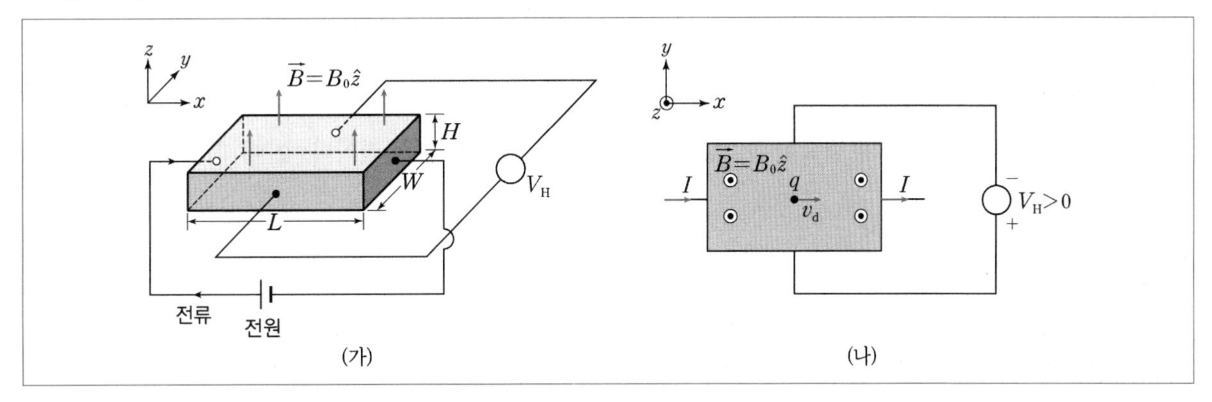

회로가 충분한 시간이 지나 평형 상태에 이르게 되면 전기력과 자기력의 평형에 이르러 전하 운반자의 속력이 전류 방향과 일치하게 된다. 전류 방향이 동일하므로 양공이 힘을 받아 아래로 쌓이므로 다수 전하 운반자는 양공(정공)이고, 전자가 힘을 받아 아래로 쌓이게 되면 다수 전하 운반자는 전자가 된다.

로렌츠 힘, 전기력과 자기력이 평형을 이룰 때까지 전하가 쌓이므로 $qE=q\dfrac{V_H}{W}=qv_dB_0$

$$\therefore\ v_d=\frac{V_H}{B_0W}$$

전류의 정의로부터 $I=Sev_dn=WHq\left(\dfrac{V_H}{B_0W}\right)n$

$$\therefore\ n=\frac{B_0I}{qHV_H}$$

※ 홀 효과로 알아낼 수 있는 물리량

① 전하 운반자 : 양공(P형 반도체), 전자(N형 반도체)

② 유동 속력 v_d : 반도체의 동작 속도

③ 도핑 밀도 n : 단위 부피당 전하 운반자 개수

03 전자기 유도

1. 전자기 유도 현상

도선 주위에 자기장 선속의 변화($\Delta\phi$)가 생길 때, 도선에 전류가 유도되는 현상

⑴ 유도기전력(V)과 유도전류(I)

회로에 전류가 흐르기 위해 필요한 전압을 일정하게 유지시키는 기전력이다. 이때 회로에 흐르는 전류가 유도 전류가 된다.

⑵ 유도전류의 방향

자기장의 변화를 방해하는 방향이다. 여기서 렌츠(Lentz)의 법칙은 유도전류가 만드는 자기장의 방향은 자기력선속의 변화를 방해하는 방향을 말한다.

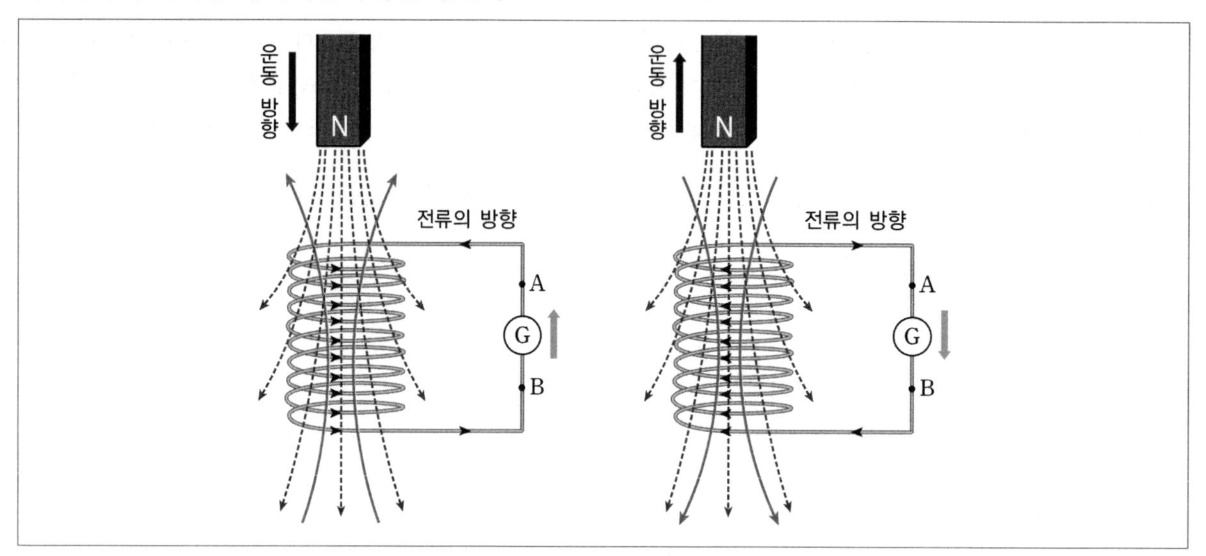

① **N극이 코일 쪽으로 접근하는 경우**(=코일이 N극 쪽으로 접근하는 경우)
코일은 자석에 멀어지려고 한다.
➡ 자석 쪽 코일에 N극에 해당하는 자기장 유도
➡ 앙페르의 법칙을 역으로 써서 전류의 방향을 구한다.
➡ 전류 방향(B ➡ A) : 반시계 방향

② **N극이 코일 쪽에서 멀어지는 경우**(=코일이 N극에서 멀어지는 경우)
코일은 자석에 가까워지려고 한다.
➡ 자석 쪽 코일에 S극에 해당하는 자기장 유도
➡ 전류 방향(A ➡ B) : 시계 방향

(3) 유도전류의 세기

코일 주위의 자기장이 변화하는 정도에 비례

① 솔레노이드에 흐르는 유도전류는 솔레노이드에 도선을 많이 감을수록(감은 수 N), 자기력 선속의 시간적 변화율 $\frac{\Delta\phi}{\Delta t}$이 클수록 증가한다.

② 유도전류는 솔레노이드를 지나는 자기력선속이 변화할 때만 흐른다.

③ 시간 Δt 동안 자기력선속의 변화가 $\Delta\phi$이면 유도기전력 V는 다음과 같다.

$$V = -N\frac{\Delta\phi}{\Delta t} \quad (N: \text{도선의 감은 수})$$

④ ㄷ자형 도선에 발생하는 유도기전력

㉠ 자기장 속 ㄷ자형 도선 위에 길이가 l인 도선이 속도 v로 움직이는 경우(자기장 B, 도선의 저항 R)

㉡ 회로 PQRS에 유도되는 기전력 V와 유도 전류 I를 구해보자. (방향은 플레밍의 오른손 법칙으로 구함)

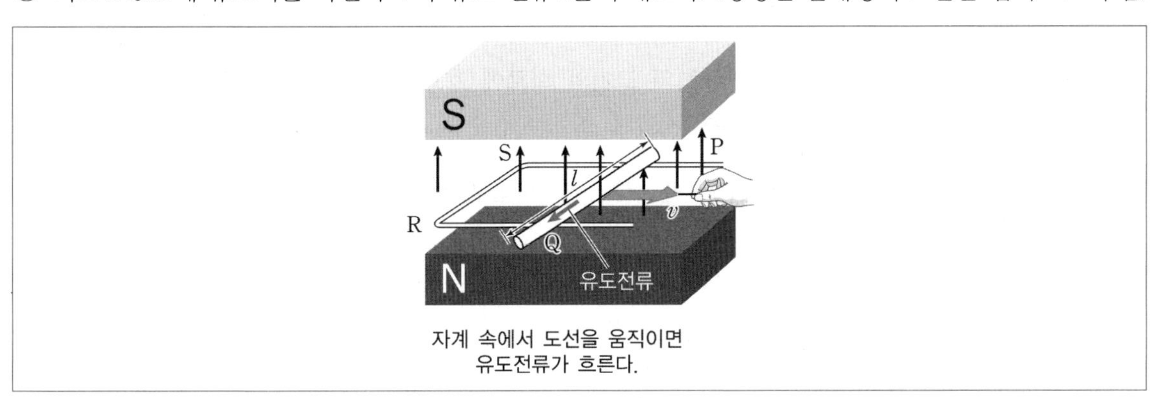

자계 속에서 도선을 움직이면
유도전류가 흐른다.

도선 안의 자기력선속 변화량 $\Delta\phi = B\Delta S$ (S는 회로의 넓이)이고 $\Delta S = (v\Delta t)l$로 구할 수 있다.

패러데이의 법칙 $V = \left|-N\frac{\Delta\phi}{\Delta t}\right| = \frac{B(v\Delta t)l}{\Delta t}$ (감은 수 N=1)

$\therefore V = Bvl$이다. 또 옴의 법칙을 이용하면, $I = \frac{Bvl}{R}$로 유도전류의 세기를 구할 수 있다.

➡ 플레밍의 오른손 법칙을 이용하면 전류의 방향은 P → Q 방향이다.

2. 전자기 유도 분석

(1) 움직이는 도선에서 기전력이 형성된다.

(2) 폐회로당 자기장선속의 시간 변화량이 전류를 결정한다.

그림과 같이 xy평면에 폭이 ℓ인 평행한 도체 레일에 동일한 저항 R 2개가 연결되어 있다. 도체 막대는 레일을 일정한 속력 v로 $-\hat{x}$ 방향으로 움직이고 있으며 균일한 자기장 $\vec{B}=-B_0\hat{z}$가 공간상에 분포한다.

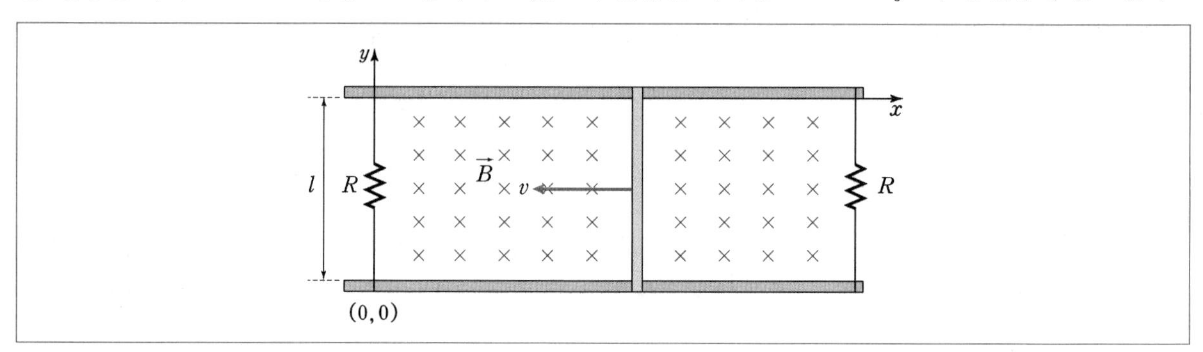

이때 도체 막대에 생성되는 유도기전력의 크기와 회로에 흐르는 유도전류에 대해 알아보자.
왼쪽 저항에 흐르는 전류를 I_1, 오른쪽 저항에 흐르는 전류를 I_2라 하자. 그리고 유도기전력을 ε이라 하자.

왼쪽 폐회로를 보면 $\varepsilon=\dfrac{d\phi_B}{dt}=B_0\ell v$가 되고 키리히호프 법칙을 세워보면 $\varepsilon=I_1R$

오른쪽 폐회로를 보면 $\varepsilon=\dfrac{d\phi_B}{dt}=B_0\ell v$가 되고 키리히호프 법칙을 세워보면 $\varepsilon=I_2R$

도선에 흐르는 전류는 $I=I_1+I_2=\dfrac{2\varepsilon}{R}$이다.

그리고 회로 전체 저항은 저항이 병렬 연결되어 있으므로 $R_{합성}=\dfrac{R}{2}$이다. 그러면 막대 도선의 기전력은 $IR_{합성}=\dfrac{2\varepsilon}{R}\times\dfrac{R}{2}=\varepsilon=B_0\ell v$이다. 여기서 폐회로가 2개이므로 유도기전력이 2배라고 혼동하기 쉬운데 움직이는 도선이 1개이면 유도기전력도 1개이고 폐회로의 개수에 상관없이 평행 도선의 경우에는 $\varepsilon=\dfrac{d\phi_B}{dt}=B_0\ell v$를 만족한다.

(3) 전자기 유도 응용(역학적 정보 추가 활용)

① ㄷ자 도선에 기전력

예제 1 그림은 수평면상에 놓인 폭이 l인 ㄷ자 모양의 도선 위에서 질량이 m이고, 저항이 없는 도체 막대가 v로 폐회로를 이루며 오른쪽으로 운동하는 것을 나타낸 것이다. ㄷ자 모양 도선에는 저항값이 R인 저항과 기전력이 ε인 전지가 연결되어 있으며, 크기가 B인 균일한 자기장이 수평면에 수직인 방향으로 들어가고 있다. 막대가 운동을 시작하는 순간($t=0$)에는 정지 상태에 있다.

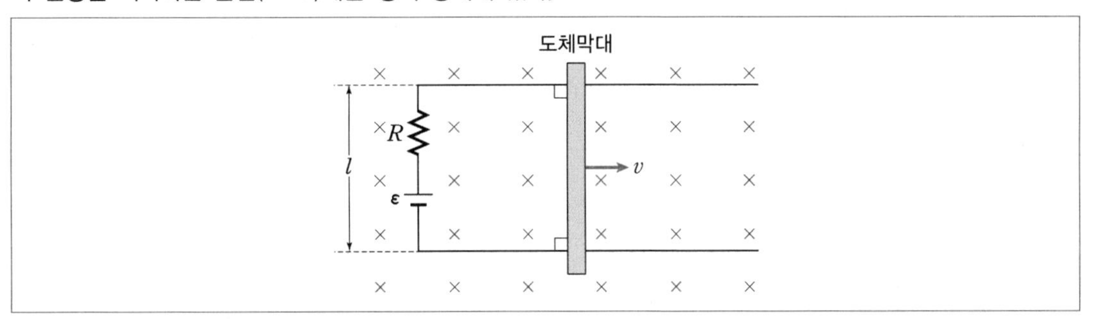

이때 시간 $t>0$에서 도체 막대에 작용하는 자기력의 크기 $F(t)$와 방향을 각각 구하시오. 또한 충분한 시간이 흘렀을 때 도체 막대의 유도전류의 크기와 방향을 구하시오. (단, 자체유도 효과와 모든 마찰은 무시한다.)

정답 1) $F(t)=\dfrac{B\ell\varepsilon}{R}e^{-\frac{B^2\ell^2}{mR}t}$, 2) $I_{유도}=\dfrac{\varepsilon}{R}$

풀이

$\varepsilon = IR + Blv$ ➡ $I=\dfrac{\varepsilon - Blv}{R}$

$F = BIl = ma$

$Bl\varepsilon - B^2l^2v = mR\dfrac{dv}{dt}$

$v(t)=\dfrac{\varepsilon}{Bl}\left(1-e^{-\frac{B^2l^2}{mR}t}\right)$

$\therefore\ F(t)=\dfrac{B\ell\varepsilon}{R}e^{-\frac{B^2\ell^2}{mR}t}$

충분한 시간이 흐르게 되면 종단 속력에 도달한다.

$a=0$ ➡ $I=0$

$\varepsilon = Bl\,v_t = I_{유도}R$

$\therefore\ I_{유도}=\dfrac{\varepsilon}{R}$

종단 속력 도달 시 자기장 선속이 증가하므로 렌츠 법칙에 의해서 반시계 방향으로 흐르게 된다. 여기서 주의해야 할 것은 전류는 전체 전류가 전지에 의한 전류와 유도전류의 합이므로 이를 구분해야 한다.

② ㅁ자 도선에 중력

21-B07

예제 2 그림은 저항이 R인 정사각형 모양의 도체 고리가 균일한 중력장과 자기장 영역에서 운동하는 모습을 시간에 따라 나타낸 것이다. $t=0$일 때 자기장 영역 밖에서 고리를 가만히 놓았더니, $t=t_1$일 때 고리가 완전히 자기장 영역으로 들어갔다. 자기장의 크기는 B이고, 방향은 종이면에 수직으로 들어가는 방향이다. 고리의 질량은 m, 한 변의 길이는 ℓ이다.

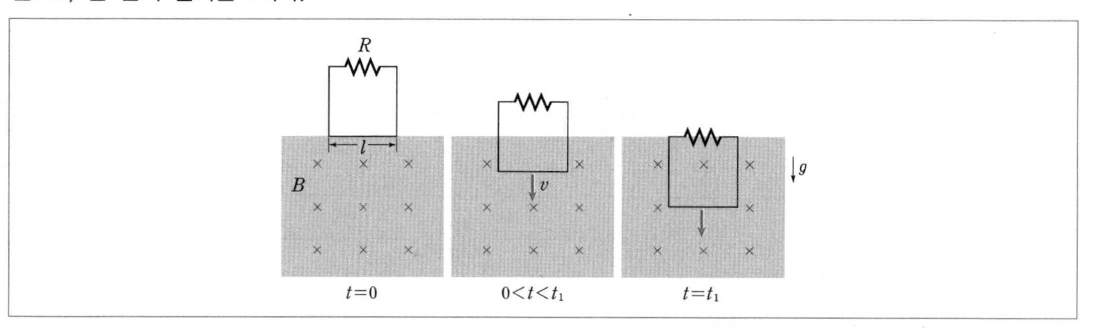

$0<t<t_1$일 때, 고리에 작용하는 자기력의 방향을 쓰고, 자기력의 크기를 고리의 속력 v로 나타내시오. 이때 시간에 따른 유도전류의 크기를 풀이 과정과 함께 구하시오. (단, 중력 가속도의 크기는 g이고, 공기 저항과 고리의 자체유도는 무시하며, 고리는 연직면상에서 운동한다.)

풀이

1) 렌츠 법칙에 의해서 자기력은 운동 방향에 반대 방향이다.

2) $V_{유도}=B\ell v=IR$

$$F=BI\ell=\frac{B^2\ell^2v}{R}$$

$$\therefore F=\frac{B^2\ell^2v}{R}$$

3) 운동방정식 $mg-F=ma$

$$mg-\frac{B^2\ell^2v}{R}=m\frac{dv}{dt} \Rightarrow g-\frac{B^2\ell^2v}{mR}=\frac{dv}{dt}$$

$$-\frac{B^2\ell^2}{mR}\left(v-\frac{mgR}{B^2\ell^2}\right)=\frac{dv}{dt} \Rightarrow \int_0^v\frac{dv}{v-\frac{mgR}{B^2\ell^2}}=-\int_0^t\frac{B^2\ell^2}{mR}dt$$

$$\ln\left(\frac{v-\frac{mgR}{B^2\ell^2}}{-\frac{mgR}{B^2\ell^2}}\right)=-\frac{B^2\ell^2}{mR}t \Rightarrow v(t)=\frac{mgR}{B^2\ell^2}\left(1-e^{-\frac{B^2\ell^2}{mR}t}\right)$$

$$I=\frac{B\ell}{R}v(t)$$

$$\therefore I(t)=\frac{mg}{B\ell}\left(1-e^{-\frac{B^2\ell^2}{mR}t}\right)$$

04 코일

1. 인덕턴스

자체유도 계수는 $L=\dfrac{N\phi}{I}$(단위: 전류 당 전체 자기장 선속)이다.

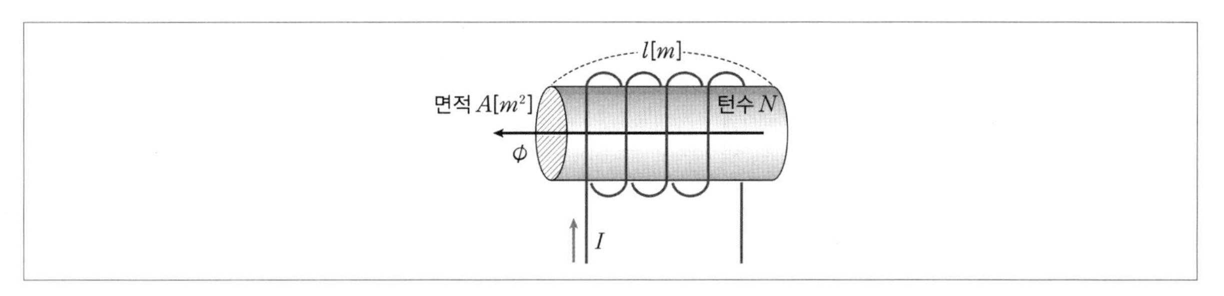

패러데이 법칙을 이용하면

$$V=-N\frac{d\phi}{dt}=-L\frac{dI}{dt}$$

저장된 에너지: $U_L=\int VIdt=\int L\frac{dI}{dt}Idt=\int LIdI$

$$\therefore U_L=\frac{1}{2}LI^2$$

코일은 단자전압이 전류가 시간에 대해 변할 때 생기므로 일반적으로 교류 소자이다. 혹은 스위치를 닫을 때나 열 때 순간적으로 전류의 변화가 생길 때 특수한 상황에서도 단자전압이 발생한다. 코일의 전류가 일정하게 흐를 경우 코일에 걸리는 단자전압은 0이다. 또한 순간적으로 스위치를 닫을 때(아주 짧은 시간)는 회로의 전류를 차단시킬 정도의 전압이 발생되게 된다. 즉, 극단적으로 전류가 일정할 경우 저항이 0, 스위치를 순간적으로 닫을 때는 저항이 무한대여서 전류가 코일 쪽으로 흐르는 것을 차단하는 역할을 한다.

2. 상호유도

한쪽 코일에 흐르는 전류의 변화에 의한 자기 선속의 시간 변화로 인접한 다른 코일에서 유도전류가 발생하는 현상이다.

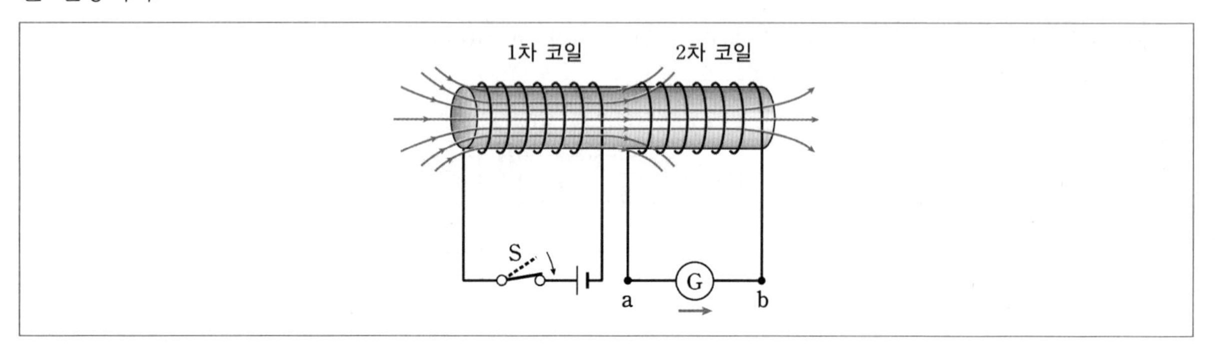

상호 인덕턴스 M, 2차 코일의 감은 수가 N_2일 때, 1차 코일에 흐르는 전류를 I_1이라 하면

$$V_2 = -N_2 \frac{d\phi_B}{dt} = -\left(N_2 \frac{d\phi_B}{dI_1}\right)\frac{dI_1}{dt} = -M\frac{dI_1}{dt}$$

$$M = N_2 \frac{d\phi_B}{dI_1}$$

외부 전류의 변화에 의해 자기장 선속의 변화로 유도기전력이 발생되는 현상을 말한다.

05 RLC 회로

1. RC 회로(저항 R과 축전기 C로 구성된 회로)

(1) 충전의 경우(초기 축전기 전하 $q=0$)

$$V = IR + \frac{q}{C} = R\frac{dq}{dt} + \frac{q}{C}$$

$$\frac{V}{R} - \frac{q}{RC} = \frac{dq}{dt} \Rightarrow \frac{dq}{q - cV} = -\frac{dt}{RC}$$

$$\int_0^q \frac{dq}{q-cV} = -\frac{t}{RC}$$

$$\therefore\ q(t) = CV\left(1-e^{-\frac{t}{RC}}\right),\ I(t) = \frac{V}{R}e^{-\frac{t}{RC}}$$

에너지 저장율은 50%밖에 되지 않는데 전지에서 축전기까지 전하를 끌어가는데 50%의 에너지를 소비한다.

$$\text{에너지 저장율} = \frac{\text{축전기 저장 에너지}}{\text{전지 공급 에너지}} = \frac{\frac{q^2}{2C}}{qV} = \frac{q}{2CV} = \frac{1}{2}\left(1-e^{-\frac{t}{RC}}\right)\Bigg|_{t\to\infty} = \frac{1}{2}$$

(2) 방전의 경우(초기 축전기 전하 $q = Q_0$)

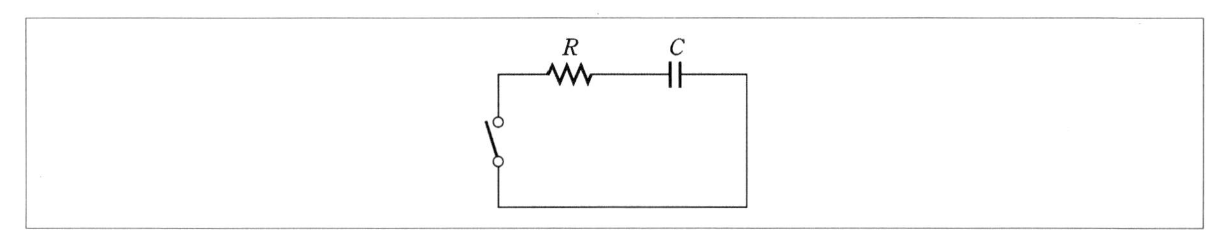

$$0 = IR + \frac{q}{C} = R\frac{dq}{dt} + \frac{q}{C}$$

$$-\frac{q}{RC} = \frac{dq}{dt} \Rightarrow \frac{dq}{q} = -\frac{dt}{RC}$$

$$\int_{Q_0}^q \frac{dq}{q} = -\frac{t}{RC}$$

$$\therefore\ q(t) = Q_0 e^{-\frac{t}{RC}},\ I(t) = -\frac{Q_0}{RC}e^{-\frac{t}{RC}}$$

여기서 전류의 부호가 −인 의미는 충전 때와 반대 방향으로 전류가 흐르기 때문이다.

(3) 축전기가 2개인 상황에서 방전

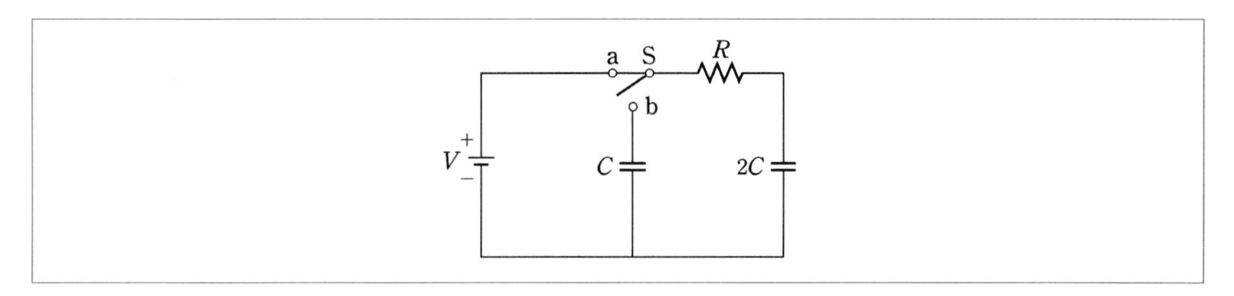

S를 a에 연결하여 전기 용량이 $2C$인 축전기를 완전히 충전하면 $t=0$인 순간에 전기 용량이 $2C$인 축전기에 저장된 전하량은 $Q_0 = 2CV$이다. 전하량 보존 법칙에 의해서 $t \geq 0$에서 전기 용량이 각각 C, $2C$인 축전기에 저장된 전하량을 $Q_1(t)$, $Q_2(t)$라 하면 $Q_1(t)+Q_2(t) = Q_0 = 2CV$이다. 두 축전기의 전위가 같아질 때까지 전류가 흐른다.

$(C_1 + C_2)V' = 2CV = 3CV'$

$$V' = \frac{2}{3}V$$

$$Q_1(t) : 0 \Rightarrow \frac{2}{3}CV$$

$$Q_2(t) : 2CV \Rightarrow \frac{4}{3}CV$$

축전기는 서로 직렬로 연결되어 있으므로 축전기의 합성법에 의해서 $\frac{1}{C_{합성}} = \frac{1}{C} + \frac{1}{2C} = \frac{3}{2C}$이므로 $C_{합성} = \frac{2}{3}C$인 하나의 축전기로 생각할 수 있다. $t=0$일 때 전기 용량이 C인 축전기는 완전 방전된 상태이고, 오른쪽 축전기의 전위가 V이므로 $I(t=0)$인 순간에는 저항에 모든 단자전압이 걸리므로 $\frac{V}{R}$인 전류가 흐른다.

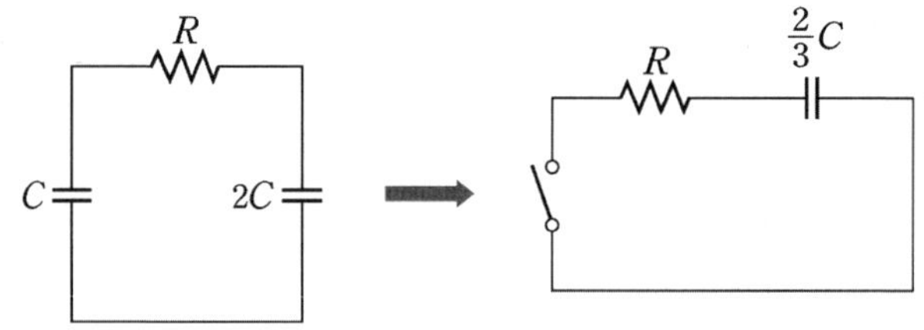

$$I(t) = \frac{V}{R}e^{-\frac{3t}{2RC}}$$

$Q_1(t)$는 충전되므로 전류가 시간에 흐름에 따라 증가한다.

$$Q_1(t) = Q_1(0) + \int_0^t I(t)\,dt = \int_0^t \frac{V}{R}e^{-\frac{3t}{2RC}}\,dt = \frac{2CV}{3}\left(1 - e^{-\frac{3t}{2RC}}\right)$$

전하량 보존 법칙에 의해서 $Q_1(t)+Q_2(t) = Q_0 = 2CV$이므로 $Q_2(t) = 2CV - Q_1(t)$

$$Q_2(t) = \frac{2}{3}CV\left(2 + e^{-\frac{3}{2RC}t}\right)$$

2. LC 회로(코일(인덕터) L, 축전기 C로 구성된 회로)

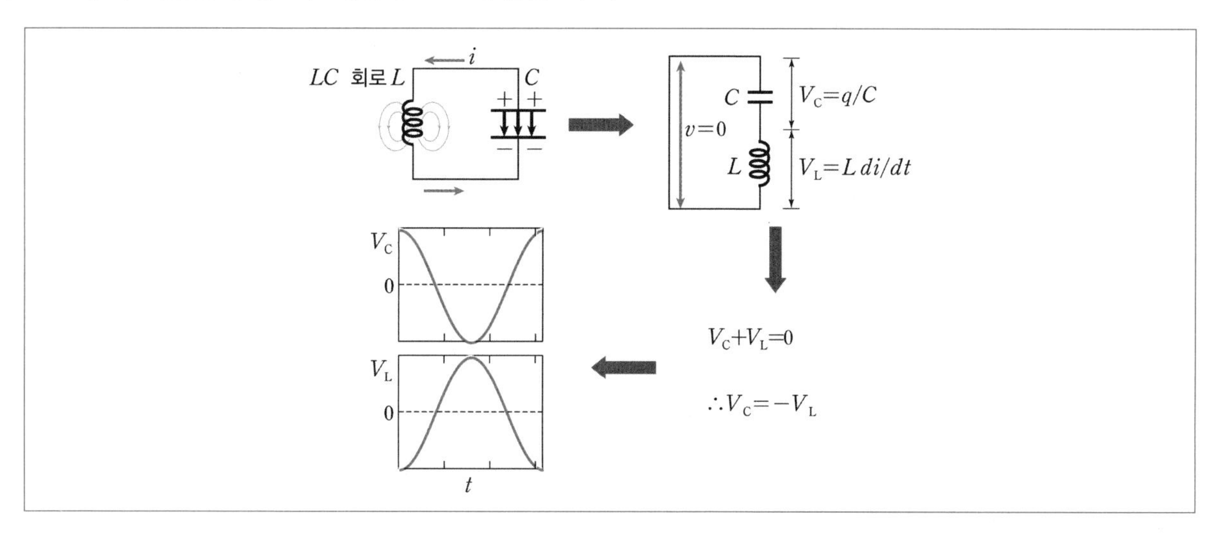

$$V_C + V_L = 0 \Rightarrow L\frac{di}{dt} + \frac{q}{C} = 0 \left(i = \frac{dq}{dt}\right)$$

$$\frac{d^2q}{dt^2} + \frac{1}{RC}q = 0$$

$$q(t) = Q_0 \sin(\omega t + \phi)\left(\because\ \omega = \frac{1}{\sqrt{LC}}\right)$$

$$i(t) = Q_0\omega\cos(\omega t + \phi)$$

LC 회로는 에너지 소비 없이 축전기에서 충전과 방전이 지속되는 진동 현상을 보인다.

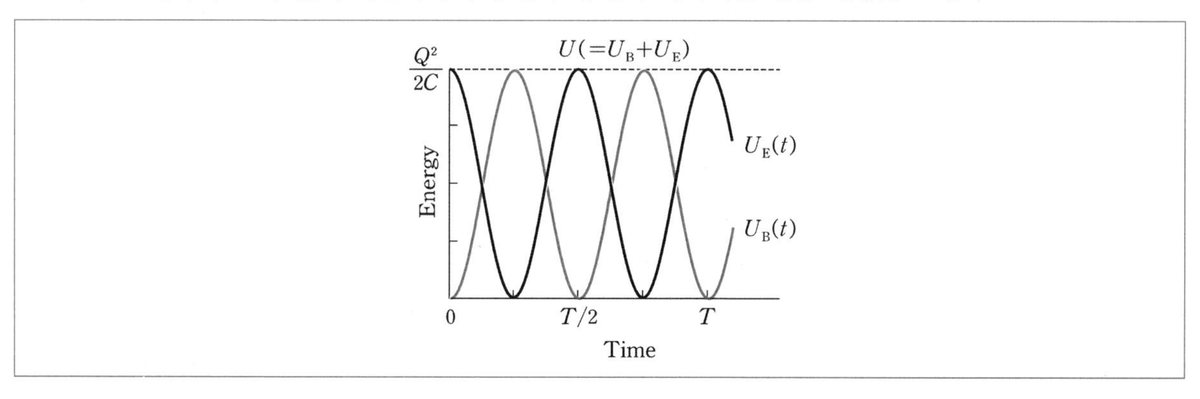

$$U = U_E + U_B = \frac{q^2(t)}{2C} + \frac{1}{2}Li^2(t)$$

$$= \frac{Q_0^2}{2C}\sin^2(\omega t + \phi) + \frac{1}{2}LQ_0^2\omega^2\cos^2(\omega t + \phi)$$

$$= \frac{Q_0^2}{2C}\sin^2(\omega t + \phi) + \frac{Q_0^2}{2C}\cos^2(\omega t + \phi) = \frac{Q_0^2}{2C}$$

$$q(t) = Q\cos(\omega t + \phi)$$

$$i(t) = -\omega Q \sin(\omega t + \phi)$$

$$U_E = \frac{q^2(t)}{2C} = \frac{Q_0^2}{2C}\cos^2(\omega t + \phi)$$

$$U_B = \frac{1}{2}Li^2 = \frac{1}{2}L\omega^2 Q^2 \sin^2(\omega t + \phi) = \frac{Q^2}{2C}\sin^2(\omega t + \phi) \quad \left(\because \ \omega = \frac{1}{\sqrt{LC}}\right)$$

➡ $U = U_E + U_B$

$= \dfrac{Q^2}{2C} = \text{일정}$

※ $U = \dfrac{Q_0^2}{2C}$: 보존, 이것은 역학의 용수철 진동과 매우 유사하다.

3. RLC 회로 감쇠진동

R L $i(t)$ C

$$V_L + V_R + V_C = 0 \Rightarrow L\frac{di}{dt} + Ri + \frac{q}{C} = 0$$

$$\frac{d^2q}{dt^2} + \frac{R}{L}\frac{dq}{dt} + \frac{1}{LC}q = 0$$

일반해 : $q(t) = Qe^{-\frac{R}{2L}t}\cos(\omega t + \phi)$

고유 각진동수 : $\omega = \sqrt{\dfrac{1}{LC} - \dfrac{R^2}{4L^2}}$

저항에서 에너지 소비가 일어난다. 이 회로는 역학과 매우 밀접한 연관성이 있다. 단진동(SHO : Simple Harmonic Oscillation)은 마찰을 고려하지 않을 경우라면, 이제는 마찰을 고려하는 경우를 생각해보자.
일반적으로 물체가 움직일 때 저항력은 바닥과 접촉하여 생기는 마찰력을 고려하기보다는 유체(공기, 액체 등)와의 마찰력을 주로 생각하게 된다.
유체와의 마찰력은 물체의 빠르기에 따라서 두 종류로 나뉜다.

(1) $f = -bv$

물체의 속력이 느린 경우(예 서핑 보트, 공기 중 자유낙하 등)

(2) $f = -cv^2$

물체의 속력이 매우 빠른 경우(예 총알, 항공기 등)

물체의 속력이 매우 빨라지는 경우는 물체의 모양과 여러 가지 고려 대상이 생겨 매우 어렵게 된다. 여기서는 물체의 속력이 느린 경우를 다루기로 한다.

(3) 운동방정식

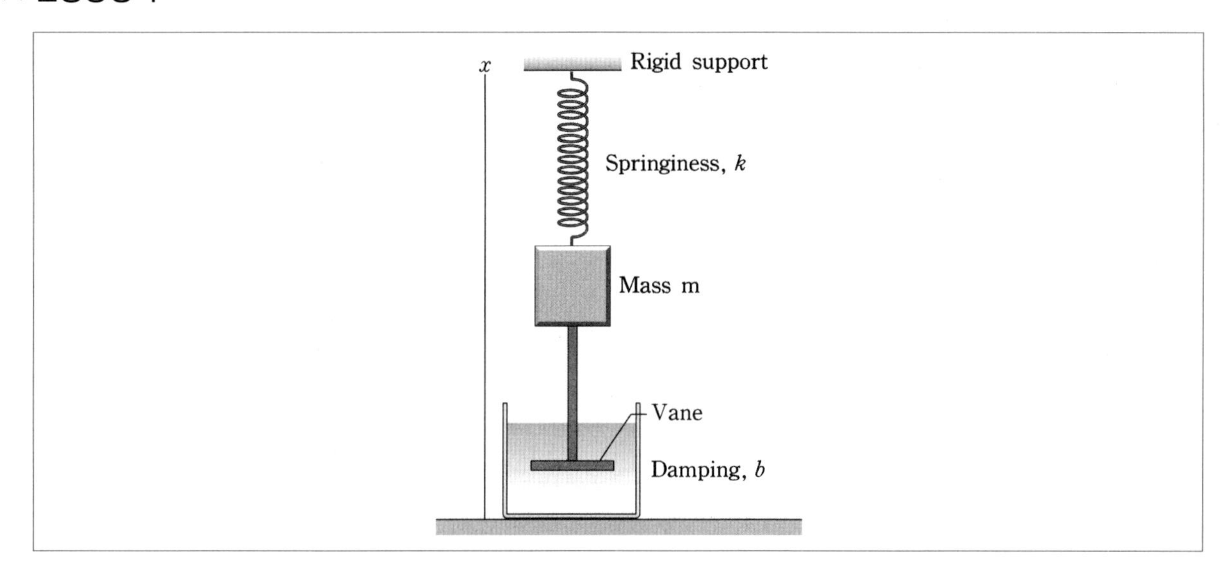

$F = ma = -kx - bv$

$m\ddot{x} + b\dot{x} + kx = 0$ (b : 감쇠상수, k : 용수철상수)

(where $\dot{x} = \dfrac{dx}{dt}$, $\ddot{x} = \dfrac{d^2x}{dt^2}$)

$\ddot{x} + 2\beta\dot{x} + \omega_0^2 x = 0$ ($\beta = \dfrac{b}{2m}$: 감쇠변수, $\omega_0 = \sqrt{\dfrac{k}{m}}$: 고유진동수)

위와 같은 미분 방정식의 해는 $x = e^{\lambda t}$ 의 형태이다.

대입해서 λ를 찾아보면

$\lambda^2 + 2\beta\lambda + \omega_0^2 = 0$

$\therefore \lambda = -\beta \pm \sqrt{\beta^2 - \omega_0^2}$

$\lambda_1 = -\beta + \sqrt{\beta^2 - \omega_0^2}$, $\lambda_2 = -\beta - \sqrt{\beta^2 - \omega_0^2}$

$x = A_1 e^{\lambda_1 t} + A_2 e^{\lambda_2 t}$

$x = e^{-\beta t}(A_1 e^{\omega_1 t} + A_2 e^{-\omega_1 t})$, $[\omega_1 = \sqrt{\beta^2 - \omega_0^2}\,]$

$x = A_1 e^{\lambda_1 t} + A_2 e^{\lambda_2 t}$

$x = e^{-\beta t}(A_1 e^{\omega_1 t} + A_2 e^{-\omega_1 t})$ ➡ 식 ①, $[\omega_1 = \sqrt{\beta^2 - \omega_0^2}\,]$

정리해보면 $\omega_1 = \sqrt{\beta^2 - \omega_0^2}$ 의 조건에 따라 3가지 형태의 해를 가지게 된다.

① 과감쇠 운동(Over damping)

$\beta^2 - \omega_0^2 > 0$이면

일반해 $x = e^{-\beta t}(A_1 e^{\omega_1 t} + A_2 e^{-\omega_1 t})$ $[\omega_1 = \sqrt{\beta^2 - \omega_0^2}\,]$

예 물엿 같은 곳에서 진동

② 임계 운동(Critical damping)

$\beta^2 - \omega_0^2 = 0$이면

일반해 $x = (A + Bt)e^{-\beta t}$

③ 저감쇠 운동(Under damping)

$\beta^2 - \omega_0^2 < 0$이면

일반해 $x = e^{-\beta t}(A_1 e^{i\omega_1 t} + A_2 e^{-i\omega_1 t}) = e^{-\beta t}(A_1 \cos\omega_1 t + A_2 \sin\omega_1 t)$

$x = Ae^{-\beta t}\cos(\omega_1 t - \phi)$ $[where\ A = \sqrt{A_1^2 + A_2^2}\,]$

($Ae^{-\beta t}$: 진폭항, $\cos(\omega_1 t - \phi)$: 진동항)

$\omega_1 = \sqrt{\omega_0^2 - \beta^2}$

예 공기 중에서 진동

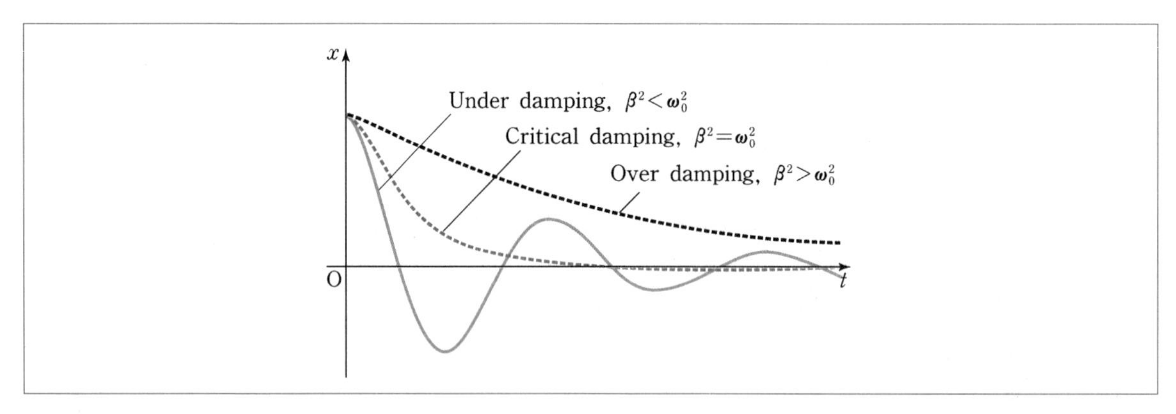

우리는 진동을 다루기 때문에 보통 $\beta^2 - w_0^2 < 0$인 경우(저감쇠 운동)를 다루기로 한다.

$x = e^{-\beta t}(A_1 e^{i\omega_1 t} + A_2 e^{-i\omega_1 t}) = e^{-\beta t}(A_1 \cos\omega_1 t + A_2 \sin\omega_1 t)$

$x = Ae^{-\beta t}\cos(\omega_1 t - \phi)$

저감쇠 운동은 SHM이다.

진동수가 하나이고 훅의 법칙(라플라스 방정식)을 따른다.

진폭은 $Ae^{-\beta t}$로서 시간에 따라 진폭이 감소함을 알 수 있다. 이것은 마찰이 작용하기 때문에 에너지 손실이 일어나는 이유이다.

주기 $T=\dfrac{2\pi}{\omega_1}=\dfrac{2\pi}{\sqrt{\omega_0^2-\beta^2}}=\dfrac{2\pi}{\sqrt{\dfrac{k}{m}-\dfrac{b^2}{4m^2}}}$ ➡ 주기는 감쇠진동 하면서 불변한다.

시간에 따른 변위의 그래프를 그려보면 다음과 같다.

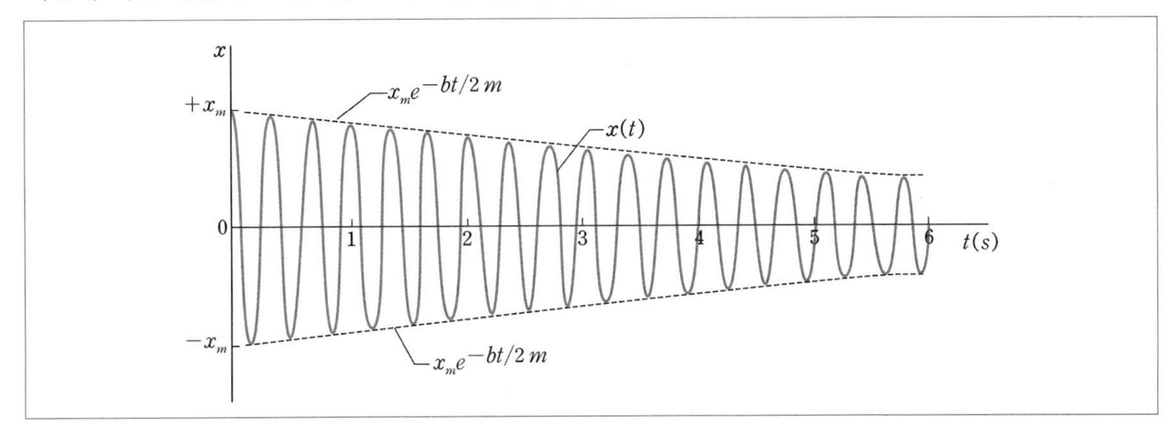

전기회로에서 감쇠진동도 역학적 감쇠진동과 매우 유사

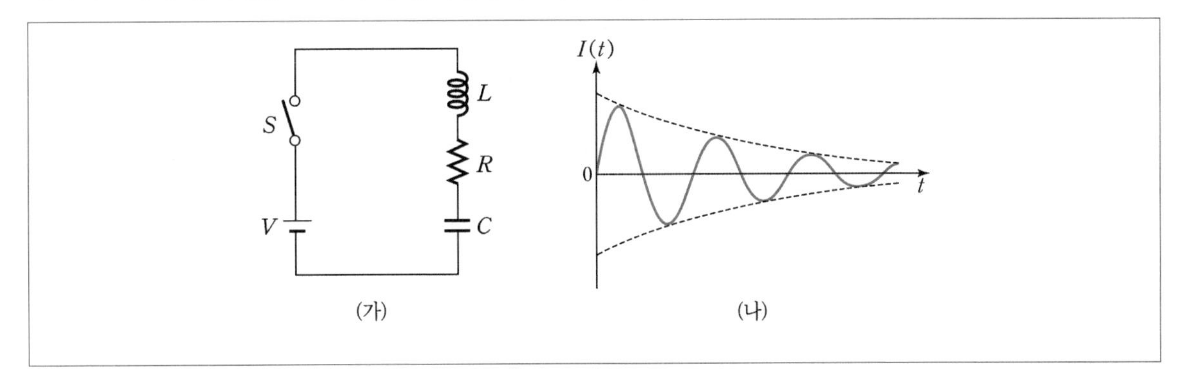

$$L\frac{d^2q}{dt^2}+R\frac{dq}{dt}+\frac{q}{C}=0$$

$$m\ddot{x}+b\dot{x}+kx=0$$

$x \leftrightarrow q,\ v \leftrightarrow I,\ m \leftrightarrow L,\ b \leftrightarrow R,\ k \leftrightarrow \dfrac{1}{C}$로 대응시킬 수 있다.

$\beta=\dfrac{b}{2m}=\dfrac{R}{2L},\ \omega_0=\sqrt{\dfrac{k}{m}}=\dfrac{1}{\sqrt{LC}}$이다.

$t=0$에서 $I(0)=0$이고, 축전기에 V_0의 전위가 걸린다고 하면

$$x = Ae^{-\beta t}\cos(\omega_1 t - \phi) \rightarrow Q(t) = Ae^{-\frac{R}{2L}t}\cos(\omega_1 t - \phi)$$

$$\omega_1 = \sqrt{\frac{1}{LC} - \frac{R^2}{4L^2}}$$

$$Q(t) = Ae^{-\frac{R}{2L}t}\cos(\omega_1 t - \phi) = \frac{\omega_0}{\omega_1}CV_0 e^{-\frac{R}{2L}t}\cos(\omega_1 t - \phi)$$

$$\tan\phi = \frac{R}{2L\omega_1}$$

$$I(t) = \frac{\omega_0^2}{\omega_1}CV_0 e^{-\frac{R}{2L}t}\sin\omega_1 t$$

연습문제

정답_ 378p

01 다음 그림과 같이 일정한 전류 I가 흐르는 두 무한 직선 도선이 x축으로부터 각각 거리 d만큼 떨어져 y축과 교차한다. 전류는 모두 xy평면에서 수직으로 나오는 방향으로 흐른다.

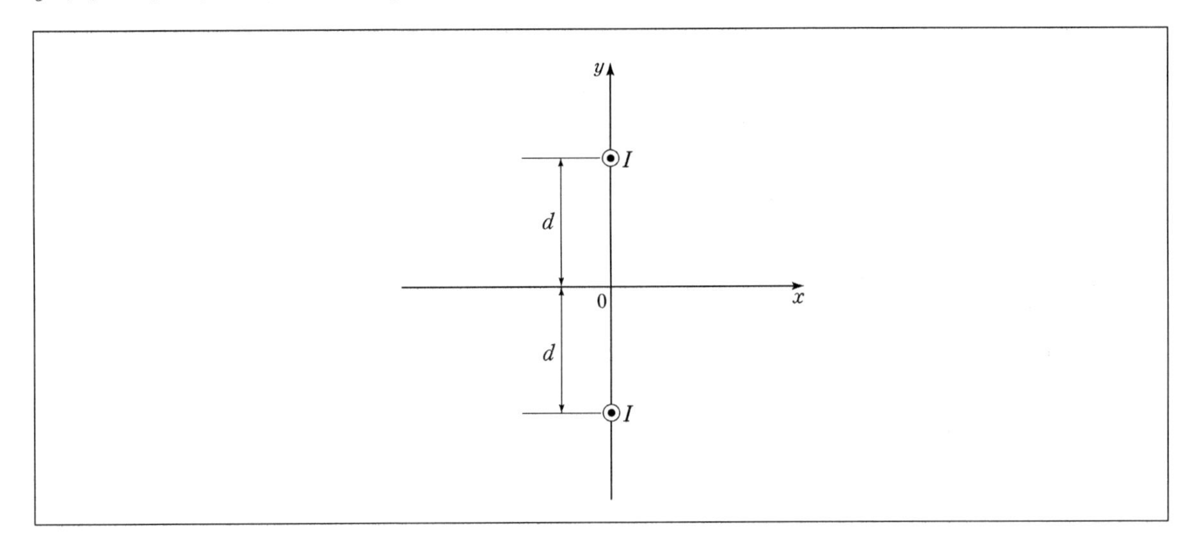

이때 x축상에서 자기장의 세기의 최댓값과 최대인 지점을 구하시오.

02 다음 그림은 xy 평면에 전하량 $-q$, 질량 m인 대전 입자를 세기가 E_0, 방향이 $+y$인 균일한 전기장 영역에 x축과 $60°$의 각으로 v의 속력으로 입사시키는 모습을 나타낸 것이다. 대전 입자는 포물선 운동을 하여 y축과 수직인 방향으로 세기가 B_0인 균일한 자기장 영역에 입사하여 등속 원운동을 하여 $x=R$인 지점을 통과한다.

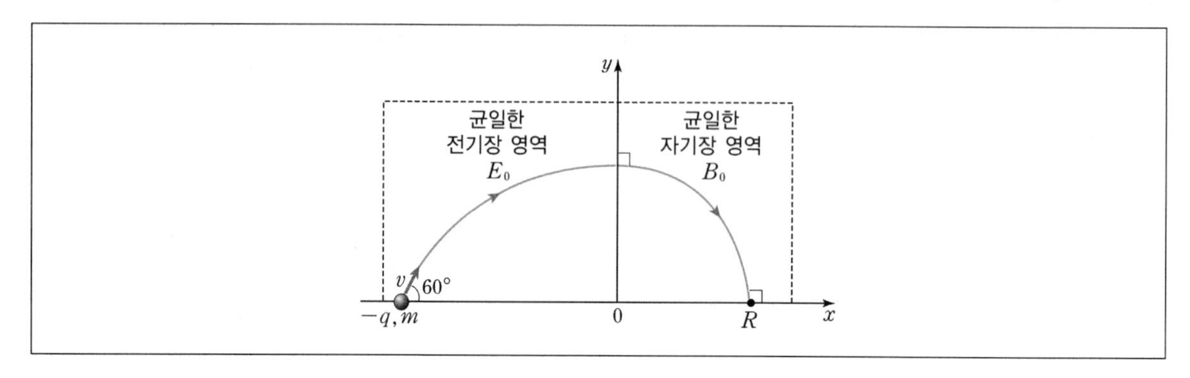

이때 전기장의 세기 E_0과 자기장의 세기 B_0를 각각 구하시오. (단, 입자의 크기는 무시한다.)

03 다음 그림과 같이 전하량 q, 질량 m인 입자가 일정한 속력으로 세기가 B인 균일한 자기장 영역의 a면에 수직으로 입사한다. 자기장 방향은 xy평면에 수직인 방향이고, a면과 b면 사이의 간격은 d이다.

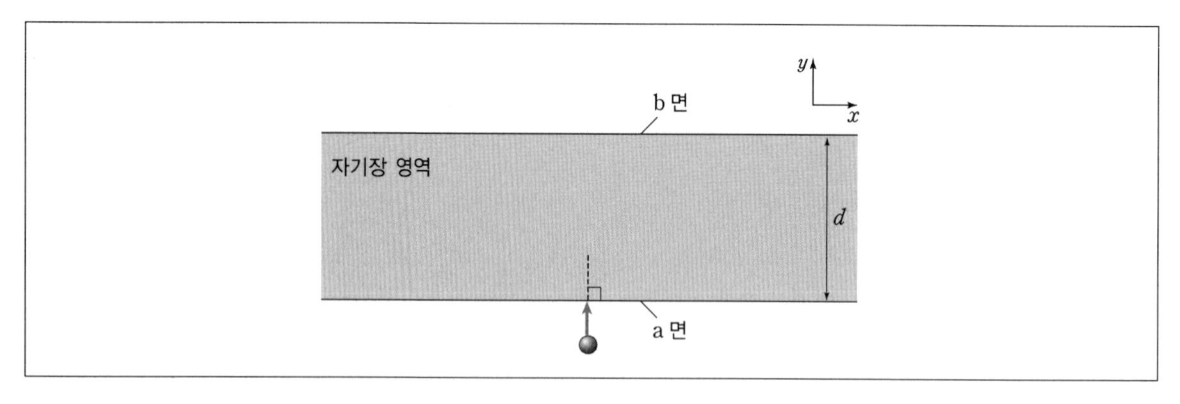

이때 자기장의 영역에서 등속 원운동을 하는 입자가 b면에 도달하기 위한 최소 속력을 구하시오. (단, 입자의 크기는 무시한다.)

04 다음 그림과 같이 전하량 $+q$, 질량 m인 대전 입자를 수평면에 수직으로 들어가는 방향의 균일한 자기장 영역에 일정한 속력 v로 입사시켰더니, 입자가 점 O를 중심으로 등속 원운동 하며 운동 경로상의 점 A, B를 차례대로 지나 자기장 영역을 통과하였다. 점 O, A, B, C는 동일 수평면에 있고, A와 C 사이의 거리는 d, B와 C 사이의 거리는 $3d$이다.

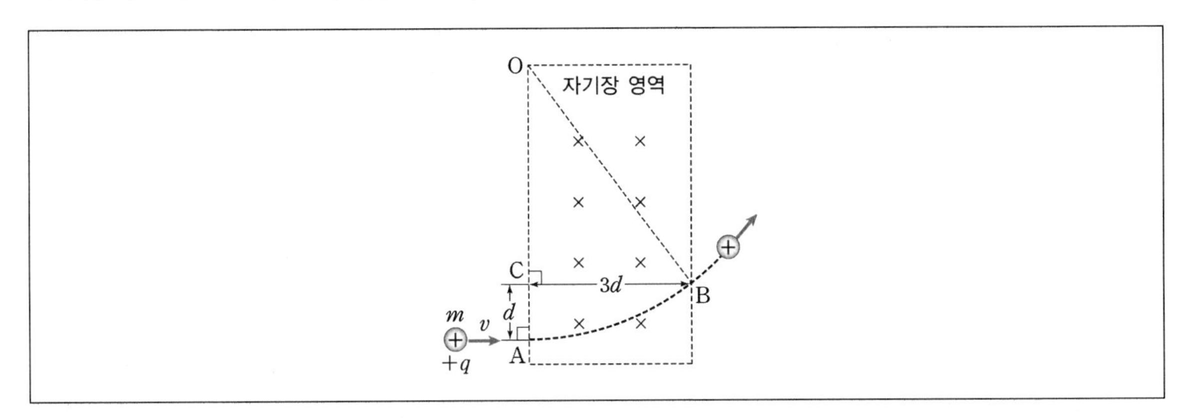

이때 A에서 B까지 자기력이 입자에 한 일의 크기를 구하시오. 또한 자기장의 세기 B를 구하시오. (단, 전자기파 발생은 무시한다.)

05 다음 그림과 같이 얇은 직육면체 구조를 갖는 도체 물질에 일정한 전류 I가 흐르는 모습을 나타내고 있다. 길이, 너비, 두께는 각각 l, W, d이다. 크기가 B인 균일한 자기장이 xz평면에 수직 방향으로 $+y$ 방향으로 향한다. 홀 효과에 의해서 전하 운반체는 한쪽에 쌓이게 되고 전위차를 형성한다. 이때 자기력과 전기력의 평형이 이뤄질 때까지 전하의 축적은 계속된다. 도체 내부에 전하 운반자가 균일하게 분포되어있다고 가정해보자.

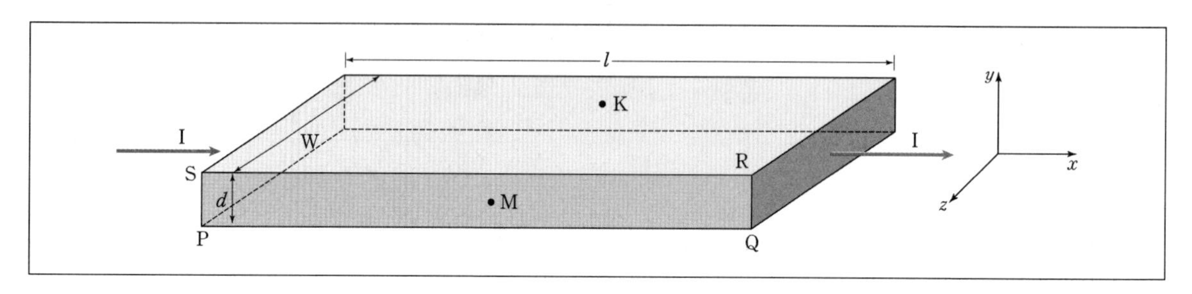

전위차 $V_K - V_M = \Delta V$ 가 음(−)일 때, 전하 운반체가 무엇인지 쓰시오. 또한 전류 변화가 없다면, w를 2배 증가시키면 홀 효과에 의한 전위차 $|V_K - V_M| = |\Delta V|$ 의 변화를 설명하시오. 그리고 길이, 너비, 두께는 각각 l, W, d가 동일한 다른 물질로 바꿨을 때, 같은 전류에서 $|V_K - V_M| = |\Delta V|$가 2배 측정되었다면 이전 물질에 비해 전하 개수 밀도가 몇 배인지 구하시오.

06 다음 그림은 균일한 자기장 B 속에서 단면적이 A인 코일이 자기장의 방향에 수직인 회전축을 중심으로 일정한 각속도 ω로 회전하는 모습을 나타낸 것이다. P는 코일 위의 한 점이고, $t=0$일 때 코일을 통과하는 자기력선속이 최대이다. 코일의 저항은 R이다.

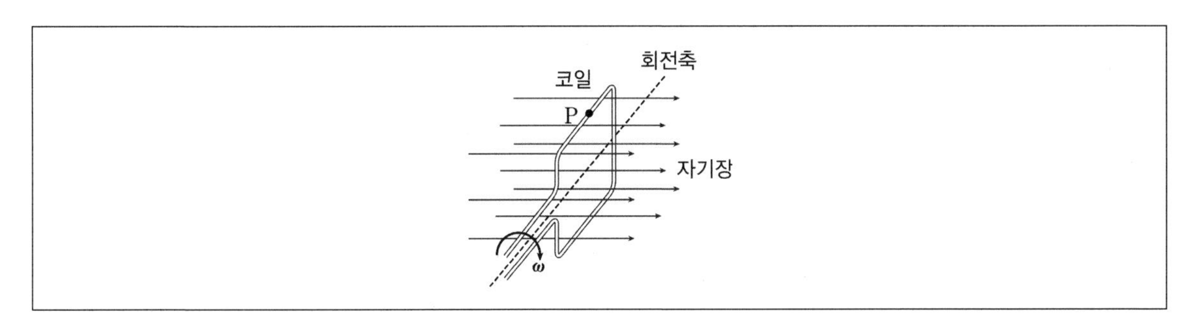

이때 $t>0$에서 코일에 발생되는 유도기전력의 세기를 구하시오. 또한 P에 흐르는 유도전류의 방향이 바뀌게 되는 최초의 시간 t_0를 구하시오. 그리고 t_0까지 코일을 등속으로 회전하기까지 외부에 공급한 에너지 E를 구하시오. (단, 코일의 자체유도 효과는 무시한다.)

07 다음 그림과 같이 전원장치가 연결되어 감은 밀도가 n인 솔레노이드 내부에 면적이 A인 사각형 도선이 놓여있다. 사각형 도선의 면적에 자기장은 수직으로 통과한다. 전원장치에 의해서 솔레노이드에 흐르는 전류는 $I(t) = \beta t$이고, 사각형 도선에는 저항이 R이 연결되어 있다. 여기서 β는 양의 상수이다.

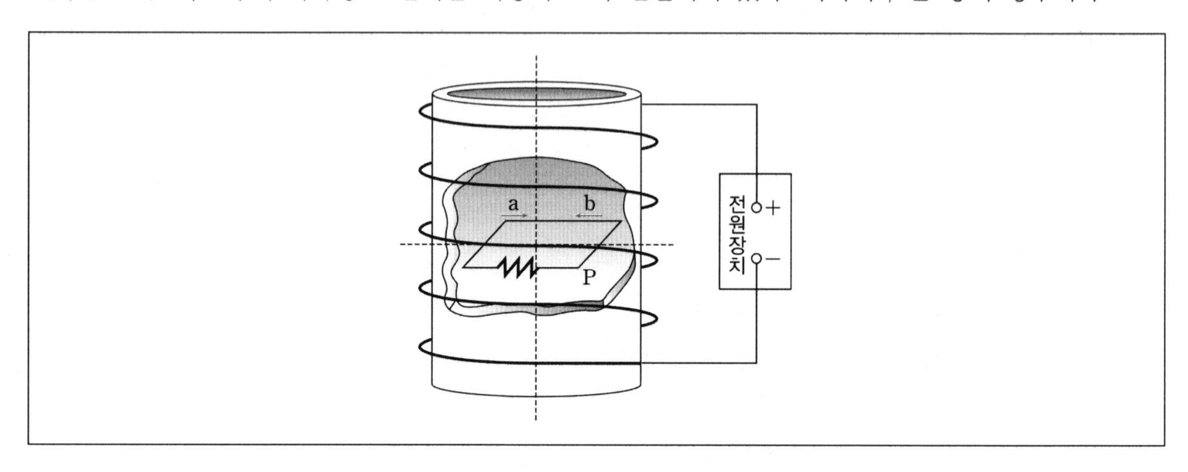

이때 사각형 도선에 유도된 전류의 세기와 방향을 구하시오. 또한 사각형 도선의 상호유도계수 M을 구하시오. (단, 진공에서 자기 투자율은 μ_0이고, 솔레노이드 내부 자기장은 균일하다고 가정한다.)

08 다음 그림과 같이 종이 면에 수직으로 들어가는 세기가 B로 균일한 자기장 영역에 저항 R이 연결된 폭이 L로 평행한 두 도선을 고정시켰다. 저항과 위쪽 도선과의 연결지점은 P이고, 아래 도선과의 연결지점은 Q이다. 도선 위에서 도선과 각도가 $45°$인 직각 모형의 두 개의 도체 막대를 각각 왼쪽과 오른쪽으로 일정한 속력 v, $2v$로 이동시키고 있다.

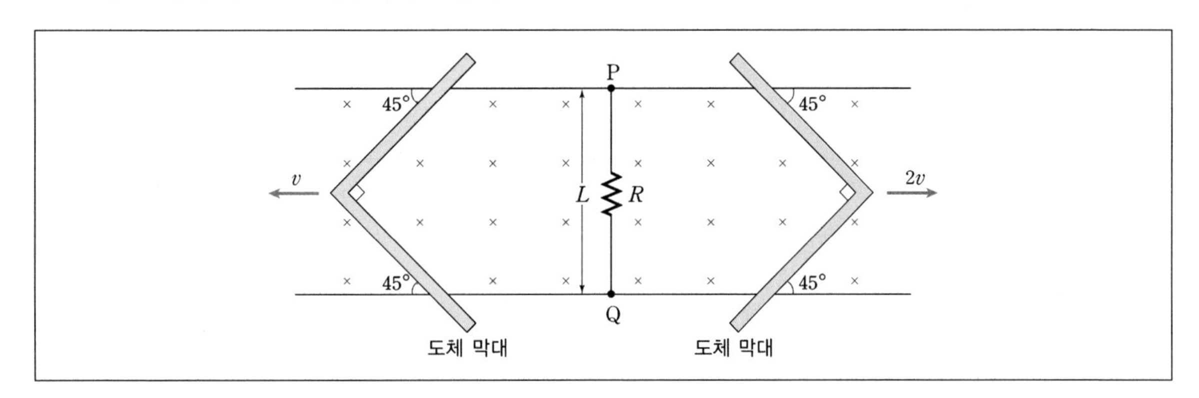

이때 저항에 흐르는 유도전류의 방향과 세기를 각각 구하시오. (단, 도선과 도체 막대의 저항 및 마찰과 회로의 자체 유도현상은 무시한다.)

09 다음 그림은 수평면상에 놓인 폭이 l인 ㄷ자 모양의 도선 위에서 저항이 없는 도체 막대가 외력에 의하여 일정한 속력 v_0으로 폐회로를 이루며 오른쪽으로 운동하는 것을 나타낸 것이다. ㄷ자 모양 도선에는 저항값이 R인 저항과 전기용량이 C인 축전기가 연결되어 있으며, 크기가 B인 균일한 자기장이 수평면에 수직인 방향으로 들어가고 있다. 막대가 등속운동을 시작하는 순간($t=0$)에 축전기에 충전된 전하량은 0이다.

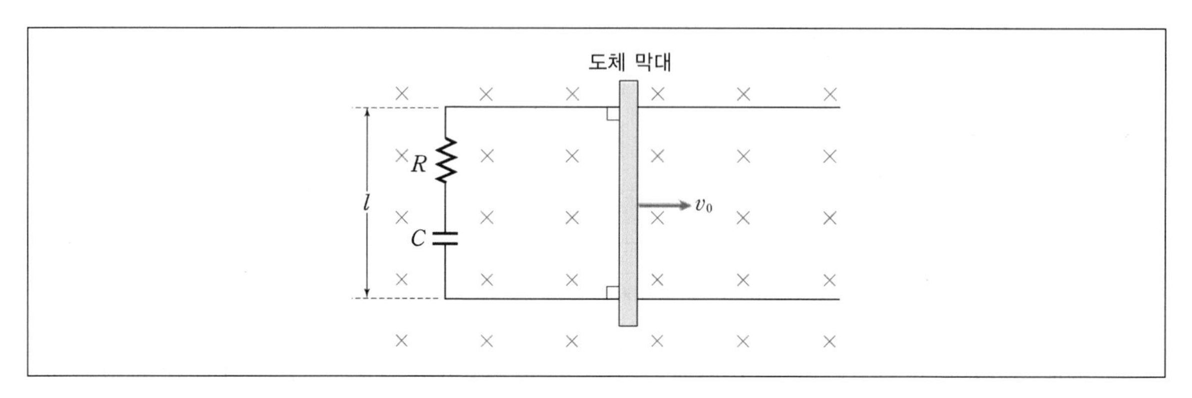

$t>0$일 때, 유도전류의 크기 $I(t)$와 방향을 구하시오. 또한 $t=0$부터 $t=\infty$일 때까지 저항에서 소비되는 에너지 U_R와 축전기에 저장된 에너지 U_C를 각각 구하시오. (단, 자체유도 효과와 모든 마찰은 무시한다.)

10 다음 그림과 같이 무한히 긴 직선 도선 주위에 가로 a, 세로 b의 직사각형 도선이 거리 a만큼 떨어져 위치하고 있다. 직선 도선에는 $i = I_0 \sin\omega t$인 전류가 흐르고 있으며, 직선 도선과 직사각형 도선은 같은 평면상에 존재한다. 직사각형 도선에는 저항값이 R인 저항이 연결되어 있다.

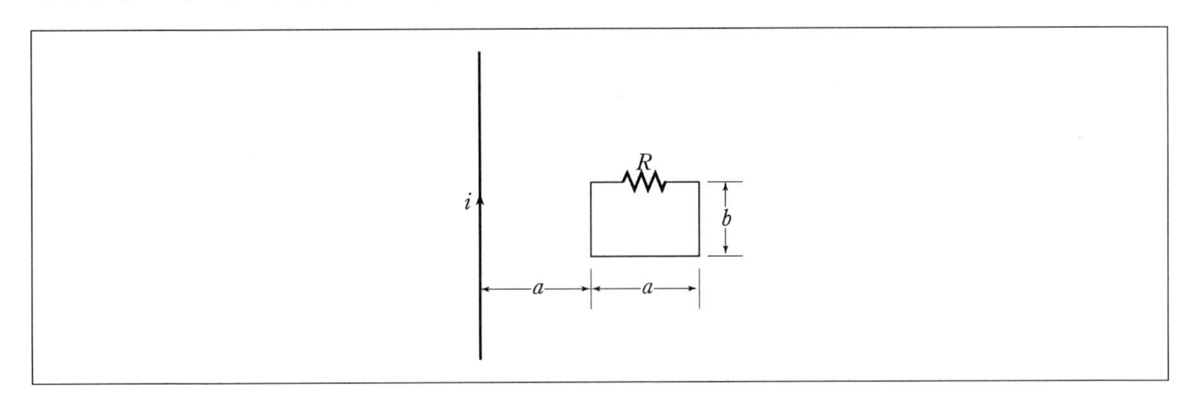

이때 직사각형 도선에 흐르는 유도전류의 세기를 구하시오. 또한 $t = \dfrac{\pi}{\omega}$일 때 직사각형 도선에 흐르는 전류의 방향을 쓰시오. 그리고 직선 도선과 직사각형 도선 사이의 상호 유도계수 M을 구하시오. (단, 진공의 투자율은 μ_0이다.)

11 다음 그림과 같이 저항이 없는 두 개의 긴 도체 레일이 간격 l만큼 떨어져서 기전력 E인 전지로 연결되어 있다. 질량 m, 저항 R인 도체 막대가 레일 위에서 마찰 없이 움직일 수 있다. 균일한 자기장 B가 레일과 막대가 이루는 평면에 수직인 방향으로 걸려 있다.

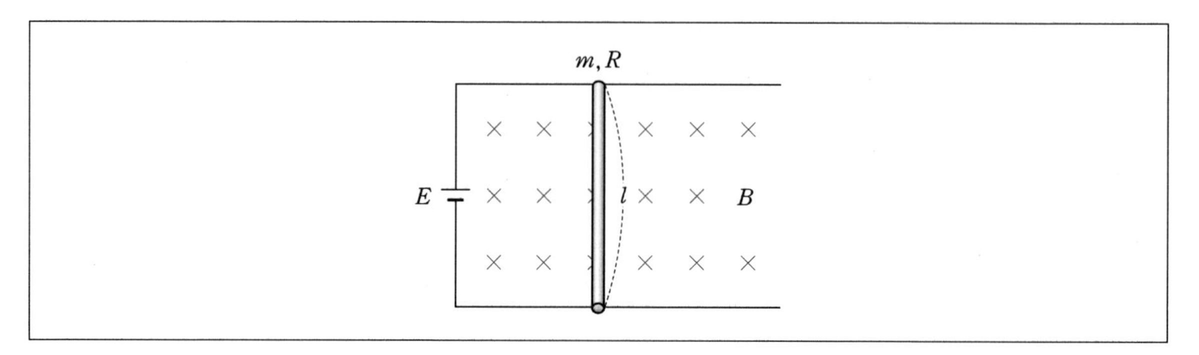

1) 도체 막대가 얻게 되는 종단 속도 v_f의 크기를 구하시오.

2) 종단속도 v_f에 도달하였을 때 막대에 흐르는 전류 I를 구하시오.

3) 만일 막대가 움직이는 반대 방향으로 일정한 외력 F를 막대에 가한다면 이때 막대가 얻게 되는 새로운 종단 속도 v_f'의 크기를 구하시오. 그리고 이때 막대에 흐르는 전류 I를 구하시오.

12 다음 그림은 균일한 자기장 B속에서 경사각 θ의 비탈면 위에 놓인 ㄷ 자 모양의 도체 레일 위를 질량이 m인 금속 막대가 미끄러져 내려오는 것을 나타낸 것이다. 자기장의 방향은 연직 위 방향이고 레일의 폭은 ℓ이다. ㄷ자 도선의 저항은 R이다.

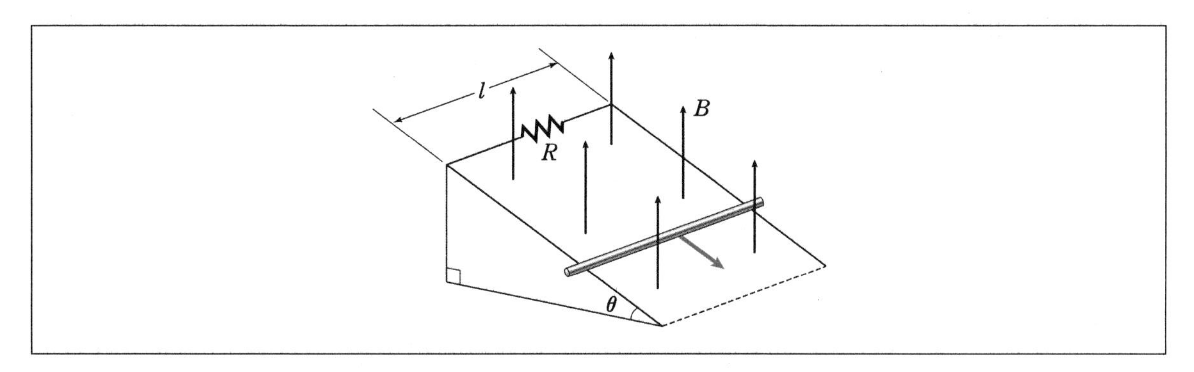

막대의 속력이 v일 때, 막대의 알짜힘을 구하시오. 또한 충분한 시간이 지날 때 막대의 종단 속력 v_t를 구하시오. (단, 중력 가속도의 크기는 g이고, 모든 마찰은 무시한다.)

13 다음 그림과 같이 저항 R이 연결되어 있고 폭이 ℓ인 ㄷ자 모양의 도선이 균일한 자기장 속에서 수평면 상에 고정되어 있다. 자기장의 크기는 B이고 방향은 연직상방이다. 이 도선 위에는 도선과 직사각형 모양의 폐회로를 이루며 수평 방향으로 움직일 수 있는 질량 m인 도체 막대가 놓여 있다. 이 막대는 수평 방향의 실과 도르래를 거쳐 질량 M인 추와 연결되어 있다. 이 막대는 $t=0$일 때 정지 상태에서 운동을 시작하여 충분한 시간이 지난 후 속력이 종단 속력에 접근한다.

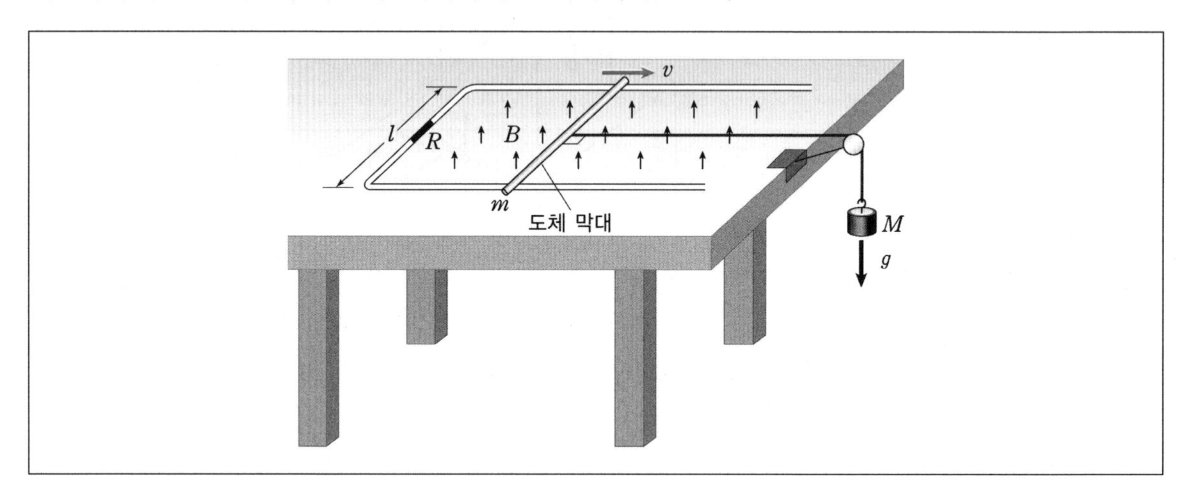

$0<t$일 때, 저항에 흐르는 유도전류의 세기를 v로 나타내시오. 또한 시간에 따른 자기력의 크기 $F(t)$를 구하시오. 그리고 도체 막대의 종단 속력을 구하시오. (단, 중력 가속도의 크기는 g이고, 실은 늘어나지 않으며, 실과 도르래의 질량, 추의 크기, 공기저항 및 모든 마찰은 무시한다.)

14 다음 그림은 세기가 B로 균일한 자기장 영역에 놓여있는 반원 모양의 도체와 도체 막대가 접촉하여 이루어진 회로를 나타낸 것이다. 반원의 반지름은 a이며, 저항값 R인 저항과 기전력 ε인 직류전원과 전류계가 그림과 같이 연결되어 있다. 자기장의 방향은 종이면에 수직으로 들어가는 방향이며, 도체 막대는 반원의 지름을 이등분한 점 O를 중심으로 반시계 방향으로 일정한 각속도로 회전한다. 전류계에 흐르는 전류는 0이다.

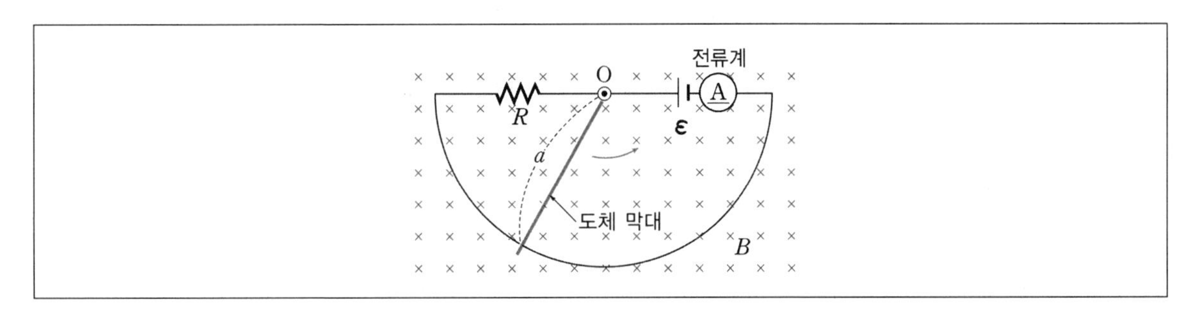

이때 도체 막대의 각속도의 크기를 구하시오. 또한 도체 막대를 일정한 각속도로 운동하기 위해 단위 시간당 공급해야 할 에너지를 구하시오. (단, 반원 모양의 도체는 고정되어 있으며, 명시된 저항 이외의 저항과 자체유도에 의한 효과는 무시하고, 도체 막대가 반원을 벗어나는 경우는 고려하지 않는다.)

15 다음 그림은 크기 R_1, R_2인 두 저항, 인덕턴스 L인 코일 및 스위치 S가 전압 V인 전지에 연결된 회로를 나타낸 것이다. 전지의 내부저항은 무시한다.

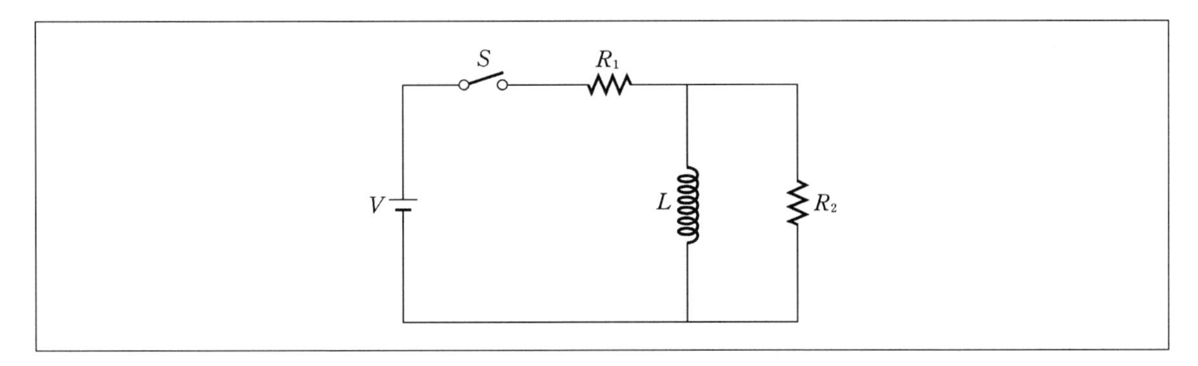

이때 스위치 S를 닫는 순간 R_1을 흐르는 전류의 세기를 구하시오. 또한 시간이 충분히 지났을 때 코일에 걸리는 전압은 얼마인지 구하시오.

16 그림은 기전력 ε인 직류전원, 인덕턴스 L인 코일, 저항값이 각각 R, R, $2R$인 세 개의 저항으로 구성된 회로를 나타낸 것이다. 시간 $t=0$에 스위치 S를 닫고 난 직후 직류전원이 공급하는 전력은 P_0이고, S를 닫고 나서 $t=\infty$에 직류전원이 공급하는 전력은 P_∞이다.

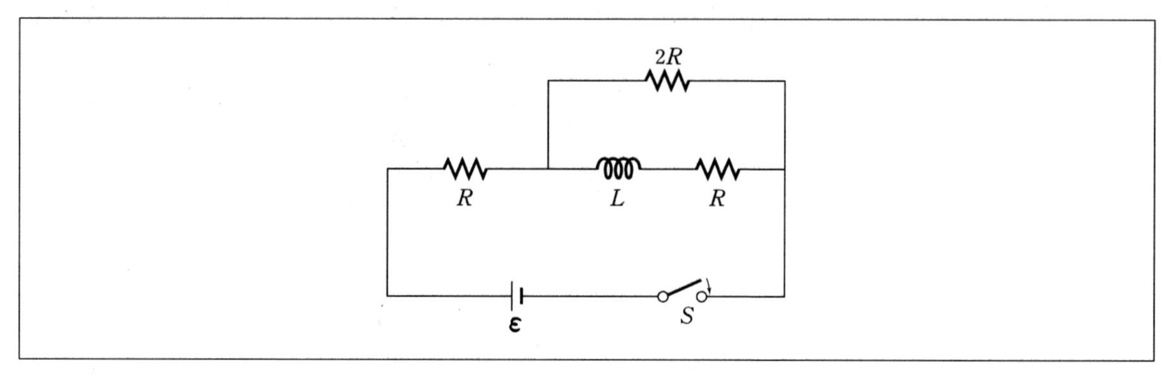

이때 $\frac{P_\infty}{P_0}$는 얼마인지 구하시오. (단, 스위치를 닫기 전 회로에 흐르는 전류는 0이고, 코일에 의한 자체 유도 이외의 효과는 무시한다.)

17 다음 그림과 같이 기전력이 ε인 기전력원, 저항값이 R인 저항, 가체 인덕턴스 L인 코일, 전기용량이 C인 축전기로 이루어진 회로를 구상하였다. 회로에서 스위치 S를 a에 연결하여 축전기를 전하량 Q_0로 충전한 후, 스위치 S를 a에서 b로 연결하였다.

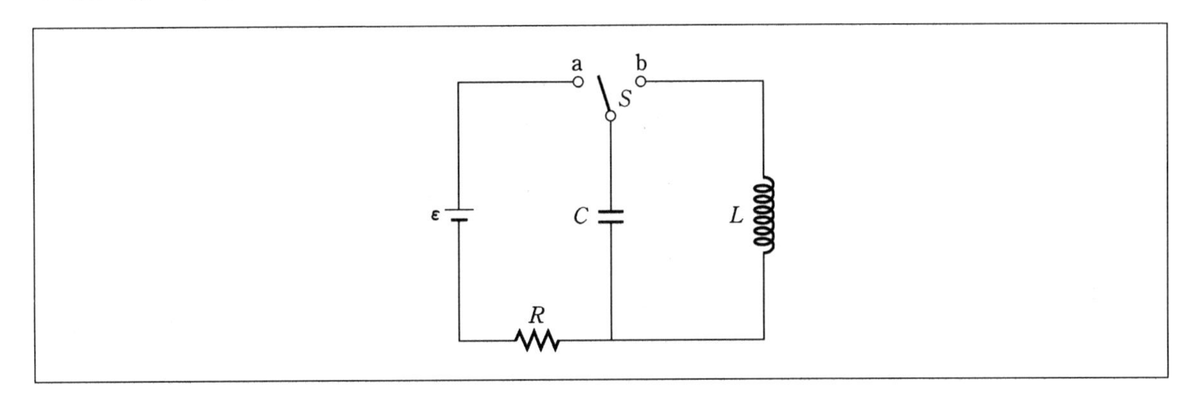

이때 RC회로에서 충전하는 동안, 축전기에 저장된 에너지 U_C와 기전력이 한일 W의 비 $\dfrac{U_C}{W}$를 구하시오. 또한 LC회로에서 전류의 진폭을 구하시오. (단, 전자기파의 방출은 무시한다.)

22-B09

18 다음 그림 (가)는 인덕턴스 L인 인덕터, 저항 R인 저항기, 전기용량 C인 축전기와 전압이 V로 일정한 전원이 직렬로 연결된 LRC 회로를 나타낸 것이다.

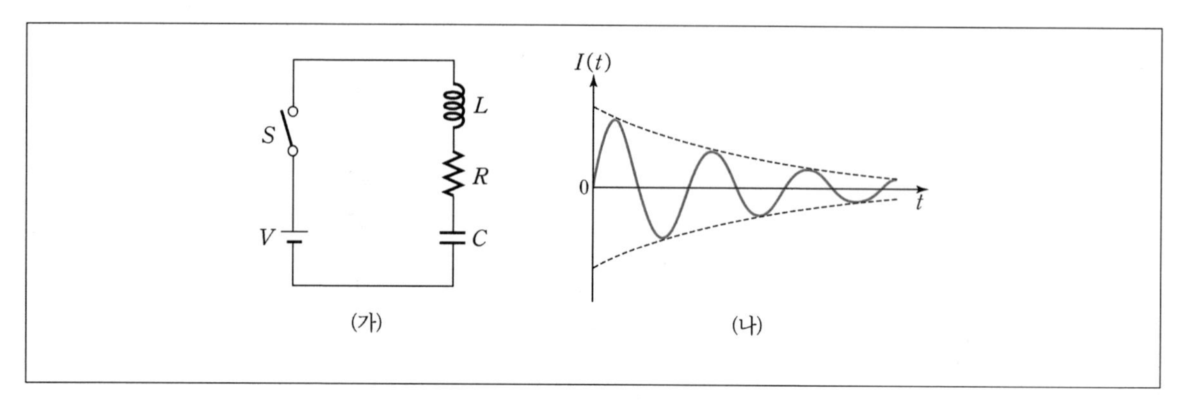

1) 전류가 미급 감쇠(under damping)로 진동하기 위한 L, R, C의 관계식을 <자료>를 이용하여 풀이 과정과 함께 구하시오.

2) 회로의 스위치 S를 닫은 후, 회로에는 그림 (나)와 같이 미급 감쇠 진동하는 전류 $I(t) = Ae^{-\frac{R}{2L}t}\sin\omega t$가 관측되었다. 이때 ω를 L, R, C로 나타내고, A를 구하시오. (단, 축전기는 $t=0$일 때 충전되어 있지 않다.)

자료

- 전류에 대한 미분 방정식: $L\frac{d^2I}{dt^2} + R\frac{dI}{dt} + \frac{I}{C} = 0$
- 초기 조건: $I(0) = 0$, $\left.\frac{dI(t)}{dt}\right|_{t=0} = \frac{V}{L}$

19 다음 그림은 크기가 B인 균일한 자기장이 수평면에 수직으로 들어가고 있는 공간에 한쪽에 고정된 용수철 상수 k인 용수철이 질량이 m인 금속 막대에 연결된 모습을 나타낸 것이다. 금속 막대는 사이 거리가 ℓ인 평행한 금속 레일을 움직이고 금속 레일에는 저항 R이 연결되어 있다. 금속 막대는 초기 $x = d > 0$인 위치에서 정지 상태로 출발하여 운동한다.

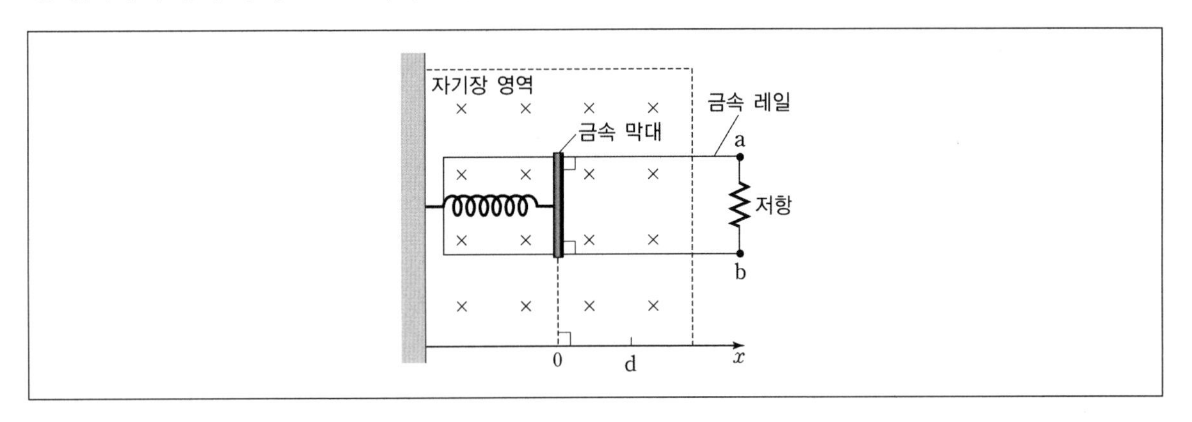

이때 금속 막대가 임계 운동(Critical damping motion)하여 시간 $t > 0$에서 $x(t) = d(1+\lambda t)e^{-\lambda t}$가 관측되었고, 최종적으로 $x = 0$에서 정지하였다. 임계 운동을 하기 위한 용수철 상수 k를 m, R, B, ℓ로 구하시오. 또한 움직이는 순간부터 정지하기 전까지 저항에 흐르는 전류의 방향을 쓰고, λ와 저항에서 소비되는 에너지를 각각 구하시오. (단, 모든 마찰과 자체 유도 효과는 무시한다.)

자료

초기 조건 $x(t=0) = x_0$, $\frac{d}{dt}x(t=0) = 0$에서 미분 방정식 $\frac{d^2x}{dt^2} + \alpha\frac{dx}{dt} + \beta x = 0$의 임계 해는 $x(t) = x_0\left(1+\frac{\alpha}{2}t\right)e^{-\frac{\alpha}{2}t}$이다.

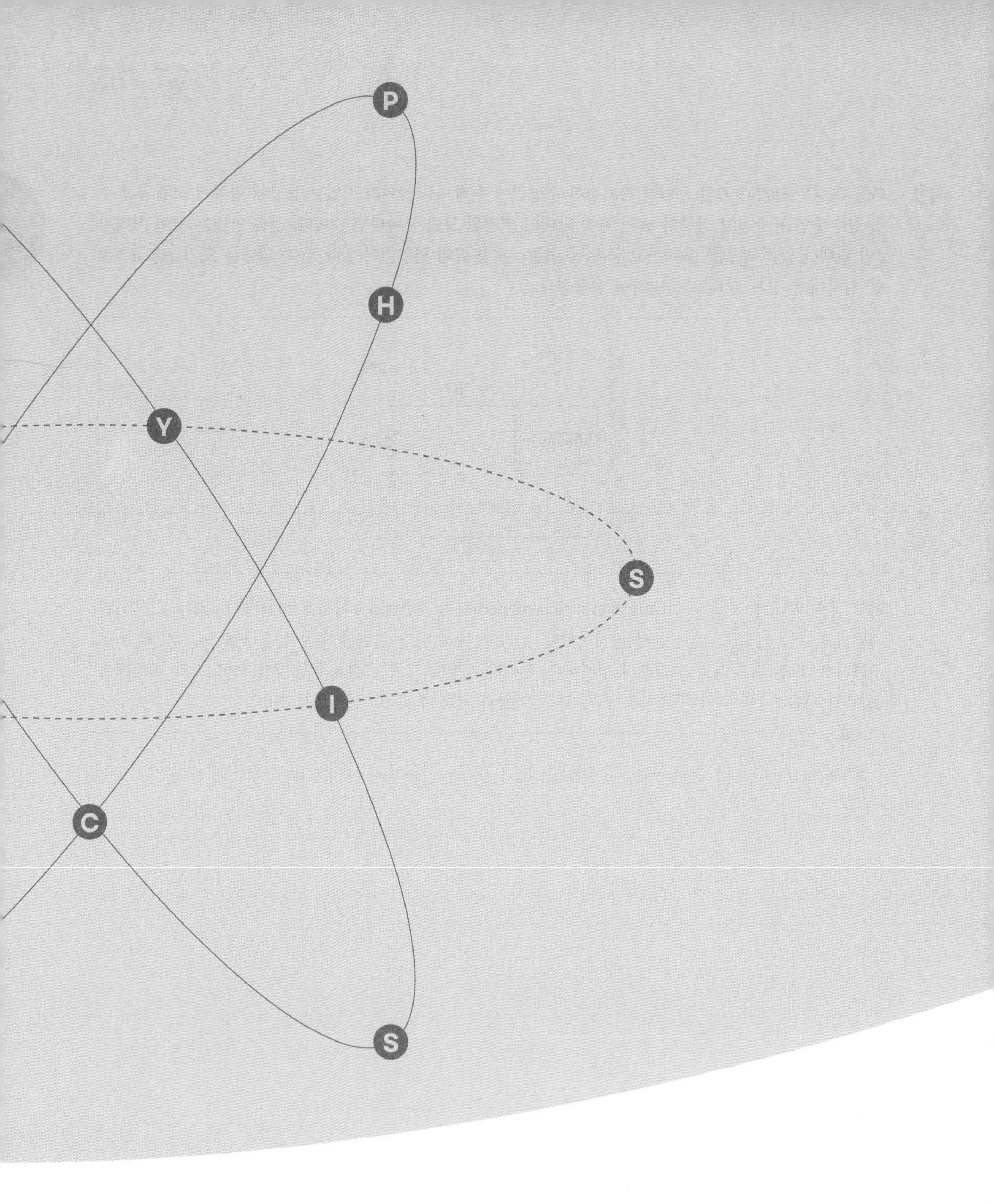

정승현
일반물리학

Chapter

11

교류회로

01 교류 전류 생성

02 교류와 RLC 회로

연습문제

Chapter 11

교류회로

01 교류 전류 생성

1. 발전기 원리

(1) 발전기

코일의 회전 운동에 사용된 역학적 에너지가 전기 에너지로 전환되는 장치

(2) 원리

자석 사이에서 코일을 외부의 힘으로 회전시키면 코일을 지나는 자속이 시간에 따라 변하면서 전자기 유도에 의해 코일에 유도전류가 흐르는 원리

(3) 교류의 발생

코일의 회전에 의하여 자속의 방향과 세기가 주기적으로 변하므로, 유도전류의 세기와 방향도 주기적으로 변하는 교류(AC)가 발생한다.

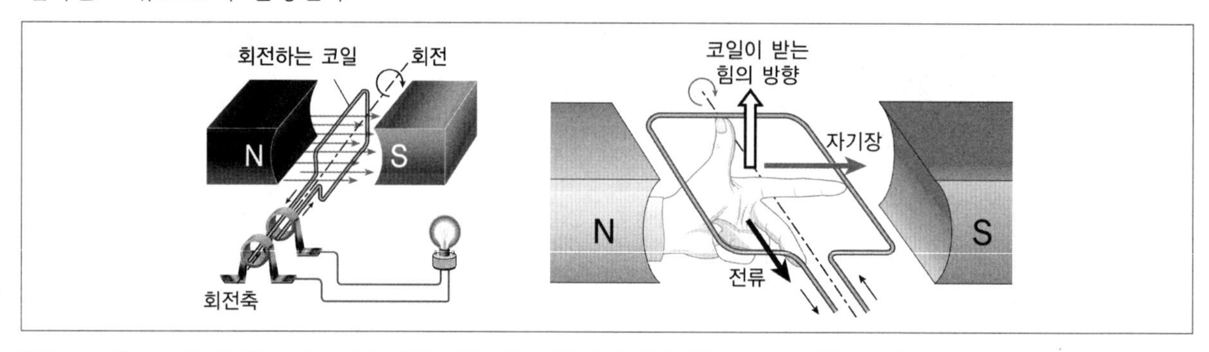

$$V = IR = -N\frac{d(BA\cos\omega t)}{dt} = NBA\omega\sin\omega t$$

2. 변압기의 원리

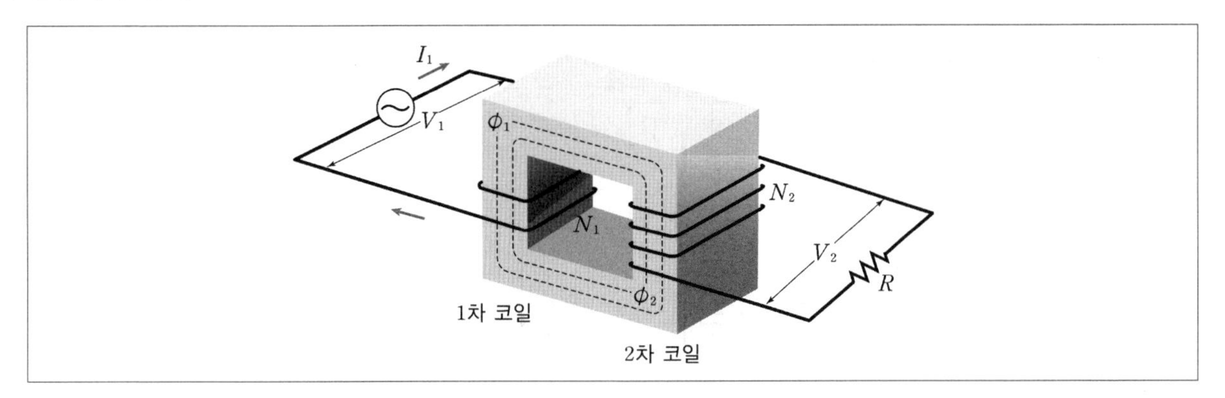

| 변압기의 구조 |

1차 코일에서 교류가 발생하므로 1차 코일에서는 교류에 의한 자속이 발생한다.

$V_1 = -N_1 \dfrac{d\phi_1}{dt}$ (V_1 : 1차 코일 전압, N_1 : 1차 코일의 감은 수)

교류에 의한 자속은 교류 자체가 시간에 따라 방향이 바뀌면서 크기가 시간에 따라 변하게 되므로 자속 역시 시간에 따라 변하게 된다. 이때 교류에 의해 발생되는 자속이 철심을 따라 2차 코일 내부로 이동하게 되는데 패러데이 법칙에 의해서 자속의 시간변화는 유도기전력을 발생시킨다.

$V_2 = -N_2 \dfrac{d\phi_1}{dt}$

즉, 철심을 따라 이동하는 자속의 시간 변화가 두 코일 내부에서 동일하다.

$\dfrac{V_1}{N_1} = \dfrac{V_2}{N_2} = \dfrac{d\phi}{dt}$

만약 변전 과정에서 전력 손실이 없다면 에너지 보존 법칙에 의해서

$P_1 = V_1 I_1$ (P_1 : 1차 코일의 전력)

$P_1 = P_2$ ➡ $V_1 I_1 = V_2 I_2$

$$\therefore \frac{V_1}{V_2} = \frac{N_1}{N_2} = \frac{I_2}{I_1}$$

02 교류와 RLC 회로

간단한 세 가지 교류회로(R, C, L)는 다음과 같다.

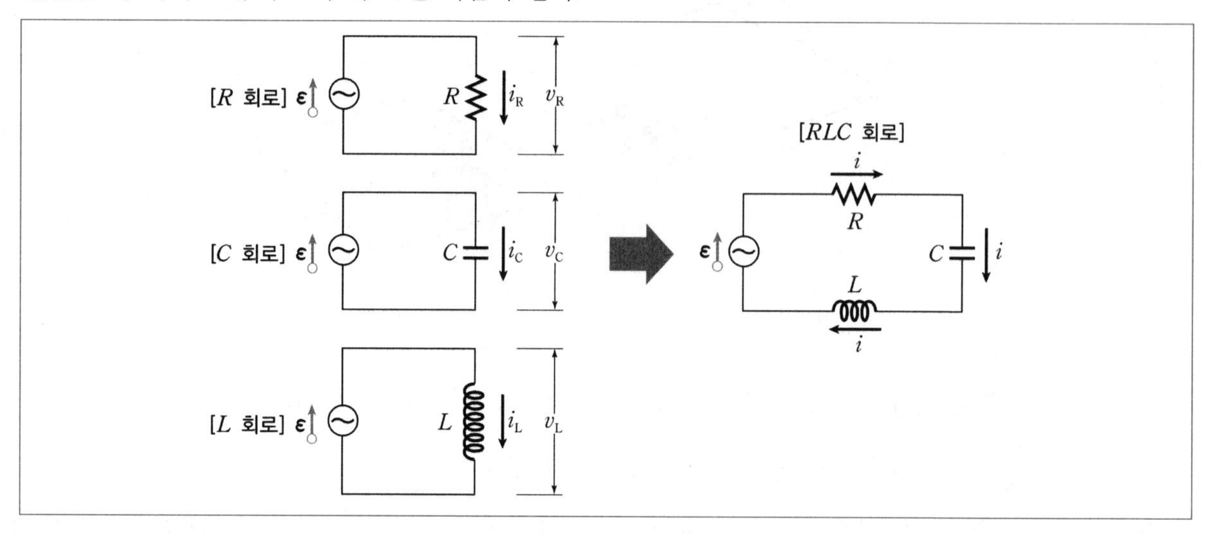

➡ 저항, 축전기, 코일에 걸린 교류 전압과 전류 사이의 관계 : 특히 위상차

$$\varepsilon(t) = V_0 \sin(\omega_d t) \Rightarrow i(t) = I_0 \sin(\omega_d t + \phi)$$

※ 참고 : $\varepsilon(t) = V_0 e^{i\omega t}$, $I(t) = I_0 e^{i(\omega t + \phi)}$

$e^{i\theta} = \cos\theta + i\sin\theta$

$e^{i\frac{\pi}{2}} = i$

1. 교류 전원과 저항

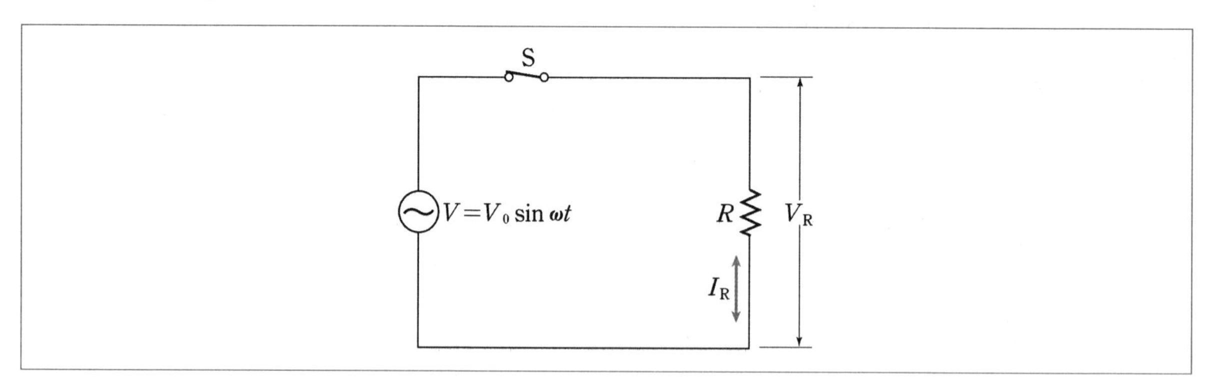

(1) 저항의 개념

① 실 저항

R

② 리액턴스

교류(허수)저항 ➡ X_C, X_L

③ 임피던스

실 저항과 리액턴스의 합성 Z

④ 전압

$V_R = V_0 \sin\omega t$

⑤ 전류

$$I_R = \frac{V_R}{R} = \frac{V_0}{R}\sin\omega t$$

(2) 전압과 전류 관계

① 위상

$\phi_R = 0$

② 진폭

$V_R = I_R R$

(3) 실효값

실효값은 제곱평균제곱근이다.

$I = I_0 \sin\omega t$

$I^2 = I_0^2 \sin^2\omega t$

$$\langle I^2 \rangle = \frac{1}{T}\int_0^T I_0^2 \sin^2\omega t\, dt = \frac{1}{T}\int_0^T I_0^2 \frac{1-\cos 2\omega t}{2} dt = \frac{I_0^2}{2}$$

$$\therefore I_e = \sqrt{\langle I^2 \rangle} = \frac{I_0}{\sqrt{2}}$$

(4) 저항에서 발생되는 소비 전력

저항에서 발생되는 소비 전력은 $P_R = V_R I_R = \dfrac{V_0^2}{R}\sin^2\omega t$

한주기 동안 평균 소비 전력은 $\langle P_R \rangle = \dfrac{1}{T}\displaystyle\int_0^T \frac{V_0^2}{R}\sin^2\omega t\, dt = \frac{V_0^2}{2R} \left(\because\ T = \frac{2\pi}{\omega}\right)$

따라서 저항에는 실제로 에너지가 소비가 된다.

2. 교류전원과 코일

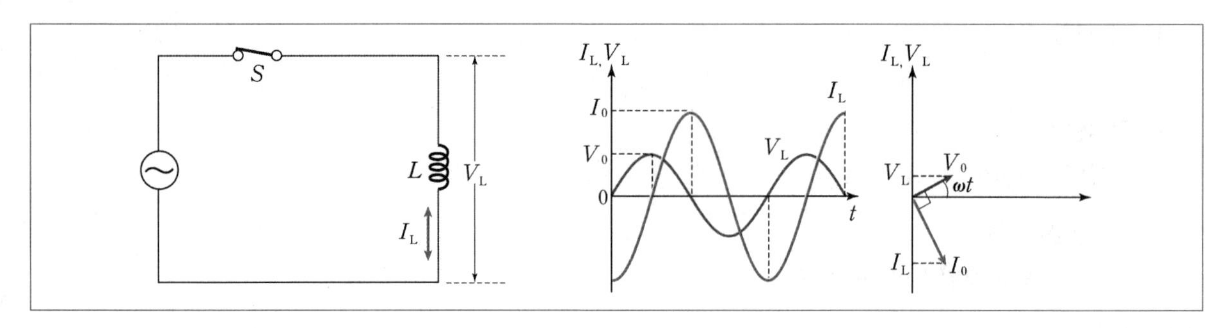

(1) 전류

$I_L = I_0 \sin\omega t$ ➡ $I_0 e^{i\omega t}$

복소 공간에 대등시켜서 생각하면 좀 더 물리적으로 이해가 빠르다.

패러데이 법칙: $V_L = L\dfrac{dI_L}{dt}$

(2) 전압

$V_L = L(i\omega) I_0 e^{i\omega t} = I_0(i\omega L)e^{i\omega t} = I_L X_L$

$X_L = i\omega L$

$e^{i\frac{\pi}{2}} = i$ 를 이용하면

$V_L = L(i\omega) I_0 e^{i\omega t} = I_0(\omega L)e^{i\left(\omega t + \frac{\pi}{2}\right)} = I_0|X_L|e^{i\left(\omega t + \frac{\pi}{2}\right)}$

전압의 위상은 전류보다 $\frac{\pi}{2}$만큼 빠르다. 그리고 코일에서 옴의 법칙으로부터 리액턴스 $X_L = i\omega L$ 허수 저항을 얻는다.

$V_L = V_0 \sin\omega t$ 라면 전류는 $I_L = \dfrac{V_0}{\omega L}\sin\left(\omega t - \dfrac{\pi}{2}\right) = -\dfrac{V_0}{\omega L}\cos\omega t$ 이다.

(3) 코일에서 발생되는 소비 전력

코일에서 발생되는 소비 전력은 $P_L = V_L I_L = -\dfrac{V_0^2}{\omega L}\sin\omega t \cos\omega t$ 이다.

평균 소비 전력은 $\langle P_L \rangle = -\dfrac{1}{T}\int_0^T \dfrac{V_0^2}{2\omega l}\sin 2\omega t\, dt = 0\left(\because\ T = \dfrac{2\pi}{\omega}\right)$

따라서 코일에서 한주기 동안 에너지 소비가 일어나지 않는다.

3. 교류전원과 축전기

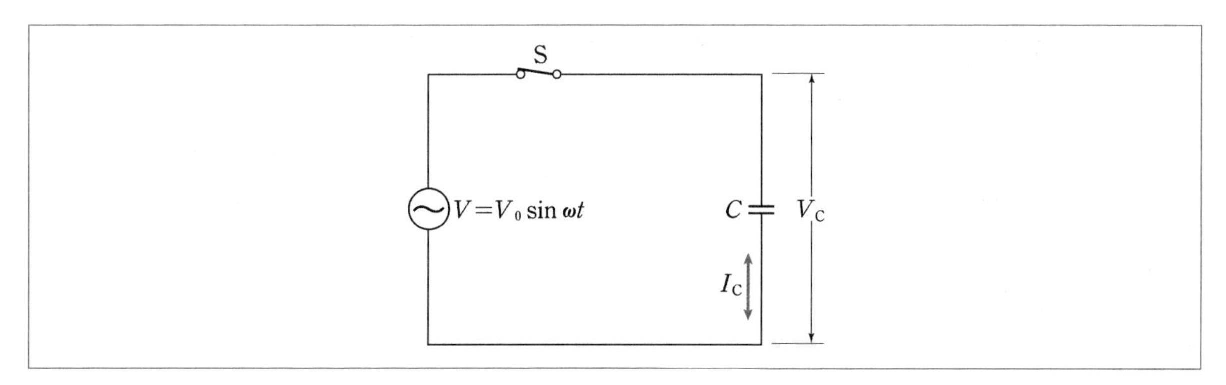

(1) 전압

$V_C = V_0 \sin\omega t \leftrightarrow V_0 e^{i\omega t}$

복소 공간에 대등시켜서 생각하면 좀 더 이해가 빠르다.

$Q = CV_C = CV_0 e^{i\omega t}$

$I_C = \frac{dQ}{dt} = CV_0 (i\omega) e^{i\omega t} = i\omega C V_0 e^{i\omega t}$

$V_C = \frac{I_C}{i\omega c} = I_C X_C$

$\therefore X_C = \frac{1}{i\omega C}$

$I_C = CV_0 (i\omega) e^{i\omega t} = \omega C V_0 e^{i\left(\omega t + \frac{\pi}{2}\right)}$

전류의 위상은 전압보다 $\frac{\pi}{2}$ 만큼 빠르다.

그리고 축전기에서 옴의 법칙으로부터 리액턴스 $X_C = \frac{1}{i\omega C}$ 허수 저항을 얻는다.

$V_C = V_0 \sin\omega t$라면 전류는 $I_C = \omega C V_0 \sin\left(\omega t + \frac{\pi}{2}\right) = \omega C V_0 \cos\omega t$이다.

(2) 축전기에서 발생되는 소비 전력

축전기에서 발생되는 소비 전력은 $P_C = V_C I_C = \omega C V_0^2 \sin\omega t \cos\omega t$이다.

평균 소비 전력은 $\langle P_C \rangle = \frac{1}{T}\int_0^T \frac{\omega C V_0^2}{2} \sin 2\omega t\, dt = 0 \left(\because\ T = \frac{2\pi}{\omega}\right)$

따라서 축전기에서 한주기 동안 에너지 소비가 일어나지 않는다.

4. 교류전압과 전류에 대한 R, C, L의 위상과 진폭 관계

소자(기호)	저항 또는 리액턴스	전류의 위상
저항(R)	R	v_R과 같음
축전기(C)	$X_c = 1/\omega_d C$	v_C에 90° 앞섬
유도코일(L)	$X_L = \omega_d L$	v_L에 90° 뒤짐

위상자(Phasor)로 비교해 보면

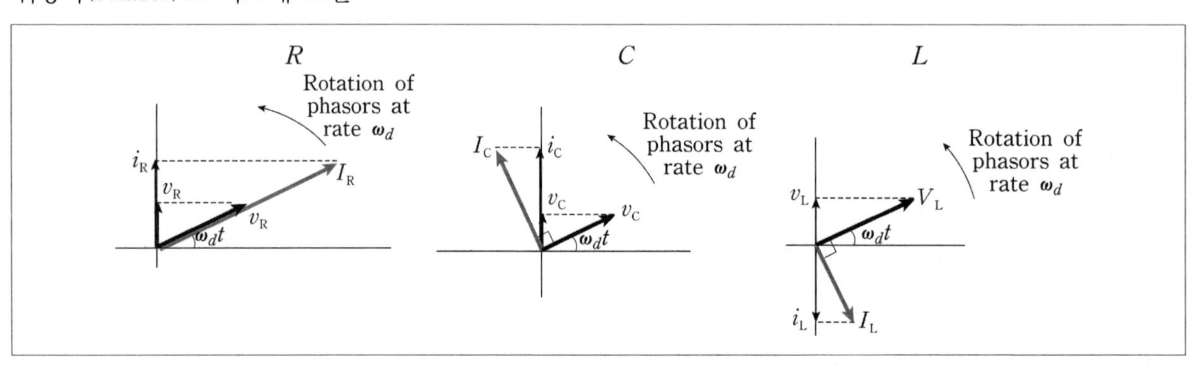

5. 직렬 RLC 교류회로

교류 전원 $V = V_0 \sin\omega t$에 연결된 RLC 회로는 다음과 같다.

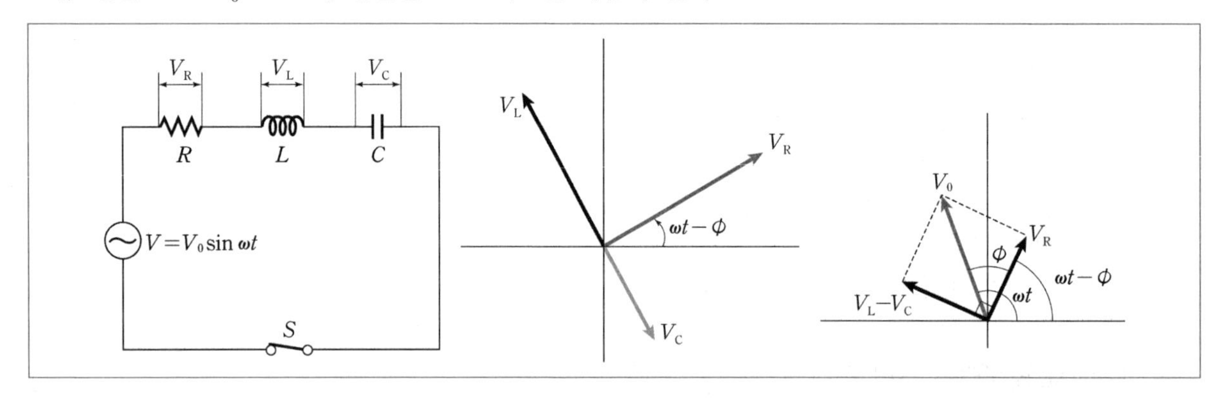

직렬이므로 모든 소자에 대해 전류의 위상은 동일하다. 전류와 저항의 위상은 동일함을 이전에 배웠다.

➡ 저항 $V_R = IR$: 전압과 전류의 위상이 동일

➡ 코일 $V_L = IX_L$: 전압이 전류보다 위상이 $\frac{\pi}{2}$만큼 앞선다.

➡ 축전기 $V_C = IX_C$: 전압이 전류보다 위상이 $\frac{\pi}{2}$만큼 뒤처진다.

(1) 전류의 진폭과 위상

전류의 진폭을 I_0라 하면 위상자에 의해서 전류는 $I_0 \sin(\omega t - \phi)$이다. 전류의 진폭과 위상 ϕ를 구해보자.

$$V = V_R + V_L + V_C = I\left(R + i\omega L + \frac{1}{i\omega C}\right)$$

$$V_0^2 = I_0^2 \left[R^2 + \left(\omega L - \frac{1}{\omega C}\right)^2\right]$$

$$V_0 = I_0 |Z|$$

$$|Z| = \sqrt{R^2 + \left(\omega L - \frac{1}{\omega C}\right)^2}$$

$$I_0 = \frac{V_0}{|Z|} = \frac{V_0}{\sqrt{R^2 + \left(\omega L - \frac{1}{\omega C}\right)^2}}, \ \tan\phi = \frac{|V_L| - |V_C|}{V_R} = \frac{|X_L| - |X_C|}{R} = \frac{\omega L - \omega C}{R}$$

(2) 단지 전압

각 소자에 걸리는 단자 전압을 구해보자.

$$V_R = I_0 R \sin(\omega t - \phi)$$

$$V_L = I_0 \omega L \sin\left(\omega t - \phi + \frac{\pi}{2}\right) = I_0 \omega L \cos(\omega t - \phi)$$

$$V_C = \frac{I_0}{\omega C} \sin\left(\omega t - \phi - \frac{\pi}{2}\right) = -\frac{I_0}{\omega C} \cos(\omega t - \phi)$$

(3) 전류 공명(resonance)

전류의 진폭이 최대가 될 때는 다음과 같다.

$$I = \frac{V_0}{|Z|} = \frac{V_0}{\sqrt{R^2 + \left(\omega L - \frac{1}{\omega C}\right)^2}}$$ ➡ 최대가 될 때 각진동수 $\omega_0 = \frac{1}{\sqrt{LC}}$(공명 각진동수)

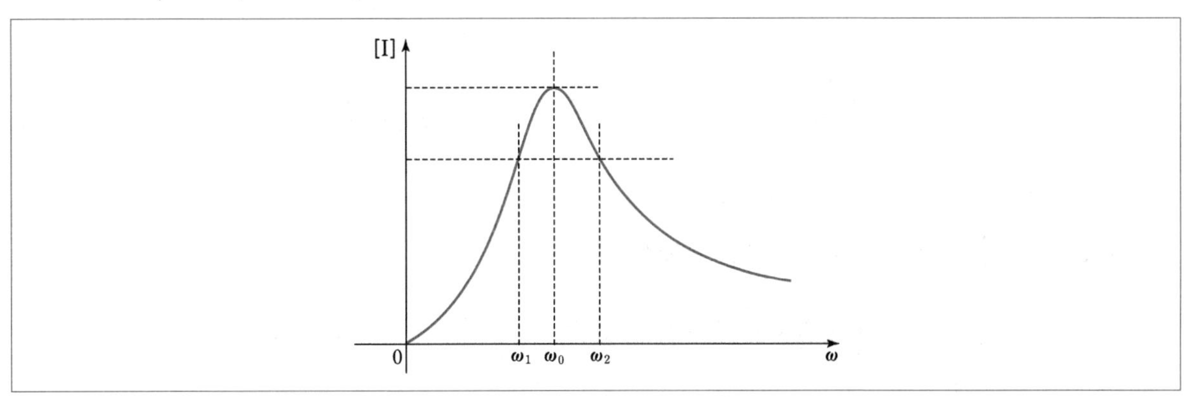

회로가 공명 상태가 되면

① I_0가 최대이다.

② 임피던스의 크기 $|Z|= R$이다. ➡ $|X_L|=|X_C|$

③ $\phi=0$ 이며, 전류와 전압의 위상이 동일하다.

공명 각진동수가 $\omega_0=\dfrac{1}{\sqrt{LC}}$라 하면 $\omega_1<\omega_0<\omega_2$일 때 $I(\omega_1)=I(\omega_2)$라 하자.

$|Z|$가 동일해야 하고, ω가 증가함에 따라 $|X_L|$이 증가하므로

$$-\left(\omega_1 L-\frac{1}{\omega_1 C}\right)=\omega_2 L-\frac{1}{\omega_2 C}$$

$$(\omega_1+\omega_2)L=\left(\frac{1}{\omega_1}+\frac{1}{\omega_2}\right)\frac{1}{C}=\left(\frac{\omega_1+\omega_2}{\omega_1\omega_2}\right)\frac{1}{C}$$

$$\omega_1\omega_2=\frac{1}{LC}=\omega_0^2$$

$$\omega_0=\sqrt{\omega_1\omega_2}$$

뒤에 나오는 병렬 연결에서도 같은 조건을 만족한다.

6. 병렬 RLC 교류회로

병렬이므로 모든 소자에 대해 전압의 위상은 동일하다. 전류와 저항의 위상은 동일함을 이전에 배웠다.

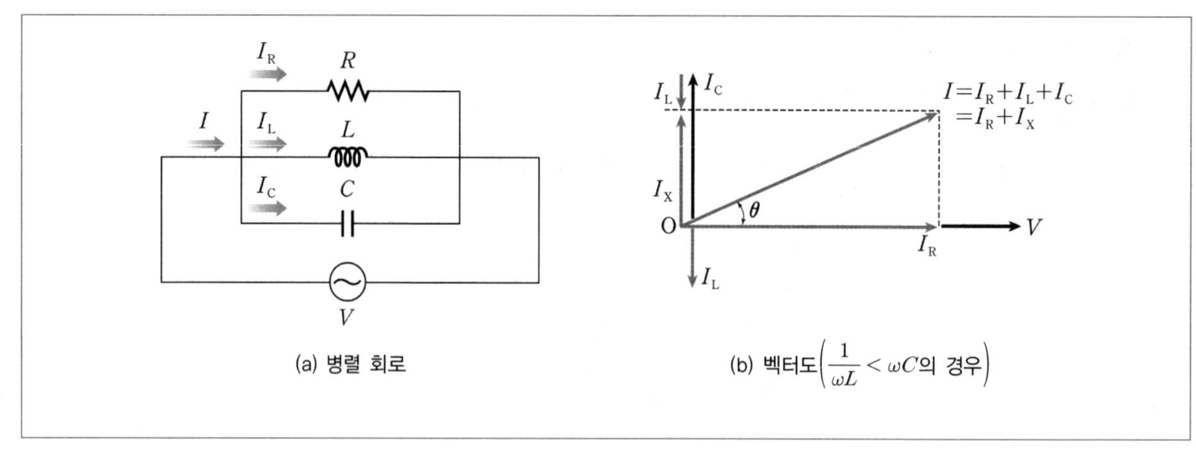

(a) 병렬 회로

(b) 벡터도$\left(\dfrac{1}{\omega L}<\omega C\text{의 경우}\right)$

➡ 저항 $I_R=\dfrac{V}{R}$: 전압과 전류의 위상이 동일

➡ 코일 $I_L=\dfrac{V}{X_L}$: 전류가 전압보다 위상이 $\dfrac{\pi}{2}$만큼 뒤처진다.

➡ 축전기 $I_C=\dfrac{V}{X_C}$: 전류가 전압보다 위상이 $\dfrac{\pi}{2}$만큼 앞선다.

$V(t) = V_0 \sin\omega t$ 일 때 전체 전류 $I = I_0 \sin(\omega t + \theta)$

$$I = I_R + I_L + I_C = V\left(\frac{1}{R} + \frac{1}{i\omega L} + i\omega C\right)$$

$$I_0 = V_0 \sqrt{\frac{1}{R^2} + \left(\omega C - \frac{1}{\omega L}\right)^2},\ |Z| = \frac{1}{\sqrt{\frac{1}{R^2} + \left(\omega C - \frac{1}{\omega L}\right)^2}}$$

$$\tan\theta = \frac{|I_C| - |I_L|}{I_R} = \frac{\frac{1}{|X_C|} - \frac{1}{|X_L|}}{1/R} = R\left(\omega C - \frac{1}{\omega L}\right)$$

각 소자에 걸리는 전류를 구해보자.

$$I_R = \frac{V_0}{R}\sin\omega t$$

$$I_L = \frac{V_0}{\omega L}\sin\left(\omega t - \frac{\pi}{2}\right) = -\frac{V_0}{\omega L}\cos\omega t$$

$$I_C = V_0 \omega C \sin\left(\omega t + \frac{\pi}{2}\right) = V_0 \omega C \cos\omega t$$

병렬에서 공명 진동수는 전류의 진폭이 최소일 때를 말한다. L, C소자에 흐르는 전류는 동일하고 위상이 반대이므로 전체로 보면 실질적으로 저항 R에만 전류가 흐르는 것과 같은 현상이 일어난다.

7. 혼합 RLC 회로

예제 다음 그림과 같이 저항 R, 인덕턴스 L인 인덕터와 전기 용량 C인 축전기로 구성된 회로에 교류 전압 $V(t) = V_0\sin(\omega t)$ ($V_0 \neq 0$)가 가해지고 있다.

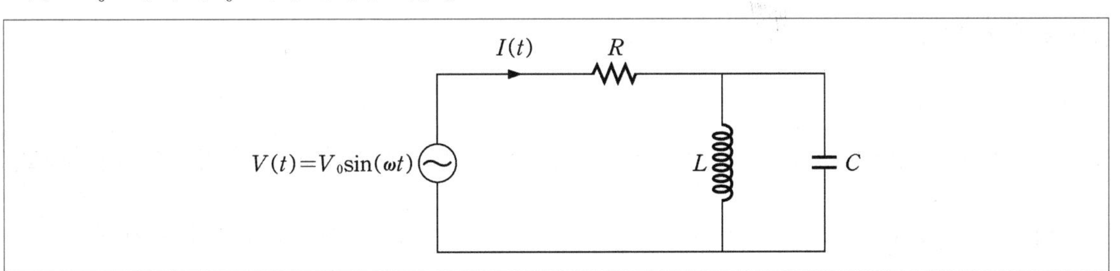

1) 이 회로의 임피던스 크기 $|Z|$를 구하시오.
2) 이 회로의 전류의 진폭 I_0가 0이 될 때 전기용량 C의 값을 구하시오.

정답 1) $|Z| = \sqrt{R^2 + \left(\frac{\omega L}{\omega^2 LC - 1}\right)^2}$, 2) $C = \frac{1}{\omega^2 L}$

풀이

1) $Z = R + \dfrac{X_L X_C}{X_L + X_C} = R + \dfrac{\dfrac{L}{C}}{i\omega L + \dfrac{1}{i\omega C}} = R + \dfrac{i\omega L}{-\omega^2 LC + 1}$

$|Z| = \sqrt{R^2 + \left(\dfrac{\omega L}{1 - \omega^2 LC}\right)^2}$

2) $I_0 = \dfrac{V_0}{|Z|} = 0,\ |Z| \to \infty$

$\omega^2 LC = 1$

$\therefore\ C = \dfrac{1}{\omega^2 L}$

8. 역학적 강제 진동과 RLC 교류 회로와의 상관관계

용수철 상수 k인 용수철에 연결된 질량이 m인 물체는 속력 $v(t)$에 비례하는 감쇠력 $F_f(t) = -bv(t)$와 외력 $F_d(t) = F_0 \cos(\omega t)$를 받아 진동한다. b는 감쇠계수이고 F_0는 외력의 진폭이다.

(1) 강제 진동의 운동 방정식

$m\ddot{x} + b\dot{x} + kx = F_0 \cos(\omega t)$

강제 진동의 해의 형태는 $x(t) = x_c(t) + x_p(t)$로 나타낼 수 있다. 여기서 $x_c(t)$는 감쇠진동의 해이고, $x_p(t)$는 외력 $F_d(t) = F_0 \cos(\omega t)$에 의한 해이다. $x_c(t) = Ce^{-\frac{b}{2}t} f(t)$의 형태를 나타낸다. 여기서 $e^{-\frac{b}{2}t}$는 감쇠항이고, $f(t)$는 b, k에 따라 달라지는 함수이다. $b^2 - 4mk > 0$이면 지수함수 형태이고, $b^2 - 4mk = 0$이면 일차 함수, $b^2 - 4mk < 0$이면 삼각함수 형태이다. 그리고 $x_p(t)$는 외력의 함수를 따라가는 삼각함수 형태의 해이다. 그런데 문제에서는 $x(t) = A\cos(\omega t - \phi)$이므로 $x_c(t) = Ce^{-\frac{b}{2}t} f(t)$가 없는 해의 형태이므로 충분한 시간이 지나 감쇠항을 지닌 $x_c(t) = Ce^{-\frac{b}{2}t} f(t) \simeq 0$이 되는 정상 상태에서의 진동을 의미한다.

시간이 충분히 흐른 상태에서 $x(t) = A\cos(\omega t - \phi)$, $v(t) = -A\omega\sin(\omega t - \phi)$, $a(t) = -A\omega^2\cos(\omega t - \phi)$이므로 이를 운동방정식에 대입하여 정리하면 다음과 같다.

$$-mA\omega^2\cos(\omega t - \phi) - bA\omega\sin(\omega t - \phi) + kA\cos(\omega t - \phi) = F_0\cos(\omega t)$$

시간 $t \geq 0$은 모든 시각에 대해 식이 만족해야 한다. 이것을 좀 더 쉽게 해결하기 위해서는 삼각함수를 전개하는 것이 아니라, 모르는 정보 A, ϕ가 2개이므로 운동방정식으로부터 2개의 식을 이끌어 내면 해결이 된다.

$t = 0$일 때, $-mA\omega^2\cos(\omega t - \phi) - bA\omega\sin(\omega t - \phi) + kA\cos(\omega t - \phi) = F_0\cos(\omega t)$는

$$A[-m\omega^2\cos\phi + b\omega\sin\phi + k\cos\phi] = F_0$$

$$A[(k - m\omega^2)\cos\phi + b\omega\sin\phi] = F_0$$

$\omega t = \dfrac{\pi}{2}$일 때, $-mA\omega^2\cos(\omega t - \phi) - bA\omega\sin(\omega t - \phi) + kA\cos(\omega t - \phi) = F_0\cos(\omega t)$는

$$A[-m\omega^2\sin\phi - b\omega\cos\phi + k\sin\phi] = 0$$

$$(k - m\omega^2)\sin\phi = b\omega\cos\phi$$

$$\therefore\ \tan\phi = \frac{b\omega}{k - m\omega^2}$$

강제 진동이 정상 상태이면 RLC 교류 회로와 매우 유사하다.

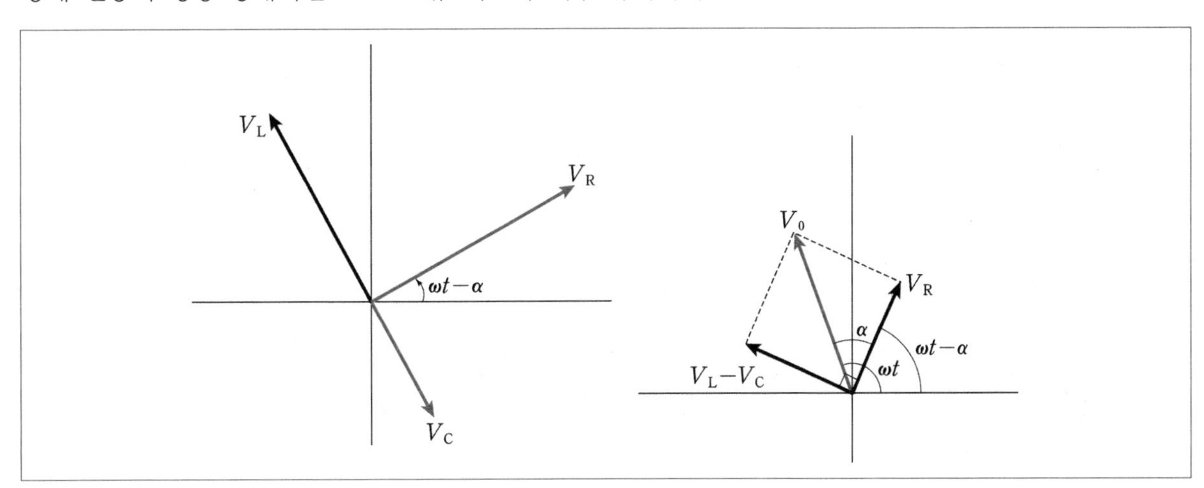

➡ 역학적 강제 진동 : $m\ddot{x} + b\dot{x} + kx = F_0\cos(\omega t)$

➡ RLC 교류 회로 : $L\ddot{q} + R\dot{q} + \dfrac{1}{C}q = V_0\cos(\omega t)$

$x \leftrightarrow q$, $v \leftrightarrow I$, $m \leftrightarrow L$, $b \leftrightarrow R$, $k \leftrightarrow \dfrac{1}{C}$, $F_0 \leftrightarrow V_0$로 대응시킬 수 있다.

$V_C = \dfrac{q}{C}$이므로 q의 위상은 V_C와 동일하다.

$x(t) = A\cos(\omega t - \phi)$이므로 $q(t) = A\cos(\omega t - \phi)$이다.

$$q(t) = CV_C\cos\left(\omega t - \alpha - \frac{\pi}{2}\right) = CV_C\cos(\omega t - \phi)$$

$$\phi = \alpha + \frac{\pi}{2}$$

$$\tan\phi = \tan\left(\alpha + \frac{\pi}{2}\right) = -\cot\alpha = \frac{R}{X_C - X_L} = \frac{R}{\frac{1}{\omega C} - \omega L} = \frac{R\omega}{\frac{1}{C} - \omega^2 L}$$

$x \leftrightarrow q,\ v \leftrightarrow I,\ m \leftrightarrow L,\ b \leftrightarrow R,\ k \leftrightarrow \frac{1}{C},\ F_0 \leftrightarrow V_0$인 대응 관계를 이용하여 정리하자.

$$\tan\phi = \frac{R\omega}{\frac{1}{C} - L\omega^2} = \frac{b\omega}{k - m\omega^2}$$

$\omega = \sqrt{\frac{k}{m}} = \frac{1}{\sqrt{LC}}$이므로 공진 상태이다. (주의해야 할 것은 RLC 회로에서 공진 상태는 전류의 진폭이 최대이다.)

공명 상태일 때, $\alpha = 0$ 이고, 회로의 임피던스 $|Z| = R$이다.

$$A = CV_C = CIX_C = C\left(\frac{V_0}{R}\right)\frac{1}{\omega C} = \frac{V_0}{R\omega} = \frac{F_0}{b\omega}$$

이때는 속력 $v(t)$의 진폭이 최대가 되는 상태이다.

그러면 역학적 강제 진동의 경우 위치 $x(t)$의 진폭 A가 최대가 될 때의 진동수를 구해보자.

$$\begin{aligned}
A &= CV_C = CIX_C \\
&= C\left(\frac{V_0}{|Z|}\right)\frac{1}{\omega C} = \frac{V_0}{\omega|Z|} \\
&= \frac{V_0}{\omega\sqrt{R^2 + \left(\omega L - \frac{1}{\omega C}\right)^2}} = \frac{V_0}{\sqrt{\omega^2 R^2 + \omega^2\left(\omega L - \frac{1}{\omega C}\right)^2}} \\
&= \frac{V_0}{\sqrt{\omega^2 R^2 + \omega^4 L^2 - \frac{2L}{C}\omega^2 + \frac{1}{C^2}}} = \frac{V_0}{\sqrt{\omega^4 L^2 + \left(R^2 - \frac{2L}{C}\right)\omega^2 + \frac{1}{C^2}}}
\end{aligned}$$

분모가 최소가 되어야 하므로

$$4\omega^3 L^2 + 2\left(R^2 - \frac{2L}{C}\right)\omega = 0$$

$$\omega^2 = \frac{1}{LC} - \frac{R^2}{2L^2}$$

$$\therefore \omega_r = \sqrt{\frac{k}{m} - \frac{b^2}{2m^2}}$$

진폭이 최대가 되기 위한 공명 각진동수는 $\omega_r = \sqrt{\frac{k}{m} - \frac{b^2}{2m^2}}$ 이다.

그리고 속도의 크기가 최대가 되기 위한 각진동수는 $\omega_0 = \sqrt{\frac{k}{m}}$ 이다.

(2) 강제 진동과 RLC 교류 회로 정리

대응 관계		공진 상태 조건	강제 진동	RLC 교류 회로
변위 x	전하량 q	속도(전류)	$\omega_0 = \sqrt{\frac{k}{m}}$	$\omega_0 = \frac{1}{\sqrt{LC}}$
속도 v	전류 I			
질량 m	유도계수 L			
감쇠계수 b	저항 R	변위(전하량)	$\omega_r = \sqrt{\frac{k}{m} - \frac{b^2}{2m^2}}$	$\omega_r = \sqrt{\frac{1}{LC} - \frac{R^2}{2L^2}}$
용수철 상수 k	전기용량 역수 $1/C$			
외력 $F(t)$	교류전원 $V(t)$			

연습문제

정답_ 379p

01 다음 그림 (가)는 저항, 코일, 축전기를 전압의 최댓값과 진동수가 일정한 교류 전원에 연결한 것을 나타낸 것이다. 저항의 저항값은 R, 코일의 유도 리액턴스 X_L은 $2R$, 축전기의 용량 리액턴스 X_C는 $3R$이다. 그림 (나)는 저항에 흐르는 전류를 시간에 따라 나타낸 것이다.

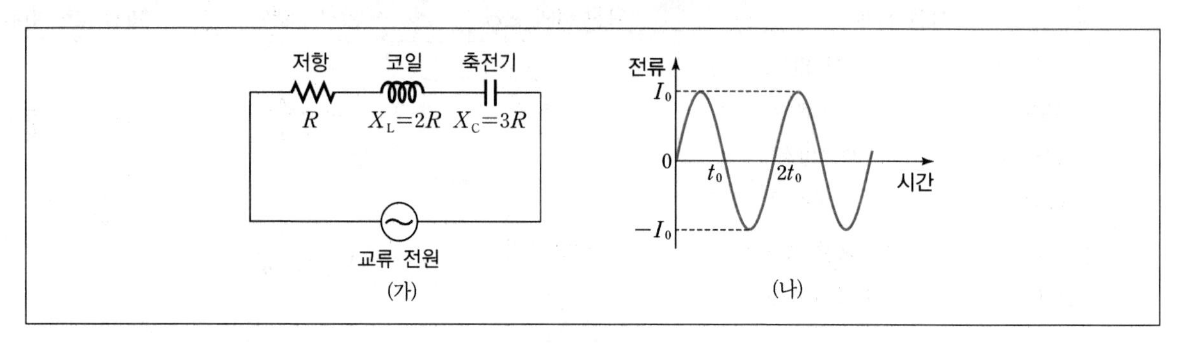

(가) (나)

이때 축전기 양단에 걸리는 전압의 최댓값과 교류 전원의 진동수를 구하시오.

02 다음 그림 (가)는 전압의 최댓값과 진동수가 일정한 교류 전원에 자체 유도 계수가 L인 코일을 연결한 회로를 나타낸 것이다. 그림 (나)는 코일에 흐르는 전류 I_L, 코일에 걸리는 전압 V_L을 시간에 따라 나타낸 것이다.

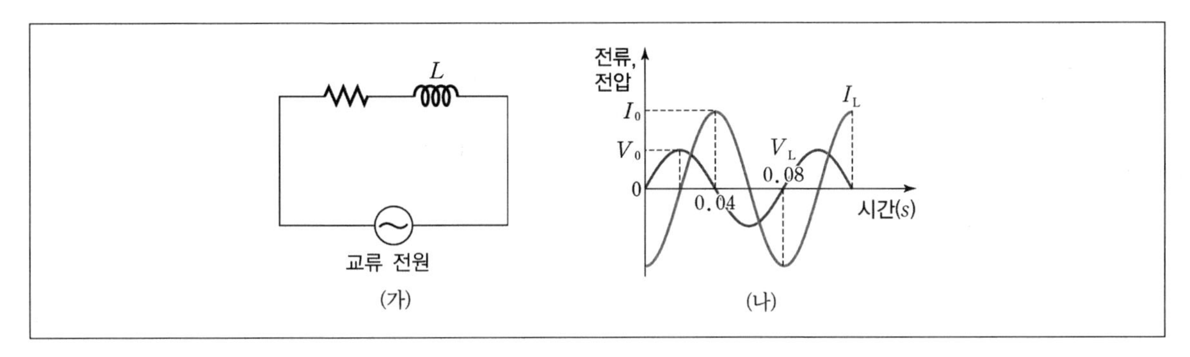

이때 교류 전원의 주기를 구하시오. 또한 V_0를 I_0, L로 나타내시오.

03 다음 그림은 저항값이 R인 저항, 코일, 축전기, 스위치가 전압의 최댓값과 진동수가 일정한 교류 전원에 연결된 회로를 나타낸 것이다. 스위치를 코일에 연결하였을 때 임피던스는 $2R$이고, 축전기의 용량 리액턴스는 코일의 유도 리액턴스의 2배이다.

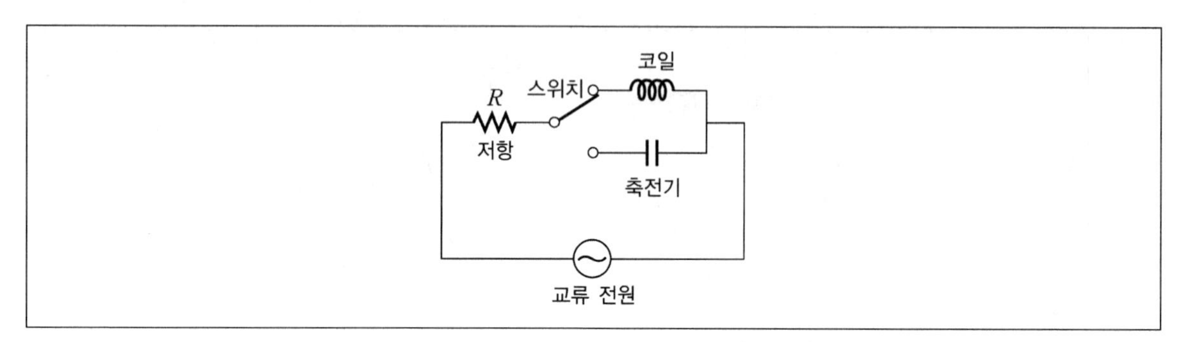

이때 코일의 유도 리액턴스 X_L의 크기를 구하시오. 또한 스위치를 축전기에 연결하였을 때 회로의 임피던스 Z의 크기를 구하시오.

04 다음 그림 (가)는 저항과 축전기를 교류 전원에 연결한 것을 나타낸 것이고, 그림 (나)는 교류 전원의 전압 A, B를 시간에 따라 나타낸 것으로, 전압이 A일 때 저항의 저항값과 축전기의 용량 리액턴스는 R로 같다.

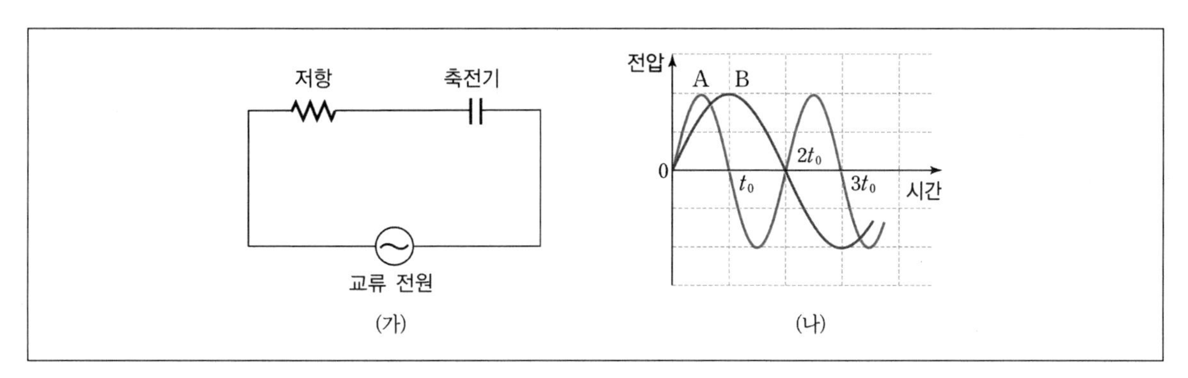

교류 전원의 전압이 A일 때 회로의 임피던스를 구하시오. 또한 전압이 B일 때 축전기의 용량 리액턴스 X_C를 구하시오.

05 다음 그림과 같이 저항값이 R인 저항, 자체 유도 계수가 L, $3L$인 코일, 스위치를 전압의 최댓값과 진동수가 일정한 교류 전원 장치에 연결하여 회로를 구성하였다. 스위치를 a에 연결하였을 때, 저항과 코일에 걸리는 전압의 최댓값이 서로 같다.

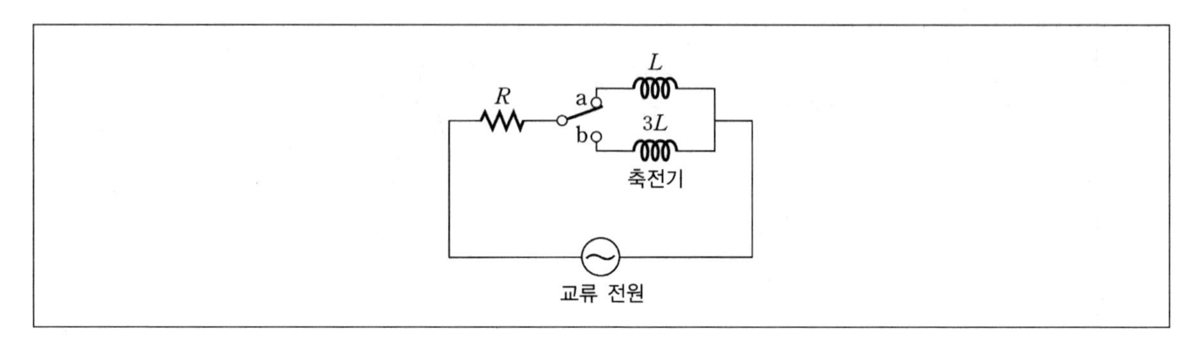

이때 교류 회로의 진동수를 구하시오. 저항의 양단에 걸리는 전압의 최댓값은 스위치를 b에 연결했을 때가 a에 연결했을 때의 몇 배인지 즉, $\frac{V_{Rb}}{V_{Ra}}$를 구하시오.

06 다음 그림 (가)는 저항값이 R인 저항, 자체 유도 계수가 L인 코일, 전기용량이 C인 축전기를 전압의 최댓값이 V로 일정한 교류 전원에 연결한 모습을 나타낸 것이고, 회로의 공명 진동수는 $f_0 = \dfrac{1}{2\pi\sqrt{LC}}$ 이다. 그림 (나)는 (가)에서 코일과 축전기에 걸리는 전압을 시간에 따라 나타낸 것이다.

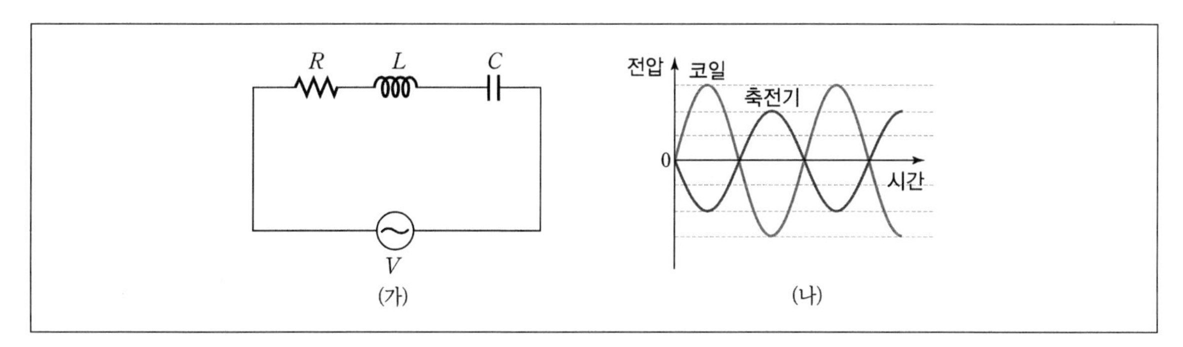

(가) (나)

(나)에서 코일에 걸리는 전압의 최댓값과 축전기 전압의 최댓값의 비는 $\dfrac{V_L}{V_C} = \dfrac{3}{2}$ 이다. 이때 코일과 축전기에 걸리는 전압의 위상차 ϕ를 구하시오. 또한 교류 전원의 진동수를 f_0로 나타내시오.

07 다음 그림 (가)와 같이 저항값이 40Ω인 저항, 코일, 축전기, 스위치를 전압의 최댓값이 100V로 같고 진동수가 각각 f_0, $2f_0$인 교류 전원에 연결하여 회로를 구성하였다. 그림 (나)는 스위치를 a에 연결하였을 때, 저항과 코일 양단의 전압을 시간에 따라 나타낸 것이다.

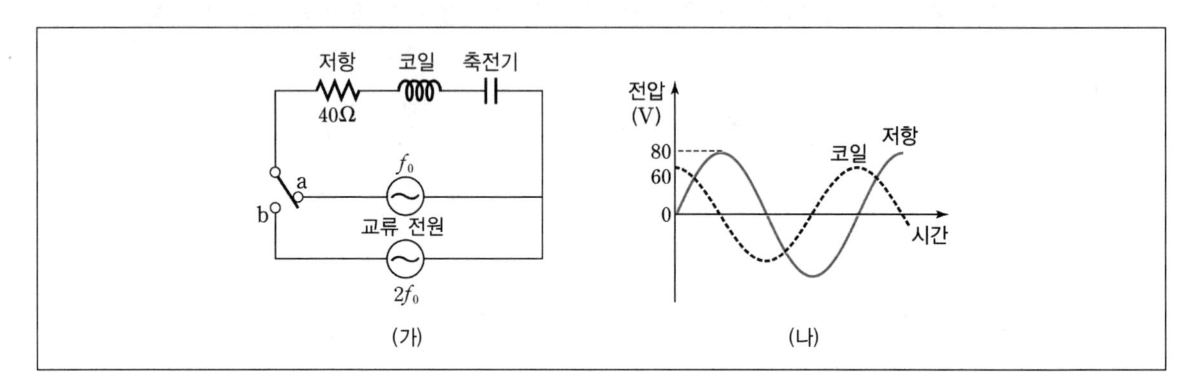

스위치를 b에 연결하였을 때, 회로에 흐르는 전류의 최댓값과 코일 양단에 걸리는 전압의 최댓값을 구하시오. 또한 회로의 공명 진동수 f_R을 구하시오.

08 그림과 같이 저항, 코일, 축전기를 전압의 최댓값이 V_0으로 일정하고 각진동수가 $\dfrac{1}{\sqrt{2LC}}$인 교류 전원에 연결하였다.

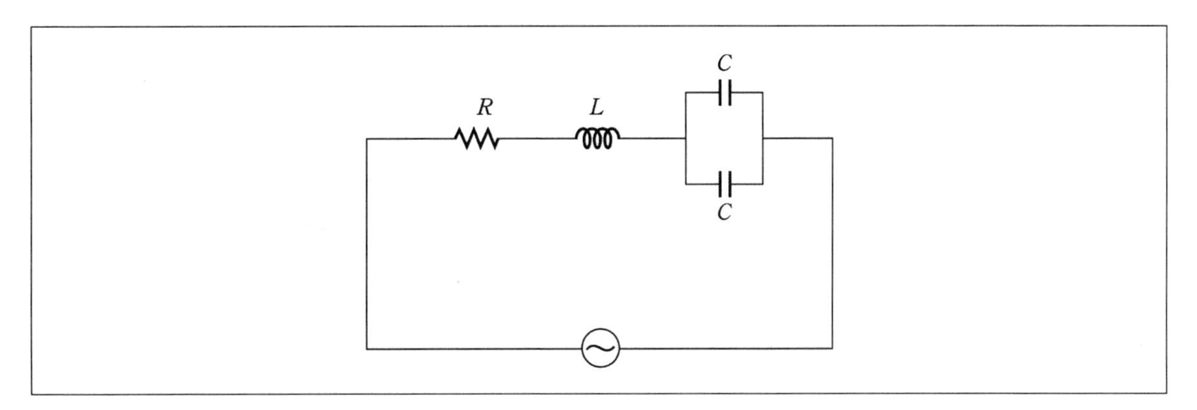

이때 회로의 임피던스의 크기 Z를 구하시오. 또한 저항 양단에 걸리는 전위차의 최댓값을 구하시오.

09 다음 그림과 같이 1차 코일과 2차 코일의 감은 수가 각각 N_1, N_2인 변압기의 2차 코일에 저항 값이 R인 저항, 자체유도계수가 L인 코일, 전기용량이 C인 축전기를 직렬로 연결하였다. 진폭이 V_1인 교류 전원을 1차 코일에 연결하였더니 2차 코일에 전압의 진폭이 V_2가 되었다. 교류 전원의 진동수는 $\frac{1}{2\pi\sqrt{LC}}$ 이다.

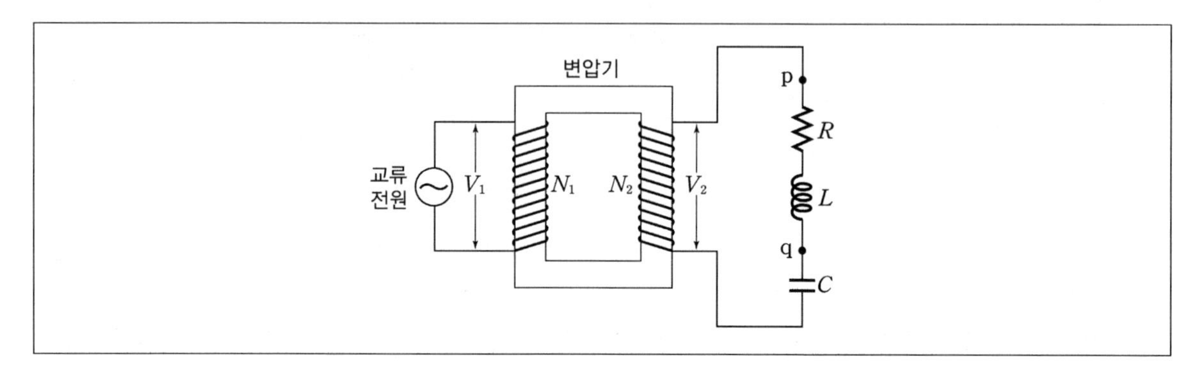

이때 V_2를 V_1, N_1, N_2로 나타내시오. 또한 2차 코일 회로의 임피던스의 크기를 구하시오. 그리고 축전기의 리액턴스가 $3R$일 때, 점 p와 q양단에 걸리는 전압의 진폭 V_{pq}를 구하시오. (단, 변압기는 에너지 손실이 없다고 가정한다.)

10 다음 그림은 저항이 R인 저항기, 인덕턴스 L인 인덕터, 전기 용량 C인 축전기가 병렬로 연결된 회로에 전압 $V(t)= V_0 \sin(2\pi f_0 t)$이 연결된 모습을 나타낸 것이다. f_0는 공명 진동수이다.

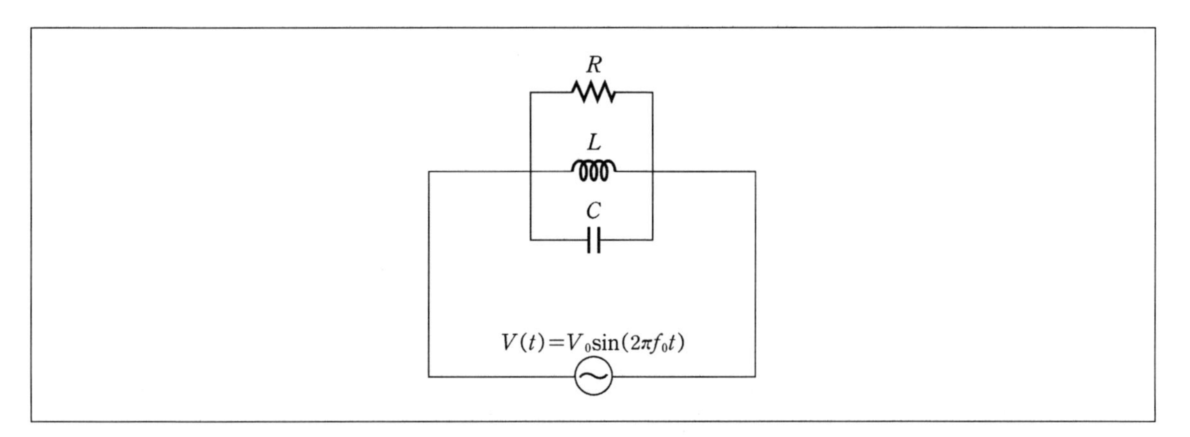

이때 회로의 임피던스의 크기 Z와 전체 전류의 진폭 I_0를 각각 구하시오. 또한 인덕터에 흐르는 전류 $I_L(t)$를 풀이 과정과 함께 구하시오.

11 다음 그림과 같이 저항이 R인 저항기, 인덕턴스 L인 인덕터, 전기용량이 C인 축전기로 구성된 회로가 있다. 회로에는 전압 $V(t) = V_0 \sin(2\pi f_0 t)$인 교류 전원이 연결되어 있으며, f_0는 공명 진동수이다.

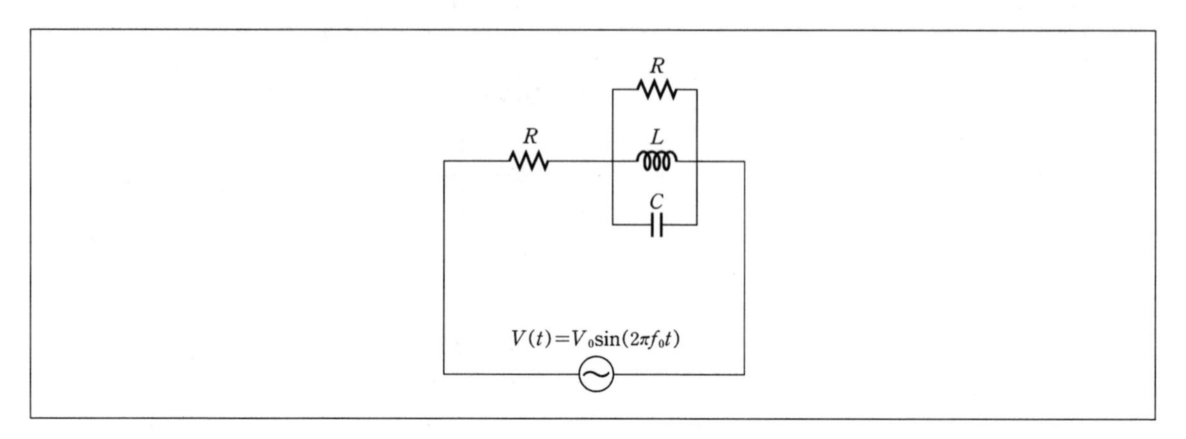

이때 f_0를 L, C로 나타내고, 회로의 임피던스 Z의 크기를 구하시오. 또한 인덕터의 리액턴스가 $X_L = 3R$일 때, 축전기에 흐르는 전류 $I_C(t)$를 풀이과정과 함께 구하시오.

08-14

12 다음 그림과 같이 전압이 시간에 따라 $V_0 \sin(\omega t)$로 변하는 교류 전원에 저항값이 R인 저항, 인덕턴스 L_1, L_2인 두 개의 인덕터를 연결하였다. 두 인덕터 사이의 상호 인덕턴스는 무시한다.

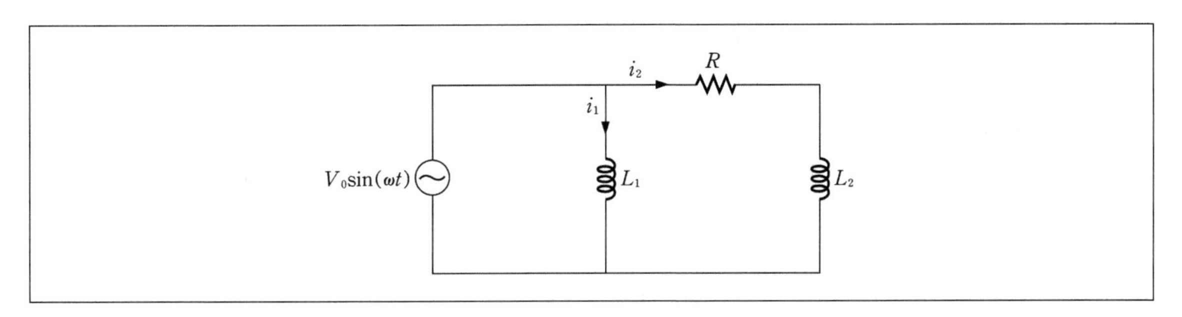

이때 두 인덕터에 각각 흐르는 전류 i_1, i_2를 구하고, 전원과 i_2 사이의 위상차 δ를 구하시오.(단, $A\sin\theta \pm B\cos\theta = \sqrt{A^2 + B^2}\sin(\theta \pm \alpha)$이고, $\alpha = \tan^{-1}\left(\frac{B}{A}\right)$이다.)

1) 전류 i_1 :

2) 전류 i_2, 위상차 δ :

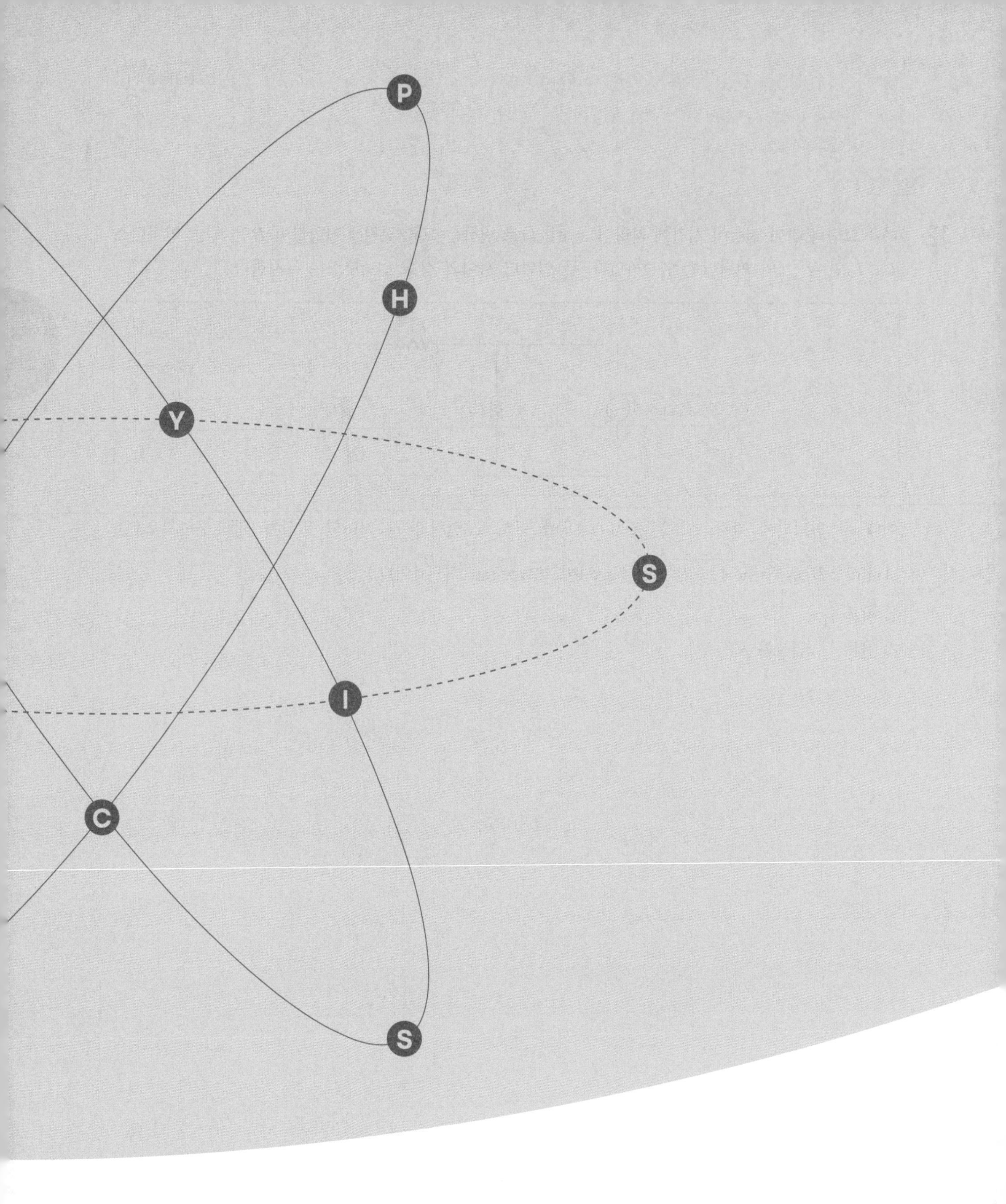

정승현
일반물리학

연습문제 정답

일반물리학 연습문제 정답

Chapter 01 1-2차원운동

본문_ 22~36p

01 1) $a = 2\text{m/s}^2$, $t = 1s$, 2) $v_A = 2\text{m/s}$

02 1) $S_A = 3L$, 2) $\Delta t = \sqrt{\frac{6L}{g}}$, 3) $v_0 = \sqrt{\frac{3}{2}gL}$

03 1) $\theta_0 = \sin^{-1}\left(\frac{gR}{v^2}\right)$, 2) $H_{max} = \frac{gR^2}{2v^2} + \frac{v^2}{2g}$, 3) $s = R\sqrt{1 - \frac{g^2R^2}{v^4}}$

04 $v = \sqrt{v_0^2 + 2g(H-h)}$

05 1) $v = \sqrt{2gh}$, 2) $\frac{a_B}{a_A} = 2$, 3) $\frac{v_B}{v_A} = \sqrt{2}$

06 1) $v_0 = \sqrt{4v^2 + \frac{g^2s^2}{4v^2}}$, 2) $\tan\theta = \frac{gs}{4v^2}$

07 1) $v_B = 2\sqrt{gl}$, 2) $t_s = \sqrt{\frac{3l}{g}}$, 3) $4l$

08 1) $t = \sqrt{\frac{8h}{g}}$, 2) $E_{k,A} = \frac{7}{4}mgh$

09 1) $t_H = \frac{v_0\sin(\theta+\phi)}{g\cos\phi}$, 2) $H = \frac{v_0^2\sin^2(\theta+\phi)}{2g\cos\phi}$, 3) $\theta_0 = \frac{\pi}{4} - \frac{\phi}{2}$

10 1) $u = \frac{4}{5}v$, 2) $t = \frac{3v}{2g}$, $s = \frac{15v^2}{8g}$

11 1) $x_{max} = 20\sqrt{2}$, 2) $\tan\theta = \sqrt{2}$

12 1) $\theta = 90^\circ$, 2) $v_0 = \sqrt{\frac{gs}{2}}$

13 1) $\frac{S_{\mathrm{A}}}{S_{\mathrm{B}}}=3$, 2) $\frac{v_{\mathrm{A}}}{v_{\mathrm{B}}}=\sqrt{3}$

14 1) $\frac{h}{R}=\frac{2}{\sqrt{3}}$, 2) $t=\frac{\sqrt{3}v_0}{g}$

15 1) $\frac{2}{\sqrt{3}}\frac{v_0}{g}$, 2) $l=\frac{2}{\sqrt{3}}h$

16 1) $t=\sqrt{\frac{4R}{3g}}$, 2) $d=\frac{R}{\sqrt{3}}$, 3) $H=\frac{7}{8}R$

17 $\sqrt{3}$

18 1) $\frac{4\sqrt{3}}{3}h$, 2) $4h$

19 1) $v_{\min}=\sqrt{3gd}$, 2) $\theta=60^{\circ}$ or $\frac{\pi}{3}$

Chapter 02 운동법칙과 에너지

본문_ 59~78p

01 1) $f=\frac{1}{2}F$, 2) $\mu_k=\frac{F}{2W-\sqrt{3}F}$, 3) $2W>\sqrt{3}F$

02 1) $f=\frac{F}{5}$, 2) $a_{\mathrm{A}}=\frac{4F}{5m}$

03 1) $f=\frac{3}{5}mg\sin\theta$, 2) $h=\frac{5v_0^2}{16g}$

04 1) $\frac{m_{\mathrm{B}}}{m_{\mathrm{A}}}=\frac{1}{4}$, 2) $a=\frac{1}{4}g$

05 1) 6N, 2) $\frac{1}{4}\mathrm{m}$, 3) $\frac{5}{8}\mathrm{m}$

06 1) $\mu=\frac{1}{3\sqrt{3}}$, 2) $\overline{PQ}=\frac{3}{10}\mathrm{m}$, 3) $v_p=\sqrt{2}\,\mathrm{m/s}$

07 1) $\mu_s = \frac{1}{\sqrt{3}}$, 2) $f_k = \frac{2}{5}mg$, 3) $a = \frac{11}{30}g$

08 1) $\mu_{\max} = \frac{1}{2\sqrt{3}}$, 2) $T = \frac{17}{24}mg$

09 1) $M = 6\text{m}$, 2) $\frac{S_B}{S_A} = \frac{2}{3}$

10 1) $m = 2\text{kg}$, 2) $a = 5\text{m/s}^2$, 3) $T = 30\text{N}$

11 1) 50N, 2) 16N, 3) $a = 5\text{m/s}^2$

12 1) $a_P = g$, 2) $t = \sqrt{\frac{2L}{g}}$

13 1) $a_P = \frac{3F}{8m} - g$, 2) $s = \left(\frac{3}{2}h - \frac{4mgh}{F}\right)$

14 1) $F = 3\left(\frac{1+\mu}{1-\mu}\right)mg$, 2) $N = \frac{\sqrt{2}\,mg}{1-\mu}$

15 1) $a_{\min} = \frac{5\sqrt{3}}{9}g$, 2) $a_{\max} = \frac{7\sqrt{3}}{3}g$

16 1) $T = \frac{3}{4}mg$, 2) $N = \frac{9}{20}mg$

17 1) $T = \frac{9}{8}mg$, 2) $N = \frac{3}{4}mg$

18 1s

19 1) $t = \sqrt{\frac{8H}{g}}$, 2) $s = 4H$

20 $\frac{\sqrt{3}\,v_0^2}{2g}$

21 1) 2, 2) $\frac{h_2}{h_1} = 4$

22 1) $\frac{1}{4}mgh$, 2) $\mu=\frac{4}{3\sqrt{3}}$

23 1) $f=\left(\frac{H+h}{h}\right)mg$, 2) $\frac{v}{v_s}=\sqrt{\frac{2}{3}}$

Chapter 03 운동량 보존과 충돌

본문_ 91~103p

01 $\sqrt{\frac{M}{M+m}}$

02 1) 속도비 $\sqrt{2}-1$, 질량비 $(\sqrt{2}-1)^2$

03 $\frac{m}{M}=3$

04 1) $\frac{m_B}{m_A}=5$, 2) $v_B{}'=\frac{1}{3}v_0$

05 1) $v_{min}=2\sqrt{gd}$, 2) $v_0=2\sqrt{2gd}$

06 1) $\frac{h_2}{16}$, 2) $d=\sqrt{h_1h_2}$

07 $\frac{7}{15}$초

08 1)$v_A=\sqrt{gl}$, 2) $T_A=\frac{17}{16}mg$

09 $\frac{m_B}{m_A}=\frac{1}{3}$, $\frac{E_A{}'}{E_A}=\frac{1}{4}$

10 1) $\frac{m_B}{m_A}=3$, 2) $h_A=\frac{1}{4}h$

11 1) $v_A=\sqrt{2gh}$, 2) $v_B=\frac{2}{5}\sqrt{2gh}$

12 1) $v_0 = \frac{m+M}{m}\sqrt{2gh}$, 2) $\frac{M}{m} = 1$

13 1) $\frac{m_B}{m_A} = 2$, 2) $v = 2\sqrt{2gh}$

14 1) $v_C = 10\sqrt{2}\,\mathrm{m/s}$, 2) $v_A = 6\sqrt{6}\,\mathrm{m/s}$

15 1) $v_A = \frac{1}{\sqrt{2}}v_0$, 2) $I_A = \Delta p_B = 3\sqrt{\frac{3}{2}}mv_0$

16 $\frac{\sqrt{3}}{6}$

17 1) $\sqrt{3}$, 2) $\frac{3}{4}E$

18 1) $\sqrt{2}v$, 2) $\frac{3}{5}$

Chapter 04 원운동과 진동

본문_117~130p

01 1) $F = mR\omega^2$, 2) $\mu_{\min} = \frac{g}{R\omega^2}$

02 1) 주기 : $2\pi\sqrt{\frac{l}{g}\cos\theta}$, 2) 장력 : $\frac{mg}{\cos\theta}$

03 1) $v = \sqrt{\frac{H(2L-H)g}{L-H}}$, 2) $D^2 = H(2L-H)\frac{L+H}{L-H}$

04 1) $x = \frac{mL\omega^2}{k-m\omega^2}$, 2) $\cos\theta = \frac{(k-m\omega^2)g}{kL\omega^2}$, 3) $\omega < \sqrt{\frac{k}{m}}$

05 1) $v_0 = \sqrt{5gR}$, 2) $x = 2R$

06 1) $v_0 = \sqrt{\frac{3gR}{2}}$, 2) $h = \frac{3}{4}R$

07 1) $v=\sqrt{\frac{gR}{2}}$, 2) $h=\frac{7}{4}R$, 3) $F_c=\frac{7}{2}mg$

08 1) $v_{\min}=\frac{3}{2}\sqrt{5gl}$, 2) $K_B=mgl$

09 1) $N=3mg$, 2) $F=\frac{\sqrt{13}}{2}mg$

10 1) $N=mg+\frac{mv_B^2}{R}=mg+\frac{2mgh_1}{R}$, 2) $a_t=g\sin\theta=g\frac{\sqrt{2Rh_2-h_2^2}}{R}$, $a_c=\frac{2(h_1-h_2)}{R}g$

11 1) $k=\frac{2\pi^2 m}{T^2}$, 2) $t=\frac{T}{8}$

12 1) $\frac{1}{4}kL^2$, 2) $\frac{L}{\sqrt{2}}$

13 1) $T=\pi\sqrt{\frac{2L}{g}}$, 2) mg

14 1) $d_{\max}=\frac{5mg}{k}$, 2) $v_{\max}=\frac{3mg}{k}\sqrt{\frac{k}{2m}}$, 3) $x_0=\frac{2mg}{k}$

15 1) $k=\frac{mg}{d}$, 2) $v_{\max}=2\sqrt{gd}$, 3) $t=\left(\frac{2}{3}\pi+\sqrt{3}\right)\sqrt{\frac{d}{g}}$

16 1) $d=\frac{5mg}{k}$, 2) $v_{\max}=4g\sqrt{\frac{m}{k}}$

17 1) $k=\frac{4mg}{L}$, 2) $v_B=2\sqrt{gL}$

18 1) $2D$, 2) $2D+\sqrt{D^2+HD}$

19 1) $v_{\max}=g\sqrt{\frac{m}{k}}$, 2) $T_{\max}=\frac{9}{2}mg$, $T_{\min}=\frac{3}{2}mg$

20 $\frac{3}{20}$

21 $\frac{5}{2}\mu mg$

01 1) $\omega_f = \frac{\omega_0}{2}$, 2) $W_f = -\frac{3}{4}\omega_0^2 MR^2$

02 1) $N = 15N$, 2) $f = 5\sqrt{3}N$

03 1) $\omega = \frac{6v}{7L}$, 2) $\Delta E = \frac{2}{7}Mv^2$, 3) $v_{\min} = 2\sqrt{\frac{7gL}{3}}$

04 1) $\omega = \frac{v}{2\sqrt{3}R}$, 2) $\frac{v}{4}$

05 1) $\omega = \sqrt{\frac{3F}{mL}\sin\theta}$, 2) $a_t = \frac{3}{4m}F\cos\theta$, $a_c = \frac{3}{2m}F\sin\theta$

06 1) $\omega = \sqrt{\frac{2k}{3M}}$, 2) $v = A\sqrt{\frac{2k}{3M}}$

07 1) $f = \frac{F}{3}$, 2) $L = \frac{3mv_0^2}{8F}$

08 1) $\frac{E_{(가)}}{E_{(나)}} = 1$, 2) $\frac{t_{(가)}}{t_{(나)}} = \sqrt{\frac{2}{3}}$

09 1) $f = \frac{1}{6}mg$, 2) $K = \frac{5}{3}mgh$

10 1) $N = \frac{7}{3}mg\sin\theta$, $f = \left|\frac{1}{3}mg\cos\theta\right|$, 2) $F = \frac{2}{3}mg\sqrt{1+3\sin^2\theta}$

11 1) $T = \frac{1}{2\mu g}(v_0 - R\omega_0)$, 2) $S = \frac{1}{8\mu g}(v_0 - R\omega_0)(3v_0 + R\omega_0)$

12 1) $\alpha = \frac{2\mu g}{3R}$, 2) $t_0 = \frac{3(R-r)\omega_0}{5\mu g}$, 3) $\omega = \frac{3R+2r}{5R}\omega_0$

13 1) $T_B = 2\pi\sqrt{\frac{6x^2+2L^2}{(6x+3L)g}}$, 2) $x = \frac{2}{3}L$

14 1) $T = 2\pi\sqrt{\frac{12r^2+a^2+b^2}{12rg}}$, 2) $r = c = \sqrt{\frac{a^2+b^2}{12}} > 0$

15 1) $I = \frac{17}{12}ML^2$, 2) $T = 2\pi\sqrt{\frac{17L}{18g}}$

16 1) $I = m\left(\frac{1}{2}R^2 + r^2\right)$, 2) $T = 2\pi\sqrt{\frac{R^2+2r^2}{2rg}}$, 3) $r_0 = \frac{R}{\sqrt{2}}$

17 1) $a = \frac{4}{5}g$, 2) $T = \frac{1}{5}Mg$

18 1) $a = \frac{3}{7}g$, 2) $T_1 = \frac{26}{7}Mg$, $T_2 = \frac{16}{7}Mg$

19 1) $h = \frac{3}{2}r$, 2) $\omega = \frac{J}{mr}$, 3) $E = \frac{3J^2}{4m}$

Chapter 06 유체역학

본문_194~200p

01 6

02 1) $P_B - P_C = \rho g(h_1 - h_3)$, 2) $S_0 = v_D t = 2\sqrt{h_1(h_2 - h_1)}$, 3) $v_B = \sqrt{2g(h_2 - h_1)}$

03 1) $h_{임계} = \frac{P_0}{\rho g}$, 2) $v_B = \sqrt{2g(h_2 + h_3)}$, $v_C = \left(\frac{d_2}{d_1}\right)^2\sqrt{2g(h_2+h_3)}$,

3) $P_C = P_0 - \rho g\left[\frac{d_2^4}{d_1^4}(h_2 + h_3) + h_1\right]$

04 $\frac{8}{3}\sqrt{gh_0}$

05 $v = \sqrt{\frac{5}{2}gh}$

06 $\Delta t = \frac{Ah}{A'\sqrt{2gd}}$

07 $v = \sqrt{\frac{9mg}{8\rho S}}$

08 1) $T=2\pi\sqrt{\dfrac{\rho L}{\rho_0 g}}$

2-1) 물체에 작용하는 가속도가 관성력에 의해서 $g+a$로 변하므로 $T=2\pi\sqrt{\dfrac{\rho L}{\rho_0(g+a)}}$ 감소하게 된다.

2-2) $T=2\pi\sqrt{\dfrac{\rho L}{\rho_0(g+a)}}$ 에서 단면적에 무관하다. 그 이유는 단면적이 증가하면 평형점으로부터 y만큼 이동하였을 때 운동방정식 $-\rho_0 gAy=m\ddot{y}=\rho AL\ddot{y}$ 에서 알 수 있듯이 부력과 질량요소가 동시에 증가하므로 진동에 영향을 주지 않는다.

2-3) $T=2\pi\sqrt{\dfrac{2\rho L}{\rho_0(g+a)}}$ 가 된다. 길이만 증가시키면 평형점으로부터 y만큼 이동할 때 $-\rho_0 gAy=m\ddot{y}=\rho AL\ddot{y}$, 부력은 L에 무관하므로 변화가 없는데 질량요소가 L에 비례하므로 증가하게 된다. 따라서 $\sqrt{2}$ 배 증가한다.

Chapter 07 기하광학

본문_ 222~233p

01 $\theta_i=\sin^{-1}\left(\dfrac{1}{n_0}\sqrt{n_2^2-n_1^2}\right)$

02 1) $n_0=\sqrt{2}$, 2) $\beta=30°$

03 1) $a=\dfrac{2}{3}d$, 2) $R=4d$

04 1) $f=\dfrac{2}{9}L$, 2) $x_1=\dfrac{L}{3}$, $x_2=\dfrac{2L}{3}$

05 1) $a=\dfrac{3}{2}f$, 2) $\dfrac{h'}{h}=2$

06 1) $b=\left(\dfrac{\alpha}{\alpha-1}\right)f$, 2) $d=\dfrac{f}{\alpha-1}$

07 1) $f_A=12cm$, 2) 물체의 크기$=\dfrac{3}{2}h$

08 1) $f_A=d$, 2) $f_B=-3d$

09 1) $b=\frac{2}{3}f$, 2) $h'=\frac{1}{3}h$

10 1) $d=6\mathrm{cm}$, 2) $f=\frac{9}{2}\mathrm{cm}$

11 1) $f=-\frac{3}{2}R$, 2) $n=2$

12 1) 렌즈 왼쪽 40cm, $m=2$, 2) 렌즈 왼쪽 16cm, $m=\frac{4}{5}$

13 1) $R=5\mathrm{cm}$, 2) 30cm, 3) $m=1$

14 1) $\frac{64}{13}\mathrm{cm}$, $m=\frac{6}{13}$

15 1) $f=30\mathrm{cm}$, 2) $b=18\mathrm{cm}$, 3) $\frac{h'}{h}=\frac{8}{5}$

16 1) $R=\frac{10}{3}\mathrm{cm}$, 2) $b=\frac{10}{7}\mathrm{cm}$, $m=\frac{1}{7}$

17 1) 1cm, 2) $a=4\mathrm{cm}$, $D=12\mathrm{cm}$

18 1) $\overline{\mathrm{BF}}=2\mathrm{cm}$, 2) $\overline{\mathrm{BC}}=102\mathrm{cm}$, 3) 각해상도 $\theta=1.22\times10^{-6}\mathrm{rad}$

Chapter 08 파동 기본

본문_ 255~262p

01 1) $L=2.0\mathrm{m}$, 2) $\Delta\nu=f_{n+1}-f_n=\frac{c}{2L}=7.5\times10^7\mathrm{Hz}$

02 1) $\lambda=50\mathrm{cm}$, 2) $f=680\mathrm{Hz}$, 3) $L=\frac{225}{17}\mathrm{cm}$

03 1) $v=\sqrt{\frac{T}{\sigma}}$, 2) $\lambda=2l$, 3) $y(x,t)=\frac{Al}{\pi}\sqrt{\frac{\sigma}{T}}\sin\left(\frac{\pi}{l}x\right)\sin\left(\frac{\pi}{l}\sqrt{\frac{T}{\sigma}}t\right)$

04 1) $f_b=30\mathrm{Hz}$, 2) $f_1=315\mathrm{Hz}$, $f_2=285\mathrm{Hz}$

05 1) $v=\lambda_0 f_0=$일정, 2) $\lambda=\lambda_0-\frac{v_s}{f_0}$, 3) $f=\frac{v_0}{v_0-v_s}f_0$

06 1) $\lambda=\frac{24v_0}{f_0}$, 2) $\Delta f=\frac{25}{312}f_0$

07 $\frac{1}{3}v_0$

08 1) $\lambda'=\frac{4v}{f_0}$, 2) $\frac{f_1}{f_2}=\frac{35}{26}$

09 1) $\frac{v_A}{v_{음파}}=\frac{1}{2}$, 2) $\frac{n_1}{n_2}=\frac{3}{4}$

Chapter 09 전기회로

본문_ 284~295p

01 1) $V_0\left(\frac{R_1}{R_1+R_2}\right)$, 2) $V_0\left(\frac{R_1 r}{(R_1+R_2)r+R_1R_2}\right)$

02 1)$R_x=r$, 2) $P=\frac{V^2}{2r}$

03 1) $I=\frac{1}{20}A$, 2) $R_x=80\Omega$

04 1) $I=\frac{\varepsilon_1+\varepsilon_2}{r+2R}$, 2) $R=\frac{r}{2}$

05 1) $\frac{2}{3}V$, 2) $I=\frac{1}{3}A$

06 1) $I_{1\Omega}=\frac{3}{23}A$, 2) $I_{2\Omega}=\frac{42}{23}A$

07 1) $I_1=I_4=2A$, $I_2=I_5=1A$, $I_3=0$, 2) $R_{eq}=\frac{10}{3}\Omega$, 3) $\Delta V=0$

08 $10A$

09 1) $I_2 = \frac{R_3 V_1 - R_1 V_2}{R_1 R_2 + R_1 R_3 + R_2 R_3}$, 2) $R_3 V_1 = R_1 V_2$

10 1) $P = \frac{V^2}{3R}$, 2) $V_C = \frac{1}{3} V$

11 1) $\frac{C_B}{C_A} = 2$, 2) $\frac{Q_D}{Q_C} = 1$

12 1) $\frac{1}{3} Q_0$, 2) $\frac{1}{3} V$, 3) $\frac{2}{9} U_0$

13 $\frac{9}{8} U$

14 $\frac{3}{2} CV$

15 1) $V_A = 10V$, $V_B = 5V$, 2) $V_E = 5V$

16 1) $\frac{1}{2} V_0$, 2) $\frac{V_0}{4R}$, 3) $\frac{1}{32} CV_0^2$

17 1) 0, 2) 2

18 1) R, 2) $\frac{1}{8} CV^2$

19 1) $V_B = \frac{Q}{3C}$, 2) $E_R = \frac{Q^2}{3C}$

20 1) +부호, 2) 15m/s

21 1) $s = v_0 \sqrt{\frac{2mdh}{eV}}$, 2) $v = \sqrt{v_0^2 + \frac{2ehV}{md}}$

Chapter 10 자기장과 직류 RLC 회로

본문_ 319~335p

01 1) $\frac{\mu_0 I}{2\pi d}$, 2) $x = \pm d$

02 1) $E_0 = \frac{3mv^2}{8qR}$, 2) $B_0 = \frac{mv}{2qR}$

03 $\frac{qBd}{m}$

04 1) 0, 2) $B = \frac{mv}{5qd}$

05 1) 전하 운반체는 양공, 2) $|V_K - V_M| = |\Delta V|$ 불변, 3) 개수 밀도는 $\frac{1}{2}$배

06 1) $\varepsilon = BA\omega \sin\omega t$, 2) $t_0 = \frac{\pi}{\omega}$, 3) $E = \frac{\pi B^2 A^2 \omega}{2R}$

07 1) $I = \frac{\mu_0 n\beta A}{R}$, a방향, 2) $\mu_0 nA$

08 1) $P \rightarrow Q$, 2) $I = \frac{BLv}{R}$

09 1) $I(t) = \frac{B\ell v_0}{R} e^{-\frac{t}{RC}}$, 반시계 방향, 2) $U_C = \frac{C}{2}(B\ell v_0)^2 = U_R$

10 1) $I = \frac{\mu_0 b I_0 \omega \ln 2}{2\pi R} \cos\omega t$, 2) 시계 방향, 3) $M = \frac{\mu_0 b \ln 2}{2\pi}$

11 1) $v_f = \frac{E}{Bl}$, 2) $I = 0$, 3) $v_f' = \frac{(BlE - FR)}{B^2 l^2}$, $I = \frac{F}{Bl}$

12 1) $F = mg\sin\theta - \frac{B^2\ell^2 v}{R}\cos^2\theta$, 2) $v_t = \frac{mgR}{B^2\ell^2}\frac{\sin\theta}{\cos^2\theta}$

13 1) $I = \frac{B\ell}{R}v$, 2) $F(t) = Mg\left(1 - e^{-\frac{B^2\ell^2}{(m+M)R}t}\right)$, 3) $v_f = \frac{MgR}{B^2\ell^2}$

14 1) $\omega = \frac{2\varepsilon}{Ba^2}$, 2) $P = \frac{\varepsilon^2}{R}$

15 1) $I=\frac{V}{R_1+R_2}$, 2) $V_L=0$

16 $\frac{9}{5}$

17 1) $\frac{U_C}{W}=\frac{1}{2}$, 2) $\frac{Q_0}{\sqrt{LC}}$

18 1) $R^2-\frac{4L}{C}<0$, 2) $\omega=\frac{1}{2L}\sqrt{\frac{4L}{C}-R^2}=\sqrt{\frac{1}{LC}-\frac{R^2}{4L^2}}$, 3) $A=\frac{2V}{\sqrt{\frac{4L}{C}-R^2}}$

19 1) $k=\frac{1}{m}\left(\frac{B^2\ell^2}{2R}\right)^2$, 2) $b\rightarrow a$, 3) $\lambda=\frac{B^2\ell^2}{2mR}$, $E=\frac{1}{2}kd^2$

Chapter 11 교류회로

본문_ 352~359p

01 1) $V_C=3I_0R$, 2) $f_0=\frac{1}{2t_0}$

02 1) $T=0.08s$, 2) $V_0=25\pi I_0L$

03 1) $X_L=\sqrt{3}R$, 2) $Z=\sqrt{13}R$

04 1) $Z=\sqrt{2}R$, 2) $X_C=2R$

05 1) $f=\frac{R}{2\pi L}$, 2) $\frac{V_{Rb}}{V_{Ra}}=\frac{1}{\sqrt{5}}$

06 1) $\phi=\pi$, 2) $f=\sqrt{\frac{3}{2}}f_0$

07 1) 2A, 2) $V_L=120V$, 3) $f_R=\sqrt{2}f_0$

08 1) $Z=R$, 2) $V_R=V_0$

09 1) $V_2 = \frac{N_2}{N_1} V_1$, 2) $Z = R$, 3) $V_{pq} = \sqrt{10}\, V_2$

10 1) $Z = R$, 2) $I_0 = \frac{V_0}{R}$, 3) $I_L(t) = -\frac{V_0}{2\pi f_0 L}\cos(2\pi f_0 t)$

11 1) $f_0 = \frac{1}{2\pi\sqrt{LC}}$, 2) $Z = 2R$, 3) $I_C(t) = \frac{V_0}{6R}\sin\left(2\pi f_0 t + \frac{\pi}{2}\right)$

12 1) $i_1 = \frac{V_0}{\omega L_1}\sin\left(\omega t - \frac{\pi}{2}\right) = -\frac{V_0}{\omega L_1}\cos\omega t$,

2) $i_2 = \frac{V_0}{\sqrt{(R^2 + \omega^2 L_2^2)}}\sin(\omega t - \delta)$, $\delta = \tan^{-1}\left(\frac{\omega L_2}{R}\right)$

정승현
일반물리학

초판인쇄 | 2025. 1. 10. **초판발행** | 2025. 1. 15. **편저자** | 정승현
발행인 | 박 용 **발행처** | (주)박문각출판 **등록** | 2015년 4월 29일 제2019-000137호
주소 | 06654 서울특별시 서초구 효령로 283 서경 B/D **팩스** | (02)584-2927
전화 | 교재 문의 (02) 6466-7202, 동영상 문의 (02) 6466-7201

ISBN 979-11-7262-394-4 | 979-11-7262-393-7(SET)
정가 28,000원